高等院校艺术学门类『十四五』系列教材

园林景观工程造价

YUANLIN JINGGUAN GONGCHENG ZAOJIA

主　编　张辛阳

副主编　朱　丹　任亚萍　田敬璞　刘　杰

参　编（按姓氏笔画排序）

王植芳　毛子一　朱虹云　闫改嫔

吴　苗　汪　晖　张彬彬　林鸿雁

胡昕悦　饶　倩　姜德伟　袁伊旻

董　岗　曾　艳　蔡　静　戴　欢

华中科技大学出版社
http://www.hustp.com
中国·武汉

图书在版编目(CIP)数据

园林景观工程造价/张辛阳主编. —武汉：华中科技大学出版社，2022.3
ISBN 978-7-5680-8064-4

Ⅰ. ①园… Ⅱ. ①张… Ⅲ. ①景观-园林建筑-建筑工程-工程造价 Ⅳ. ①TU986.3

中国版本图书馆 CIP 数据核字(2022)第 044942 号

园林景观工程造价 张辛阳 主编
Yuanlin Jingguan Gongcheng Zaojia

策划编辑：袁 冲
责任编辑：李曜男
封面设计：孢 子
责任监印：朱 玢
出版发行：华中科技大学出版社（中国·武汉） 电话：(027)81321913
武汉市东湖新技术开发区华工科技园 邮编：430223
录 排：华中科技大学惠友文印中心
印 刷：武汉科源印刷设计有限公司
开 本：880 mm×1230 mm 1/16
印 张：19
字 数：598 千字
版 次：2022 年 3 月第 1 版第 1 次印刷
定 价：59.00 元

前言
Preface

园林景观工程造价指的是园林景观工程建设项目在建设期预计或实际投产所需的建设费用，是指从投资决策到竣工投产所需的建设费用。园林景观工程造价按照工程项目所指范围的不同，可以指一个建设项目的工程造价，即建设项目所有建设费用的总和，如建设投资和建设期利息之和；也可以指建设费用的某个组成部分，即一个或多个单项工程或单位工程的造价，以及一个或多个分部分项工程的造价。工程造价在园林景观工程建设的不同阶段有不同的称谓，如投资决策阶段为投资估算，设计阶段为设计概算、施工图预算，招标阶段为最高投标限价、投标报价、合同价，施工阶段为竣工结算等。

本书所探讨的园林景观工程造价，要区别于《园林绿化工程工程量计算规范》(GB 50858—2013)附录 C 的园林景观工程清单分类项目。前者(本书所探讨的园林景观工程造价)为广义的园林景观工程造价，研究范围包括园林景观构成的六大要素，即山体、水体、植物、石、道路、建筑，包括土方工程、水景工程、绿化工程、假山工程、园路工程、园林建筑小品、给排水工程、供电工程等工程。后者仅为建设工程工程量清单中的附录分类项目，研究范围仅包括堆砌假山、原木(竹)构件、亭廊屋面、花架、园林桌椅、喷泉安装、杂项等分部分项工程。

本书共分为 7 章，从工程造价总论开始，分述工程造价的构成、计价方法，从园林景观工程决策和设计阶段、施工招投标阶段、施工和竣工阶段三个方面，以园林景观工程造价案例为例，系统讲述投资估算、设计概算、施工图预算、竣工结算等内容和计算方法。第 1 章为绪论，对园林景观工程建设项目的工程建设程序、工程项目划分，以及园林景观工程造价的概念、意义、作用和类型进行了初步介绍。第 2 章为工程造价概述，从建设工程造价管理制度出发，介绍了目前常见的工程项目实施模式，阐述了各阶段的工程造价的含义和关系，列举了主要的工程造价相关法律法规。第 3 章为工程造价构成及计价方法，详细阐述了工程造价的构成和计价原理，并分别对工程定额计价和工程量清单计价的程序和编制方法进行了介绍。第 4 章至第 6 章按照园林景观工程的建设阶段，详细阐述了决策和设计阶段、施工招投标阶段、施工和竣工阶段的工程造价内容和编制方法，并以园林景观实际建设项目为例，介绍了施工图预算和工程量清单的编制。第 7 章为计算机辅助工程计价，对广联达计价软件的操作流程进行了介绍。

本书为跨校联合及校企合作的产物，由武汉设计工程学院、湖南科技大学、河南城建学院、湖北工程学院中有着多年教学经验的副教授和讲师共同编写，由中冶南方都市环保工程技术股份有限公司、武钢绿色城市建设发展有限公司、江西昌隆园林科技有限公司、湖北省城建设计院股份有限公司等企业中实践经验丰富的高级工程师和工程师提供大量工程实例，使本书可以从工程造价真实案例出发，深入浅出，理论结合实际。同时，本书还是教学研究的产物，感谢湖北省高等学校省级教学研究项目“立体化教学模式在园林专业应用型课程中的改革研究”(2017505)和“基于 CDIO 教学模式下的独立院校园林设计课程改革研究”(2018496)、武汉设计工程学院教材建设项目“园林景观工程造价”(JC202102)、武汉设计工程学院教学研究项目(2020JY104、2019JY111)的支撑。本书编写过程中，参考、引用了大量书籍、文献资料，恕未在书中一一标注，统列于书后参考文献中，以对原作者及出版部门的版权表示尊重和感谢！最后，要特别感谢华中科技大学出版社的大力帮助与监督，在此深表谢意！

鉴于编者水平有限，书中难免存在不足和错误之处，恳请广大读者和同仁提出宝贵意见和建议，以便今后改正和完善。

编者

2021 年 8 月

目录

Contents

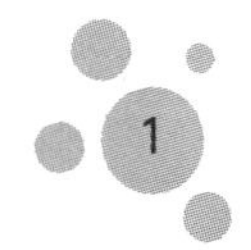

第1章 绪 论

第一节 园林景观工程建设程序

园林景观建设工程需要投入一定数量的人力、物力、财力，经过工程施工创造出园林产品，包括园林建筑、园林小品、园林植物、假山、水景等工程。园林景观建设工程属于基本建设工程，必须遵守基本建设程序。目前我国建设项目的建设程序一般可概括为建设前期、施工准备、施工、竣工验收、项目后评价等阶段，每个阶段又包含若干环节和不同的工作内容(见图 1-1-1)。工程建设程序包括建设项目从设想、选择、评估决策、设计、施工到竣工验收、投入使用、发挥效益的全过程。

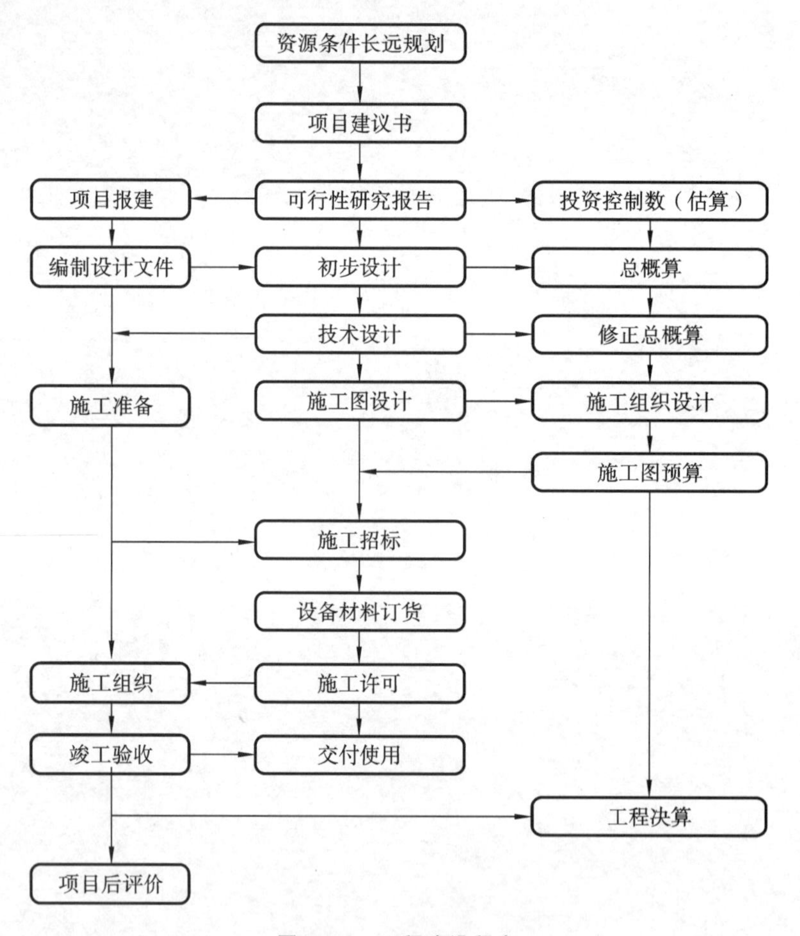

图 1-1-1　工程建设程序

园林景观建设工程的实施一般包括立项(编制项目建议书、可行性研究、审批)、设计(方案设计、初步设计、施工图设计)、施工准备(申报施工许可、施工招投标或施工委托、签订施工项目承包合同)、施工建设(建筑施工、设备安装、植物种植)、维护管理、后期评价等环节(见图 1-1-2)。

一、建设前期阶段

园林景观工程建设前期阶段一般包括项目建议书、可行性研究报告、设计工作等内容。

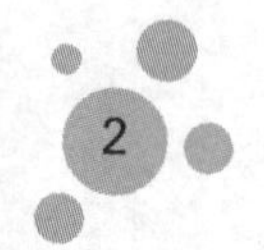

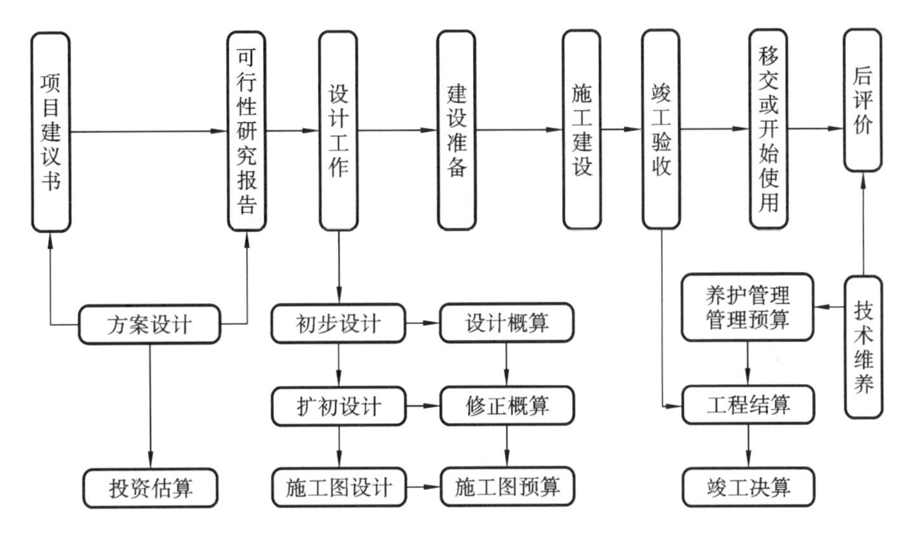

图 1-1-2 园林景观工程建设项目程序

(一)项目建议书

根据地区规划或发展需要,提出项目建议书。项目建议书是建设某个具体园林项目的建议文件。编制项目建议书是建设程序中最初阶段的工作,是投资决策前对拟建项目的轮廓设想,主要作用是对拟建项目进行初步说明,论述建设的必要性、条件的可行性和获益的可能性,供基本建设管理部门选择并确定是否进行下一步的工作。

在此阶段,对投资额(或资源投入)进行估量是非常重要的,一般要做估算,包括对各种资源投入的估量和对投资或建设、管理费用的估算等。园林景观工程项目建议书一般包含如下内容:

①项目建设的必要性和依据;

②拟建项目的规模、区位、自然资源、人文资源等的现状、条件;

③投资估算及资金来源;

④社会效益、经济效益、生态环境效益、景观效益、游憩效益等的估量;

⑤建设时间、进度设想。

(二)可行性研究报告

项目建议书一经批准,即可着手进行可行性研究,在踏勘、现场调研的基础上,提出可行性研究报告。可行性研究是运用多种科研成果,在建设项目投资决策前进行技术经济论证,以保证实现最佳经济效益的一门综合学科,是园林景观工程基本建设程序的关键环节。可行性研究报告的基本内容如下:

①建设项目的目的、性质、提出的背景和依据;

②建设项目的规模、市场预测的依据;

③项目建设地点、位置及自然资源、人文资源等的现状分析;

④项目内容,包括面积、拟建设施或项目工程质量标准、单项造价、总造价等;

⑤项目建设进度和工期估计;

⑥投资估算和资金筹措方式,如国家投资、合资、自筹资金等;

⑦效益评估,包括对社会效益、经济效益、生态环境效益、景观效益、游憩效益等的论证评价。

(三)设计工作

有关部门进行项目立项后,开展设计工作,园林设计是对拟建工程项目在技术、艺术、经济等方面进行的全面、详尽的安排，其具体实施内容包括两个方面。

①由建设主持人(单位)进行设计招标或进行设计委托。

②由受委托或设计中标单位，依据项目批复、可行性研究报告，对确定建园区位、项目等分步骤进行勘察、总体规划、初步设计及工程总概算；初步设计审批；扩大初步设计，修正工程总概算；施工图设计、编制工程项目清单或施工图预算等。最终设计单位提交出全部的设计文件，进行审批。

二、施工准备阶段

景观园林建设施工一般有自行施工、委托承包单位施工、群众性义务植树绿化施工等。项目开工前，要切实做好施工组织设计等各项准备工作，包括以下主要内容。

①办理施工许可。

②征地、拆迁。清理场地、临时供电、临时供水、临时用施工道路、工地排水等。

③施工招投标或进行施工委托。精心选定施工单位，签订施工承包合同。施工承包合同的主要内容包括所承包的施工任务和工程完成的时间，合同双方在保证完成任务的前提下所承担的义务和享有的权利，项目工程款的数量及支付方式、时间期限等，对合同未尽事宜和争议问题的处理原则。

④施工企业编制施工组织设计及工程预算。

⑤参加施工企业与甲方合作。依据计划进行各方面的准备，包括人员、材料、苗木、设备、机械、工具、现场(临建、临设等)、资金等的准备。

三、施工阶段

施工企业根据设计要求，依照施工计划组织施工，努力做到按时、按质、按量地完成施工项目内容。开工后，工程管理人员应与技术人员密切配合，充分调动各方面的积极因素做好工程，做好质量管理、安全生产管理、成本管理、劳务管理、材料管理等工作。

四、竣工验收阶段

竣工验收是园林景观建设工程的最后环节，是全面考核园林建设成果、检验设计和工程质量的重要步骤，也是园林转入对外开放使用的标志。

现行的园林景观建设管理，有些项目须随工程进度分步检验并在项目施工完成时进行单项工程、分部工程、分项工程验收。单项工程验收，目前多实行“养护期满”再进行的方案。

(1)竣工验收的范围：根据国家现行规定，所有建设项目按照批准的设计文件所规定的内容和施工图纸的要求全部建成。

(2)竣工验收的准备工作：按归档要求整理技术资料，绘制竣工图纸、表格；编制竣工决算；编写工程总结等。

(3)组织项目验收：工程项目全部完工后，经过单位验收符合设计要求，并具备必要的文件资料，由项目主持单位向负责验收的单位提出验收申请报告；由验收单位组织相应人员进行审查评价、验收；对施工技术文件资料不齐、不符合规定及不合格的工程不予验收；对工程的遗留问题提出具体意见并限期完善。

五、项目后评价阶段

现行园林景观建设工程，通常在施工竣工后需要对施工项目实施技术维护、养护一年至数年，项目维护、养护期间的费用执行园林养护管理预算的规定。

建设项目的后评价是工程项目竣工并使用一段时间后，对立项决策、设计施工、竣工等进行系统评价的一种技术经济活动，是固定资产投资管理的一项重要内容。各方可以通过项目后评价总结经验、研究问题、肯定成绩、改进工作，不断提高决策水平。

目前我国开展的建设项目后评价一般按 3 个层次组织实施，即项目单位的自我评价、行业评价、主要投资方或各级计划部门评价。园林景观工程建设项目后评价一般由建设主管部门组织有关专家进行，一般包括对设计、施工的评价，游人的反馈意见也是评价的重要依据。

第二节 园林景观工程造价的概念、意义和作用

一、园林景观工程造价的概念

园林景观工程造价指的是园林景观工程建设项目在建设期预计或实际投产所需的建设费用，是指从投资决策到竣工投产所需的建设费用。园林景观工程造价按照工程项目所指范围的不同，可以指一个建设项目的工程造价，即建设项目所有建设费用的总和，如建设投资和建设期利息之和；也可以指建设费用的某个组成部分，即一个或多个单项工程或单位工程的造价，以及一个或多个分部分项工程的造价。工程造价在园林景观工程建设的不同阶段有不同的称谓，如投资决策阶段为投资估算，设计阶段为设计概算、施工图预算，招标阶段为最高投标限价、投标报价、合同价，施工阶段为竣工结算等。

本书所探讨的园林景观工程造价，要区别于《园林绿化工程工程量计算规范》(GB 50858—2013)附录 C 的园林景观工程清单分类项目。前者为广义的园林景观工程造价，研究范围包括园林景观构成的六大要素，即山体、水体、植物、石、道路、建筑，包括土方工程、水景工程、绿化工程、假山工程、园路工程、园林建筑小品、给排水工程、供电工程等工程。后者仅为建设工程工程量清单中的附录分类项目，研究范围仅包括堆砌假山、原木(竹)构件、亭廊屋面、花架、园林桌椅、喷泉安装、杂项等分部分项工程。

二、园林景观工程造价的意义

不同于一般的工业、民用建筑等工程，园林景观工程具有一定的艺术性，由于每项工程各具特色，工艺要求不尽相同，且项目零星、地点分散、工程量小、工作面大、形式各异、受气候条件的影响较大，因此，不可能用简单、统一的价格对园林产品进行精确的核算，必须根据设计文件的要求、园林产品的特点，对园林景观工程从经济上进行预算，以便获得合理的工程造价，保证工程质量。

(一)园林景观工程造价是园林建设的必要程序

作为基本建设项目的一个类别，园林景观工程建设项目的实施，必须遵循建设程序。编制园林景观工程造价，是园林建设的重要一环。

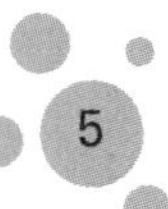

1. 方案优选

园林景观工程造价是园林建设工程规划设计方案、施工方案等的技术经济评价的基础。园林建设通常要进行多方案的比较、筛选，才能确定规划设计和施工方案（施工组织设计、施工技术操作方案）。因此，编制园林景观工程造价是园林建设管理中进行方案比较、评估、选择的重要工作内容。

2. 园林建设管理的依据

在园林建设的不同阶段，一般有估算、概算、预算等经济技术文件；在工程项目施工完成后又有结算；竣工后还有决算。园林景观工程造价文件是工程文件的重要组成部分，一经审定、批准，必须严格执行。

（二）企业经济管理

园林景观工程造价是企业进行成本核算、定额管理等的重要参照依据。企业参加市场经济运作，制定经济技术政策，参加投标（或接受委托），进行园林项目施工，制订项目生产计划、年度生产计划，进行技术经济管理都必须进行园林景观工程造价的工作。

（三）制定技术政策

技术政策是国家在一个时期内对某个领域技术发展和经济建设进行宏观管理的重要依据。通过园林景观工程造价，事先估算出技术方案的经济效益，能对方案的采用、推广、限制、修改提供具体的技术经济参数，相关管理部门可据此制定技术政策。

三、园林景观工程造价的作用

（1）是确定园林建设工程造价的重要方法和依据。
（2）是进行园林建设工程方案比较、评价、选择的重要基础工作内容。
（3）是设计单位对设计方案进行技术经济分析比较的依据。
（4）是建设单位与施工单位进行工程招投标的依据，也是双方签订施工合同、办理工程竣工结算的依据。
（5）是施工企业组织生产、编制计划、统计工作量和实物量指标的依据。
（6）是控制园林建设投资额、办理拨付园林建设工程款、办理贷款的依据。
（7）是园林施工企业考核工程成本、进行成本核算或投入产出效益计算的重要内容和依据。
（8）园林景观工程的概预算指标和费用分类，是确定统计指标和会计科目的重要依据。

第三节 园林景观工程造价类型

园林景观工程造价依据不同的工程建设阶段，通常可分为投资估算、设计概算、施工图预算、竣工结算、竣工决算等类型。

一、投资估算

园林景观建设项目投资估算用于项目可行性研究。

(1)用于园林景观建设项目初步可行性研究的投资额估算,即对园林建设项目投资额进行比较粗略的估计。

(2)园林景观建设项目投资估算用于可行性研究中投资和建设成本估计,即对园林建设项目进行初步的技术经济评价。

二、设计概算

设计概算包括用于初步设计和详细设计的技术经济评价的造价计算。设计概算内容包括从筹建到竣工验收的全部费用。设计概算是初步设计文件的重要组成部分,它是由设计单位在初步设计阶段,根据初步设计图纸,根据有关工程概算定额(或概算指标)、各项费用定额(或取费标准)等有关资料,预先计算和确定工程费用的文件。

设计概算的作用如下:

①是编制工程建设计划的依据;

②是控制工程建设投资的依据;

③是鉴别设计方案经济合理性、考核园林产品成本的依据;

④是控制工程建设拨款的依据;

⑤是进行建设投资包干的依据。

三、施工图预算

施工图预算是指在施工图设计阶段,工程设计完成之后,工程项目开工之前,由施工单位根据已批准的施工图纸,在既定的施工方案的前提下,按照国家颁布的各类工程预算定额、单位估价表及各项费用的取费标准等有关资料,预先计算和确定工造价的文件。

施工图预算的作用如下:

①是确定园林景观工程造价的依据;

②是办理工程招标、投标、签订施工合同的主要依据;

③是办理工程竣工结算的依据;

④是拨付工程款或贷款的依据;

⑤是施工企业考核工程成本的依据;

⑥是设计单位对设计方案进行技术经济分析比较的依据;

⑦是施工企业组织生产、编制计划、统计工作量和实物量指标的依据。

四、竣工结算

工程竣工结算是指工程项目完工并经竣工验收合格后,发承包双方按照施工合同的约定对所完成的工程项目进行的合同价款的计算、调整和确认。工程竣工结算分为建设项目竣工总结算、单项工程竣工结算和单位工程竣工结算。单项工程竣工结算由单位工程竣工结算组成,建设项目竣工结算由单项工程竣工结算组成。

五、竣工决算

竣工决算分为施工单位竣工决算和建设单位竣工决算两种。

(一)施工单位竣工决算

施工单位竣工决算以单位工程为对象,以单位工程竣工结算为依据,核算一个单位工程的预算成本、实际成本和成本降低额,所以又称为单位工程竣工成本决算,是由施工企业的财务部门编制的。通过决算,施工企业可以进行实际成本分析,反映经营效果,总结经验教训,以提高企业的经营管理水平。

(二)建设单位竣工决算

建设单位竣工决算是新建、改建和扩建工程项目竣工验收后,由建设单位组织有关部门,以竣工结算等资料为基础编制的,一般是建设单位财务支出情况,是整个建设项目从筹建到竣工的建设费用的文件,包括建筑工程费用,安装工程费用,设备、工器具购置费用和其他费用等。

竣工决算的主要作用是核定新增固定资产,办理交付使用;考核建设成本,分析投资效果;总结经验,积累资料,促进深化改革,提高投资效果。

设计概算、施工图预算和竣工决算简称"三算",它们之间的关系是设计概算不能超出计划任务书的投资估算金额,施工图预算和竣工决算不得超过设计概算。三者都有独立的功能,在工程建设的不同阶段发挥各自的作用。

第四节 园林景观工程常见项目

一、园林景观工程项目划分

(一)工程总项目

工程总项目是指若干期工程项目的总和,或是指在一个场地上或数个场地上进行施工的项目的总和,如一个住宅小区的开发工程、一座公园的建设工程。

(二)单项工程

单项工程是指具有独立的设计文件,竣工后可以独立发挥生产能力或工程效益的工程,如一个园林中的一条廊、一个广场、一个喷泉、一条小路、一个公共设施项目等。

(三)单位工程

单位工程是指具有单列的设计文件,可以进行独立施工,但不能单独发挥作用的工程。单位工程是单项工程的组成部分,如一个园林中的给排水工程、绿地的灌溉工程等。

(四)分部工程

分部工程一般是指按单位工程的部位或按照使用方式呈现不同的工种、材料和施工机械而划分的工程项目。分部工程是单位工程的组成部分,如一般土建工程划分为土石方、砖石、混凝土及钢筋混凝土、木结构及装修、屋面等分部工程。

(五)分项工程

分项工程是指分部工程中按照不同的施工方法、不同的材料、不同的规格等因素进一步划分的基本工程项目。

(六)施工过程、工序

1. 施工过程

施工过程是指在建设工地范围内进行的某个生产过程。综合施工过程是指为最终获得一种产品而进行的、组织上又相互关联的工作过程的总和。园林施工过程分类如图 1-4-1 所示。

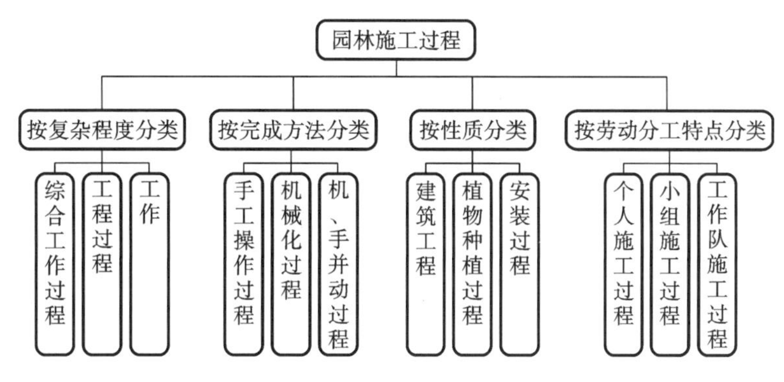

图 1-4-1 园林施工过程分类

2. 工序

工序是在技术上相通、组织上不可分割的最简单的施工过程。从施工技术操作来看,工序是最小的施工过程,不能再继续切分。但是从作业者的作业过程来看,工序可以分解成若干个操作过程,而操作过程又可以分解成许多作业动作。园林工程的作业包括技术操作和艺术创作。

1)技术操作

技术操作包括土木工程技术、水利工程技术,园艺栽培技术,以及在此基础上发展的技术,如假山工艺技术、水景工艺技术、生态环境改良技术等。

2)艺术创作

艺术创作包括各类牌匾、雕塑、诗词歌赋、书法绘画等艺术作品创作,利用山水、地形、植物构成的优美的形、色、声、味,自然环境带来的各种自然气息、惬意环境以及综合而成的景观艺术创作。

二、园林景观工程常见分项工程

园林景观工程设施的性质、用途等很复杂,通常具有多重功能,施工工作应全面兼顾,施工工种多是园林景观工程的特性。园林景观工程除了包括建筑工程的基本工种外,还包括其他的工种,如水景、种植等。园林景观工程常见分项工程如下:

①施工准备及临时设施工程;

②园林排水工程;

③抹灰工程;

④施工测量放线工程;

⑤园林供电工程;

⑥玻璃工程;
⑦平整建设场地工程;
⑧砌体工程;
⑨吊顶工程;
⑩地基与基础工程;
⑪脚手架工程;
⑫饰面板(砖)工程;
⑬绿化工程;
⑭钢筋工程;
⑮涂料工程;
⑯假山工程;
⑰模板工程;
⑱刷浆工程;
⑲水景工程;
⑳混凝土工程;
㉑细木花饰工程;
㉒园路工程;
㉓木结构工程;
㉔钢架工程;
㉕铺地工程;
㉖屋面工程;
㉗油漆工程;
㉘园林给水工程;
㉙防水工程;
㉚收尾工程。

围绕园林构成的六大要素(山体、水体、植物、石、道路、建筑),我们习惯上将园林建设分为土方工程(山体)、水景工程(水体)、绿化工程(植物)、假山工程(石)、园路工程(包括广场铺装、道路)、园林建筑小品(建筑)几个部分,以及一些设施工程,如给排水工程、供电工程等。实际上,上述每个工程项目都是由多个单项工程构成的,有的单项工程在施工工程中也包括其他分项工程的内容。各种园林建设项目涉及的分项工程根据设计时的结构形式、工程规模、复杂程度等各不相同,进行园林建设时,在确定采取的施工方案和技术措施之前,要分析各工程需要哪些分项工程的配合。

(一)园林土方工程

园林施工中的土方工程除了包含所有基建土方工程的项目之外,还以园林地形改造(如挖湖、堆山等)及整理绿化用地等为作业技艺特色。土方工程的主要作业内容包括土体挖掘、土体(堆)放、土体筛选、土体运输(装、运、卸)、和土(加入不同材料)、填筑、平整、夯实等内容。园林土方工程的分项工程构成如图 1-4-2 所示。

(二)园林给排水工程

1. 园林给水工程

园林给水工程包括造景给水、绿地喷灌给水、生活给水、消防给水等设施工程。园林给水工程的主要作业内容为管沟施工、管道铺设(管件安装)、设备安装及调试等。园林给水工程的分项工程构成如图 1-4-3 所示。

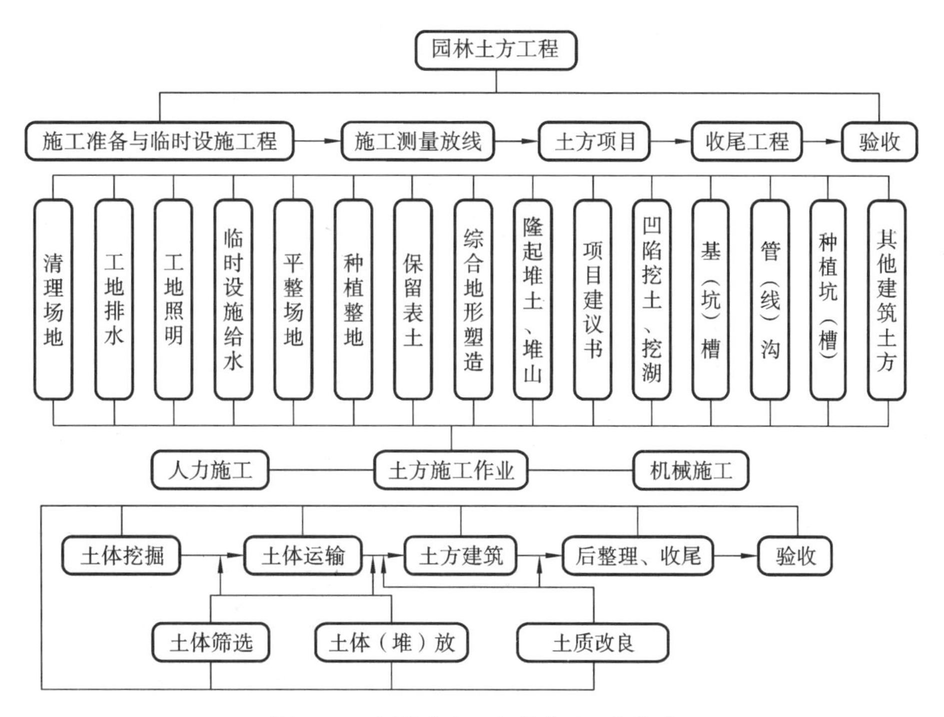

图 1-4-2 园林土方工程的分项工程构成

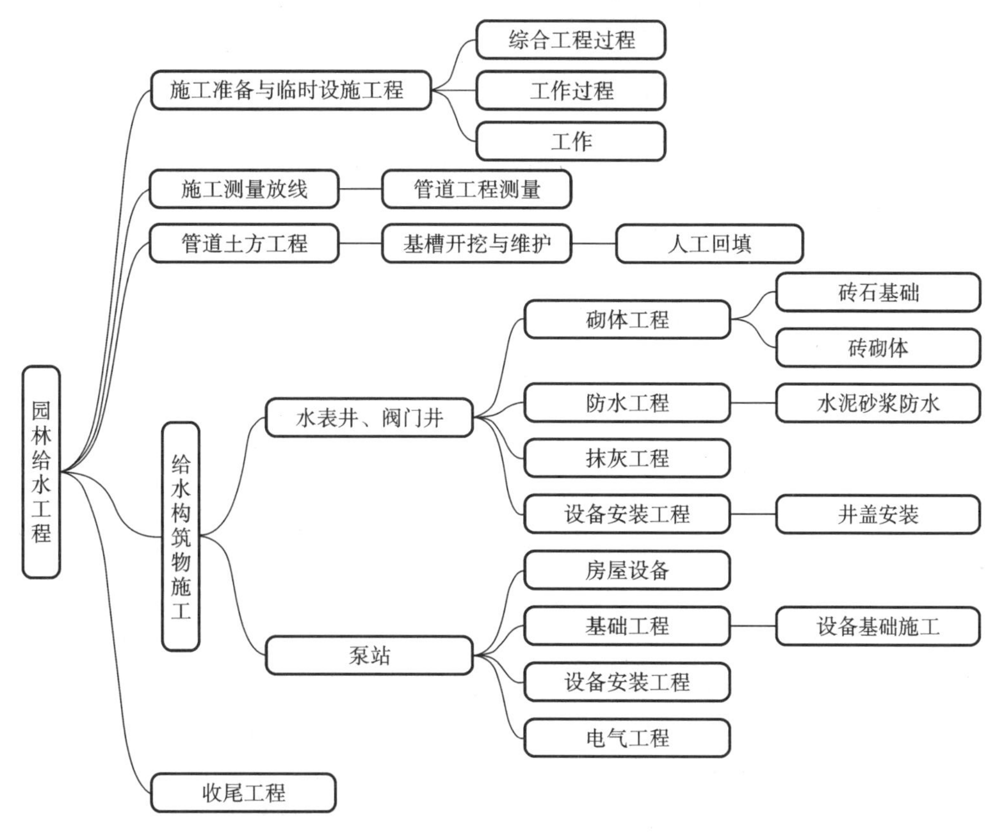

图 1-4-3 园林给水工程的分项工程构成

2. 园林排水工程

园林排水工程包括降水排除、地下水排除、污水处理及排放等。园林排水工程的主要作业内容为防止地面冲刷破坏设施工程，排水沟、管道设施工程，渗水井工程，污水处理工程等。园林排水工程的分项工程构成如图 1-4-4 所示。

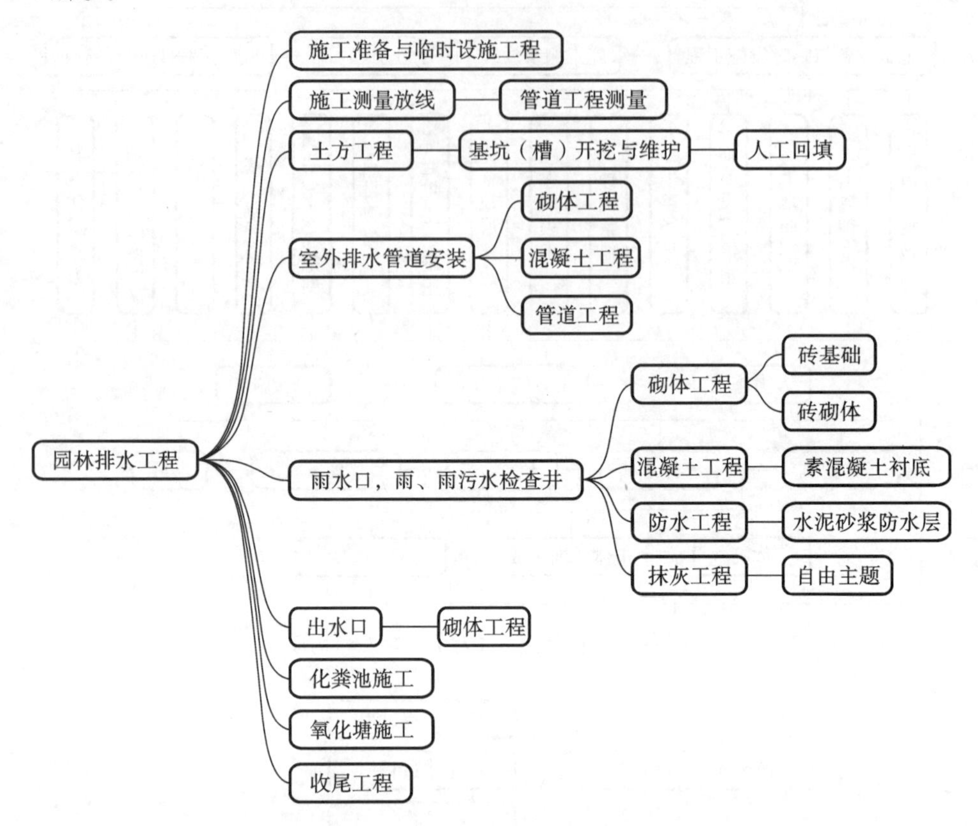

图 1-4-4　园林排水工程的分项工程构成

(三)园林水景工程

园林水景工程的分项工程构成如图 1-4-5 所示。

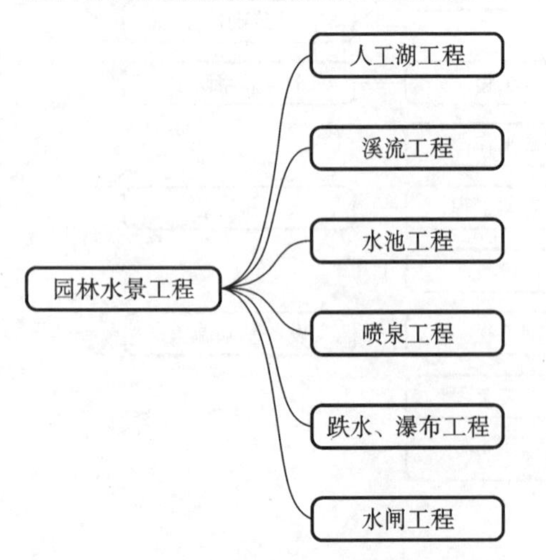

图 1-4-5　园林水景工程的分项工程构成

(四)园林园路工程

园路特指城市园林绿地和风景名胜区中的各种室外道路和所有硬质铺装场地。园路是贯穿全园的交通网络，是联系若干景区和景点的纽带，并为游人提供活动和休息的场所。园路是园林景观的构成要素之一，在园林景观设计中起着组织交通、划分空间、引导游览、构成园景等重要作用。园林园路工程的分项工程构成如图 1-4-6 所示。

(五)园林假山工程

园林假山工程，就其特点来说，石无定形，土石相间，是集山石、土体、水景，道路、植物种植等施工作业为一体的单项工程，不能简单分部分项。现行定额中的假山工程列项，实际上只是单一的山石施工(属置石施工)，不能反映假山施工的作业实际。

园林假山工程的分项工程构成如图 1-4-7 所示。

园林假山工程的主要内容如下：

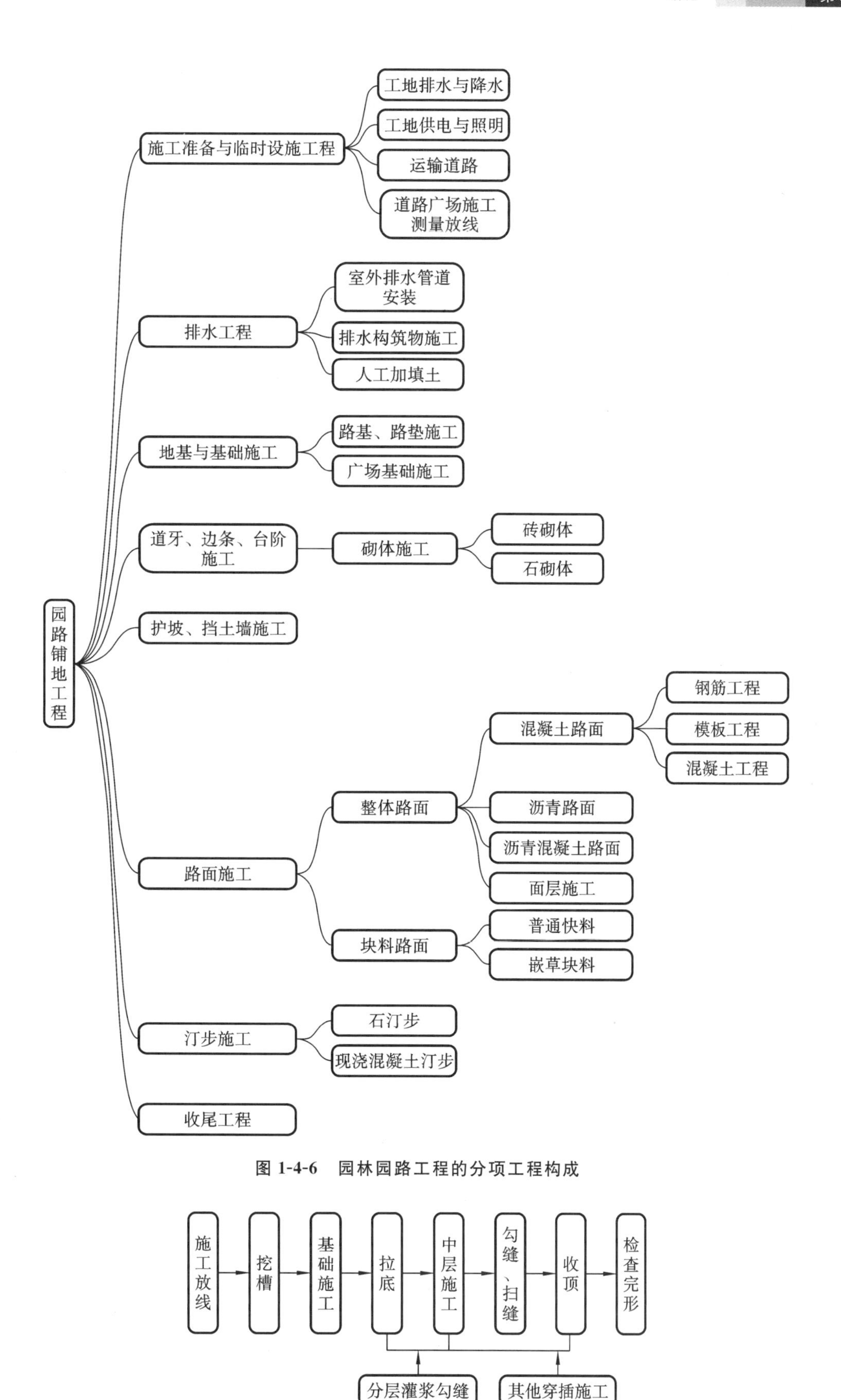

图 1-4-6 园林园路工程的分项工程构成

图 1-4-7 园林假山工程的分项工程构成

①假山工程；
②塑石工程；
③置石工程。

(六)园林绿化工程

园林绿化工程可分为现场塑形园艺栽植和移栽两大类作业方式。由于现行的工程概预算对有关的作业规定比较粗放，不能充分体现现场塑形园艺栽植的工作量水平，其工作量与园林塑形栽植植物的工作所占比例有关，故在建设期只包括简单修剪的工作量；另一方面，植物整形需较长期的养护管理，一般不列入建设阶段。

园林绿化工程的主要内容如下：
①乔、灌木栽植工程包括不带土球栽植、带土球栽植和容器包装栽植；
②绿篱栽植工程；
③花卉栽植(布置)工程；
④草坪播植工程；
⑤攀缘植物种植工程。

(七)园林供电工程

①强电包括照明用电、动力用电。
②弱电包括通信、广播等。

(八)园林建筑小品

1. 园林建筑

园林建筑包括亭、台、楼、阁、榭、防、廊、楼、馆、斋、茶室、小卖部、花架等。

2. 园林构筑物

园林构筑物包括围墙、护坡、水池、驳岸、栏杆、挡土墙、花池、花坛等。

3. 园林小品设施

园林小品设施包括景墙、园门、雕塑、园桌、园凳、照壁、宣传栏、广告牌、指路牌、布告栏、灯具等。

第2章 工程造价概述

第一节 工程造价管理制度

当前，与我国工程造价咨询直接相关的管理制度为工程造价咨询企业管理制度和造价工程师职业资格制度。

一、工程造价咨询企业管理制度

工程造价咨询企业是指接受委托，对建设项目投资、工程造价的确定与控制提供专业咨询服务的企业。工程造价咨询企业从事工程造价咨询活动，应当遵循独立、客观、公正、诚实信用的原则，不得损害社会公共利益和他人的合法权益。

（一）业务承接

1. 业务范围

工程造价咨询业务范围如下：

①建设项目建议书及可行性研究投资估算、项目经济评价报告的编制和审核；

②建设项目概预算的编制与审核，并配合设计方案比选、优化设计、限额设计等工作，进行工程造价分析与控制；

③建设项目合同价款的确定（包括招标工程工程量清单和标底、投标报价的编制和审核），合同价款的签订与调整（包括工程变更、工程洽商和索赔费用的计算）与工程款支付，工程结算、竣工结算和决算报告的编制与审核等；

④工程造价经济纠纷的鉴定和仲裁的咨询；

⑤提供工程造价信息服务等。

工程造价咨询企业可以对建设项目的组织实施进行全过程或者若干阶段的管理和服务，也可以接受委托提供全过程工程咨询。

2. 咨询合同及其履行

工程造价咨询企业在承接各类建设项目的工程造价咨询业务时，可以参照《建设工程造价咨询合同（示范文本）》与委托人签订书面工程造价咨询合同。

工程造价咨询企业从事工程造价咨询业务，应当按照有关规定的要求出具工程造价成果文件，工程造价成果文件应当由执行咨询业务的注册造价工程师签字、加盖执业印章。

3. 跨省区承接业务

工程造价咨询企业跨省、自治区、直辖市承接工程造价咨询业务的，应当自承接业务之日起 30 日内到建设项目所在地省、自治区、直辖市人民政府建设主管部门备案。

(二)法律责任

1.经营违规责任

跨省、自治区、直辖市承接业务不备案的，由县级以上地方人民政府住房城乡建设主管部门或者有关专业部门给予警告，责令限期改正；逾期未改正的，可处以5000元以上2万元以下的罚款。

2.其他违规责任

工程造价咨询企业有下列行为之一的，由县级以上地方人民政府住房城乡建设主管部门或者有关专业部门给予警告，责令限期改正，并处以1万元以上3万元以下的罚款：

①同时接受招标人和投标人或两个以上投标人对同一工程项目的工程造价咨询业务；

②以给予回扣、恶意压低收费等方式进行不正当竞争；

③转包承接的工程造价咨询业务；

④法律法规禁止的其他行为。

二、造价工程师职业资格制度

根据《造价工程师职业资格制度规定》，国家设置造价工程师准入类职业资格，纳入国家职业资格目录。工程造价咨询企业应配备造价工程师，工程建设活动中有关工程造价管理岗位按需要配备造价工程师。造价工程师分为一级造价工程师和二级造价工程师。

(一)职业资格考试

造价工程师是指通过职业资格考试取得中华人民共和国造价工程师职业资格证书，并经注册后从事建设工程造价工作的专业技术人员。

1.一级造价工程师

根据住房城乡建设部、交通运输部、水利部、人力资源社会保障部关于印发《造价工程师职业资格制度规定》《造价工程师职业资格考试实施办法》的通知(建人〔2018〕67号)，一级造价工程师职业资格考试实行全国统一大纲、统一命题、统一组织。

1)报考条件

凡遵守中华人民共和国宪法、法律、法规，具有良好的业务素质和道德品行，具备下列条件之一者，可以申请参加一级造价工程师职业资格考试。

①具有工程造价专业大学专科(或高等职业教育)学历，从事工程造价业务工作满5年；具有土木建筑、水利、装备制造、交通运输、电子信息、财经商贸大类大学专科(或高等职业教育)学历，从事工程造价业务工作满6年。

②具有通过工程教育专业评估(认证)的工程管理、工程造价专业大学本科学历或学位，从事工程造价业务工作满4年；具有工学、管理学、经济学门类大学本科学历或学位，从事工程造价业务工作满5年。

③具有工学、管理学、经济学门类硕士学位或者第二学士学位，从事工程造价业务工作满3年。

④具有工学、管理学、经济学门类博士学位，从事工程造价业务工作满1年。

⑤具有其他专业相应学历或者学位的人员，从事工程造价业务工作年限相应增加1年。

2)考试项目

一级造价工程师职业资格考试设《建设工程造价管理》《建设工程计价》《建设工程技术与计量》《建设工

程造价案例分析》4 个科目。其中,《建设工程造价管理》和《建设工程计价》为基础科目,《建设工程技术与计量》和《建设工程造价案例分析》为专业科目。专业科目分为土木建筑工程、安装工程、交通运输工程、水利工程 4 个专业类别,报考人员在报名时可根据实际工作需要选择其一。

3)职业资格证书

一级造价工程师职业资格考试合格者,由各省、自治区、直辖市人力资源社会保障行政主管部门颁发中华人民共和国一级造价工程师职业资格证书,该证书在全国范围内有效。

2. 二级造价工程师

根据住房城乡建设部、交通运输部、水利部、人力资源社会保障部关于印发《造价工程师职业资格制度规定》《造价工程师职业资格实施办法》的通知(建人〔2018〕67 号),二级造价工程师职业资格考试实行全国统一大纲,各省、自治区、直辖市自主命题并组织考试。

1)报考条件

凡遵守中华人民共和国宪法、法律、法规,具有良好的业务素质和道德品行,具备下列条件之一者,可以申请参加二级造价工程师职业资格考试。

①具有工程造价专业大学专科(或高等职业教育)学历,从事工程造价业务工作满 2 年;具有土木建筑、水利、装备制造、交通运输、电子信息、财经商贸大类大学专科(或高等职业教育)学历,从事工程造价业务工作满 3 年。

②具有工程管理、工程造价专业大学本科及以上学历或学位,从事工程造价业务工作满 1 年;具有工学、管理学、经济学门类大学本科及以上学历或学位,从事工程造价业务工作满 2 年。

③具有其他专业相应学历或者学位的人员,从事工程造价业务工作年限相应增加 1 年。

2)考试项目

二级造价工程师职业资格考试设《建设工程造价管理基础知识》(客观题)和《建设工程计量与计价实务》(主观题)2 个科目。其中,《建设工程造价管理基础知识》为基础科目,《建设工程计量与计价实务》为专业科目。专业科目分为土木建筑工程、交通运输工程、水利工程和安装工程 4 个专业类别,报考人员在报名时可根据实际工作需要选择其一。

3)职业资格证书

二级造价工程师职业资格考试合格者,由各省、自治区、直辖市人力资源社会保障行政主管部门颁发中华人民共和国二级造价工程师职业资格证书,该证书原则上在所在行政区域内有效。

(二)执业范围

造价工程师应在本人工程造价咨询成果文件上签章,并承担相应责任。工程造价咨询成果文件应由一级造价工程师审核并加盖执业印章。

1. 一级造价工程师

一级造价工程师的执业范围包括建设项目全过程的工程造价管理与咨询等,具体工作内容如下:

①项目建议书、可行性研究投资估算与审核,项目评价造价分析;

②建设工程设计概算、施工预算编制和审核;

③建设工程招标投标文件工程量和造价的编制与审核;

④建设工程合同价款、结算价款、竣工决算价款的编制与管理;

⑤建设工程审计、仲裁、诉讼、保险中的造价鉴定,工程造价纠纷调解;

⑥建设工程计价依据、造价指标的编制与管理;

⑦与工程造价管理有关的其他事项。

2. 二级造价工程师

二级造价工程师主要协助一级造价工程师开展相关工作，可独立开展以下具体工作：

①建设工程工料分析、计划、组织与成本管理，施工图预算、设计概算编制；

②建设工程量清单、最高投标限价、投标报价编制；

③建设工程合同价款、结算价款和竣工决算价款的编制。

本节课后习题

1. [单选]某工程造价咨询企业同时接受了某项目招标人和投标人的咨询业务，对此其应承担的责任是（　　）。

A. 被给予警告、限期改正，并降低资质等级

B. 被给予警告、所签订的业务合同均认定为无效合同

C. 被给予警告、限期改正，并处以 5000 元以上 2 万元以下罚款

D. 被给予警告、限期改正，并处以 1 万元以上 3 万元以下罚款

答案：D

2. [多选]根据《造价工程师职业资格制度规定》，一级造价工程师的执业范围有（　　）。

A. 工程概算的审核和批准

B. 工程量清单的编制和审核

C. 工程合同价款的变更和调整

D. 工程索赔费用的分析和计算

E. 工程经济纠纷的调解和裁定

答案：BCD

3. [多选]二级造价工程师可独立开展的具体工作有（　　）。

A. 建设工程量清单编制

B. 建设工程工料分析

C. 施工图预算编制

D. 工程造价纠纷调解

E. 工程诉讼中的造价鉴定

答案：ABC

第二节
工程项目实施模式

工程项目实施模式主要包括三个方面，即项目融资模式、业主方项目组织模式和项目承发包模式，如图 2-2-1 所示。

一、项目融资模式

项目融资是指以拟建项目资产、预期收益、预期现金流量等为基础进行的一种融资，而不是以项目投资

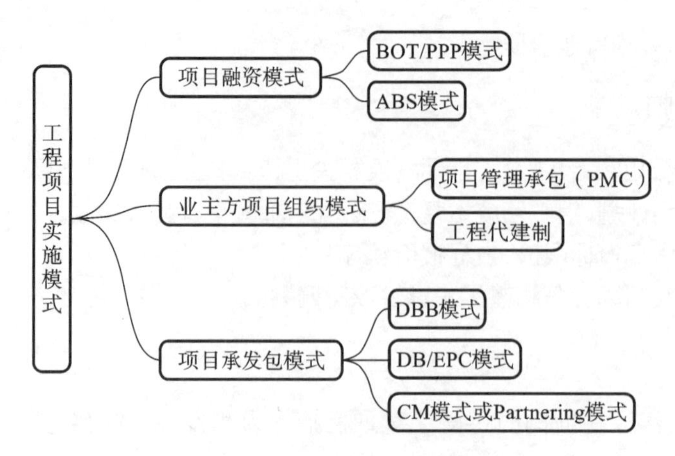

图 2-2-1　工程项目实施模式

者或发起人的资信为依据进行的融资。债权人在项目融资过程中主要关注项目在贷款期内能产生多少现金流量用于还款，能够获得的贷款数量、融资成本高低及融资结构设计等都与项目的预期现金流量和资产价值紧密联系在一起。近年来常见的项目融资模式有 BOT /PPP、ABS 等模式。

(一)BOT /PPP 模式

1. BOT 模式及其基本形式

BOT(build-operate-transfer)是 20 世纪 80 年代中后期发展起来的一种主要用于公共基础设施建设的项目融资模式。所谓 BOT 模式，是指由项目所在国政府或其所属机构为项目建设和经营提供一种特许权协议(concession agreement)作为项目融资基础，由本国公司或者外国公司作为项目投资者和经营者，进行工程项目建设，并在特许权协议期间经营项目获取商业利润。特许期满后，经营者根据协议将该项目转让给相应政府机构。

通常所说的 BOT 模式主要有以下三种基本形式。

1)标准 BOT 模式

标准 BOT 即建设-经营-移交(build-operate-transfer)。投资财团自己融资，建设某项基础设施，并在项目所在国政府授予的特许权协议期内经营该公共设施，以经营收入抵偿建设投资，并获得一定收益，经营期满后将此设施转让给项目所在国政府，如图 2-2-2 所示。

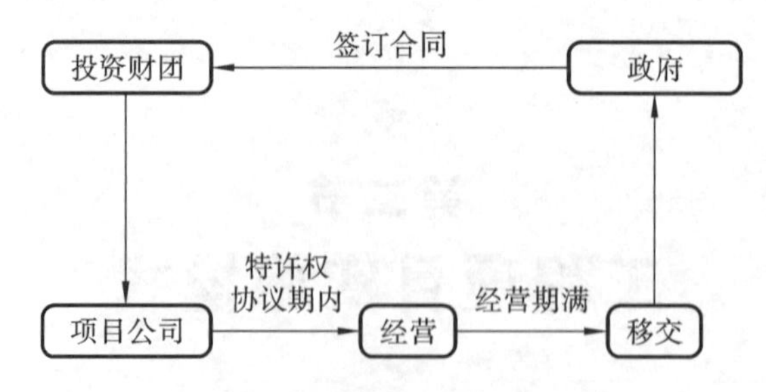

图 2-2-2　标准 BOT 模式运作流程

2)BOOT 模式

BOOT 即建设-拥有-经营-移交(build-own-operate-transfer)。BOOT 与标准 BOT 的区别在于 BOOT 在特许权协议期内既拥有经营权，又拥有所有权。此外，BOOT 的特许权协议期要比 BOT 长一些。

3)BOO 模式

BOO 即建设-拥有-经营(build-own-operate)。特许项目公司根据政府的特许权建设并拥有某项基础设

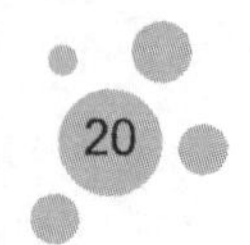

施，但最终不将该基础设施移交给项目所在国政府。

2. BOT 模式演变形式

除上述三种基本形式外，BOT 还有多种演变形式，如 TOT（transfer-operate-transfer）、TBT（transfer-build-transfer）、BT（build-transfer）等。

1）TOT 模式

TOT 即移交-运营-移交，是指项目所在国政府将已投产运行的项目在一定期限内移交（transfer）给外商经营（operate），以项目在该期限内的现金流量为标的，一次性从外商处筹得一笔资金，用于建设新项目。外商在经营期满后，再将原项目移交（transfer）给项目所在国政府，如图 2-2-3 所示。与 BOT 模式相比，采用 TOT 模式时，融资对象更为广泛，可操作性更强，项目引资成功的可能性增加。

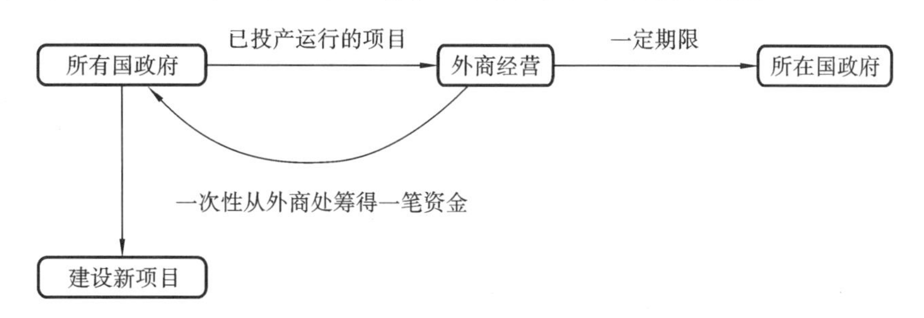

图 2-2-3　TOT 模式运作流程

2）TBT 模式

TBT 即移交-建设-移交。TBT 模式是指将 TOT 与 BOT 模式组合起来，以 BOT 为主的一种融资模式，主要目的是促成 BOT 的实施。采用 TBT 模式时，政府通过招标将已运营一段时间的项目和未来若干年的经营权无偿转让给投资人；投资人负责组建项目公司去建设和经营待建项目；项目建成，开始运营后，政府从 BOT 项目公司获得与项目经营权等值的收益；按照 TOT 和 BOT 协议，投资人相继将项目经营权归还给政府。TBT 模式的实质是政府将一个已建项目和一个待建项目打包处理，获得一个逐年增加的协议收入（来自待建项目），最终收回待建项目的所有权益。TBT 模式运作流程如图 2-2-4 所示。

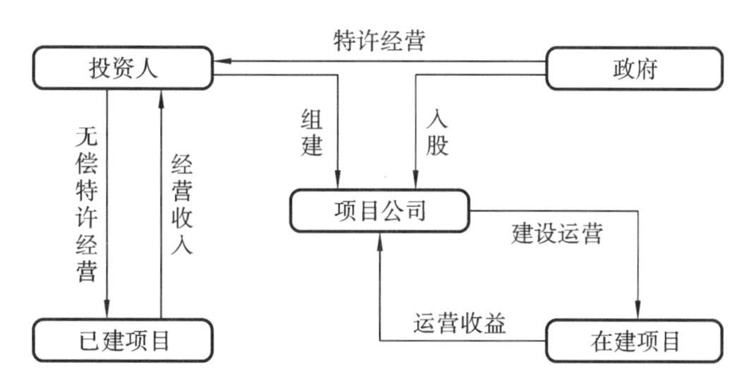

图 2-2-4　TBT 模式运作流程

3）BT 模式

BT 即建设-移交，是指政府在项目建成后从民营机构中购回项目（可一次支付也可分期支付）。与政府借贷不同，政府用于购买项目的资金往往事后支付（可通过财政拨款，但更多的是通过运营项目收费来支付）；民营机构用于项目建设的资金大多来自银行的有限追索权贷款。事实上，如果建设资金不是来自银行的有限追索权贷款，BT 模式实际上就成为“垫资承包”或“延期付款”，这样便超出项目融资范畴。BT 模式运作流程如图 2-2-5 所示。

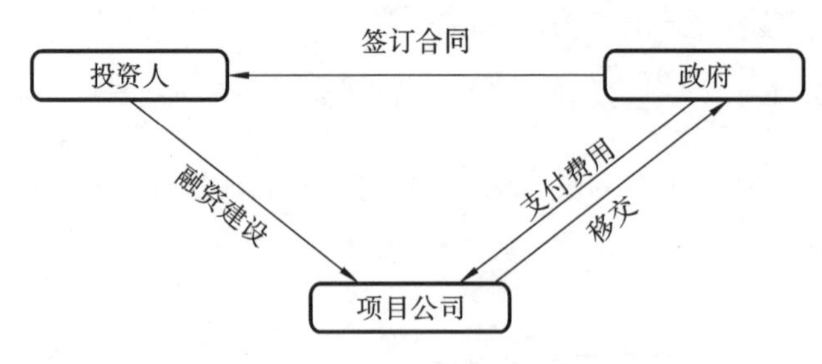

图 2-2-5 BT 模式运作流程

3. PPP 模式及其分类

PPP(public private-partnership)模式有广义和狭义之分。狭义的 PPP 模式是各种融资模式的总称，包含 BOT、TOT、TBT 等多种具体融资模式。广义的 PPP 模式是指政府与社会资本为提供公共产品或服务而建立的各种合作关系。

根据社会资本参与程度由小到大，国际上将广义的 PPP 模式分为外包类(outsourcing)、特许经营类(franchise)和私有化类(divestiture)三种。

1)外包类

外包类 PPP 项目一般是指政府将公共基础设施的设计、建造、运营和维护等一项或多项职责委托给社会资本方，或者将部分公共服务的管理、维护等职责委托给社会资本方，政府出资并承担项目经营和收益风险，社会资本方通过政府付费实现收益，承担的风险相对较少，但无法通过民间融资实现公共基础设施建设管理。

2)特许经营类

特许经营权类 PPP 项目需要社会资本方参与部分或者全部投资，政府与社会资本方就特许经营权签署合同，双方共担项目风险，共享项目收益。社会资本方通过与政府签订合同，获得在一定期限内参与公共基础设施的设计、建造、运营管理以及为用户提供服务等权利，但项目资产最终归政府所有，在特许经营权期满之后，社会资本方将公共基础设施交还给政府，因此一般存在使用权和所有权的移交过程。

特许经营类 PPP 项目主要有 BOT 及 TOT 两种实现形式。另外，与 DB 模式相结合，特许经营类 PPP 还包括 DBFO、DBTO 等类型(见表 2-2-1)。根据不同实现途径，TOT 模式还可以分为 PUOT 和 LUOT 两种类型；BOT 模式又可以分为 BROT /BLOT 和 BOOT 两种类型，两者的区别在于建设完成后是通过租赁还是特许拥有的方式获取项目经营权。

表 2-2-1 特许经营类 PPP 项目分类

类型	二级分类	主要特征	合同期限
建设-运营-移交(BOT)	建设-拥有-运营-移交(BOOT)	社会资本在规定期限内融资建设基础设施项目后，对基础设施项目享有所有权，并对其进行经营管理，可向用户收取费用或者出售产品以偿还贷款，回收投资并获取利润。在特许期届满后将该基础设施移交给政府	25～30 年
	建设-租赁-运营-移交(BROT/BLOT)	与 BOOT 相比，社会资本不具有基础设施项目的所有权，但可在特许期内承租该基础设施所在地上的有形资产	25～30 年

续表

类型	二级分类	主要特征	合同期限
移交-运营-移交(TOT)	购买-更新-运营-移交(PUOT)	社会资本购买基础设施所有权,经过一定程度的更新、扩建后经营该基础设施,合同期满后将基础设施及所有权移交给政府	8～15 年
	租赁-更新-运营-移交(LUOT)	与 PUOT 相比,社会资本对基础设施所有权进行租赁	8～15 年
其他	设计-建设-融资-运营(DBFO)	DBFO 是英国 PFI 架构中最主要的模式,社会资本投资建设公共设施,通常也具有该设施的所有权。公共部门根据合同约定,向社会资本支付一定费用并使用该设施	20～25 年
	设计-建设-移交-运营(DBTO)	社会资本为基础设施项目融资并进行建设,项目完成后将设施移交给政府,政府再授权该社会资本经营管理基础设施	20～25 年

3)私有化类

私有化类 PPP 项目是指社会资本方负责项目全部投资建造、运营管理等,政府只负责监管社会资本方的定价和服务质量,避免社会资本方由于权力过大影响公共福利。私有化类 PPP 项目产生的一切费用及收益和项目所有权都归社会资本方所有,并且不具备有限追索特征,因此,社会资本方在私有化类 PPP 项目中承担的风险最大。

4. PPP 模式运作流程

PPP 模式运作流程包括项目识别、项目准备、项目采购、项目执行、项目移交五个阶段,如图 2-2-6 所示。

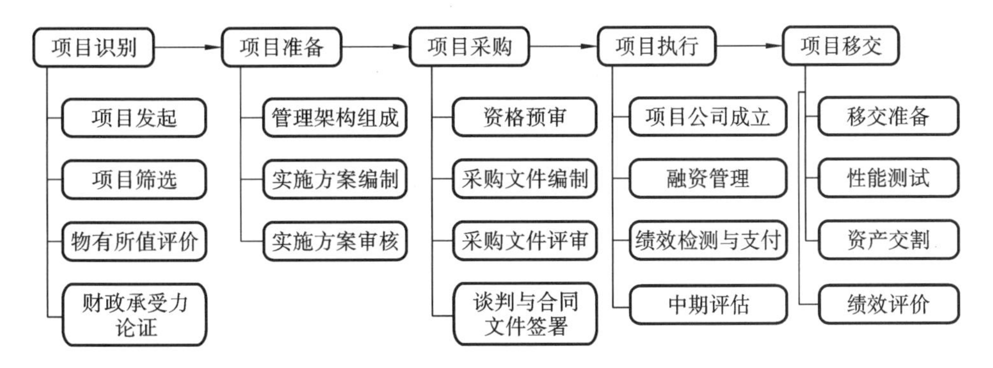

图 2-2-6 PPP 模式运作流程

(二)ABS 模式

ABS(asset-backed securitization)指资产支持的证券化。ABS 模式以拟建项目所拥有的资产为基础,以该项目资产的未来收益为保证，通过在国际资本市场上发行债券筹集资金达到融资的目的。

1. ABS 模式运作流程

1)组建特定用途公司 SPC

SPC(special purpose corporation)可以是一个信托投资公司、信用担保公司、投资保险公司或其他独立法人，该机构应能够获得国际权威资信评估机构较高级别的信用等级(AAA 级或 AA 级)。由于 SPC 是进行 ABS 融资的载体，成功组建 SPC 是 ABS 模式能够成功运作的基本条件和关键因素。

2)SPC 与项目结合

SPC 要寻找可以进行资产证券化融资的对象。一般，项目所依附的资产只要在未来一定时期内能带来现金收入，就可以进行 ABS 融资。未来的现金收入可以是房地产的未来租金收入，飞机、汽车等未来运营的收入，项目产品出口贸易收入，航空、港口及铁路的未来运费收入，收费公路及其他公用设施收费收入，税收及其他财政收入等。拥有这种未来现金流量所有权的企业(项目公司)成为原始权益人。这些未来现金流量所代表的资产，是 ABS 融资模式的物质基础。

SPC 与项目结合，就是以合同、协议等方式将原始权益人所拥有的项目资产的未来现金收入权利转让给 SPC，转让的目的在于将原始权益人本身的风险割断。这样，SPC 进行 ABS 模式融资时，其融资风险仅与项目资产未来现金收入有关，而与工程项目原始权益人本身的风险无关。在实际操作中，为了确保这种风险完全隔断，SPC 一般要求原始权益人或有关机构提供充分的担保。

3)利用信用增级手段使项目资产获得预期的信用等级

调整项目资产现有的财务结构，可以使项目融资债券达到投资级水平，达到 SPC 关于承包 ABS 债券的条件要求。SPC 通过提供专业化的信用担保进行信用升级。信用增级的途径有利用信用证开设现金担保账户、直接进行金融担保等。之后，委托资信评估机构对即将发行的经过担保的 ABS 债券在还本付息能力、项目资产的财务结构、担保条件等方面进行信用评级，确定 ABS 债券的资信等级。

4)SPC 发行债券

SPC 直接在资本市场上发行债券募集资金，或者通过信用担保，由其他机构组织债券发行，并将通过发行债券筹集的资金用于工程项目建设。由于 SPC 一般均获得国际权威性资信评估机构的 AAA 级或 AA 级信用等级，则由其发行的债券或通过其提供信用担保的债券，也具有相应的信用等级。这样，SPC 就可以借助该优势在国际高等级投资证券市场，以较低的融资成本发行债券，募集工程项目建设所需资金。

5)SPC 偿债

由于项目原始权益人已将项目资产的未来现金收入权利转让给 SPC，SPC 就能利用项目资产的现金流入量，清偿其在国际高等级投资证券市场上所发行债券的本息。

2. ABS 模式与 BOT/PPP 模式的区别

ABS 模式和 BOT /PPP 模式都适用于基础设施项目融资，但两者的运作及对经济的影响等存在较大差异，如表 2-2-2 所示。

1)运作繁简程度与融资成本不同

BOT /PPP 模式的操作复杂、难度大。采用 BOT /PPP 模式必须经过项目确定、项目准备、招标、谈判、合同签署、建设、运营、维护、移交等阶段，涉及政府特许以及外汇担保等诸多环节，牵扯的范围广，不易实施，其融资成本也因中间环节多而增高。ABS 模式只涉及原始权益人、特定用途公司 SPC、投资者、证券承销商等几个主体，无须政府的特许及外汇担保，是一种主要通过民间非政府途径运作的融资方式。ABS 模式操作简单，融资成本低。

2)项目所有权、运营权不同

BOT /PPP 项目的所有权、运营权特许于项目公司,特许期届满,所有权将移交给政府。因此通过外资 BOT /PPP 模式进行基础设施项目融资可以引进国外先进的技术和管理,但会使外商掌握项目控制权。而 ABS 模式在债券发行期内,项目资产的所有权属于 SPC,项目的运营决策权属于原始权益人,原始权益人有义务将项目的现金收入支付给 SPC,待债券到期,用资产产生的收入还本付息后,资产的所有权复归原始权益人。因此,利用 ABS 模式进行基础设施项目国际融资,可以使项目所在国保持对项目运营的控制,但不能得到国外先进的技术和管理经验。

3)投资风险不同

BOT /PPP 项目的投资人一般都为企业或金融机构,其投资是不能随便放弃和转让的,每一个投资者承担的风险相对较大。而 ABS 项目的投资人是国际资本市场上的债券购买者,数量众多,从而极大地分散了投资风险。同时,这种债券可在二级市场流通,并经过信用增级降低投资风险,这对投资者有很强的吸引力。

4)适用范围不同

BOT /PPP 模式是非政府资本介入基础设施领域,其实质是 BOT /PPP 项目在特许期内的民营化,因此某些关系国计民生的要害部门是不能采用 BOT /PPP 模式的。ABS 模式则不同,在债券发行期间,项目的资产所有权虽然归 SPC 所有,但项目经营决策权依然归原始权益人所有。因此运用 ABS 模式不必担心重要项目被外商控制。例如,不能采用 BOT /PPP 模式的重要铁路干线、大规模发电厂等重大基础设施项目,都可以考虑采用 ABS 模式。相比而言,在基础设施领域,ABS 模式的应用范围要比 BOT /PPP 模式广泛。

表 2-2-2 ABS 模式与 BOT/PPP 模式的区别

项目	BOT/PPP 模式	ABS 模式
运作繁简程度与融资成本不同	BOT/PPP 模式的操作复杂、难度大	ABS 模式的操作简单,融资成本低
项目所有权、运营权不同	项目的所有权、运营权在特许期内属于项目公司,特许期届满,所有权将移交给政府	债券发行期内,项目资产的所有权属于 SPC,项目的运营决策权则属于原始权益人
投资风险不同	风险相对较大	风险相对较小
适用范围不同	关系国计民生的要害部门不能采用	应用范围比 BOT/PPP 模式广泛

二、业主方项目组织模式

业主或建设单位是工程项目管理的核心,在工程项目管理中占主导地位。如果业主或建设单位自身组织机构完善、专业水平高、管理力量强大,则业主或建设单位可自行实施业主方项目管理。否则,业主或建设单位需要委托专业化、社会化咨询机构或项目管理机构实施项目管理承包或工程代建。

(一)项目管理承包(PMC)

项目管理承包(project management contract)是指业主聘请专业工程公司或咨询公司,代表其在项目实施全过程或其中若干阶段进行项目管理。被聘请的工程公司或咨询公司被称为项目管理承包商(project management contractor)。采用 PMC 管理模式时,业主仅需保留很少部分项目管理力量对一些关键问题进行决策,绝大部分项目管理工作均由项目管理承包商承担。

1. PMC 类型

按照工作范围不同，项目管理承包(PMC)可分为三种类型。

(1)项目管理承包商代表业主进行项目管理，同时承担部分工程的设计、采购、施工(EPC)工作。这对项目管理承包商而言，风险高，相应的利润、回报也较高。

(2)项目管理承包商作为业主项目管理的延伸，只是管理 EPC 承包商而不承担任何 EPC 工作。这对项目管理承包商而言，风险和回报均较低。

(3)项目管理承包商作为业主顾问，对项目进行监督和检查，并及时向业主报告工程进展情况。这对项目管理承包商而言，风险最低，接近于零，但回报也低。

2. PMC 工作内容

在 PMC 管理模式下，项目管理承包商派出的项目管理人员与业主代表组成一个完整的管理组织进行项目管理，该项目管理组织有时也被称为一体化项目管理团队(integrated project management team, IPMT)，如图 2-2-7 所示。

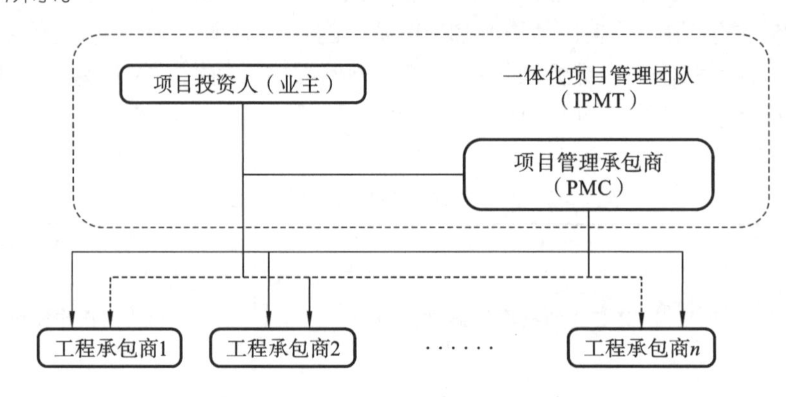

图 2-2-7　一体化项目管理团队示意图

按照国际上流行的项目阶段划分方式，工程项目采用 EPC 总承包模式时可分为项目前期和项目实施两个阶段，项目管理承包商在项目进展的不同阶段承担不同工作内容。

1)项目前期阶段的工作内容

项目管理承包商的主要任务是代表业主进行项目管理。具体内容：项目建设方案优化；组织项目风险识别和分析，并制订项目风险应对策略；提供融资方案并协助业主进行融资；提出项目应统一遵循的标准及规范；组织或完成基础设计、初步设计和总体设计；协助业主完成政府的相关审批工作；提出项目实施方案，完成项目投资估算；提出材料、设备清单及供货厂家名单；编制 EPC 招标文件，进行 EPC 投标人资格预审，并完成 EPC 评标工作。

2)项目实施阶段的工作内容

中标的 EPC 总承包商进行项目的详细设计，并进行采购和施工工作。项目管理承包商的主要任务是代表业主进行协调和监督工作。具体内容：进行设计管理，协调有关技术条件；完成项目总体中某些部分的详细设计；实施采购管理，并为业主负责的采购提供服务；配合业主进行生产准备、组织试运行和验收；向业主移交项目文件资料。

(二)工程代建制

根据《国务院关于投资体制改革的决定》(国发〔2004〕20 号)，政府投资的非经营性项目应加快推行“代建制”，即通过招标等方式，选择专业化的项目管理单位负责建设实施，严格控制项目投资、质量和工期，竣工验收后移交给使用单位。由此可见,代建制是一种针对非经营性政府投资项目的建设实施组织方式,专业化的工程项目管理单位作为代建单位在工程项目建设过程中按照委托合同的约定代行建设单位职责。

1. 工程代建性质

工程代建的性质是工程建设的管理和咨询,与工程承包不同。在项目建设期间,工程代建单位不存在经营性亏损或盈利,通过与政府投资管理机构签订代建合同,只收取代理费、咨询费。如果在项目建设期间节省了投资,工程代建单位可按合同约定从节约的投资中提取一部分作为奖金。

工程代建单位不参与工程项目前期的策划决策和建成后的经营管理,也不对投资收益负责。工程项目代建合同生效后,为了保证政府投资的合理使用,代建单位须提交工程概算投资10%左右的履约保函。如果代建单位未能完全履行代建合同义务,擅自变更建设内容、扩大建设规模、提高建设标准,致使工期延长、投资增加或工程质量不合格,应承担所造成的损失或投资增加额,由此可见,代建单位要承担相应的管理、咨询风险,这与计划经济时期工程建设指挥部管理有本质区别。

2. 工程代建制与项目法人责任制的区别

1)项目管理责任范围不同

对于实施项目法人责任制的项目,项目法人的责任范围覆盖工程项目策划决策及建设实施过程,包括项目策划、资金筹措、建设实施、运营管理、贷款偿还及资产的保值增值。而对于实施工程代建制的项目,代建单位的责任范围只是在工程项目建设实施阶段。

2)项目建设资金责任不同

对于实施项目法人责任制的项目,项目法人需要在项目建设实施阶段负责筹措建设资金,并在项目建成后的运营期间偿还贷款及对投资方的回报。而对于实施工程代建制的项目,代建单位不负责建设资金的筹措,因此也不负责偿还贷款。

3)项目保值增值责任不同

对于实施项目法人责任制的项目,项目法人需要在项目全生命周期内负责资产的保值增值。而对于实施工程代建制的项目,代建单位仅负责项目建设期间资金的使用,在批准的投资范围内保证工程项目实现预期功能,使政府投资效益最大化,不负责项目运营期间的资产保值增值。

4)适用的工程对象不同

项目法人责任制适用于政府投资的经营性项目,而工程代建制适用于政府投资的非经营性项目(主要是公益性项目)。

三、项目承发包模式

(一)DBB模式

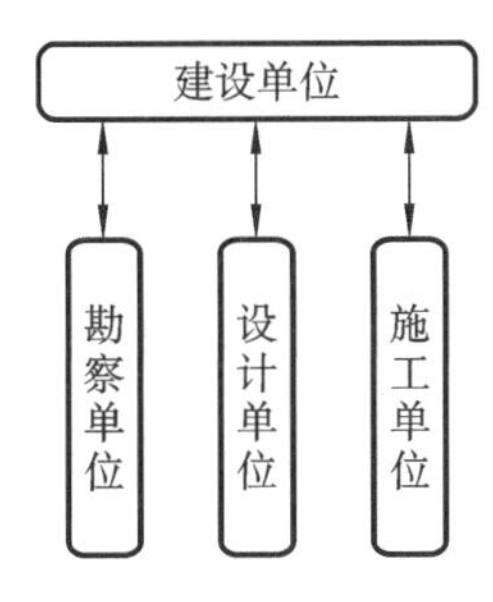

图 2-2-8　DBB模式示意图

DBB(design-bid-build)是一种较传统的项目承发包模式,即建设单位分别与工程勘察设计单位、施工单位签订合同,工程项目勘察设计、施工任务分别由工程勘察设计单位、施工单位完成,如图2-2-8所示。DBB模式主要体现的是专业化分工,我国大部分工程项目都采用这种实施方式。

在传统的DBB模式下,工程设计单位、施工单位分别根据工程设计合同、施工合同向建设单位负责,工程设计单位与施工单位之间没有合同关系,只是

协作关系。经建设单位同意,工程设计单位、施工单位可将其部分任务分包给专业设计单位、施工单位。

采用 DBB 模式的优点:建设单位、设计单位、施工总承包单位及分包单位在合同约束下,各自行使其职责和履行义务,责权利分配明确;建设单位直接管理工程设计和施工,指令易贯彻。而且由于该模式应用广泛、历史长,相关管理方法较成熟,工程参建各方对有关程序都比较熟悉。

采用 DBB 模式的不足:工程设计、招标、施工按顺序依次进行,建设周期长;施工单位无法参与工程设计,设计的可施工性差,导致设计与施工的协调困难,设计变更频繁,可能使建设单位利益受损。此外,由于工程的责任主体较多,包括设计单位、施工单位、材料设备供应单位等,一旦工程项目出现问题,建设单位不得不分别面对这些参与方,容易出现互相推诿,协调工作量大的现象。

(二)DB/EPC 模式

DB(design-build)、EPC(engineering procurement construction)在我国均称为工程总承包模式。DB(设计-建造)模式是指从事工程总承包的单位受建设单位委托,按照合同约定,承担工程设计和施工任务。在 EPC(设计-采购-施工)模式中,工程总承包单位还要负责材料设备的采购工作。DB/EPC 模式能够为建设单位提供工程设计和施工全过程服务,在国际上较为流行,近年来在我国逐渐被认识并得到推广应用。

工程总承包单位(或联合体)负责整个工程项目建设实施,可以发挥其自身优势完成工程项目设计、采购及施工的全部或一部分,也可以选择合格的分包单位来完成相关工作。总分包合同结构示意图如图 2-2-9 所示。DB/EPC 模式对工程总承包单位的综合实力和管理水平有较高要求。

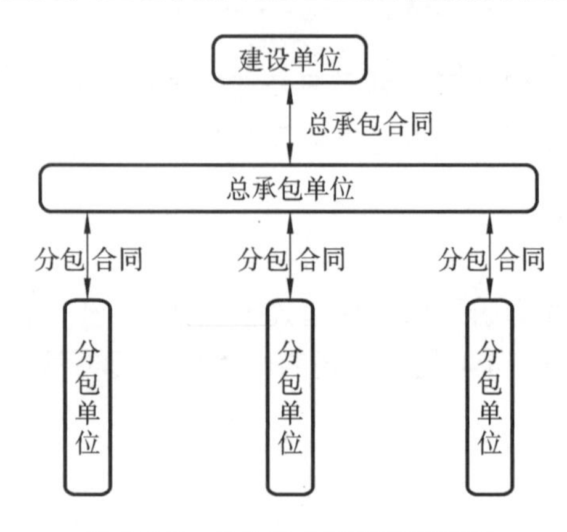

图 2-2-9 总分包合同结构示意图

1. DB/EPC 模式的优点

1)有利于缩短建设工期

采用 DB/EPC 模式时,工程设计和施工任务均由工程总承包单位负责,可使工程设计与施工之间的沟通问题得到极大改善。此外,DB/EPC 模式能够使工程总承包单位在全部设计完成之前便开始其他工作,如材料设备采购以及某些可以与设计工作并行的施工工作等,这样,可在很大程度上缩短建设工期。

2)便于建设单位提前确定工程造价

采用 DB/EPC 模式时,建设单位与工程总承包单位之间通常签订总价合同,这样,建设单位在工程项目实施初期就可以确定工程总造价,便于控制工程总造价。此外,工程总承包单位负责工程的总体控制,有利于减少工程变更,将工程造价控制在预算范围内。

3)使工程项目责任主体单一化

采用 DB/EPC 模式时,工程总承包单位负责工程设计和施工,减少了工程实施中争议和索赔的数量。同时,工程设计与施工责任主体的一体化,能够激励工程总承包单位更加注意整个工程项目的质量。

4)可减轻建设单位合同管理的负担

采用 DB/EPC 模式时,与建设单位直接签订合同的工程参建方减少,建设单位的协调工作量减少,合同管理工作量也大大减少。

2. DB/EPC 模式的不足

1)道德风险高

由工程总承包单位同时负责工程设计与施工,与传统的 DBB 模式相比,建设单位对工程项目的控制要弱一些，有可能会发生工程总承包单位为节省资金而采取一些不恰当的行为的现象。同时，由于建设单位倾向于将大量的风险转移给工程总承包单位，因此当风险发生而导致损失时，工程总承包单位有可能通过降低工程质量等行为来弥补损失。

2）建设单位前期工作量大

工程总承包单位的技术水平和职业道德将直接影响工程的成败，因此，建设单位为了慎重选择工程总承包单位，不得不在项目招标和评标阶段花费大量的时间和精力对投标单位进行评审，这使得项目的初期投入加大。

3）工程总承包单位报价高

采用 DB/EPC 模式时，工程总承包单位的风险会增加，为应对工程项目的实施风险，工程总承包单位会提高报价，最终会导致整个工程造价增加。

（三）CM 模式与 Partnering 模式

1. CM(construction management)模式

CM 模式是指建设单位委托一家 CM 单位承担项目管理工作，该 CM 单位以承包商的身份进行施工管理，并在一定程度上影响工程设计活动，组织快速路径(fast-track)的生产方式，使工程项目实现有条件的“边设计、边施工”。CM 模式特别适用于实施周期长、工期要求紧迫的大型复杂工程项目。采用 CM 模式，不仅有利于缩短工程项目建设周期，而且有利于控制工程质量和造价。

2. Partnering 模式

Partnering 模式近年来日益受到工程项目管理界的重视。我国将“partnering”译为伙伴关系，Partnering 模式不是一种独立存在的模式，它通常需要与工程项目其他承包模式中的某一种结合使用。Partnering 模式的主要特征表现在以下几个方面。

1）出于自愿

Partnering 协议并不仅仅是建设单位与承包单位双方之间的协议，而需要工程项目参建各方共同签署，包括建设单位、总承包单位、主要的分包单位、设计单位、咨询单位、主要的材料设备供应单位等。参与 Partnering 模式的有关各方必须完全自愿，而非出于任何原因的强迫。

2）高层管理者参与

Partnering 模式的实施需要突破传统的观念和组织界限，因此，工程项目参建各方高层管理者参与，以及在高层管理者之间达成共识，对于该模式的顺利实施是非常重要的。

3）Partnering 协议不是法律意义上的合同

Partnering 协议与工程合同是两个完全不同的文件，在工程合同签订后，工程参建各方经过讨论协商才会签署 Partnering 协议。该协议并不改变参建各方在有关合同中规定的权利和义务，只是用来确定参建各方在工程建设过程中的共同目标、任务分工和行为规范。

4）信息开放

Partnering 模式强调资源共享，信息作为一种重要资源，必须对工程项目参建各方公开。同时，工程项目参建各方要保持及时、经常和开诚布公的沟通。

本节课后习题

1.[单选]下列项目融资模式中,通过已建成项目为其他新项目进行融资的是(　　)。

A. TOT 模式

B. BT 模式

C. BOT 模式

D. PFI 模式

答案:A

2.[单选]关于项目融资模式的 ABS 模式的特点的说法,正确的是(　　)。

A. 项目经营权与决策权属特殊目的机构(SPC)

B. 债券存续期内资产所有权归特殊目的机构(SPC)

C. 项目资金主要来自项目发起人的自有资金和银行贷款

D. 复杂的项目融资过程增加了融资成本

答案:B

3.[单选]采用 ABS 模式进行项目融资的物质基础是(　　)。

A. 债券发行机构的注册资金

B. 项目原始权益人的全部资产

C. 债券承销机构的担保资产

D. 具有可靠未来现金流量的项目资产

答案:D

4.[单选]下列关于 PMC 的说法,正确的是(　　)。

A. PMC 指项目管理咨询公司代理业主或承包商进行项目管理

B. PMC 模式中项目管理承包商参与项目全生命周期管理

C. 采用 PMC 管理模式时,绝大部分项目管理工作由项目管理承包商承担

D. 采用 PMC 管理模式时,项目管理承包商承担了业主的大部分风险

答案:C

5.[单选]PMC 模式下,项目管理承包商在项目前期阶段的工作内容是指(　　)。

A. 进行设计管理,协调有关技术条件

B. 完成项目总体中某些部分的详细设计

C. 组织项目风险识别和分析,并制订项目风险应对策略

D. 实施采购管理,并为业主负责的采购提供服务

答案:C

6.[多选]下列关于工程代建制的说法,正确的是(　　)。

A. 在项目建设期间,工程代建单位不存在经营性亏损或盈利

B. 在项目建设期间,工程代建单位不承担任何风险

C. 工程代建单位可能获得一部分投资节约奖励

D. 工程代建单位通常参与项目的决策与实施工作

E. 工程代建单位不对投资收益负责

答案:ACE

7.[单选]DBB 模式的特点是(　　)。

A. 责权利分配明确,指令易贯彻

B. 不利于控制工程质量
C. 业主组织管理简单
D. 工程造价控制难度小
答案:A
8. [多选]DB/EPC 模式的特点有(　　)。
A. 有利于缩短建设工期
B. 业主合同结构简单,组织协调工作量小
C. 业主选择总承包商的范围大,合同总价较低
D. 便于建设单位提前确定工程造价
E. 承包商内部增加了控制环节,有利于控制工程质量
答案:ABDE
9. [多选]以下对 CM 模式特点的描述,正确的是(　　)。
A. 有利于业主选择承包商
B. 有利于缩短建设工期
C. 有利于控制工程造价
D. 有利于控制工程质量
E. 特别适用于实施周期长、工期要求紧迫的大型复杂工程项目
答案:BCDE
10. [单选]关于 Partnering 模式的说法,正确的是(　　)。
A. Partnering 协议是业主与承包商之间的协议
B. Partnering 模式是一种独立存在的承发包模式
C. Partnering 模式特别强调工程参建各方基层人员的参与
D. Partnering 协议不是法律意义上的合同
答案:D

第三节 各阶段的工程造价

一、工程造价的含义

工程造价是工程项目在建设期预计或实际投产所需的建设费用,是指工程项目从投资决策到竣工投产所需的建设费用。工程造价按照工程项目所指范围的不同,可以指一个建设项目的工程造价,即建设项目所有建设费用的总和,如建设投资和建设期利息之和;也可以指建设费用的某个组成部分,即一个或多个单项工程或单位工程的造价,以及一个或多个分部分项工程的造价,如建筑安装工程费用、安装工程费用、幕墙工程造价。

工程造价在工程建设的不同阶段有不同的称谓,如投资决策阶段为投资估算,设计阶段为设计概算、施工图预算,招标阶段为最高投标限价、投标报价、合同价,施工阶段为竣工结算等。

二、各阶段工程造价的关系

在建设工程的各个阶段，工程造价分别通过投资估算、设计概算、施工图预算、最高投标限价、合同价、工程结算进行确定与控制。建设项目是一个从抽象到实际的建设过程，工程造价也从投资估算阶段的投资预计，到竣工决算的实际投资，形成最终的建设工程的实际造价。从估算到决算，工程造价的确定与控制存在相互独立又相互关联的关系。

建设工程项目从立项论证到竣工验收、交付使用的整个周期，是工程建设各阶段工程造价由表及里、由粗到精、逐步细化、最终形成的过程，它们相互联系、相互印证，具有密不可分的关系。工程建设各阶段的工程造价关系示意图如图 2-3-1 所示。

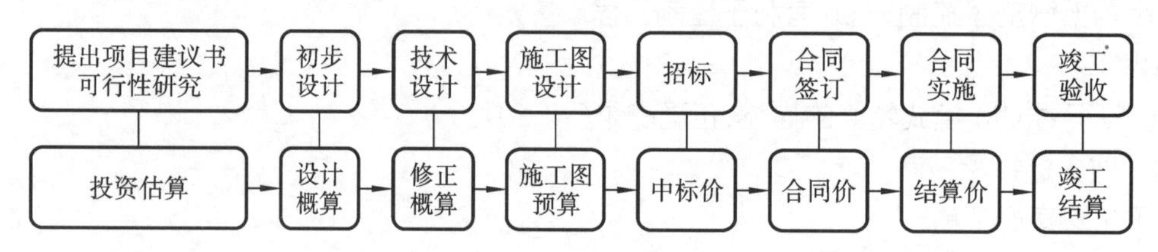

图 2-3-1　工程建设各阶段的工程造价关系示意图

三、各阶段工程造价的控制

(一)控制的原则

1. 以决策阶段和设计阶段为重点的建设全过程造价控制

工程造价控制贯穿于项目建设全过程，但是必须重点突出。很显然，工程造价控制的关键在于施工前的投资决策和设计阶段，项目策划决策正确与否，直接关系到工程建设的成败，关系到工程造价高低及投资效果，而在项目做出投资决策后，控制工程造价的关键就在于设计。建设工程全生命费用包括工程造价和工程交付使用后的经常开支费用(含经营费用、日常维护修理费用、使用期内大修理和局部更新费用)，以及该项目使用期满后的报废拆除费用等。据分析，设计费一般只占建设工程全生命费用的 1%以下，但这少于1%的费用对工程造价的影响很大。由此可见，设计的好坏对整个工程建设的效益是至关重要的。要有效地控制工程造价，就要坚决把控制重点转到建设前期阶段上来。

2. 主动控制以取得令人满意的结果

20 世纪 70 年代初开始，人们将系统论和控制论的研究成果用于项目管理后，将控制立足于事先主动地采取决策措施，以尽可能减少，甚至避免目标值与实际值的偏离，这是主动的、积极的控制方法，因此被称为主动控制。也就是说，我们的工程造价控制工作，不应仅反映投资决策，反映设计、发包和施工等，被动控制工程造价，更应积极作为，能动地影响投资决策，影响设计、发包和施工，主动控制工程造价。

3. 技术与经济相结合是控制工程造价最有效的手段

要有效地控制工程造价，应从组织、技术、经济等多方面采取措施。从组织上采取的措施包括明确项目组织结构、明确造价控制者及其任务、明确管理职能分工；从技术上采取的措施包括重视设计多方案选择，严格审查监管初步设计、技术设计、施工图设计、施工组织设计，深入技术领域研究节约投资的可能；从经济上采取的措施包括动态地比较造价的计划值和实际值、严格审核各项费用支出、采取对节约投资的有力奖励措施等。

技术与经济相结合是控制工程造价最有效的手段。由于工作分工与责任主体的不同，在工程建设领域，技术与经济往往不能有效统一。工程技术人员以提高专业技术水平和专业工作技能为核心目标，对工程的质量和性能尤其关心，往往忽视工程造价，片面追求技术绝对先进而脱离实际应用情况，不仅导致工程造价高昂，也是一种功能浪费。这就迫切需要以提高工程投资效益为目的，在工程建设过程中把技术与经济有机结合，通过技术比较、经济分析和效果评价，正确处理技术先进与经济合理的对立统一关系，力求在技术先进条件下的经济合理，在经济合理的基础上的技术先进，把控制工程造价观念渗透到各项设计和施工技术措施之中。

工程造价的确定和控制之间，存在相互依存、相互制约的辩证关系。首先，工程造价的确定是工程造价控制的基础和载体。没有造价的确定，就没有造价的控制；没有造价的合理确定，也就没有造价的有效控制。其次，造价的控制高于工程造价确定的全过程，造价的确定过程也就是造价的控制过程，只有通过逐项控制、层层控制才能最终合理确定造价。最后，确定造价和控制造价的最终目的是一致的。即合理使用建设资金，提高投资效益，遵循价值规律和市场运行机制，维护有关各方合理的经济利益。可见，二者相辅相成。

(二)控制的主要内容

为了做好建设工程造价的有效控制，造价人员要把握好工程建设各阶段的工程重点，充分认识各阶段的控制重点和关键环节。

1. 项目决策阶段

项目决策阶段工程造价控制的主要内容为根据拟建项目的功能要求和使用要求，做出项目定义，并按照项目规划的要求、内容以及项目分析和研究的不断深入，确定投资估算的总额，将投资估算的误差率控制在允许的范围之内。

投资估算对工程造价起指导性和总体控制的作用。在投资决策过程中，特别是从工程规划阶段开始，预先对工程投资额度进行估算，有助于业主对工程建设各项技术经济方案做出正确决策，从而对今后工程造价的控制起到决定性的作用。

2. 初步设计阶段

初步设计阶段工程造价控制的主要内容为运用设计标准与标准设计、价值工程和限额设计方法等，以可行性研究报告中被批准的投资估算为工程造价目标值，控制和优化初步设计，以满足投资控制目标的要求。

初步设计阶段是仅次于项目决策阶段的影响投资的关键，为了避免浪费，采取方案比选、限额设计等是控制工程造价的有力措施。强调限额设计并不意味着一味追求节约资金，而是体现了尊重科学、实事求是的态度，保证设计科学合理，以进一步优化设计方案。

初步设计是工程设计投资控制的最关键环节，经批准的设计概算是工程造价控制的最高限额，也是控制工程造价的主要依据。

3. 施工图设计阶段

施工图设计阶段造价控制的主要内容为以被批准的设计概算为控制目标，应用限额设计、价值工程等方法进行施工图设计，通过对设计过程中形成的工程造价层层限额把关，以实现工程项目设计阶段的工程造价控制目标。

4. 工程施工招标阶段

工程施工招标阶段造价控制的主要内容为以工程设计文件(包括概算、预算)为依据,结合工程施工的具体情况,如现场条件、市场价格、业主的特殊要求等,按照招标文件的规定,编制工程量清单和最高投标限价,明确合同计价方式,初步确定工程的合同价。

业主通过施工招标这个经济手段,择优选定承包商,不仅有利于确保工程质量和缩短工期,更有利于降低工程造价,是工程造价控制的重要手段。施工招标应根据工程建设的具体情况和条件,采用合适的招标形式,编制招标文件应符合法律法规,内容齐全,前后一致,避免出错和遗漏。评标前要明确评标原则。招标工作的最终结果,是实现工程发承包双方签订施工合同。

5. 工程施工阶段

工程施工阶段造价控制的主要内容为以工程合同价等为控制依据,通过控制工程变更、风险管理等方法,按照承包人实际应予计量的工程量,并考虑物价上涨、工程变更等因素,合理确定进度款和结算款,控制工程费用的支出。

施工阶段是工程造价的执行和完成阶段。技术人员在施工中通过跟踪管理,掌握发承包双方的实际履约行为的第一手资料,经过动态纠偏,及时发现和解决施工中的问题,有效地控制工程质量、进度和造价。事前控制的工作重点是控制工程变更和防止发生索赔。施工阶段要做好工程计量与结算,做好与工程造价相统一的质量、进度等各方面的事前、事中、事后控制。

6. 竣工验收阶段

全面汇总工程建设中的全部实际费用,编制竣工结算与决算,如实体现建设项目的工程造价,并总结经验,积累技术经济数据和资料,不断提高工程造价管理水平。

本节课后习题

1.[单选]根据工程建设各阶段工程造价的关系,在技术设计阶段采用的计价为(　　)。

A. 设计概算
B. 结算价
C. 修正概算
D. 施工图预算
答案:C

2.[单选]建设工程项目投资决策完成后,控制工程造价的关键在于(　　)。
A. 工程设计
B. 工程招标
C. 工程施工
D. 工程结算
答案:A

3.[单选]为了有效地控制工程造价,应将工程造价管理的重点放在工程项目的(　　)阶段。
A. 初步设计和招标
B. 施工图设计和预算
C. 策划决策和设计
D. 方案设计和概算
答案:C

4.[单选]为了有效地控制建设工程造价，造价工程师可采取的组织措施是(　　)。
A. 重视工程设计多方案的选择
B. 明确造价控制者及其任务
C. 严格审查施工组织设计
D. 严格审核各项费用支出
答案:B
5.[单选]建设工程造价的最高限额是按照有关规定编制并经有关部门批准的(　　)。
A. 投资估算
B. 施工图预算
C. 施工标底
D. 设计概算
答案:D

第四节
工程造价相关法律法规

一、《中华人民共和国建筑法》相关内容

《中华人民共和国建筑法》建筑许可条款如表 2-4-1 所示。

表 2-4-1　《中华人民共和国建筑法》建筑许可条款

施工许可	申领	除国务院建设行政主管部门确定的限额以下的小型工程外，建筑工程开工前，建设单位应当按照国家有关规定向工程所在地县级以上人民政府建设行政主管部门申请领取施工许可证。按照国务院规定的权限和程序批准开工报告的建筑工程，不再领取施工许可证。申请领取施工许可证，应当具备如下条件： ①已办理建筑工程用地批准手续； ②依法应当办理规划许可证的，已经取得规划许可证； ③需要拆迁的，其拆迁进度符合施工要求； ④已经确定建筑施工单位； ⑤有满足施工需要的资金安排、施工图纸及技术资料； ⑥有保证工程质量和安全的具体措施
	有效限期	建设单位应当自领取施工许可证之日起 3 个月内开工。因故不能按期开工的，应当向发证机关申请延期；延期以两次为限，每次不超过 3 个月。既不开工又不申请延期或者超过延期时限的，施工许可证自行废止
	中止施工和恢复施工	在建的建筑工程因故中止施工的，建设单位应当自中止施工之日起 1 个月内，向发证机关报告，并按照规定做好建设工程的维护管理工作。建筑工程恢复施工时，应当向发证机关报告；中止施工满 1 年的工程恢复施工前，建设单位应当报发证机关核验施工许可证。按照国务院有关规定批准开工报告的建筑工程，因故不能按期开工或者中止施工的，应当及时向批准机关报告情况。因故不能按期开工超过 6 个月的，应当重新办理开工报告的批准手续

续表

从业资格	单位资质	从事建筑活动的施工企业、勘察单位、设计单位和监理单位，按照其拥有的注册资本、专业技术人员、技术装备、已完成的建筑工程业绩等资质条件，划分为不同的资质等级，经资质审查合格，取得相应等级的资质证书后，方可在其资质等级许可的范围内从事建筑活动
	专业技术人员资格	从事建筑活动的专业技术人员应当依法取得相应的职业资格证书，并在职业资格证书许可的范围内从事建筑活动

《中华人民共和国建筑法》建筑工程发包与承包条款如表 2-4-2 所示。

表 2-4-2 《中华人民共和国建筑法》建筑工程发包与承包条款

建筑工程发包		建筑工程发包分为招标发包和直接发包两类。提倡对建筑工程实行总承包，禁止将建筑工程肢解发包。建筑工程的发包单位可以将建筑工程的勘察、设计、施工、设备采购一并发包给一个工程总承包单位。但是，不得将应当由一个承包单位完成的建筑工程肢解成若干部分发包给几个承包单位。按照合同约定，建筑材料、建筑构配件和设备由工程承包单位采购的，发包单位不得指定承包单位购入用于工程的建筑材料、建筑构配件和设备或者指定生产厂、供应商
建筑工程承包	承包资质	承包建筑工程的单位应当持有依法取得的资质证书，并在其资质等级许可的业务范围内承揽工程。禁止建筑施工企业超越本企业资质等级许可的业务范围或者以任何形式用其他建筑施工企业的名义承揽工程。禁止建筑施工企业以任何方式允许其他单位或个人使用本企业的资质证书、营业执照，以本企业的名义承揽工程
	联合承包	大型建筑工程或结构复杂的建筑工程，可以由两个以上的承包单位联合共同承包。共同承包的各方对承包合同的履行承担连带责任。两个以上不同资质等级承包的单位实行联合共同承包的，应当按照资质等级低的单位的业务许可范围承揽工程
	工程分包	建筑工程总承包单位可以将承包工程中的部分工程发包给具有相应资质条件的分包单位。但是，除总承包合同中约定的分包外，必须经建设单位认可。实行施工总承包的工程，建筑工程主体结构的施工必须由总承包单位自行完成。建筑工程总承包单位按照总承包合同的约定对建设单位负责，分包单位按照分包合同的约定对总承包单位负责。总承包单位和分包单位就分包工程对建设单位承担连带责任
	禁止行为	禁止总承包单位将其承包的全部建筑工程转包给他人，或将其承包的全部建筑工程肢解以后以分包的名义分别转包给他人。禁止总承包单位将工程分包给不具备资质条件的单位。禁止分包单位将其承包的工程再分包

二、《建设工程质量管理条例》相关内容

《建设工程质量管理条例》部分条款如表 2-4-3 所示。

表 2-4-3 《建设工程质量管理条例》部分条款

建设单位的质量责任和义务	建设单位应当将工程发包给具有相应资质等级的单位。建设单位不得将建设工程肢解发包

续表

<table>
<tr><td rowspan="2">施工单位的
质量责任和义务</td><td>工程施工</td><td>施工单位对建设工程的施工质量负责</td></tr>
<tr><td>质量检验</td><td></td></tr>
<tr><td>工程监理单位的
质量责任和义务</td><td colspan="2">工程监理单位应当选派具备相应资格的总监理工程师和监理工程师进驻施工现场。监理工程师应当按照工程监理规范的要求，采取旁站、巡视和平行检验等形式，对建设工程实施监理</td></tr>
<tr><td>建设工程质量保修</td><td colspan="2">建设工程实行质量保修制度。建设工程的保修期，自竣工验收合格之日起计算。在正常使用条件下，建设工程的最低保修期限如下：
①基础设施工程、房屋建筑的地基基础工程和主体结构工程，为设计文件规定的该工程的合理使用年限；
②屋面防水工程、有防水要求的卫生间、房间和外墙面的防渗漏，为5年；
③供热与供冷系统，为2个采暖期、供冷期；
④电气管道、给排水管道、设备安装和装修工程，为2年。
其他工程的保修期限由发包方与承包方约定</td></tr>
</table>

三、《建设工程安全生产管理条例》相关内容

《建设工程安全生产管理条例》部分条款如表2-4-4所示。

表2-4-4 《建设工程安全生产管理条例》部分条款

<table>
<tr><td>建设单位的
安全责任</td><td colspan="2">建设单位在编制工程概算时，应当确定建设工程安全作业环境及安全施工措施所需费用</td></tr>
<tr><td rowspan="3">施工单位的安全责任</td><td>安全生产
责任制度</td><td>施工单位主要负责人依法对本单位的安全生产工作全面负责</td></tr>
<tr><td>安全生产
管理费用</td><td>施工单位对列入建设工程概算的安全作业环境及安全施工措施所需费用，应当用于施工安全防护用具及设施的采购和更新、安全施工措施的落实、安全生产条件的改善，不得挪作他用</td></tr>
<tr><td>安全技术措施和专项施工方案</td><td>施工单位应当在施工组织设计中编制安全技术措施和施工现场临时用电方案，对下列达到一定规模的危险性较大的分部分项工程编制专项施工方案，并附安全验算结果，经施工单位技术负责人、总监理工程师签字后实施，由专职安全生产管理人员进行现场监督：
①基坑支护与降水工程；
②土方开挖工程；
③模板工程；
④起重吊装工程；
⑤脚手架工程；
⑥拆除、爆破工程；
⑦国务院建设行政主管部门或者其他有关部门规定的其他危险性较大的工程。
上述所列工程中涉及深基坑、地下暗挖工程、高大模板工程的专项施工方案，施工单位还应当组织专家进行论证、审查</td></tr>
</table>

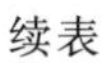

生产安全事故的应急救援和调查处理	生产安全事故应急救援	县级以上地方人民政府建设行政主管部门应当根据本级人民政府的要求，制订本行政区域内建设工程特大生产安全事故应急救援预案
	生产安全事故调查处理	实行施工总承包的建设工程，由总承包单位负责上报事故

四、《中华人民共和国招标投标法》相关内容

《中华人民共和国招标投标法》部分条款如表 2-4-5 所示。

表 2-4-5 《中华人民共和国招标投标法》部分条款

招标范围	在中华人民共和国境内进行下列工程建设项目（包括项目的勘察、设计、施工、监理以及与工程建设有关的重要设备、材料等的采购），必须进行招标： ①大型基础设施、公用事业等关系社会公共利益、公众安全的项目； ②全部或者部分使用国有资金投资或者国家融资的项目； ③使用国际组织或者外国政府贷款、援助资金的项目		
招标	招标方式	招标分为公开招标和邀请招标	
	招标文件	招标人对已发出的招标文件进行必要的澄清或者修改的，应当在招标文件要求提交投标文件截止时间至少 15 日前，以书面形式通知所有招标文件收受人。该澄清或者修改的内容为招标文件的组成部分	
	其他规定	招标人设有标底的，标底必须保密。招标人应当确定投标人编制投标文件所需要的合理时间。依法必须进行招标的项目，自招标文件开始发出之日起至投标人提交投标文件截止之日止，最短不得少于 20 日	
投标	投标文件	投标文件内容	根据招标文件载明的项目实际情况，投标人如果准备在中标后将中标项目的部分非主体、非关键工程进行分包的，应当在投标文件中载明。在招标文件要求提交投标文件的截止时间前，投标人可以补充、修改或者撤回已提交的投标文件，并书面通知招标人。补充、修改的内容为投标文件的组成部分
		投标文件送达	投标人应当在招标文件要求提交投标文件的截止时间前，将投标文件送达投标地点。招标人收到投标文件后，应当签收保存，不得开启。投标人少于 3 个的，招标人应当依照《中华人民共和国招标投标法》重新招标
	联合投标	两个以上法人或者其他组织可以组成一个联合体，以一个投标人的身份共同投标。联合体各方均应具备承担招标项目的相应能力。联合体各方应当签订共同投标协议，明确约定各方拟承担的工作和责任，并将共同投标协议连同投标文件一并提交给招标人。联合体中标的，联合体各方应当共同与招标人签订合同，就中标项目向招标人承担连带责任	

续表

开标、评标和中标	开标	开标应当在招标人的主持下，在招标文件确定的提交投标文件截止时间的同一时间、招标文件中预先确定的地点公开进行
	评标	评标由招标人依法组建的评标委员会负责。评标委员会经评审，认为所有投标都不符合招标文件要求的，可以否决所有投标。招标人也可以授权评标委员会直接确定中标人
	中标	招标人和中标人应当自中标通知书发出之日起30日内，按照招标文件和中标人的投标文件订立书面合同。招标人和中标人不得再订立背离合同实质性内容的其他协议。招标文件要求中标人提交履约保证金的，中标人应当提交

五、《中华人民共和国政府采购法》相关内容

《中华人民共和国政府采购法》部分条款如表2-4-6所示。

表2-4-6 《中华人民共和国政府采购法》部分条款

政府采购当事人	采购人采购纳入集中采购目录的政府采购项目，必须委托集中采购机构代理采购。采购未纳入集中采购目录的政府采购项目，可以自行采购，也可以委托集中采购机构在委托的范围内代理采购	
政府采购方式	政府采购可采用的方式有公开招标、邀请招标、竞争性谈判、单一来源采购、询价，以及国务院政府采购监督管理部门认定的其他采购方式。公开招标应作为政府采购的主要采购方式	
	公开招标	采购货物或服务应当采用公开招标方式的，其具体数额标准，属于中央预算的政府采购项目，由国务院规定；属于地方预算的政府采购项目，由省、自治区、直辖市人民政府规定
	邀请招标	符合下列情形之一的货物或服务，可以采用邀请招标方式采购： ①具有特殊性，只能从有限范围的供应商处采购的； ②采用公开招标方式的费用占政府采购项目总价值的比例过大的
	竞争性谈判	符合下列情形之一的货物或服务，可以采用竞争性谈判方式采购： ①招标后没有供应商投标或没有合格标的或重新招标未能成立的； ②技术复杂或性质特殊，不能确定详细规格或具体要求的； ③采用招标所需时间不能满足用户紧急需要的； ④不能事先计算出价格总额的
	单一来源采购	符合下列情形之一的货物或服务，可以采用单一来源方式采购： ①只能从唯一供应商处采购的； ②发生不可预见的紧急情况，不能从其他供应商处采购的； ③必须保证原有采购项目一致性或服务配套的要求，需要继续从原供应商处添购，且添购资金总额不超过原合同采购金额10%的
政府采购合同	政府采购合同应当采用书面形式。政府采购合同履行中，采购人需追加与合同标的相同的货物、工程或服务的，在不改变合同其他条款的前提下，可以与供应商协商签订补充合同，但所有补充合同的采购金额不得超过原合同采购金额的10%	

六、《中华人民共和国价格法》相关内容

《中华人民共和国价格法》部分条款如表 2-4-7 所示。

表 2-4-7 《中华人民共和国价格法》部分条款

经营者的价格行为	经营者享有如下权利： ①自主制定属于市场调节的价格； ②在政府指导价规定的幅度内制定价格； ③制定属于政府指导价、政府定价产品范围内的新产品的试销价格，特定产品除外； ④检举、控告侵犯其依法自主定价权利的行为
政府的定价行为	下列商品和服务价格，政府在必要时可以实行政府指导价或政府定价： ①与国民经济发展和人民生活关系重大的极少数商品价格； ②资源稀缺的少数商品价格； ③自然垄断经营的商品价格； ④重要的公用事业价格； ⑤重要的公益性服务价格。 政府应当依据有关商品或者服务的社会平均成本和市场供求状况、国民经济与社会发展要求以及社会承受能力，实行合理的购销差价、批零差价、地区差价和季节差价。制定关系群众切身利益的公用事业价格、公益性服务价格、自然垄断经营的商品价格时，应建立听证会制度，征求消费者、经营者和有关方面的意见

本节课后习题

1.［单选］根据《中华人民共和国建筑法》，获取施工许可证后因故不能按期开工的，建设单位应当申请延期，延期的规定是（　　）。

A. 以两次为限，每次不超过 2 个月

B. 以三次为限，每次不超过 2 个月

C. 以两次为限，每次不超过 3 个月

D. 以三次为限，每次不超过 3 个月

答案：C

2.［单选］根据《中华人民共和国建筑法》，在建的建筑工程因故中止施工的，建设单位应当自中止施工之日起（　　）个月内，向发证机关报告。

A. 1　　B. 2　　C. 3　　D. 6

答案：A

3.［单选］根据《建设工程质量管理条例》，在正常使用条件下，设备安装工程的最低保修期限是（　　）年。

A. 1　　B. 2　　C. 3　　D. 4

答案：B

4.［多选］根据《建设工程安全生产管理条例》，施工单位应当对达到一定规模的危险性较大的（　　）编制专项施工方案。

A. 土方开挖工

B. 钢筋工程

C. 模板工程

D. 混凝土工程

E. 脚手架工程

答案:ACE

5.[单选]根据《中华人民共和国招标投标法》,对于依法必须进行招标的项目,自招标文件开始发出之日起至投标人提交投标文件截止之日止,最短不得少于(　　)日。

A. 10　　B. 20　　C. 30　　D. 60

答案:B

6.[单选]下面属于政府采购的主要采购方式的是(　　)。

A. 公开招标　　B. 邀请招标　　C. 竞争性谈判　　D. 单一来源采购

答案:A

7.[多选]根据《中华人民共和国价格法》,政府应当依据有关商品或者服务的社会平均成本和市场供求状况、国民经济与社会发展要求以及社会承受能力,实行合理的(　　)。

A. 购销差价

B. 批零差价

C. 利税差价

D. 地区差价

E. 季节差价

答案:ABDE

8.[多选]根据《中华人民共和国价格法》,经营者有权制定的价格有(　　)。

A. 资源稀缺的少数商品价格

B. 自然垄断经营的商品价格

C. 属于市场调节的价格

D. 属于政府定价产品范围的新产品试销价格

E. 公益性服务价格

答案:CD

第3章 工程造价构成及计价方法

第一节 工程造价构成

一、建设项目总投资

(一)建设项目总投资的含义

建设项目总投资是为完成工程项目建设并达到使用要求或生产条件,在建设期内预计或实际投入的全部费用的总和。生产性建设项目总投资包括建设投资、建设期利息和流动资金三部分;非生产性建设项目总投资包括建设投资和建设期利息两部分。其中,建设投资和建设期利息之和对应于固定资产投资,固定资产投资与建设项目的工程造价在量上相等。

(二)建设项目总投资的构成

工程造价基本构成包括用于购买工程项目所含各种设备的费用,用于建筑施工和安装施工的费用,用于委托工程勘察设计的费用,用于获取土地使用权的费用,也包括用于建设单位自身进行项目筹建和项目管理的费用等。总之,工程造价是指在建设期预计或实际支出的建设费用。

工程造价的主要构成部分是建设投资,建设投资是为完成工程项目建设,在建设期内投入且形成现金流出的全部费用。根据国家发改委和建设部发布的《建设项目经济评价方法与参数(第三版)》(发改投资〔2006〕1325 号)的规定,建设投资包括工程费用、工程建设其他费用和预备费三部分。我国现行建设项目总投资构成如图 3-1-1 所示。

工程费用是指建设期内直接用于工程建造、设备购置及其安装的建设投资,可以分为建筑安装工程费用和设备及工具、器具购置费。工程建设其他费用是指建设期项目建设或运营必须发生的但不包括在工程费用中的费用。预备费是在建设期内因各种不可预见因素的变化而预留的可能增加的费用,包括基本预备费和价差预备费。

流动资金指为进行正常生产运营,用于购买原材料、燃料、支付工资及其他运营费用等的周转资金。流动资金在可行性研究阶段用于财务分析时计为全部流动资金,在初步设计及以后阶段用于计算“项目报批总投资”或“项目概算总投资”时计为铺底流动资金。铺底流动资金是指生产性建设项目为保证投产后正常的生产运营所需,并在项目资本金中筹措的自有流动资金。

二、设备及工具、器具购置费用的构成和计算

设备及工具、器具购置费用是由设备购置费和工具、器具及生产家具购置费组成的,是固定资产投资中的积极部分。在生产性建设项目中,设备及工具、器具购置费用占工程造价比重的增大,意味着生产技术的进步和资本有机构成的提高。

(一)设备购置费的构成和计算

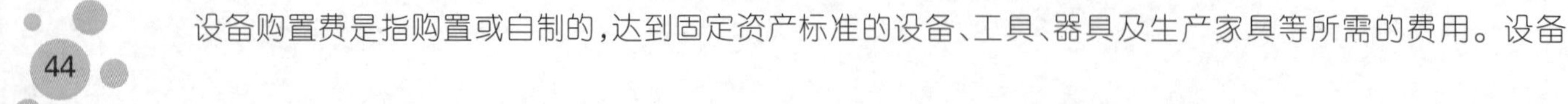

设备购置费是指购置或自制的,达到固定资产标准的设备、工具、器具及生产家具等所需的费用。设备

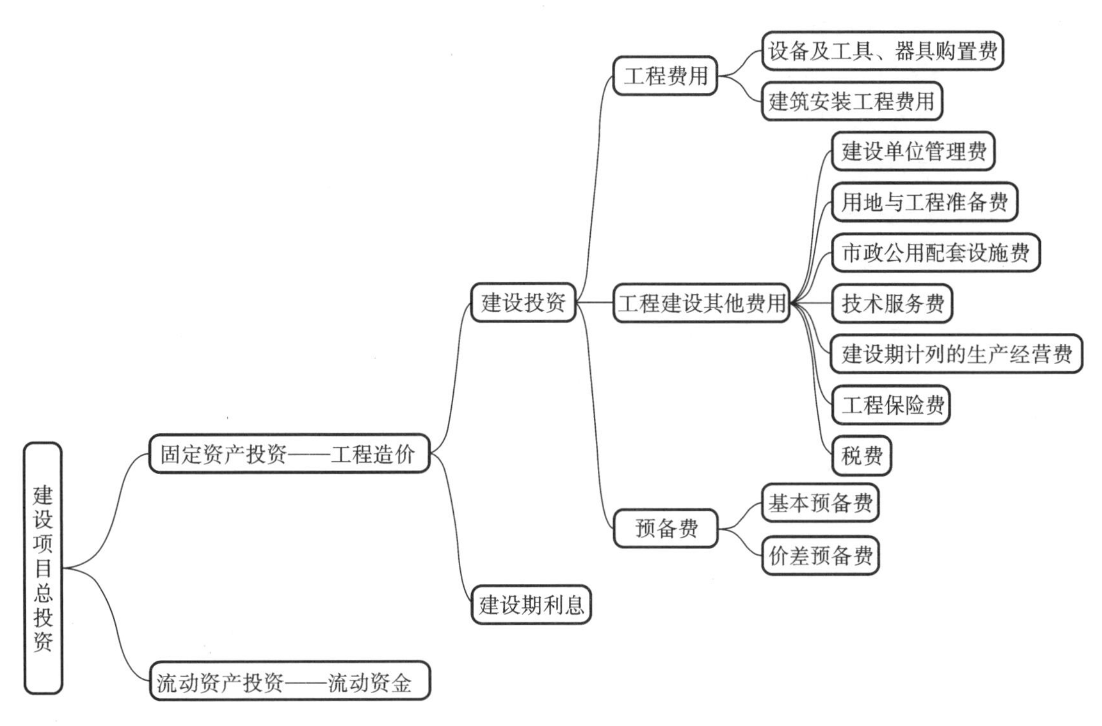

图 3-1-1 我国现行建设项目总投资构成

购置费由设备原价和设备运杂费构成，如图 3-1-2 所示。

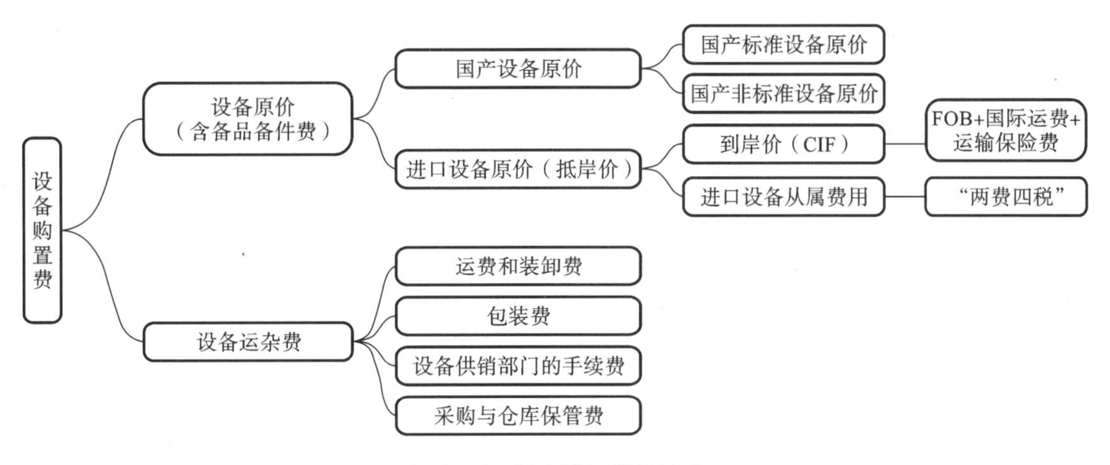

图 3-1-2 设备购置费的构成

设备购置费＝设备原价(含备品备件费)＋设备运杂费

式中，设备原价指国内采购设备的出厂(场)价格，或国外采购设备的抵岸价格，设备原价通常包含备品备件费，备品备件费指设备购置时随设备同时订货的首套备品备件的费用；设备运杂费指除设备原价之外的关于设备采购、运输、途中包装及仓库保管等方面支出费用的总和。

1. 国产设备原价的构成及计算

国产设备原价一般指的是设备制造厂的交货价或订货合同价，即出厂(场)价格，一般根据生产厂或供应商的询价、报价、合同价确定，或采用一定的方法计算确定。国产设备原价分为国产标准设备原价和国产非标准设备原价。

1) 国产标准设备原价

国产标准设备是指按照主管部门颁布的标准图纸和技术要求，由国内设备生产厂批量生产的，符合国家质量检测标准的设备。国产标准设备一般有完善的设备交易市场，因此可通过查询相关交易市场价格或向设备生产厂家询价得到国产标准设备原价。

2）国产非标准设备原价

国产非标准设备是指国家尚无定型标准，各设备生产厂不可能在工艺过程中采用批量生产，只能按订货要求，并根据具体的设计图纸制造的设备。国产非标准设备由于单件生产、无定型标准，所以无法获取市场交易价格，只能按其成本构成或相关技术参数估算其价格。国产非标准设备原价有多种计算方法，如成本计算估价法、系列设备插入估价法、分部组合估价法、定额估价法等。但无论采用哪种方法，都应该使国产非标准设备原价接近实际出厂价，并使计算方法简便。成本计算估价法是一种比较常用的估算国产非标准设备原价的方法。按成本计算估价法，国产非标准设备原价由以下各项组成。

①材料费。材料费的计算公式为

材料费＝材料净重×(1＋加工损耗系数)×每吨材料综合价

②加工费。加工费包括生产工人工资和工资附加费、燃料动力费、设备折旧费、车间经费等，其计算公式为

加工费＝设备总重量×设备每吨加工费

③辅助材料费(简称辅材费)。辅助材料费包括焊条、焊丝、氧气、氩气、氮气、油漆、电石等材料的费用，其计算公式为

辅助材料费＝设备总重量×辅助材料费指标

④专用工具费。专用工具费按①～③项之和乘以专用工具费率计算。

⑤废品损失费。废品损失费按①～④项之和乘以废品损失费率计算。

⑥外购配套件费。外购配套件费根据设备设计图纸所列的外购配套件的名称、型号、规格、数量、重量，按相应的价格加运杂费计算。

⑦包装费。包装费按①～⑥项之和乘以包装费率计算。

⑧利润。利润按①～⑤项加第⑦项之和乘以利润率计算。

⑨税金。税金主要指增值税，通常是指设备制造厂出售设备时向购入设备方收取的销项税额，其计算公式为

增值税＝当期销项税额－进项税额

当期销项税额＝销售额×适用增值税税率

其中，销售额为①～⑧项之和。

⑩非标准设备设计费。非标准设备设计费按国家规定的设计费收费标准计算。

综上所述，单台国产非标准设备原价的计算公式为

单台非标准设备原价＝{[(材料费＋加工费＋辅助材料费)×(1＋专用工具费率)
×(1＋废品损失费率)＋外购配套件费]×(1＋包装费率)
－外购配套件费}×(1＋利润率)＋外购配套件费＋增值税
＋非标准设备设计费

【例 3-1-1】某工程采购一台国产非标准设备，制造厂生产该设备所用材料费为 20 万元，加工费为 2 万元，辅助材料费为 4000 元。专用工具费率为 1.5%，废品损失费率为 10%，外购配套件费为 5 万元，包装费率为 1%，利润率为 7%，增值税率为 13%，非标准设备设计费为 2 万元，求该国产非标准设备的原价。

解：专用工具费＝(20＋2＋0.4)×1.5%万元＝0.336 万元。

废品损失费＝(20＋2＋0.4＋0.336)×10%万元＝2.274 万元。

包装费＝(22.4＋0.336＋2.274＋5)×1%万元＝0.300 万元。

利润＝(22.4＋0.336＋2.274＋0.3)×7%万元＝1.772 万元。

当期销项税额＝(22.4＋0.336＋2.274＋5＋0.3＋1.772)×13%万元＝4.171 万元。

该国产非标准设备的原价＝(22.4＋0.336＋2.274＋0.3＋1.772＋4.171＋2＋5)万元＝38.253 万元。

2. 进口设备原价的构成及计算

进口设备的原价是指进口设备的抵岸价，即设备抵达买方边境、港口或车站，缴纳完各种手续费、税费后形成的价格。抵岸价通常是由进口设备到岸价(CIF)和进口设备从属费用构成。进口设备到岸价，即设备抵达买方边境港口或边境车站所形成的价格。在国际贸易中，交易双方所使用的交货类别不同，交易价格的构成内容也有差异。进口设备从属费用是指进口设备在办理进口手续过程中发生的应计入设备原价的银行财务费、外贸手续费、关税、消费税、进口环节增值税及车辆购置税等

1)进口设备的交易价格

在国际贸易中，较为广泛使用的交易价格有 FOB、CFR 和 CIF。

(1)FOB(free on board)意为装运港船上交货价，亦称为离岸价格。FOB 是指当货物在装运港被装上指定船时，卖方即完成交货义务。风险转移以在指定的装运港货物被装上指定船为分界点。费用划分与风险转移的分界点相一致。

(2)CFR(cast and freight)意为成本加运费，亦称为运费在内价。CFR 是指货物在装运港被装上指定船时，卖方即完成交货，卖方必须支付将货物运至指定的目的港所需的运费等相关费用，但交货后货物灭失或损坏的风险，以及由于各种事件造成的任何额外费用由卖方转移到买方。与 FOB 相比，CFR 的费用划分与风险转移的分界点是不一致的。

(3)CIF(cost，insurance and freight)意为成本加保险费、运费，习惯称为到岸价。在 CIF 中，卖方除负有与 CFR 中相同的义务外，还应办理货物在运输途中最低险别的海运保险，并应支付保险费。如果买方需要更高的保险险别，则需要与卖方明确地达成协议，或者自行做出额外的保险安排。除保险这项义务之外，买方的义务与 CFR 相同。

常用国际贸易术语对比表如表 3-1-1 所示。

表 3-1-1 常用国际贸易术语对比表

术语名称	交货地点	风险转移	办理运输	办理保险	出口手续	进口手续
FOB	装运港船上	货物置于船上	买方	买方	卖方	买方
CFR			卖方	买方	卖方	买方
CIF			卖方	卖方	卖方	买方

进口设备装运港示意图如图 3-1-3 所示。

图 3-1-3 进口设备装运港示意图

2)进口设备到岸价的构成及计算

进口设备到岸价的计算公式为

进口设备到岸价(CIF)＝离岸价格(FOB)＋国际运费＋运输保险费

＝运费在内价(CFR)＋运输保险费

进口设备各环节示意图如图 3-1-4 所示。

(1)货价。货价一般指装运港船上交货价(FOB)。设备货价分为原币货价和人民币货价，原币货价一律

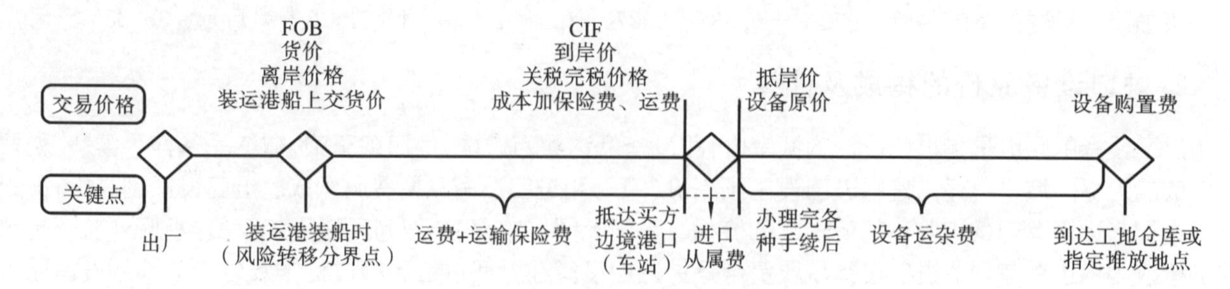

图 3-1-4 进口设备各环节示意图

折算为美元，人民币货价按原币货价乘以外汇市场美元兑换人民币汇率中间价确定。进口设备的货价按有关生产厂商询价、报价、订货合同价计算。

(2)国际运费。国际运费即从装运港(站)到达我国目的港(站)的运费。我国进口设备大部分采用海洋运输，小部分采用铁路运输，个别采用航空运输。进口设备国际运费的计算公式为

$$国际运费=货价(FOB)\times运费率$$

$$国际运费=单位运价\times运量$$

其中，运费率或单位运价按有关部门或进出口公司的规定执行。

(3)运输保险费。对外贸易货物运输保险是指在保险人(保险公司)与被保险人(出口人或进口人)订立保险契约，被保险人交付议定的运输保险费后，保险人根据保险契约的规定对货物在运输过程中发生的承保责任范围内的损失给予经济上的补偿。运输保险费是一种财产保险，计算公式为

$$运输保险费=\frac{货价(FOB)+国际运费}{1-保险费率}\times保险费率$$

其中，保险费率按保险公司规定的进口货物保险费率计算。

运输保险费示意图如图 3-1-5 所示。

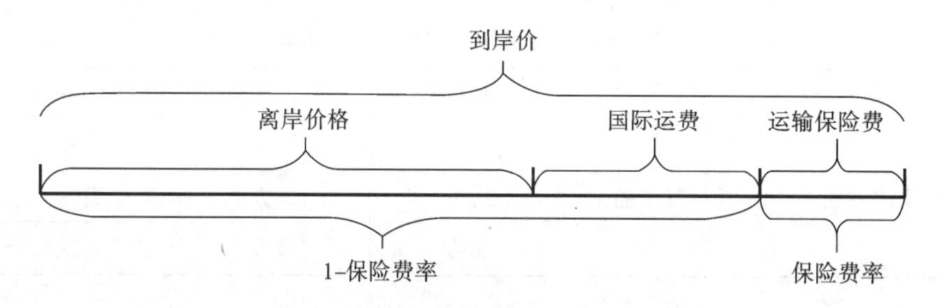

图 3-1-5 运输保险费示意图

【例 3-1-2】某进口设备的人民币货价(FOB)为 400 万元，国际运费折合人民币为 30 万元，运输保险费率为 3‰，则该设备应计的运输保险费折合人民币为多少万元？

解：(400+30)/(1－3‰)×3‰万元=1.29388 万元。

3)进口设备从属费用的构成及计算

进口设备从属费用的构成如表 3-1-2 所示。

表 3-1-2 进口设备从属费用的构成

费用构成	计算公式	备注
银行财务费	离岸价格(FOB)×人民币外汇汇率×银行财务费率	中国银行为进出口商提供金融结算服务所收取
外贸手续费	到岸价(CIF)×人民币外汇汇率×外贸手续费率	外贸手续费率一般取 1.5%

续表

费用构成	计算公式	备注
关税	到岸价(CIF)×人民币外汇汇率×进口关税税率	到岸价作为关税的计征基数时,通常又可称为关税完税价格
消费税	$\frac{\text{到岸价(CIF)×人民币外汇汇率+关税}}{\text{1−消费税税率}}\times\text{消费税税率}$	
进口环节增值税	组成计税价格×增值税税率	组成计税价格=关税完税价格+关税+消费税
车辆购置税	组成计税价格×车辆购置税税率	

进口设备从属费用的计算公式为

进口设备从属费用=银行财务费+外贸手续费+关税+消费税+进口环节增值税+车辆购置税

3. 设备运杂费的构成及计算

1)设备运杂费的构成

设备运杂费是指国内采购设备自来源地、国外采购设备自到岸港运至工地仓库或指定堆放地点发生的采购、运输、运输保险、保管、装卸等费用。设备运杂费通常由下列各项构成。

(1)运费和装卸费。国产设备的运费和装卸费是由设备制造厂交货地点起至工地仓库(或施工组织设计指定的需要安装设备的堆放地点)所发生的费用;进口设备的运费和装卸费是由我国到岸港口或边境车站起至工地仓库(或施工组织设计指定的需安装设备的堆放地点)所发生的费用。

(2)包装费。包装费指在设备原价中没有包含的,为方便运输而进行的包装支出的各种费用。

(3)设备供销部门的手续费。设备供销部门的手续费按有关部门规定的统一费率计算。

(4)采购与仓库保管费。采购与仓库保管费指采购、验收、保管和收发设备所发生的各种费用,包括设备采购人员、保管人员和管理人员的工资、工资附加费、办公费、差旅交通费,设备供应部门办公和仓库所占固定资产使用费,工具用具使用费,劳动保护费,检验试验费等,这些费用可按主管部门规定的采购与保管费费率计算。

2)设备运杂费的计算

设备运杂费按设备原价乘以设备运杂费率计算,其公式为

设备运杂费=设备原价×设备运杂费率

其中,设备运杂费率按各部门及省、市有关规定计取。

(二)工具、器具及生产家具购置费的构成和计算

工具、器具及生产家具购置费是指新建或扩建项目初步设计规定的,保证初期正常生产必须购置的没有达到固定资产标准的设备、仪器、工卡模具、器具、生产家具和备品备件等的购置费用,一般以设备购置费为计算基数,按照部门或行业规定的工具、器具及生产家具费率计算,计算公式为

工具、器具及生产家具购置费=设备购置费×定额费率

三、建筑安装工程费用的构成和计算

根据住房城乡建设部、财政部关于印发《建筑安装工程费用项目组成》的通知(建标〔2013〕44 号),我国现行建筑安装工程费用项目按两种不同的方式划分,即按费用构成要素划分和按造价形成划分,如图 3-1-6 所示。按费用构成要素划分,建筑安装工程费用包括人工费、材料费(包含工程设备,下同)、施工机具使用

费、企业管理费、利润、规费和税金。按造价形成划分，建筑安装工程费用包括分部分项工程费、措施项目费、其他项目费、规费和税金。分部分项工程费、措施项目费、其他项目费包含人工费、材料费、施工机具使用费、企业管理费和利润。

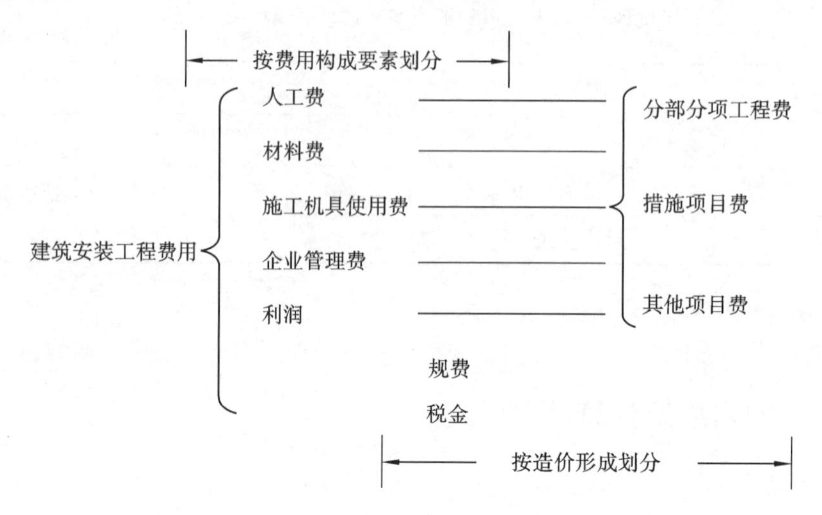

图 3-1-6　建筑安装工程费用的构成

建标〔2013〕44 号文主要从费用构成要素和造价形成两个方面对建筑安装工程费用进行了划分，但施工企业基于成本管理的需要，仍然习惯于按照直接成本和间接成本的方式对建筑安装工程费用进行划分，即直接费和间接费。直接费包括人工费、材料费和施工机具使用费。间接费包括企业管理费和规费。

(一)按费用构成要素划分

1. 人工费

建筑安装工程费用中的人工费，是指支付给直接从事建筑安装工程施工作业的生产工人的各项费用。计算人工费的基本要素有两个，即人工工日消耗量和人工日工资单价。

人工费的基本计算公式为

$$人工费 = \sum(人工工日消耗量 \times 人工日工资单价)$$

1)人工工日消耗量

人工工日消耗量是指在正常施工生产条件下，完成规定计量单位的建筑安装产品所消耗的生产工人的工日数量，由分项工程所综合的各个工序劳动定额包括的基本用工、其他用工两部分组成。人工工日消耗量的具体编制方法见本章第三节的内容。

2)人工日工资单价的组成

人工日工资单价是指施工企业平均技术熟练程度的生产工人在每工作日(国家法定工作时间内)按规定从事施工作业应得的日工资总额。合理确定人工工资单价是正确计算人工费和工程造价的前提和基础。人工日工资单价由计时工资或计件工资、奖金、津贴补贴以及特殊情况下支付的工资组成。

(1)计时工资或计件工资是指按计时工资标准和工作时间或对已做工作按计件单价支付给个人的劳动报酬。

(2)奖金是指对超额劳动和增收节支支付给个人的劳动报酬，如节约奖、劳动竞赛奖等。

(3)津贴补贴是指为了补偿职工特殊或额外的劳动消耗和因其他原因支付给个人的津贴，以及为了保证职工工资水平不受物价影响支付给个人的物价补贴，如流动施工津贴、特殊地区施工津贴、高温(寒)作业临时津贴、高空津贴等。

(4)特殊情况下支付的工资是指根据国家法律、法规和政策规定,因病、工伤、产假、计划生育假、婚丧假、事假、探亲假、定期休假、停工学习、执行国家或社会义务等原因,按计时工资标准或计时工资标准的一定比例支付的工资。

3)人工日工资单价的确定方法

(1)年平均每月法定工作日。人工日工资单价是每一个法定工作日的工资总额,因此,计算人工日工资单价时需要对年平均每月法定工作日进行计算。年平均每月法定工作日的计算公式为

$$年平均每月法定工作日=\frac{全年日历日-法定假日}{12}$$

式中,法定假日指双休日和法定节日。

(2)人工日工资单价的计算。确定了年平均每月法定工作日后,将上述工资总额进行分摊,即形成了人工日工资单价。人工日工资单价的计算公式如下:

$$人工日工资单价=\frac{生产工人平均月工资(计时、计价)+平均月(奖金+津贴补贴+特殊情况下支付的工资)}{年平均每月法定工作日}$$

(3)人工日工资单价的管理。虽然施工企业投标报价时可以自主确定人工费,但人工日工资单价在我国具有一定的政策性,因此工程造价管理机构确定人工日工资单价时,应根据工程项目的技术要求,通过市场调查并参考实物工程量人工单价综合分析确定,发布的最低人工日工资单价不得低于工程所在地人力资源和社会保障部门所发布的最低工资标准的倍数,普工 1.3 倍,一般技工 2 倍,高级技工 3 倍。

2. 材料费

建筑安装工程费用中的材料费,是指工程施工过程中耗费的各种原材料、半成品、构配件、工程设备等的费用,以及周转材料等的摊销、租赁费用。计算材料费的基本要素是材料消耗量和材料单价。材料费的基本计算公式为

$$材料费=\sum(材料消耗量\times材料单价)$$

1)材料消耗量

材料消耗量是指在正常施工生产条件下,完成规定计量单位的建筑安装产品所消耗的各类材料的净用量和不可避免的损耗量。材料消耗量的具体编制方法见本章第三节的内容。

2)材料单价

材料单价是指建筑材料从其来源地运到施工工地仓库直至出库形成的综合平均单价。材料单价由材料原价、材料运杂费、运输损耗费、采购及保管费组成。当采用一般计税方法时,材料单价中的材料原价、材料运杂费等均应扣除增值税进项税额。

(1)材料原价是指国内采购材料的出厂价格或国外采购材料抵达买方边境、港口或车站并缴纳完各种手续费、税费(不含增值税)后形成的价格。在确定材料原价时,同一种材料因来源地、交货地、供货单位、生产厂家不同而有几种价格(原价)时,根据不同来源地供货数量比例,采取加权平均的方法确定其加权平均原价。加权平均材料原价的计算公式为

$$加权平均材料原价=\frac{K_1C_1+K_2C_2+\cdots+K_nC_n}{K_1+K_2+\cdots+K_n}$$

式中:$K_1,K_2,\cdots,K_n$——各不同供应地点的供应量或各不同使用地点的需要量;

$C_1,C_2,\cdots,C_n$——各不同供应地点的原价。

若材料供货价格为含税价格,材料原价应以购进货物适用的税率(13%或 9%)或征收率(3%)扣除增值税进项税额。

(2)材料运杂费是指国内采购材料自来源地、国外采购材料自到岸港运至工地仓库或指定堆放地点发生的费用(不含增值税),含外埠中转运输过程中所发生的一切费用和过境过桥费用,包括调车和驳船费、装

卸费、运输费及附加工作费等。

同一品种的材料如果有若干个来源地，应采用加权平均的方法计算材料运杂费。加权平均材料运杂费的计算公式为

$$加权平均材料运杂费=\frac{K_1T_1+K_2T_2+\cdots+K_nT_n}{K_1+K_2+\cdots+K_n}$$

式中：$K_1,K_2,\cdots,K_n$——各不同供应地点的供应量或各不同使用地点的需要量；

$T_1,T_2,\cdots,T_n$——各不同运距的运费。

若运输费用为含税价格，则需要按"两票制"和"一票制"两种支付方式进行调整。

①"两票制"支付方式。"两票制"材料是指材料供应商就收取的货物销售价款和运杂费向建筑业企业分别提供货物销售和交通运输两张发票。在这种方式下，材料运杂费以接受交通运输与服务适用税率(9%)扣除增值税进项税额。

②"一票制"支付方式。"一票制"材料是指材料供应商就收取的货物销售价款和运杂费合计金额向建筑业企业仅提供一张货物销售发票。在这种方式下，材料运杂费采用与材料原价相同的方式扣除增值税进项税额。

(3)运输损耗费。材料在运输中应考虑一定的场外运输损耗费用。运输损耗费是指材料在运输和装卸过程中不可避免的损耗。运输损耗费的计算公式为

$$运输损耗费=(材料原价+材料运杂费)\times运输损耗率$$

(4)采购及保管费是指为组织采购、供应和保管材料所需要的各项费用，包括采购费、仓储费、工地保管费和仓储损耗等。采购及保管费一般按照材料到库价格以费率取定。采购及保管费的计算公式为

$$采购及保管费=材料到库价格\times采购及保管费费率$$

或

$$采购及保管费=(材料原价+材料运杂费+运输损耗费)\times采购及保管费费率$$

综上所述，材料单价的计算公式为

$$材料单价=[(材料原价+材料运杂费)\times(1+运输损耗率)]\times(1+采购及保管费费率)$$

我国幅员辽阔，建筑材料产地与使用地点的距离，各地差异很大，采购、保管、运输方式也不尽相同，因此，材料单价原则上按地区范围编制。

【例 3-1-3】某教学楼磨石楼地面工程需要白石子材料，白石子材料的采购量及有关费用如表 3-1-3 所示，表中材料原价、材料运杂费均为不含税价格，求该工地白石子材料的单价。

表 3-1-3　白石子材料的采购量及有关费用

采购处	采购量/t	原价(不含税)/(元/t)	运杂费(不含税)/(元/t)	运输损耗率/(%)	采购及保管费费率/(%)
来源一	10	140	92	0.5	3.5
来源二	40	155	115	0.4	
来源三	50	132	108		

解：加权平均材料原价$=\frac{10\times140+40\times155+50\times132}{10+40+50}$ 元/t=142 元/t。

加权平均材料运杂费$=\frac{10\times92+40\times115+50\times108}{10+40+50}$ 元/t=109.2 元/t。

来源一的运输损耗费=(140+92)×0.5% 元/t=1.16 元/t。

来源二的运输损耗费=(155+115)×0.4% 元/t =1.08 元/t。

来源三的运输损耗费=(132+108)×0.4% 元/t =0.96 元/t。

加权平均运输损耗费 $=\frac{10\times1.16+40\times1.08+50\times0.96}{10+40+50}$ 元/t=1.03 元/t。

材料单价=(142+109.2+1.03)×(1+3.5%) 元/t =261.06 元/t。

3)工程设备

工程设备是指构成或计划构成永久工程一部分的机电设备、金属结构设备、仪器装置及其他类似的设备和装置。

3. 施工机具使用费

建筑安装工程费用中的施工机具使用费，是指施工作业所发生的施工机械、仪器仪表使用费或其租赁费。当采用一般计税方法时，施工机械台班单价和仪器仪表台班单价中的相关子项均需扣除增值税进项税额。

(1)施工机械使用费是指施工机械作业发生的使用费或租赁费。构成施工机械使用费的基本要素是施工机械台班消耗量和机械台班单价。施工机械台班消耗量是指在正常施工生产条件下，完成规定计量单位的建筑安装产品所消耗的施工机械台班的数量。施工机械台班单价是指折合到每台班的施工机械使用费。施工机械使用费的基本计算公式为

$$\text{施工机械使用费} = \sum(\text{施工机械台班消耗量}\times\text{施工机械台班单价})$$

施工机械台班单价通常由折旧费、检修费、维护费、安拆费及场外运费、人工费、燃料动力费和其他费用组成。

(2)仪器仪表使用费是指工程施工所需使用的仪器仪表的摊销及维修费用。与施工机械使用费类似，仪器仪表使用费的基本计算公式为

$$\text{仪器仪表使用费} = \sum(\text{仪器仪表台班消耗量}\times\text{仪器仪表台班单价})$$

仪器仪表台班单价通常由折旧费、维护费、校验费和动力费组成。

4. 企业管理费

企业管理费是指施工单位组织施工生产和经营管理所发生的费用。

(1)管理人员工资。管理人员工资是指按规定支付给管理人员的计时工资、奖金、津贴补贴、加班加点工资及特殊情况下支付的工资等。

(2)办公费。办公费是指企业管理办公用的文具、纸张、账簿、印刷、邮电、书报、办公软件、现场监控、会议、水电、烧水和集体取暖降温(包括现场临时宿舍取暖降温)等费用。

(3)差旅交通费。差旅交通费是指职工因公出差、调动工作的差旅费、住勤补助费，市内交通费和误餐补助费，职工探亲路费，劳动力招募费，职工退休、退职一次性路费，工伤人员就医路费，工地转移费以及管理部门使用的交通工具的油料、燃料等费用。

(4)固定资产使用费。固定资产使用费是指管理和试验部门及附属单位使用的属于固定资产的房屋、设备、仪器等的折旧、大修、维修或租赁费。

(5)工具用具使用费。工具用具使用费是指企业施工生产和管理使用的不属于固定资产的工具、器具、家具、交通工具和检验、试验、测绘、消防用具等的购置、维修和摊销费。

(6)劳动保险和职工福利费。劳动保险和职工福利费是指由企业支付的职工退职金、按规定支付给离休干部的经费，集体福利费、夏季防暑降温、冬季取暖补贴、上下班交通补贴等。

(7)劳动保护费。劳动保护费是企业按规定发放的劳动保护用品的支出，如工作服、手套、防暑降温饮料的费用，以及在有碍身体健康的环境中施工的保健费用等。

(8)检验试验费。检验试验费是指施工企业按照有关标准规定，对建筑以及材料、构件和建筑安装物进行一般鉴定、检查所发生的费用，包括自设试验室进行试验所耗用的材料等费用，不包括新结构、新材料的

试验费,对构件做破坏性试验及其他特殊要求检验试验的费用和建设单位委托检测机构进行检测的费用,此类检测发生的费用,由建设单位在工程建设其他费用中列支。但对施工企业提供的具有合格证明的材料进行检测不合格的,该检测费用由施工企业支付。

(9)工会经费。工会经费是指企业按《中华人民共和国工会法》规定的全部职工工资总额比例计提的工会经费。

(10)职工教育经费。职工教育经费是指按职工工资总额的规定比例计提,企业为职工进行专业技术和职业技能培训,专业技术人员继续教育、职工职业技能鉴定、职业资格认定以及根据需要对职工进行各类文化教育所发生的费用。

(11)财产保险费。财产保险费是指施工管理用财产、车辆等的保险费用。

(12)财务费。财务费是指企业为施工生产筹集资金或提供预付款担保、履约担保、职工工资支付担保等所发生的各种费用。

(13)税金。税金是指企业按规定缴纳的房产税、非生产性车船使用税、土地使用税、印花税、城市维护建设税、教育费附加、地方教育附加等各项税费。

(14)其他费用。其他费用包括技术转让费、技术开发费、投标费、业务招待费、绿化费、广告费、公证费、法律顾问费、审计费、咨询费、保险费等。

5. 利润

利润是指施工单位从事建筑安装工程施工所获得的盈利,由施工企业根据企业自身需求并结合建筑市场实际自主确定。工程造价管理机构在确定计价定额中的利润时,应以定额人工费、材料费和施工机具使用费之和,或以定额人工费、定额人工费与施工机具使用费之和作为计算基数,其费率根据历年积累的工程造价资料,并结合建筑市场实际、项目竞争情况、项目规模与难易程度等确定,以单位(单项)工程测算,利润在税前建筑安装工程费用中的比重可按不低于5%且不高于7%计算。

6. 规费

规费是指按国家法律、法规规定,由省级政府和省级有关权力部门规定施工单位必须缴纳或计取,应计入建筑安装工程造价的费用。规费主要包括社会保险费、住房公积金。

1)社会保险费

(1)养老保险费。养老保险费是指企业按照规定标准为职工缴纳的基本养老保险费。

(2)失业保险费。失业保险费是指企业按照规定标准为职工缴纳的失业保险费。

(3)医疗保险费。医疗保险费是指企业按照规定标准为职工缴纳的基本医疗保险费。

(4)工伤保险费。工伤保险费是指企业按照国务院制定的行业费率为职工缴纳的工伤保险费。

(5)生育保险费。生育保险费是指企业按照规定标准为职工缴纳的生育保险费。根据“十三五规划纲要”,生育保险与基本医疗保险合并的实施方案已在12个试点城市进行试点。

2)住房公积金

住房公积金是指企业按规定标准为职工缴纳的住房公积金。

7. 税金

建筑安装工程费用中的增值税按税前造价乘以增值税税率确定。税前造价为人工费、材料费、施工机具使用费、企业管理费、利润和规费之和,各费用项目均以包含增值税进项税额的含税价格计算。

建筑安装工程费用项目组成(按费用构成要素划分)如图3-1-7所示。

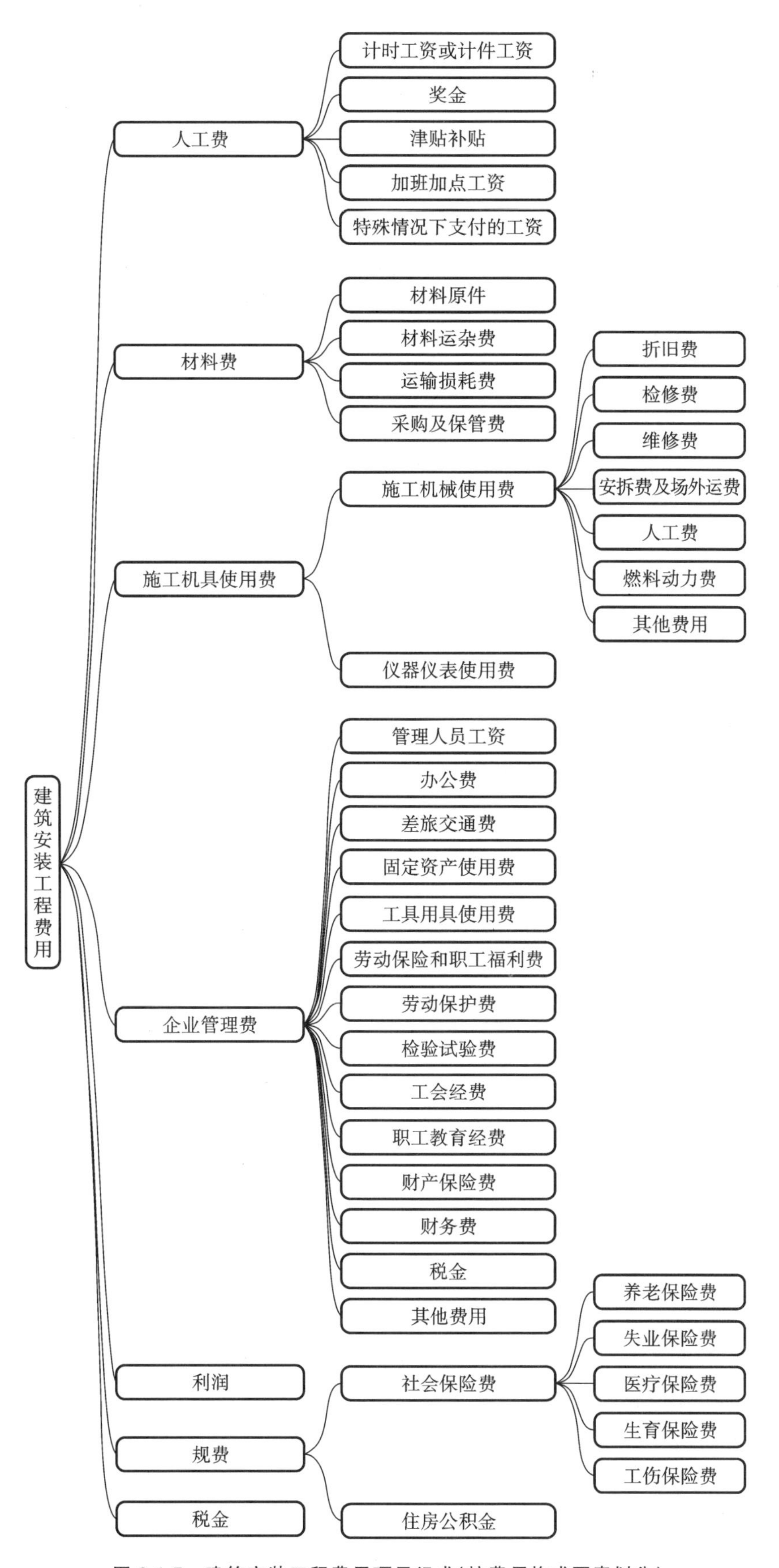

图 3-1-7 建筑安装工程费用项目组成（按费用构成要素划分）

(二)按造价形成划分

1. 分部分项工程费

分部分项工程费是指各专业工程的分部分项工程应予列支的各项费用。各类专业工程的分部分项工程划分遵循国家或行业工程量计算规范的规定。分部分项工程费通常用分部分项工程量乘以综合单价进行计算。

$$分部分项工程费 = \sum(分部分项工程量 \times 综合单价)$$

综合单价包括人工费、材料费、施工机具使用费、企业管理费和利润,以及一定范围的风险费用。

2. 措施项目费的构成

措施项目费是指为完成建设工程施工,发生于该工程施工准备和施工过程中的技术、生活、安全、环境保护等方面的费用。措施项目及其包含的内容应遵循各类专业工程的现行国家或行业工程量计算规范。措施项目费可以归纳为以下几项。

1)安全文明施工费

安全文明施工费是指工程项目施工期间,施工单位为保证安全施工、文明施工和保护现场内外环境等发生的措施项目费用,通常由环境保护费、文明施工费、安全施工费、临时设施费组成。

①环境保护费是指施工现场为达到环保部门要求所需要的各项费用。

②文明施工费是指施工现场文明施工所需要的各项费用。

③安全施工费是指施工现场安全施工所需要的各项费用。

④临时设施费是指施工企业为进行建设工程施工所必须搭设的生活和生产用的临时建筑物、构筑物和其他临时设施的费用,包括临时设施的搭设、维修、拆除、清理费或摊销费等。

各项安全文明施工费的具体内容如表 3-1-4 所示。

表 3-1-4　各项安全文明施工费的具体内容

项目名称	工作内容及包含范围
环境保护费	现场施工机械设备降低噪声、防扰民措施费用
	水泥和其他易飞扬细颗粒建筑材料密闭存放或采取覆盖措施等的费用
	工程防扬尘洒水费用
	土石方、建筑弃渣外运车辆防护措施费用
	现场污染源的控制、生活垃圾清理外运、场地排水排污措施费用
	其他环境保护措施费用
文明施工费	“五牌一图”费用
	现场围挡的墙面美化(包括内外墙粉刷、刷白、标语等)、压顶装饰费用
	现场厕所便槽刷白、贴面砖,水泥砂浆地面或地砖铺砌,建筑物内临时便溺设施费用
	其他施工现场临时设施的装饰装修、美化措施费用
	现场生活卫生设施费用
	符合卫生要求的饮水设备、淋浴、消毒等设施费用
	生活用洁净燃料费用

续表

项目名称	工作内容及包含范围
文明施工费	防煤气中毒、防蚊虫叮咬等措施费用
	施工现场操作场地的硬化费用
	现场绿化费用、治安综合治理费用
	现场配备医药保健器材、物品费用和急救人员培训费用
	现场工人的防暑降温、电风扇、空调等设备及用电费用
	其他文明施工措施费用
安全施工费	安全资料、特殊作业专项方案的编制,安全施工标志的购置及安全宣传费用
	“三宝”(安全帽、安全带、安全网)、“四口”(楼梯口、电梯井口、通道口、预留洞口)、“五临边”(阳台围边、楼板围边、屋面围边、槽坑围边、卸料平台两侧)、水平防护架、垂直防护架、外架封闭等防护费用
	施工安全用电的费用,包括配电箱三级配电、两级保护装置要求、外电防护措施费用
	起重机、塔吊等起重设备(含井架、门架)及外用电梯的安全防护措施(含警示标志)
	卸料平台的临边防护、层间安全门、防护棚等设施费用
	建筑工地起重机械的检验检测费用
	施工机具防护棚及其围栏的安全保护设施费用
	施工安全防护通道费用
	工人的安全防护用品、用具购置费用
	消防设施与消防器材的配置费用
	电气保护、安全照明设施费用
	其他安全防护措施费用
临时设施费	施工现场采用彩色、定型钢板,砖、混凝土砌块等围挡的安砌、维修、拆除费用
	施工现场临时建筑物、构筑物的搭设、维修、拆除,如临时宿舍、办公室、食堂、厨房、厕所、诊疗所,临时文化福利用房,临时仓库、加工场、搅拌台,临时简易水塔、水池等的费用
	施工现场临时设施的搭设、维修、拆除,如临时供水管道、临时供电管线、小型临时设施等的费用
	施工现场规定范围内临时简易道路铺设,临时排水沟、排水设施安砌、维修、拆除费用
	其他临时设施搭设、维修、拆除费用

2)夜间施工增加费

夜间施工增加费是指因夜间施工所发生的夜班补助费、夜间施工降效、夜间施工照明设备摊销及照明用电等措施费用。夜间施工增加费由以下各项内容组成。

①夜间固定照明灯具和临时可移动照明灯具的设置、拆除费用。

②夜间施工时,施工现场交通标志、安全标牌、警示灯的设置、移动、拆除费用。

③夜间照明设备摊销及照明用电、施工人员夜班补助、夜间施工劳动效率降低等费用。

3)非夜间施工照明费

非夜间施工照明费是指为保证工程施工正常进行,在地下室等特殊施工部位施工时所采用的照明设备的安拆、维护及照明用电等费用。

4)二次搬运费

二次搬运费是指因施工管理需要或因场地狭小等原因,导致建筑材料、设备等不能一次搬运到位,必须发生的二次或以上搬运所需的费用。

5)冬雨季施工增加费

冬雨季施工增加费是指因冬雨季天气原因导致施工效率降低加大投入而增加的费用,以及为确保冬雨季施工质量和安全而采取的保温、防雨等措施所需的费用。

6)地上、地下设施和建筑物的临时保护设施费

地上、地下设施和建筑物的临时保护设施费是指在工程施工过程中,对已建成的地上、地下设施和建筑物进行的遮盖、封闭、隔离等必要保护措施所发生的费用。

7)已完工程及设备保护费

已完工程及设备保护费是指竣工验收前,对已完工程及设备采取的覆盖、包裹、封闭、隔离等必要保护措施所发生的费用。

8)脚手架费

脚手架费是指施工需要的各种脚手架的搭、拆、运输费用以及脚手架购置费的摊销(或租赁)费用。

9)混凝土模板及支架(撑)费

混凝土模板及支架(撑)费是指混凝土施工过程中需要的各种钢模板、木模板、支架等的支、拆、运输费用及模板、支架的摊销(或租赁)费用。

10)垂直运输费

垂直运输费是指现场所用材料、机具从地面运至相应高度以及作业人员上下工作面等所发生的运输费用。

11)超高施工增加费

单层建筑物檐口高度超过 20 m、多层建筑物超过 6 层时可计算超高施工增加费。

12)大型机械设备进出场及安拆费

大型机械设备进出场及安拆费是指机械整体或分体自停放场地运至施工现场或由一个施工地点运至另一个施工地点所发生的机械进出场运输和转移费用,以及机械在施工现场进行安装、拆卸所需的人工费、材料费、机具费、试运转费和安装所需的辅助设施的费用。

13)施工排水、降水费

施工排水、降水费是指将施工期间有碍施工作业和影响工程质量的水排到施工场地以外,以及防止在地下水位较高的地区开挖深基坑出现基坑浸水,地基承载力下降,在动水压力作用下出现流土、管涌和边坡失稳等现象而必须采取有效的降水和排水措施的费用。

14)其他

根据项目的专业特点或所在地区不同,项目可能会出现其他的措施费用,如工程定位复测费和特殊地区施工增加费等。

3. 措施项目费的计算

按照有关专业工程量计算规范规定,措施项目费分为应予计量的措施项目费和不宜计量的措施项目费两类,如图 3-1-8 所示。

1)应予计量的措施项目费

应予计量的措施项目费的计算方法与分部分项工程费的计算方法基本相同,公式为

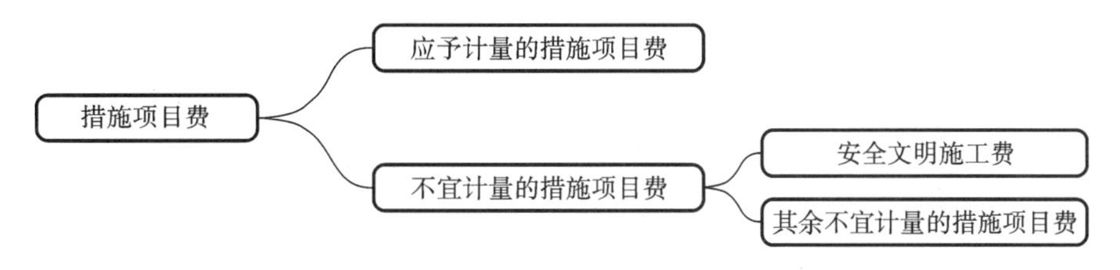

图 3-1-8 措施项目费分类

$$措施项目费 = \sum(措施项目工程量 \times 综合单价)$$

不同的措施项目工程量的计算单位是不同的，如表 3-1-5 所示。

表 3-1-5 应予计量的措施项目

措施项目	计算单位
脚手架费	建筑面积或垂直投影面积以 m^2 为单位计算
混凝土模板及支架(撑)费	模板与现浇混凝土构件的接触面积以 m^2 为单位计算
垂直运输费	建筑面积以 m^2 为单位计算，施工工期日历天数以天为单位计算
超高施工增加费	建筑物超高部分的建筑面积以 m^2 为单位计算
大型机械设备进出场及安拆费	机械设备的使用数量以台次为单位计算
施工排水、降水费	成井费用按设计图示尺寸按钻孔深度以 m 为单位计算
	排水、降水费用按排、降水日历天数以昼夜为单位计算

2）不宜计量的措施项目费

不宜计量的措施项目费，通常用计算基数乘以费率的方法计算。

(1)安全文明施工费的计算公式为

$$安全文明施工费 = 计算基数 \times 安全文明施工费费率$$

计算基数应为定额基价(定额分部分项工程费＋定额中可以计量的措施项目费)、定额人工费或定额人工费与施工机具使用费之和，其费率由工程造价管理机构根据各专业工程的特点综合确定。

(2)其余不宜计量的措施项目费包括夜间施工增加费，非夜间施工照明费，二次搬运费，冬雨季施工增加费，地上、地下设施和建筑物的临时保护设施费，已完工程及设备保护费等，计算公式为

$$措施项目费 = 计算基数 \times 措施项目费费率$$

计算基数应为定额人工费或定额人工费与定额施工机具使用费之和，其费率由工程造价管理机构根据各专业工程特点和调查资料综合分析后确定。

4. 其他项目费

1）暂列金额

暂列金额是指建设单位在工程量清单中暂定并包括在工程合同价款中的一笔款项是用于施工合同签订时尚未确定或者不可预见的材料、工程设备、服务的采购，施工中可能发生的工程变更、合同约定调整因素出现时的工程价款调整以及发生的索赔、现场签证确认等的费用。

暂列金额由建设单位根据工程特点，按有关计价规定估算，施工过程中由建设单位掌握、使用，扣除合同价款调整后如有余额，归建设单位。

2）暂估价

暂估价是指招标人在工程量清单中提供的用于支付必然发生但暂时不能确定价格的材料、工程设备的单价以及专业工程的金额。

暂估价中的材料、工程设备暂估单价根据工程造价信息或参照市场价格估算，计入综合单价；专业工程暂估价分不同专业，按有关计价规定估算。暂估价在施工中按照合同约定调整。

3)计日工

计日工是指在施工过程中，施工单位完成建设单位提出的工程合同范围以外的零星项目或工作，按照合同中约定的单价计价形成的费用。

计日工由建设单位和施工单位按施工过程中形成的有效签证计价。

4)总承包服务费

总承包服务费是指总承包人为配合、协调建设单位进行的专业工程发包，对建设单位自行采购的材料、工程设备等进行保管以及施工现场管理、竣工资料汇总整理等服务的费用。

总承包服务费由建设单位在招标控制价中根据总包范围和有关计价规定编制，施工单位投标时自主报价，施工过程中按签约合同价执行。

5. 规费和税金

规费和税金的构成和计算与按费用构成要素划分的建筑安装工程费用中规费和税金的构成和计算是相同的。

建筑安装工程费用项目组成(按造价形成划分)如图 3-1-9 所示。

四、工程建设其他费用的构成和计算

工程建设其他费用是指建设期发生的与土地使用权取得、全部工程项目建设以及未来生产经营有关的，除工程费用、预备费、增值税、建设期融资费用、流动资金以外的费用，如图 3-1-10 所示。政府有关部门对建设项目进行管理监督所发生的，并由其部门财政支出的费用，不得列入相应建设项目的工程造价。

(一)建设单位管理费

建设单位管理费是指项目建设单位从项目筹建之日起至办理竣工财务决算之日止发生的管理性质的支出，包括工作人员的薪酬及相关费用、办公费、办公场地租用费、差旅交通费、劳动保护费、工具用具使用费、固定资产使用费、招募生产工人费、技术图书资料费(含软件)、业务招待费、竣工验收费和其他管理性质开支。

建设单位管理费按照工程费用(包括设备及工具、器具购置费和建筑安装工程费用)乘以建设单位管理费费率计算。

建设单位管理费＝工程费用×建设单位管理费费率

实行代建制管理的项目，代建管理费等同于建设单位管理费，不得同时计列建设单位管理费。委托第三方行使部分管理职能的项目，其技术服务费列入技术服务费项目。

(二)用地与工程准备费

用地与工程准备费是指取得土地与工程建设施工准备所发生的费用，包括土地使用费和补偿费、场地准备费及临时设施费等，如图 3-1-11 所示。

1. 土地使用费和补偿费

建设用地的取得，实质是依法获取国有土地的使用权。根据《中华人民共和国土地管理法》《中华人民共和国土地管理法实施条例》《中华人民共和国城市房地产管理法》的规定，获取国有土地使用权的基本方

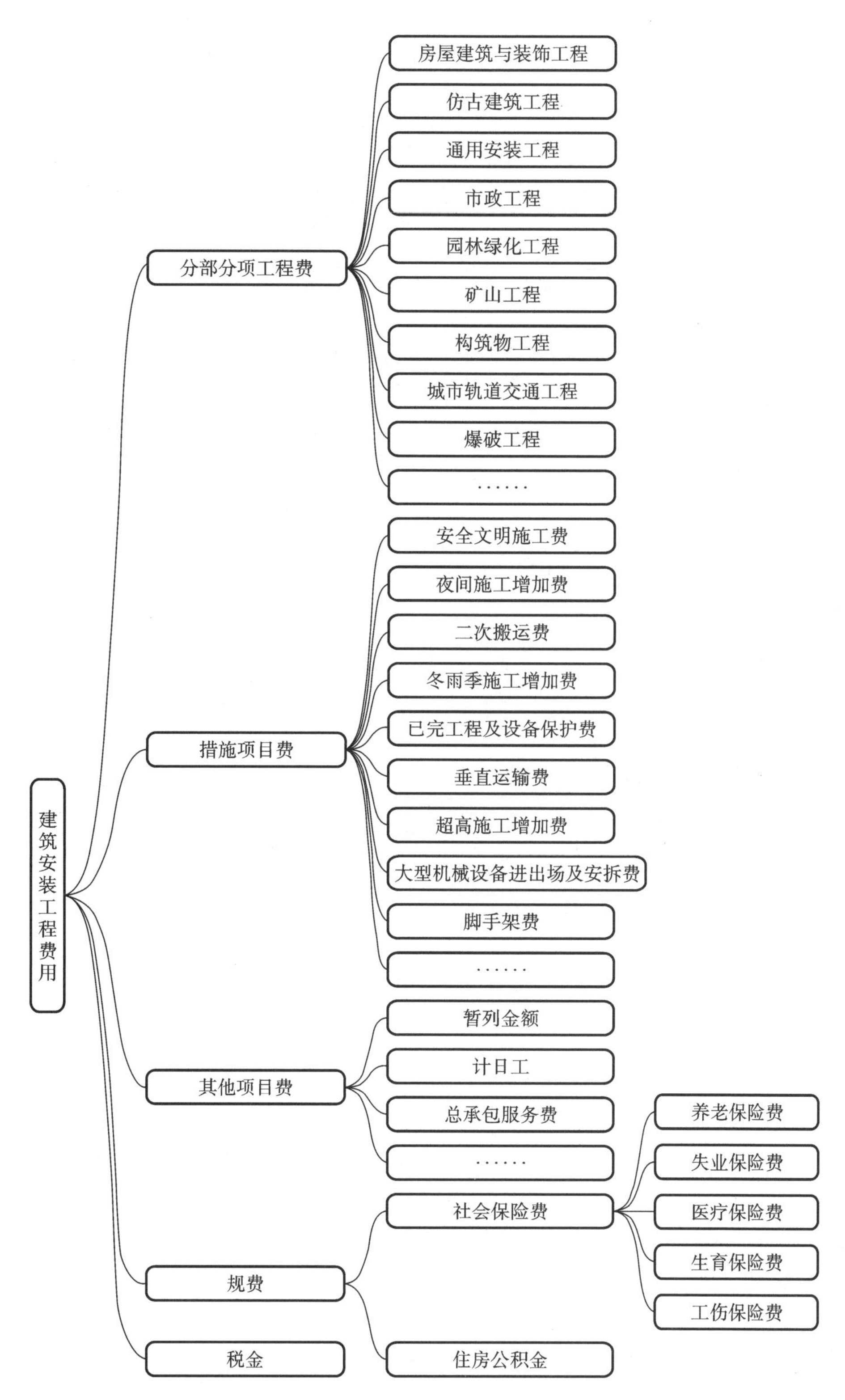

图 3-1-9 建筑安装工程费用项目组成(按造价形成划分)

法有两种,一是出让,二是行政划拨,如图 3-1-12 所示。建设土地取得的基本方式还包括租赁和转让。

建设单位如果通过行政划拨方式取得建设用地,须承担征地补偿费、对原用地单位或个人的拆迁补偿费;若通过市场机制取得建设用地,则不但要承担以上费用,还须向土地所有者支付有偿使用费,即土地出让金。

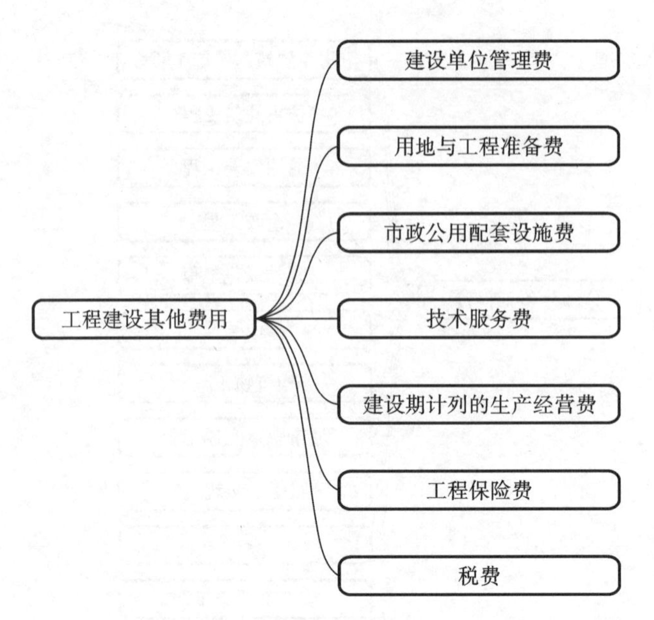

图 3-1-10 工程建设其他费用的构成

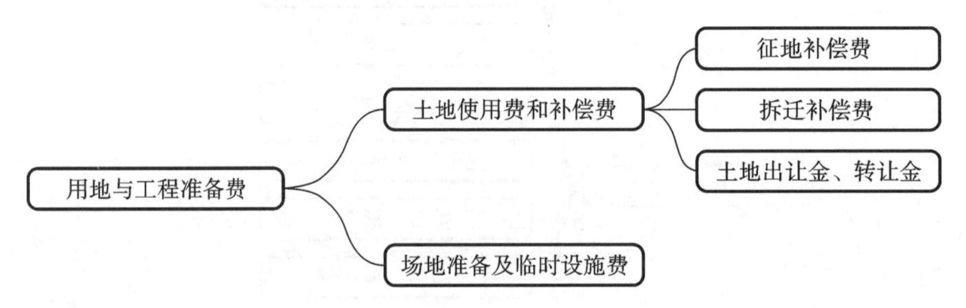

图 3-1-11 用地与工程准备费的构成

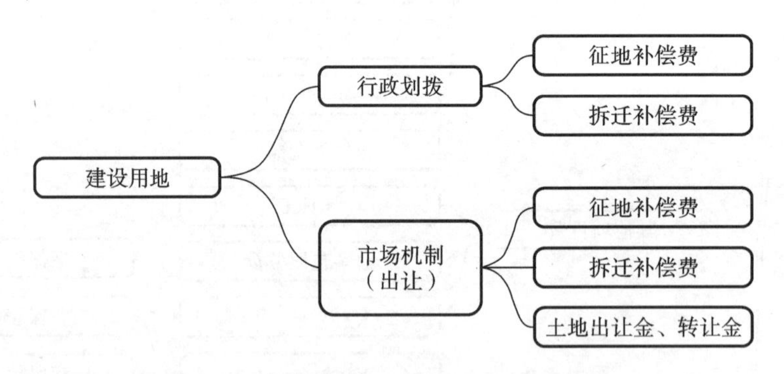

图 3-1-12 获取国有土地使用权的基本方法

1）征地补偿费

征地补偿费的组成如表 3-1-6 所示。

表 3-1-6 征地补偿费的组成

征地补偿费	所有方	要点	
土地补偿费	农村集体经济组织	该耕地被征前三年平均年产值的 6～10 倍	土地补偿费和安置补助费，尚不能使需安置农民保持原有生活水平的，经省、自治区、直辖市人民政府批准，可以增加安置补助费，但土地补偿费和安置补助费的总和不得超过土地被征前三年平均年产值的 30 倍

续表

征地补偿费	所有方	要点
安置补助费	被征地单位和安置劳动力的单位	每个需安置农业人口的标准，为该耕地被征前三年平均年产值的4～6倍；每公顷被征收耕地的标准，最高不得超过被征前三年平均年产值的15倍
青苗补偿费和地上附着物补偿费	青苗和地上附着物所有者	青苗补偿费：凡在协商征地方案后抢种的农作物、树木等，一律不予补偿； 地上附着物补偿费：视协商征地方案前地上附着物价值与折旧情况确定，原则是"拆什么，补什么；拆多少，补多少，不低于原来水平"
新菜地开发建设基金	地方财政	一年只种一茬或因调整茬口种植蔬菜，均不作为收取开发基金菜地；征用尚未开发的规划菜地，不缴纳基金；蔬菜产销放开，能够满足供应，不再需要开发新菜地的城市，不收取基金
耕地开垦费和森林植被恢复费		耕地开垦费涉及森林草原时包括森林植被恢复费用
生态补偿与压覆矿产资源补偿费		生态补偿费是指建设项目对水土保持等生态造成影响所发生的除工程费之外的补救或者补偿费用；压覆矿产资源补偿费是指工程项目对被其压覆的矿产资源利用造成影响所发生的补偿费用
其他补偿费		其他补偿费是指建设项目涉及的对房屋、市政、铁路、公路、管道、通信、电力、河道、水利、厂区、林区、保护区、矿区等不附属于建设用地但与建设项目相关的建筑物、构筑物或设施的拆除、迁建补偿，搬迁运输补偿等费用
土地管理费	建设方	土地管理费一般为土地补偿费、青苗补偿费和地上附着物补偿费、安置补助费之和的2%～4%

2)拆迁补偿费

在城市规划区内的国有土地上实施房屋拆迁，拆迁人应当对被拆迁人给予补偿、安置。

(1)拆迁补偿金的补偿方式可以是货币补偿，也可以是房屋产权调换。

货币补偿的金额，根据被拆迁房屋的区位、用途、建筑面积等因素，以房地产市场评估价格确定。具体办法由省、自治区、直辖市人民政府制定。

实行房屋产权调换的，拆迁人与被拆迁人按照计算得到的被拆迁房屋的补偿金额和所调换房屋的价格，结清产权调换的差价。

(2)迁移补偿费。迁移补偿费包括征用土地上的房屋及附属构筑物的费用，城市公共设施的拆除费用、迁建补偿费、搬迁运输费，企业单位因搬迁造成的减产、停工损失补贴费和拆迁管理费等。

拆迁人应当向被拆迁人或者房屋承租人支付搬迁补助费，对于在规定的搬迁期限届满前搬迁的被拆迁人，拆迁人可以付给其提前搬家奖励费；在过渡期限内，被拆迁人或者房屋承租人自行安排住处的，拆迁人应当支付临时安置补助费；被拆迁人或者房屋承租人使用拆迁人提供的周转房的，拆迁人不支付临时安置补助费。

迁移补偿费的标准由省、自治区、直辖市人民政府规定。

3)土地出让金、转让金

土地出让金为用地单位向国家支付的土地所有权收益，土地出让金标准一般参考城市基准地价并结合其他因素制定。基准地价由市土地管理局会同市物价局、市国有资产管理局、市房地产管理局等部门确定后报市级人民政府审定通过，它以城市土地综合定级为基础，用某个地价或地价幅度表示某一类别用地在某个土地级别范围的地价，以此作为土地使用权出让价格的基础。

在有偿出让和转让土地时，政府对地价不做统一规定，但应坚持以下原则，即地价对目前的投资环境不产生大的影响，地价与当地的社会经济承受能力相适应：地价要考虑已投入的土地开发费用、土地市场供求关系、土地用途、所在区类、容积率和使用年限等有偿出让和转让使用权，要向土地受让者征收契税；转让土地如有增值，要向转让者征收土地增值税；土地使用者每年应按规定的标准缴纳土地使用费。土地使用权出让或转让，应先由地价评估机构进行价格评估，再签订土地使用权出让和转让合同。

土地使用权出让合同约定的使用年限届满，土地使用者需要继续使用土地的，应当至迟于届满前一年申请续期，除根据社会公共利益需要收回该幅土地的，应当予以批准。经批准准予续期的，应当重新签订土地使用权出让合同，依照规定支付土地出让金。

2. 场地准备及临时设施费

1）场地准备及临时设施费的内容

（1）场地准备费是指为使工程项目的建设场地达到开工条件，由建设单位组织进行的场地平整等准备工作的费用。

（2）建设单位临时设施费是指建设单位为满足施工建设需要而提供的未列入工程费用的临时水、电、路、信、气、热等工程和临时仓库等建(构)筑物的建设、维修、拆除摊销费用或租赁费用，以及货场、码头租赁等费用。

2）场地准备及临时设施费的计算

（1）场地准备及临时设施应尽量与永久性工程统一考虑，建设场地的大型土石方工程的费用应列入工程费用中的总图运输费用。

（2）新建项目的场地准备及临时设施费应根据实际工程量估算，或按工程费用的比例计算，改扩建项目一般只计拆除清理费。

场地准备及临时设施费＝工程费用×费率＋拆除清理费

（3）拆除清理费可按新建同类工程造价或主材费、设备费的比例计算。可回收材料的拆除工程采用以料抵工方式冲抵拆除清理费。

（4）此项费用不包括已列入建筑安装工程费用的施工单位临时设施费用。

（三）市政公用配套设施费

市政公用配套设施费是指使用市政公用设施的工程项目，按照项目所在地政府有关规定缴纳的市政公用设施建设配套费用。市政公用配套设施可以是界区外配套的水、电、路、信等，包括绿化、人防等配套设施。

（四）技术服务费

技术服务费是指在项目建设全部过程中委托第三方提供项目策划、技术咨询、勘察设计、项目管理和跟踪验收评估等技术服务发生的费用。技术服务费包括可行性研究费、专项评价费、勘察设计费、监理费、研究试验费、特殊设备安全监督检验费、监造费、招标费、设计评审费、技术经济标准使用费及工程造价咨询费。按照《国家发展改革委关于进一步放开建设项目专业服务价格的通知》（发改价格〔2015〕299 号）的规定，技术服务费应实行市场调节价。

1. 可行性研究费

可行性研究费是指在工程项目投资决策阶段，对有关建设方案、技术方案或生产经营方案进行的技术经济论证，以及编制、评审可行性研究报告等的费用，包括项目建议书、预可行性研究、可行性研究费等。

2. 专项评价费

专项评价费是指建设单位按照国家规定委托相关单位开展专项评价及有关验收工作发生的费用。专

项评价费包括环境影响评价费、安全预评价费、职业病危害预评价费、地震安全性评价费、地质灾害危险性评价费、水土保持评价费、压覆矿产资源评价费、节能评估费、危险与可操作性分析及安全完整性评价费和其他专项评价费。

3. 勘察设计费

勘察费是指勘察人根据发包人的委托，收集已有资料、现场踏勘、编制勘察纲要、进行勘察作业，以及编制工程勘察文件和岩土工程设计文件等收取的费用。

设计费是指设计人根据发包人的委托，提供编制建设项目初步设计文件、施工图设计文件、非标准设备设计文件、竣工图文件等服务所收取的费用。

4. 监理费

监理费是指受建设单位委托，工程监理单位为工程建设提供监理服务所收取的费用。

5. 研究试验费

研究试验费是指为建设项目提供或验证设计参数、数据、资料等进行必要的研究试验，以及设计规定在建设过程中必须进行试验、验证所需的费用，包括自行或委托其他部门的专题研究、试验所需的人工费、材料费、试验设备及仪器使用费等。这项费用按照设计单位根据本工程项目的需要提出的研究试验内容和要求计算，在计算时要注意不应包括以下项目：

①应由科技三项费用(即新产品试制费、中间试验费和重要科学研究补助费)开支的项目；

②应在建筑安装工程费用中列支的施工企业对建筑材料、构件和建筑物进行一般鉴定、检查所发生的费用及技术革新的研究试验费；

③应由勘察设计费或工程费用开支的项目。

6. 特殊设备安全监督检验费

特殊设备安全监督检验费是指对在施工现场安装的列入国家特种设备范围的设备(设施)检验检测和监督检查所发生的应列入项目开支的费用。

7. 监造费

监造费是指对项目所需设备、材料的制造过程、质量进行驻厂监督所发生的费用。设备、材料监造是指承担设备监造工作的单位受项目法人或建设单位的委托，按照设备、材料供货合同的要求，坚持客观公正、诚信科学的原则，对工程项目所需设备、材料在制造和生产过程中的工艺流程、制造质量等进行监督，并对委托人(项目法人或建设单位)负责的服务。

8. 招标费

招标费是指建设单位委托招标代理机构进行招标服务所发生的费用。

9. 设计评审费

设计评审费是指建设单位委托有资质的机构对设计文件进行评审的费用。设计文件包括初步设计文件和施工图设计文件等。

10. 技术经济标准使用费

技术经济标准使用费是指建设项目投资确定与计价、费用控制过程中使用相关技术经济标准使所发生的费用。

11. 工程造价咨询费

工程造价咨询费是指建设单位委托造价咨询机构进行各阶段相关造价业务工作所发生的费用。

（五）建设期计列的生产经营费

建设期计列的生产经营费是指为达到生产经营条件在建设期发生或将要发生的费用，包括专利及专有技术使用费、联合试运转费、生产准备费等。

1. 专利及专有技术使用费

专利及专有技术使用费是指在建设期内为取得专利、专有技术、商标权、商誉、特许经营权等发生的费用。专利及专有技术使用费的主要内容如下：

①工艺包费，设计及技术资料费，有效专利、专有技术使用费，技术保密费和技术服务费等；

②商标权、商誉和特许经营权费；

③软件费等。

2. 联合试运转费

联合试运转费是指新建或新增生产能力的工程项目，在交付生产前按照设计文件规定的工程质量标准和技术要求，对整个生产线或装置进行负荷联合试运转所发生的费用净支出（试运转支出大于收入的差额部分费用）。试运转支出包括试运转所需原材料、燃料及动力消耗、低值易耗品、其他物料消耗、工具用具使用费、机械使用费、联合试运转人员工资、施工单位参加试运转人员工资、专家指导费，以及必要的工业炉烘炉费等；试运转收入包括试运转期间的产品销售收入和其他收入。联合试运转费不包括应由设备安装工程费用开支的调试及试车费用，以及在试运转中暴露出来的因施工原因或设备缺陷等发生的处理费用。

3. 生产准备费

生产准备费是指在建设期内，建设单位为保证项目正常生产所做的准备工作发生的费用，包括人员培训、提前进厂费，以及投产使用必备的办公、生活家具、用具及工具、器具等的购置费用。

（1）人员培训及提前进厂费包括自行组织培训或委托其他单位培训的人员工资、工资性补贴、职工福利费、差旅交通费、劳动保护费、学习资料费等。

（2）为保证初期正常生产（或营业、使用）所必需的生产办公、生活家具、用具购置费。

（六）工程保险费

工程保险费是指为转移工程项目建设的意外风险，在建设期内对建筑工程、安装工程、机械设备和人身安全进行投保而发生的费用，包括建筑安装工程一切险、引进设备财产保险和人身意外伤害险等。不同的建设项目可根据工程特点选择投保险种。

根据不同的工程类别，工程保险费分别按建筑、安装工程费乘以建筑、安装工程保险费率计算。民用建筑（住宅楼、综合性大楼、商场、旅馆、医院、学校）的工程保险费占建筑工程费的 2‰～4‰；其他建筑（工业厂房、仓库、道路、码头、水坝、隧道、桥梁、管道等）的工程保险费占建筑工程费的 3‰～6‰；安装工程（农业、工业、机械、电子、电器、纺织、矿山、石油、化学及钢铁工业、钢结构桥梁）的工程保险费占建筑工程费的 3‰～6‰。

（七）税费

按财政部关于印发《基本建设项目建设成本管理规定》的通知（财建〔2016〕504 号）关于工程其他费用的

有关规定，税费统一归纳计列，包括耕地占用税、城镇土地使用税、印花税、车船使用税和行政性收费等，不包括增值税。

五、预备费和建设期利息的计算

（一）预备费

预备费是指在建设期内因各种不可预见因素而预留的可能增加的费用，包括基本预备费和价差预备费。

1. 基本预备费

基本预备费是指投资估算或工程概算阶段预留的，由于工程实施中不可预见的工程变更及洽商、一般自然灾害处理、地下障碍物处理、超规超限设备运输等可能增加的费用，亦可称为工程建设不可预见费。基本预备费以工程费用和工程建设其他费用二者之和为计取基础，乘以基本预备费费率进行计算，计算公式为

基本预备费＝(工程费用＋工程建设其他费用)×基本预备费费率

基本预备费费率的取值应执行国家及有关部门的规定。

2. 价差预备费

价差预备费是指为建设期内利率、汇率或价格等因素的变化而预留的可能增加的费用，亦称为价格变动不可预见费。价差预备费的内容包括人工、设备、材料、施工机具的价差费，建筑安装工程费用及工程建设其他费用调整，利率、汇率调整等增加的费用。

价差预备费一般根据国家规定的投资综合价格指数，按估算年份价格水平的投资额为基数，采用复利方法计算，计算公式为

$$PF = \sum_{t=1}^{n} I_t[(1+f)^m(1+f)^{0.5}(1+f)^{t-1}-1]$$

式中：PF——价差预备费；

n——建设期年份数；

I_t——建设期中第 t 年的静态投资计划额，包括工程费用、工程建设其他费用及基本预备费；

f——年均投资价格上涨率或年涨价率；

m——建设前期年限(从编制估算到开工建设，单位为年)。

年涨价率，政府部门有规定的按规定执行，没有规定的由可行性研究人员预测。

【例 3-1-4】某建设项目建筑安装工程费用为 5000 万元，设备购置费为 3000 万元，工程建设其他费用为 2000 万元，已知基本预备费费率为 5%，项目建设前期年限为 1 年，建设期为 3 年，各年投资计划额为第一年完成投资 20%，第二年完成投资 60%，第三年完成投资 20%。年均投资价格上涨率为 6%，求建设项目建设期间的价差预备费。

解：基本预备费＝(5000＋3000＋2000)×5%万元＝500 万元。

静态投资 I＝(5000＋3000＋2000＋500)万元＝10 500 万元。

建设期第一年完成投资 I_1＝10 500×20%万元＝2100 万元。

第一年的价差预备费 PF_1＝2100×[(1+6%)×(1+6%)$^{0.5}$−1]万元≈191.8073 万元。

第二年完成投资 I_2＝10 500×60%万元＝6300 万元。

第二年的价差预备费 PF_2＝6300×[(1+6%)×(1+6%)$^{0.5}$×(1+6%)−1]万元≈987.9471 万元。

第三年完成投资 I_3＝10 500×20%万元＝2100 万元。

第三年的价差预备费 PF_3＝2100×[(1+6%)×(1+6%)$^{0.5}$×(1+6%)^2−1]万元≈475.0746 万元。

所以，建设期的价差预备费 $PF=(191.8073+987.9471+475.0746)$万元$=1654.8290$ 万元。

(二)建设期利息

建设期利息主要是指在建设期内发生的为工程项目筹措资金的融资费用及债务资金利息。

建设期利息的计算，根据建设期资金用款计划，在总贷款分年均衡发放的前提下，可按当年借款在年中支用考虑，即当年借款按半年计息，上年借款按全年计息，计算公式为

$$q_j=\left(P_{j-1}+\frac{1}{2}A_j\right)\times i$$

式中：q_j——建设期第 j 年应计利息；

P_{j-1}——建设期第 $j-1$ 年末累计贷款本金与利息之和；

A_j——建设期第 j 年贷款金额；

i——年利率。

【例 3-1-5】某新建项目，建设期为 3 年，分年均衡进行贷款，第一年货款 300 万元，第二年贷款 600 万元，第三年贷款 400 万元，年利率为 12%，建设期内利息只计息不支付，求建设期利息。

解：在建设期，各年利息为

$$q_1=\frac{1}{2}A_1\times i=\frac{1}{2}\times 300\times 12\%\ 万元=18\ 万元$$

$$q_2=\left(P_1+\frac{1}{2}A_2\right)\times i=\left(300+18+\frac{1}{2}\times 600\right)\times 12\%\ 万元=74.16\ 万元$$

$$q_3=\left(P_2+\frac{1}{2}A_3\right)\times i=\left(318+600+74.16+\frac{1}{2}\times 400\right)\times 12\%\ 万元\approx 143.06\ 万元$$

所以，建设期利息 $q=q_1+q_2+q_3=(18+74.16+143.06)$万元$=235.22$ 万元。

本节课后习题

1.[单选]关于我国建设项目投资，以下说法正确的是(　　)。

A. 非生产性建设项目总投资由固定资产投资和铺底流动资金组成

B. 生产性建设项目总投资由工程费用、工程建设其他费用和预备费三部分组成

C. 建设投资是为了完成工程项目建设，在建设期内投入且形成现金流出的全部费用

D. 建设投资由固定资产投资和建设期利息组成

答案：C

2.[多选]关于设备购置费的构成和计算，下列说法正确的有(　　)。

A. 国产标准设备的原价一般不包含备件的价格

B. 成本计算估价法适用于非标准设备原价的计算

C. 进口设备原价是指进口设备到岸价

D. 国产非标准设备原价包含非标准设备设计费

E. 达到固定资产标准的工具、器具，其购置费用应计入设备购置费

答案：BDE

3.[多选]国产非标准设备原价的计算方法有(　　)。

A. 分部组合估价法　　B. 生产费用综合法

C. 成本计算估价法　　D. 定额估价法

E. 系列设备插入估价法

答案：ACDE

4.[单选]国内生产某台非标准设备需材料费 18 万元,加工费 2 万元,专用工具费率为 5%,废品损失率为 10%,包装费为 0.4 万元,利润率为 10%,用成本计算估价法计算得该设备的利润是(　　)万元。

A. 2.00　　B. 2.10　　C. 2.31　　D. 2.35

答案:D

5.[单选]国际贸易双方约定费用划分与风险转移均以货物在装运港被装上指定船只为分界点,该交易价格被称为(　　)。

A. 离岸价格　　B. 运费在内价　　C. 到岸价　　D. 抵岸价

答案:A

6.[单选]某进口设备货价为 400 万元,国际运费折合人民币 30 万元,运输保险费为 3‰,则该设备应计的运输保险费折合人民币(　　)万元。

A. 1.200　　B. 1.204　　C. 1.290　　D. 1.294

答案:D

7.[单选]根据现行建筑安装工程费用项目组成的规定,下列费用项目属于按造价形成划分的是(　　)。

A. 人工费　　B. 企业管理费　　C. 利润　　D. 税金

答案:D

8.[单选]根据现行建筑安装工程费用项目组成的规定,职工的劳动保护费应计入(　　)。

A. 规费　　B. 企业管理费　　C. 措施费　　D. 人工费

答案:B

9.[单选]关于建筑安装工程费用中材料费的说法,正确的是(　　)。

A. 材料单价是指建筑材料从其来源地运到施工工地仓库直至出库形成的综合平均单价

B. 材料消耗量是指形成工程实体的净用量

C. 材料检验试验费包括对构件做破坏性试验的费用

D. 材料费等于材料消耗量与材料基价的乘积加检验试验费

答案:A

10.[单选]下列措施项目中,适合采用综合单价方式计价的是(　　)。

A. 已完工程及设备保护　　B. 大型机械设备进出场及安拆

C. 安全文明施工　　D. 混凝土、钢筋混凝土模板

答案:D

11.[单选]关于工程建设其他费用,下列说法正确的是(　　)。

A. 监理费属于建设单位管理费

B. 实行代建制管理的项目,同时计列代建管理费和建设单位管理费

C. 技术保密费和软件费属于专利及专有技术使用费

D. 税费包括印花税、增值税、耕地占用税等

答案:C

12.[单选]根据我国现行规定,关于预备费的说法中,正确的是(　　)。

A. 基本预备费以工程费用为计算基数

B. 实行工程保险的工程项目,基本预备费应适当降低

C. 价差预备费以工程费用和工程建设其他费用之和为计算基数

D. 价差预备费不包括利率、汇率调整增加的费用

答案:B

13.[单选]某工程投资中,设备、建筑安装和工程建设其他费用分别为 600 万元、1000 万元和 400 万元,基本预备费费率为 10%。投资建设期为 2 年,项目建设前期年限为 1 年,各年投资额相等,预计年均投资价格上涨 5%,则该工程项目建设期间的价差预备费为(　　)万元。

A. 152.53　　B. 162.28　　C. 226.22　　D. 252.56

答案:C

14.[单选]关于建设期利息的说法,正确的是(　　)。

A. 建设期利息包括国际商业银行贷款在建设期间应计的借款利息

B. 建设期利息包括在境内发行的债券在建设期后支付的借款利息

C. 建设期利息不包括国外贷款银行收取的各种管理费

D. 建设期利息不包括国内代理机构收取的转贷费和担保费

答案:A

15.[单选]某项目建设期为3年,在建设期第1年贷款2000万元,第2年贷款3000万元,第3年贷款1000万,贷款年利率为8%,建设期内利息只计息不支付,则该项目第2年的建设期贷款利息为(　　)万元。

A. 80.0　　B. 286.4　　C. 346.4　　D. 469.3

答案:B

第二节
工程计价原理

一、工程计价的含义

工程计价是指按照法律法规及标准规范规定的程序、方法和依据,对工程项目实施建设的各个阶段的工程造价及其构成内容进行预测和估算的行为。工程计价应体现《住房和城乡建设部办公厅关于印发工程造价改革工作方案的通知》(建办标〔2020〕38号)中提出的"坚持市场在资源配置中起决定性作用……进一步完善工程造价市场形成机制"的原则。工程计价依据是指在工程计价活动中依据的与计价内容、计价方法和价格标准相关的工程计量计价标准、工程计价定额及工程计价信息等。工程计价的作用表现在以下三个方面。

1)工程计价结果反映了工程的货币价值

建设项目兼具单件性与多样性的特点,每个建设项目都需要按业主的特定需求进行单独设计、单独施工,不能批量生产和按整个项目确定价格,只能将整个项目进行分解,划分为可以按有关技术参数测算价格的基本构造单元,即假定建筑安装产品(或称分部分项工程),计算出基本构造单元的费用,再按照自下而上的分部组合计价法计算出总造价。

2)工程计价结果是投资控制的依据

前一次的计价结果会用于控制下一次的计价工作。具体来说,后一次估价不能超过前一次估价的幅度。这种控制是在投资者财务能力限度内为取得既定的投资效益所必需的。工程计价基本确定了建设资金的需要量,从而为筹集资金提供了比较准确的依据。当建设资金来源于金融机构贷款时,金融机构在对项目偿贷能力进行评估的基础上,也需要依据工程计价来确定给予投资者的贷款数额。

3)工程计价结果是合同价款管理的基础

合同价款管理的各项内容中始终有工程计价活动的存在:在签约合同价的形成过程中有最高投标限价、投标报价以及签约合同价等计价活动;在工程价款的调整过程中,需要确定调整价款额度,工程计价也贯穿其中;工程价款的支付仍然需要工程计价工作,以确定最终的支付额。

二、工程计价基本原理

(一)利用函数关系对拟建项目的造价进行类比匡算

当一个建设项目还没有具体的图样和工程量清单时，需要利用产出函数对建设项目投资进行匡算。投资的匡算经常基于某个表明设计能力或者形体尺寸的变量，比如建筑面积、公路长度、工厂的生产能力等。在这种类比估算方法下尤其要注意规模对造价的影响，项目造价并不总是和规模大小呈线性关系的，典型的规模经济或规模不经济都会出现，因此要慎重选择合适的产出函数，寻找规模和经济有关的经验数据，例如生产能力指数法就是利用生产能力与投资额间的关系函数来进行投资估算的方法。

(二)分部组合计价原理

如果一个建设项目的设计方案已经确定，工程计价常用的是分部组合计价法。任何一个建设项目都可以分解为一个或几个单项工程，任何一个单项工程都是由一个或几个单位工程组成的。单位工程的各类建筑工程和安装工程仍然是比较复杂的综合实体，还需要进一步分解。单位工程可以按照结构部位、路段长度及施工特点或施工任务分解为分部工程。将工程分解成分部工程后，从工程计价的角度，计价人员还需要把分部工程按照不同施工方法、材料、工序及路段长度等，进行更为细致的分解，划分为更为简单细小的部分，即按照计价需要，将分项工程进一步分解或适当组合，就可以得到基本构造单元了，如图 3-2-1 所示。

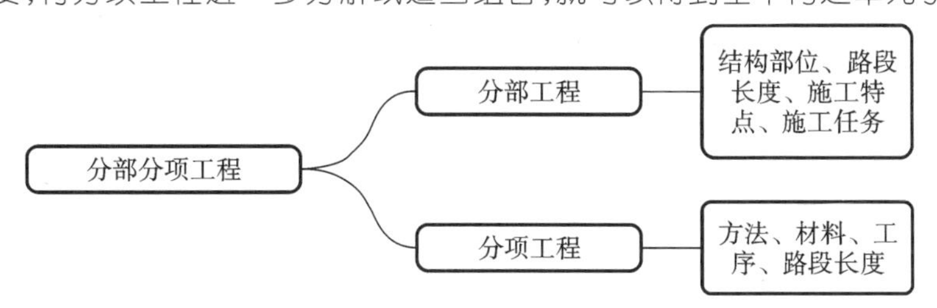

图 3-2-1 分部分项工程分解

工程计价的基本原理是项目的分解和价格的组合。项目的分解即将建设项目自上而下细分至最基本的构造单元(假定的建筑安装产品)，如图 3-2-2 所示。价格的组合即采用适当的计量单位计算工程量以及当时当地的工程单价，先计算出基本构造单元的价格，再将费用按照类别进行组合汇总，计算出相应的工程造价，如图 3-2-3 所示。

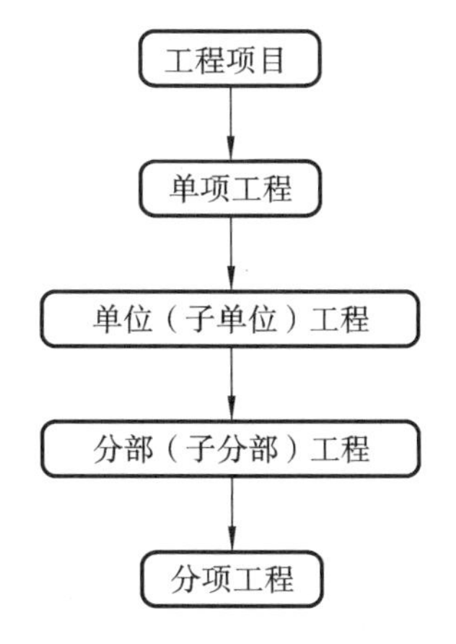

图 3-2-2 工程项目分解顺序

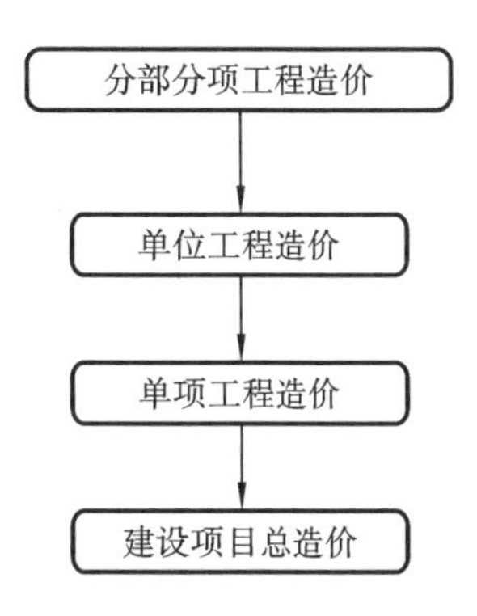

图 3-2-3 工程计价的顺序

工程计价的基本过程可以用公式示例如下：

$$分部分项工程费 = \sum[基本构造单元的工程量(定额项目或清单项目) \times 相应单价]$$

工程计价可分为工程计量和工程组价两个环节。

1. 工程计量

工程计量包括单位工程基本构造单元的确定和工程量的计算。

1)单位工程基本构造单元的确定

单位工程基本构造单元的确定即工程项目的划分。编制工程概预算时，计价人员主要按工程定额进行项目的划分；编制工程量清单时，计价人员主要按照清单工程量计算规范规定的清单项目进行项目的划分。

2)工程量的计算

工程量的计算就是按照工程项目的划分和工程量计算规则，就不同的设计文件对工程实物量进行计算。工程实物量是计价的基础，不同的计价依据有不同的计算规则。目前，工程量计算规则包括两大类：

①各类工程定额规定的计算规则；

②各专业工程量计算规范附录中规定的计算规则。

2. 工程组价

工程组价包括工程单价的确定和工程总价的计算。

1)工程单价的确定

工程单价是指完成单位工程基本构造单元的工程量所需要的基本费用。工程单价包括工料单价和综合单价。

(1)工料单价仅包括人工、材料、机具使用费，是各种人工消耗量、各种材料消耗量、各类施工机具台班消耗量与其相应单价的乘积，计算公式为

$$工料单价 = \sum(人材机消耗量 \times 人材机单价)$$

(2)综合单价除包括人工、材料、机具使用费外，还包括可能分摊在单位工程基本构造单元上的费用。根据我国现行有关规定，综合单价又可以分成清单综合单价(不完全综合单价)与全费用综合单价(完全综合单价)两种：清单综合单价除包括人工、材料、机具使用费外，还包括企业管理费、利润和风险费用；全费用综合单价除包括人工、材料、机具使用费外，还包括企业管理费、利润、规费和税金。

综合单价根据国家、地区、行业定额或企业定额消耗量和相应生产要素的市场价格，以及定额或市场的取费费率来确定。

2)工程总价的计算

工程总价是指按规定的程序或办法逐级汇总形成的相应的工程造价。工程总价的计算方法根据计算程序的不同，分为实物量法和单价法。

(1)实物量法。实物量法是依据图纸和相应计价定额的项目划分，即工程量计算规则，先计算出分部分项工程量，然后套用消耗量定额计算人材机等要素的消耗量，再根据各要素的实际价格及各项费率汇总形成相应的工程造价的方法。

(2)单价法。单价法包括综合单价法和工料单价法。

①综合单价法。若采用全费用综合单价(完全综合单价)，计价人员首先依据相应工程量计算规范规定的工程量计算规则计算工程量，并依据相应的计价依据确定综合单价，然后用工程量乘以综合单价，并汇总得出分部分项工程及单价措施项目费，之后再按相应的办法计算总价措施项目费、其他项目费，汇总后形成相应的工程造价。我国现行的《建设工程工程量清单计价规范》(GB 50500—2013)中规定的清单综合单价属于不完全综合单价，把规费和税金计入不完全综合单价后即形成完全综合单价。

②工料单价法。计价人员先依据相应计价定额的工程量计算规则计算工程量，然后依据定额的人材机消耗量和预算单价，计算工料单价，用工程量乘以工料单价，汇总得到分部分项工程人材机费合计，再按照相应的取费程序计算其他各项费用，汇总后形成相应的工程造价。

工程计价的基本环节如图 3-2-4 所示。

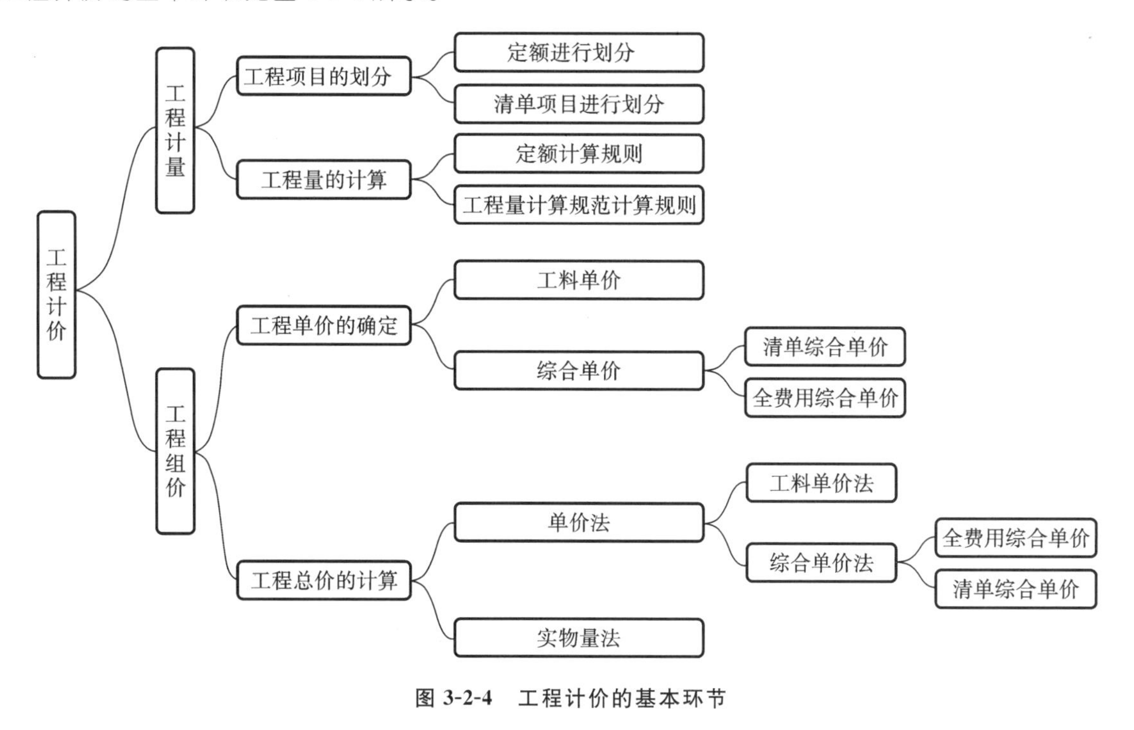

图 3-2-4 工程计价的基本环节

三、工程计价依据

我国的工程造价管理体系可划分为工程造价管理的相关法律法规体系、工程造价管理的标准体系、工程定额体系和工程计价信息体系四个主要部分。工程造价管理的相关法律法规是实施工程造价管理的制度依据和重要前提；工程造价管理的标准是在法律法规的要求下，规范工程造价管理的核心技术要求；工程定额通过提供国家、行业、地方定额的参考性依据和数据，指导企业定额的编制，起到规范管理和科学计价的作用；工程计价信息是市场经济体制下，进行造价信息传递和形成造价成果文件的重要支撑。从工程造价管理体系的总体架构看，工程造价管理的相关法律法规体系和工程造价管理的标准体系属于工程造价宏观管理的范畴，工程定额体系和工程计价信息体系属于工程造价微观管理的范畴。工程造价管理体系中的工程造价管理的标准体系、工程定额体系和工程计价信息体系是工程计价的主要依据。

(一)工程造价管理的标准

工程造价管理的标准泛指除应以法律、法规进行管理和规范的内容外，应以国家标准、行业标准进行规范的工程管理和工程造价咨询行为、质量的有关技术内容。工程造价管理的标准体系按照管理性质可分为统一工程造价管理的基本术语、费用构成等的基础标准；规范工程造价管理行为、项目划分和工程量计算规则等的管理性规范；规范各类工程造价成果文件编制的操作规程；规范工程造价咨询的质量和档案的质量管理标准；规范工程造价指数发布及信息交换的信息管理标准等。

1. 基础标准

基础标准包括《工程造价术语标准》(GB/T 50875—2013)、《建设工程计价设备材料划分标准》(GB/T

50531—2009)。此外,我国目前还没有统一的建设工程造价费用构成标准,而这个标准的制定应是规范工程计价最重要的基础工作。

2. 管理性规范

管理性规范包括《建设工程工程量清单计价规范》(GB 50500—2013)、《建设工程造价咨询规范》(GB/T 51095—2015)、《建设工程造价鉴定规范》(GB/T 51262—2017)、《建筑工程建筑面积计算规范》(GB/T 50353—2013),以及不同专业的建设工程工程量计算规范等。建设工程工程量计算规范由《房屋建筑与装饰工程工程量计算规范》(GB 50854—2013)、《仿古建筑工程工程量计算规范》(GB 50855—2013)、《通用安装工程工程量计算规范》(GB 50856—2013)、《市政工程工程量计算规范》(GB 50857—2013)、《园林绿化工程工程量计算规范》(GB 50858—2013)、《矿山工程工程量计算规范》(GB 50859—2013)、《构筑物工程工程量计算规范》(GB 50860—2013)、《城市轨道交通工程工程量计算规范》(GB 50861—2013)、《爆破工程工程量计算规范》(GB 50862—2013)组成。建设工程工程量计算规范也包括各专业部委发布的各类清单计价、工程量计算规范,包括《水利工程工程量清单计价规范》(GB 50501—2007)、《水运工程工程量清单计价规范》(JTS/T 271—2020)以及各省市发布的公路工程工程量清单计价规范等。

3. 操作规程

操作规程主要包括中国建设工程造价管理协会陆续发布的各类成果文件编审的操作规程:《建设项目投资估算编审规程》(CECA/GC 1—2015)、《建设项目设计概算编审规程》(CECA/GC 2—2015)、《建设项目施工图预算编审规程》(CECA/GC 5—2015)、《建设项目工程结算编审规程》(CECA/GC 6—2019)、《建设工程造价鉴定规程》(CECA/GC 8—2012)、《工程造价咨询企业服务清单》(CCEA/GC 11—2019)、《建设项目全过程造价咨询规程》(CECA/GC 4—2017)。其中《建设项目全过程造价咨询规程》(CECA/GC 4—2017)是我国最早发布的涉及建设项目全过程工程咨询的标准之一。

4. 质量管理标准

质量管理标准主要指《建设工程造价咨询成果文件质量标准》(CECA 7—2012),该标准编制的目的是对工程造价咨询成果文件和过程文件的组成、表现形式、质量管理要素、成果质量标准等进行规范。

5. 信息管理规范

信息管理规范主要包括《建设工程人工材料设备机械数据标准》(GB/T 50851—2013)和《建设工程造价指标指数分类与测算标准》(GB/T 51290—2018)等。

(二)工程定额

工程定额主要指国家、地方或行业主管部门以及企业自身制定的各种定额,包括工程消耗量定额和工程计价定额等。工程计价定额主要指工程定额中直接用于工程计价的定额或指标,按照定额应用的建设阶段不同,纵向划分为投资估算指标、概算定额和概算指标、预算定额等。随着工程造价市场化改革的不断深入,工程计价定额的作用主要在于建设前期造价预测以及投资管控目标的合理设定,而在建设项目交易过程中,定额的作用将逐步弱化,工程计价更加依赖于市场价格信息。

(三)工程计价信息

工程计价信息是指国家、各地区、各部门工程造价管理机构、行业组织以及信息服务企业发布的指导或服务于建设工程计价的人工、材料、工程设备、施工机具的价格信息,以及各类工程的造价指数、指标、典型工程数据库等。

本节课后习题

1.[多选]根据分部组合计价原理,单位工程可依据(　　)等分解为分部工程。

A.结构部位　　B.路段长度

C.施工特点　　D.材料

E.工序

答案:ABC

2.[单选]下列说法中,准确表述工程计价基本原理的是(　　)。

A.项目的分解

B. 分部分项工程费 $=\sum$[基本构造单元的工程量(定额项目或清单项目)×相应单价]

C.工程计量与计价

D.项目的划分和工程量的计算

答案:B

3.[单选]下列工程计价的标准和依据中,适用于项目建设前期各阶段对建设投资进行预测和估计的是(　　)。

A.工程量清单计价规范　　B.工程计价定额

C.工程量清单计量规范　　D.工程承包合同文件

答案:B

第三节
工程定额计价

一、工程定额计价的程序

工程定额是指在正常施工条件下完成规定计量单位的合格建筑安装工程所消耗的人工、材料、施工机具、工期及相关费率等的数量标准。工程概预算的编制是应用计价定额或指标对建筑产品进行计价的活动。如果用工料单价法进行概预算编制,编制人员应按概算定额或预算定额的定额子目,逐项计算工程量,套用概预算定额(或单值估价表)的工料单价确定直接费(包括人工费、材料费、施工机具使用费),然后按规定的取费标准确定间接费(包括企业管理费、规费),再计算利润和税金,汇总为工程概预算价格,如图 3-3-1 所示。

二、工程定额分类

工程定额是一个综合概念,是建设工程造价计价和管理中各类定额的总称,包括许多种类的定额,可以按照不同的原则和方法进行分类。

1.按定额反映的生产要素消耗内容分类

按定额反映的生产要素消耗内容分类,工程定额可以划分为劳动消耗定额、材料消耗定额和机具消耗定额三种。

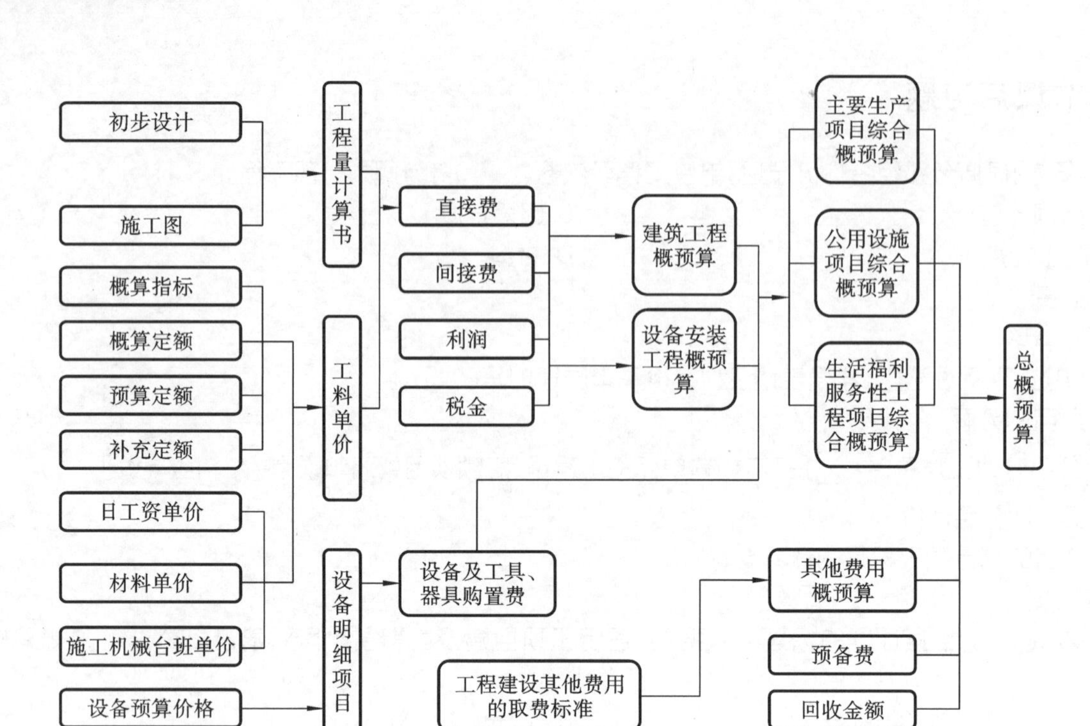

图 3-3-1 采用工料单价法进行概预算编制程序示意图

1)劳动消耗定额

劳动消耗定额简称劳动定额(也称为人工定额),是在正常的施工技术和组织条件下,完成规定计量单位合格的建筑安装产品所消耗的人工工日的数量标准。劳动定额的主要表现形式是时间定额,也表现为产量定额。时间定额与产量定额互为倒数。

2)材料消耗定额

材料消耗定额简称材料定额,是指在正常的施工技术和组织条件下,完成规定计量单位合格的建筑安装产品所消耗的原材料,成品,半成品,构配件,燃料以及水、电等动力资源的数量标准。

3)机具消耗定额

机具消耗定额由机械消耗定额与仪器仪表消耗定额组成。机械消耗定额以一台机械一个工作班为计量单位,所以又称为机械台班定额。机械消耗定额是指在正常的施工技术和组织条件下,完成规定计量单位合格的建筑安装产品所消耗的施工机械台班的数量标准。机械消耗定额的主要表现形式是机械时间定额,也表现为产量定额。仪器仪表消耗定额的表现形式与机械消耗定额类似。

2. 按定额的编制程序和用途分类

按定额的编制程序和用途分类,工程定额可以分为施工定额、预算定额、概算定额、概算指标、投资估算指标等。

1)施工定额

施工定额是完成一定计量单位的某个施工过程或基本工序所需消耗的人工、材料和施工机具台班的数量标准。施工定额是施工企业(建筑安装企业)为了组织生产和加强管理在企业内部使用的一种定额,属于企业定额。施工定额是以某个施工过程或基本工序作为研究对象,以生产产品数量与生产要素消耗综合关系编制的定额。为了适应组织生产和管理的需要,施工定额的项目划分很细,是工程定额中分项最细、定额子目最多的一种定额,也是工程定额中的基础性定额。

2)预算定额

预算定额是在正常的施工条件下,完成一定计量单位合格分项工程或结构构件所需消耗的人工、材料、施工机具台班的数量及其费用标准。预算定额是一种计价性定额。从编制程序上看,预算定额是以施工定额为基础综合扩大编制的,也是编制概算定额的基础。

3)概算定额

概算定额是完成单位合格扩大分项工程或扩大结构构件所需消耗的人工、材料和施工机具台班的数量及其费用标准,是一种计价性定额。概算定额是编制扩大初步设计概算、确定建设项目投资额的依据。概算定额的项目划分粗细,与扩大初步设计的深度相适应。概算定额一般是在预算定额的基础上综合扩大而成的,每个扩大分项概算定额都包含了数项预算定额。

4)概算指标

概算指标是以单位工程为对象,反映完成规定计量单位建筑安装产品的经济指标。概算指标是概算定额的扩大与合并,是以更为扩大的计量单位来编制的。概算指标的内容包括人工、材料、机具台班三个基本部分,还包括分部工程量及单位工程的造价,是一种计价定额。

5)投资估算指标

投资估算指标是以建设项目、单项工程、单位工程为对象,反映建设总投资及其各项费用构成的经济指标。它是在项目建议书和可行性研究阶段编制投资估算、计算投资需要量时使用的一种定额。它的概略程度与可行性研究阶段相适应。投资估算指标往往根据历史的预、决算资料和价格变动等资料编制,但其编制基础仍然离不开预算定额、概算定额。

各种定额的联系如表 3-3-1 所示。

表 3-3-1 各种定额的联系

项目	施工定额	预算定额	概算定额	概算指标	投资估算指标
对象	施工过程或基本工序	分项工程或结构构件	扩大的分项工程或扩大的结构构件	单位工程	建设项目、单项工程、单位工程
用途	编制施工预算	编制施工图预算	编制扩大初步设计概算	编制初步设计概算	编制投资估算
项目划分	最细	细	较粗	粗	很粗
定额水平	平均先进	平均			
定额性质	生产性定额	计价性定额			

3. 按专业分类

工程建设涉及众多专业,不同的专业所含的内容也不同,因此确定人工、材料和机具台班消耗数量标准的工程定额也要按不同的专业分别进行编制和执行。

1)建筑工程定额

建筑工程定额按专业对象分为建筑及装饰工程定额、房屋修缮工程定额、市政工程定额、铁路工程定额、公路工程定额、矿山井巷工程定额、水利建筑工程定额、内河航运水工建筑工程定额等。

2)安装工程定额

安装工程定额按专业对象分为电气设备安装工程定额、机械设备安装工程定额,热力设备安装工程定额、通信设备安装工程定额、化学工业设备安装工程定额、工业管道安装工程定额、工艺金属结构安装工程定额、水利水电设备安装工程定额、内河航运设备安装工程定额等。

4. 按主编单位和管理权限分类

按主编单位和管理权限分类，工程定额可以分为全国统一定额、行业统一定额、地区统一定额、企业定额、补充定额等。

1）全国统一定额

全国统一定额是由国家建设行政主管部门综合全国工程建设中技术和施工组织管理的情况编制，并在全国范围内执行的定额。

2）行业统一定额

行业统一定额是考虑各行业专业工程技术特点，以及施工生产和管理水平编制的，一般只在本行业和相同专业性质的行业使用。

3）地区统一定额

地区统一定额包括省、自治区、直辖市定额。地区统一定额主要是考虑地区性特点和全国统一定额水平进行适当调整和补充编制的。

4）企业定额

企业定额是施工单位根据本企业的施工技术、机械装备和管理水平编制的人工、材料、机具台班等的消耗标准。企业定额在企业内部使用，是企业综合素质的标志。企业定额水平一般应高于国家现行定额水平，才能满足生产技术发展、企业管理和市场竞争的需要。在工程量清单计价方法下，企业定额是施工企业进行投标报价的依据。

5）补充定额

补充定额是指随着设计、施工技术的发展，现行定额不能满足需要的情况下，为了补充缺陷所编制的定额。补充定额只能在指定的范围内使用，可以作为以后修订定额的基础。

上述各种定额虽然适用于不同的情况，有不同的用途，但是它们是一个互相联系的有机的整体，在实际工作中可以配合使用。

三、工程定额的改革和发展

（一）工程定额的改革任务

在传统的定额编制工作中，因为定额编制工作复杂，定额编制周期长，定额数据往往滞后于市场变化，具有滞后性；由于定额编制人员的专业局限性、定额编制方式、数据质量等原因，定额消耗量及费用标准与市场水平存在偏差，具有差异性。这种滞后性和差异性使工程计价、投资管控等受到影响。

住房和城乡建设部办公厅于 2020 年 7 月 24 日发布了《住房和城乡建设部办公厅关于印发工程造价改革工作方案的通知》（建办标〔2020〕38 号），该文件指出，改革开放以来，工程造价管理坚持市场化改革方向，在工程发承包计价环节探索引入竞争机制，全面推行工程量清单计价，各项制度不断完善，但还存在定额等计价依据不能很好满足市场需要、造价信息服务水平不高、造价形成机制不够科学等问题。为了充分发挥市场在资源配置中的决定性作用，促进建筑业转型升级，需对工程造价进行改革。其中，与工程造价计价依据改革相关的任务主要包括以下两个方面。

1. 完善工程计价依据发布机制

加快转变政府职能，优化概算定额、估算指标编制发布和动态管理，取消最高投标限价按定额计价的规定，逐步停止发布预算定额。搭建市场价格信息发布平台，统一信息发布标准和规则，鼓励企事业单位通过信息平台发布各自的人工、材料、机械台班市场价格信息，供市场主体选择，加强市场价格信息发布行为监管，严格信息发布单位主体责任。

2. 加强工程造价数据积累

加快建立国有资金投资的工程造价数据库，按地区、工程类型、建筑结构等分类发布人工、材料、项目等造价指标指数，利用大数据、人工智能等信息化技术为概预算编制提供依据。加快推进工程总承包和全过程工程咨询，综合运用造价指标指数和市场价格信息，控制设计限额、建造标准、合同价格，确保工程投资效益得到有效发挥。

（二）大数据技术对工程定额编制的影响

工程计价及造价管理过程中，会产生大量的造价信息数据。科技的发展，特别是信息技术的发展，给这些数据的管理和挖掘提供了现代化的手段。大数据信息技术势必对定额的编制和项目各阶段计价及造价管理产生积极且深远的影响。

1. 企业定额测算和管理的高效化

企业定额需要准确反映企业实际技术和管理水平，因此，随着企业生产力水平的提高，企业定额需要及时更新。为适应市场竞争，企业应注重本企业定额数据的积累。大数据时代，企业可以建立基于大数据的企业定额测算体系并建立信息化平台，动态积累企业定额消耗量数据，监测企业定额的变动情况，进而动态管理企业定额。大数据的应用不仅可以节省定额测定方面的人力、物力、财力，而且可以提高工作效率。

2. 工程定额编制和管理的动态化

行业主管部门可以与互联网结合，建立定额动态管理平台。从业人员可以在平台上共享数据，可以随时对定额应用问题提出相关建议，定额动态管理平台可以使全行业人员参与到定额的动态使用、反馈和管理上来，最大程度上拓宽覆盖面，解决传统编制过程中编制人员来源途径单一的问题，改善定额偏差性的缺陷；能够实现信息的快速收集、存储和分析，实现缩短定额编制周期和定额编制时间的目的，最大限度地改善定额滞后性、差异性的缺陷；能够使数据更真实、更有代表性和更贴近市场。

3. 工程定额编制和管理的市场化

大数据技术可以将来自市场的真实数据实时纳入数据库，并依据这些数据编制工程定额，缩短定额编制周期，充分走进市场、贴近市场和反映市场，体现市场决定价格的作用。

四、生产要素消耗定额编制

（一）劳动消耗定额

1. 劳动消耗定额的分类

劳动消耗定额分为时间定额和产量定额。

1)时间定额

时间定额是指某工种某个等级的工人或工人小组在合理的劳动组织等施工条件下,完成单位合格产品必须消耗的工作时间。

2)产量定额

产量定额是指某工种某个等级的工人或工人小组在合理的劳动组织等施工条件下,在单位时间内完成合格产品的数量。

2. 时间定额与产量定额的关系

时间定额与产量定额互为倒数,即

$$\text{时间定额}=\frac{1}{\text{产量定额}}=\frac{\text{小组成员工日数总和}}{\text{小组(班)产量}}$$

【例 3-3-1】某景墙砌砖小组由 4 人组成,2 工日内砌完 22.6 m^3,试求小组完成单位产品的时间定额。

解:小组完成单位产品的时间定额$=4\times 2/22.6$ 工日$/m^3=0.354$ 工日$/m^3$,即砌 1 m^3 质量合格的景墙需 0.354 工日。

3. 工作时间

完成任何施工过程都必须消耗一定的工作时间,要研究施工过程中的工时消耗量,就必须对工作时间进行分析。工作时间是指工作班的延续时间,建筑安装企业工作班的延续时间为 8 h(每个工日)。

工作时间的研究是将劳动者整个生产过程中消耗的工作时间,根据其性质、范围和具体情况进行科学划分、归类,明确规定哪些属于定额时间,哪些属于非定额时间,找出非定额时间损失的原因,以便拟定技术组织措施,消除产生非定额时间的因素,充分利用工作时间,提高劳动生产率。

工作时间的消耗可以分为两种,即工人工作时间的消耗和工人使用的机器工作时间的消耗。

4. 工人工作时间

工人工作时间可以划分为必须消耗的时间和损失时间两大类,如图 3-3-2 所示。

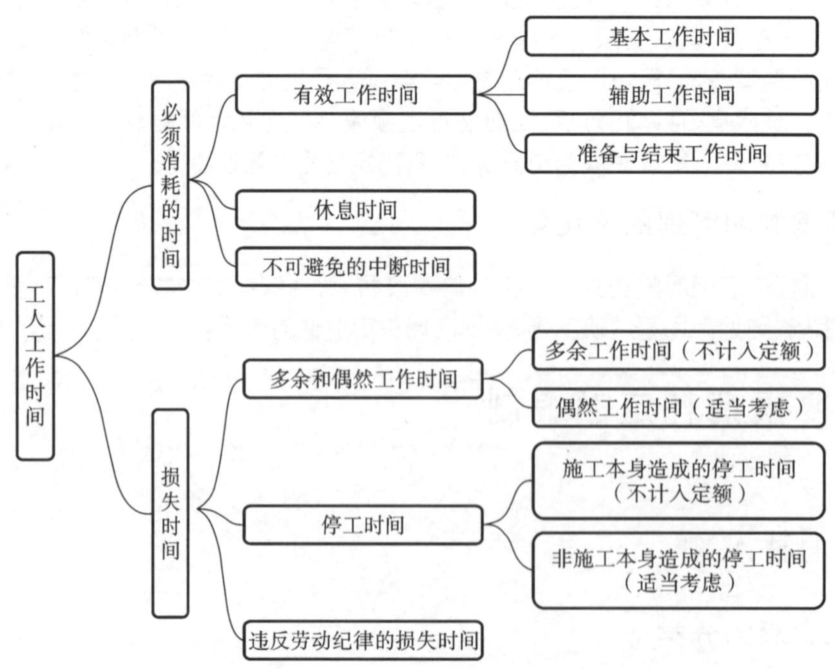

图 3-3-2 工人工作时间的分类

1)必须消耗的时间

必须消耗的时间是指工人在正常施工条件下,为完成一定数量的产品或任务所必须消耗的工作时间,包括以下三种。

(1)有效工作时间:从生产效果来看与产品生产直接有关的时间消耗,包括基本工作时间、辅助工作时间、准备与结束工作时间。

①基本工作时间:与工人完成产品生产直接有关的工作时间,如砌砖施工过程的挂线、铺灰浆、砌砖等工作时间。基本工作时间一般与工作量成正比。

②辅助工作时间:为了保证基本工作顺利完成而同技术操作无直接关系的辅助工作时间,如修磨校验工具、移动工作梯、工人转移工作地点等所需的时间。

③准备与结束工作时间:工人在执行任务前的准备工作(包括工作地点、劳动工具、劳动对象的准备)和完成任务后的整理工作时间。

(2)休息时间:工人为恢复体力所必需的休息时间。

(3)不可避免的中断时间:由于施工工艺特点导致的工作中断时间,如汽车司机等候装货的时间,安装工人等候构件起吊的时间等。

2)损失时间

损失时间是与产品生产无关,而与施工组织和技术上的缺点有关,与工人在施工过程中的个人过失或某些偶然因素有关的时间消耗。

(1)多余和偶然工作时间:在正常施工条件下不应发生的时间消耗,如拆除超过图示高度的多余墙体的时间。

(2)停工时间:分为施工本身造成的停工时间和非施工本身造成的停工时间,如材料供应不及时,气候变化和水、电源中断导致的停工时间。

(3)违反劳动纪律的损失时间:在工作班内工人迟到、早退、闲谈、办私事等原因造成的工时损失。

5. 机械工作时间

机械工作时间的分类与工人工作时间的分类相比有一些不同点,如在必须消耗的时间中包含的有效工作时间的内容不同,如图 3-3-3 所示。通过分析可以看到,两种时间的不同点是由机械本身的特点所决定的。

1)必须消耗的时间

(1)有效工作时间包括正常负荷下的工作时间、有根据地降低负荷下的工作时间。

(2)不可避免的无负荷工作时间:由施工过程的特点造成的无负荷工作时间,如推土机到达工作段终端后的倒车时间,起重机吊完构件后返回构件堆放地点的时间等。

(3)不可避免的中断时间:与工艺过程的特点、机械使用中的保养、工人休息等有关的中断时间,如汽车装卸货物的停车时间、给机械加油的时间、工人休息时的停机时间。

2)损失时间

(1)机械多余的工作时间:机械完成任务时无须包括的工作时间,如灰浆搅拌机搅拌时多运转的时间、工人没有及时供料而使机械空运转的延续时间。

(2)机械停工时间:由于施工组织不好及气候条件引起的停工时间,如未及时给机械加水、加油而引起的停工时间。

(3)违反劳动纪律的停工时间:工人迟到、早退等原因引起的机械停工时间。

(4)低负荷下的工作时间:工人或技术人员的过错造成的施工机械在降低负荷的情况下的工作时间。

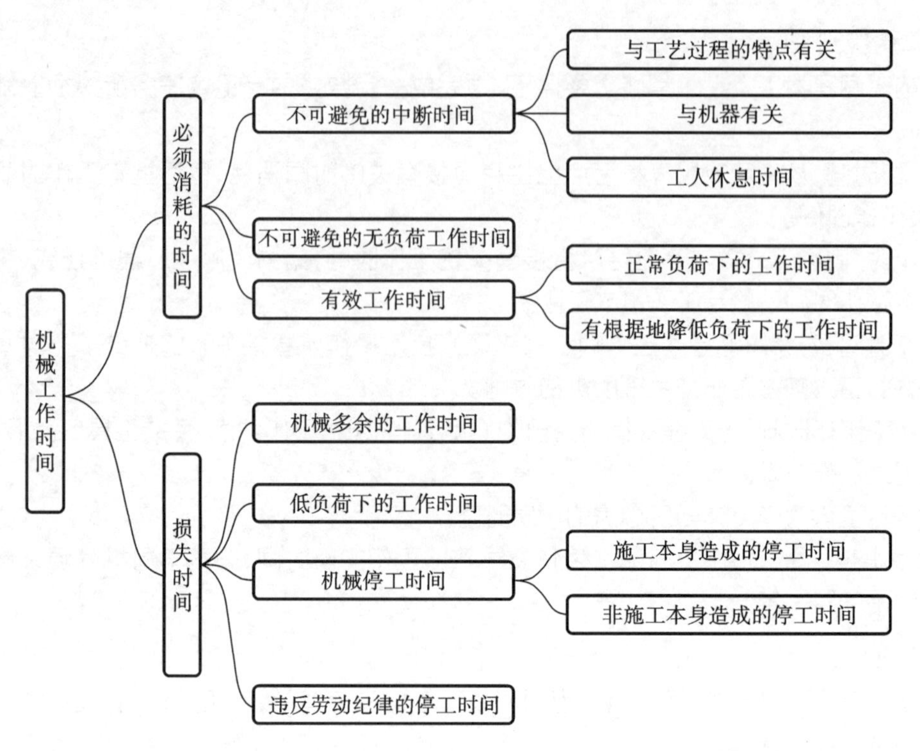

图 3-3-3　机械工作时间的分类

6. 计时观察法

计时观察法是研究工作时间消耗的一种技术测定方法。它以工时消耗为对象，以观察、测时为手段，通过密集抽样和粗放抽样等技术进行直接的时间研究。计时观察法以现场观察为主要技术手段，所以也称为现场观察法。

计时观察法能够把现场工时消耗情况和施工组织技术条件联系起来加以考察，它不仅能为编制定额提供基础数据，而且能为改善施工组织管理、改善工艺过程和操作方法、消除不合理的工时损失和进一步挖掘生产潜力提供技术根据。计时观察法的局限性是考虑人的因素不够。

对施工过程进行观察、测时，计算实物和劳务产量，记录施工过程所处的施工条件和确定影响工时消耗的因素，是计时观察法的三项主要内容和要求。计时观察法的种类很多，最主要的有测时法、写实记录法和工作日写实法三种，如图 3-3-4 所示。

随着信息技术的发展，计时观察法的基本原理不变，但可采用更先进的技术手段进行观测，例如通过物联网智能设备实时采集施工现场数据，借助大数据分析技术，形成准确动态的资源消耗量、实物产量、劳务产出等数据。

7. 确定人工定额消耗量的基本方法

时间定额和产量定额是人工定额的两种表现形式。拟定出时间定额，也就可以计算出产量定额。在全面分析了各种影响因素的基础上，通过计时观察资料，我们可以获得定额的各种必须消耗时间。将这些时间进行归纳进行换算或根据不同的工时规范附加，最后把各种定额时间加以综合和类比就可以得到整个工作过程的人工消耗的时间定额。

1）确定工序作业时间

根据对计时观察资料的分析和选择，我们可以获得各种产品的基本工作时间和辅助工作时间，将这两种时间合并，可以得到工序作业时间。工序作业时间是各种因素的集中反映，决定着整个产品的定额时间。

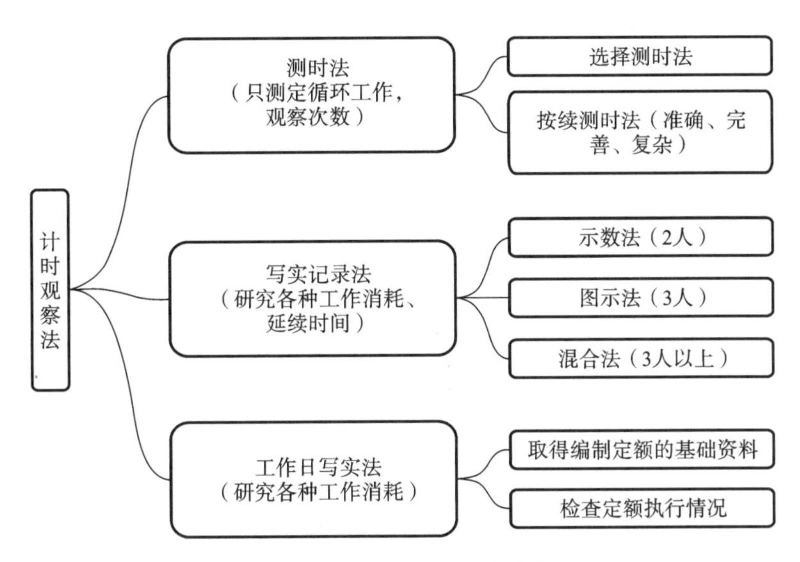

图 3-3-4　计时观察法的分类

(1)确定基本工作时间。

基本工作时间在必须消耗的时间中占的比重最大，在确定基本工作时间时，必须细致、精确。基本工作时间一般应根据计时观察资料来确定，其做法是首先确定工作过程每一组成部分的工时消耗，然后再综合出工作过程的工时消耗。

(2)确定辅助工作时间。

辅助工作时间的确定方法与基本工作时间相同，如果在计时观察时不能取得足够的资料，也可采用工时规范或经验数据来确定。如果具有现行的工时规范，我们可以直接利用工时规范中规定的辅助工作时间的百分比来计算辅助工作时间。

2)确定规范时间

规范时间包括工序作业时间以外的准备与结束时间、不可避免的中断时间以及休息时间。

(1)确定准备与结束工作时间。

准备与结束工作时间分为班内和任务两种。任务的准备与结束时间通常不能集中在某一个工作日中，而要采取分摊计算的方法，分摊在单位产品的时间定额里。如果在计时观察资料中不能取得足够的准备与结束时间的资料，也可根据工时规范或经验数据来确定。

(2)确定不可避免的中断时间。

在确定不可避免的中断时间时，必须注意由工艺特点引起的不可避免的中断时间才可列入工作过程的时间定额。不可避免的中断时间可以根据测时资料整理分析获得，也可以根据经验数据或工时规范，以占工作日的百分比计算。

(3)确定休息时间。

休息时间应根据工作班作息制度、经验资料、计时观察资料以及工作的疲劳程度全面分析确定。同时，应尽可能利用不可避免的中断时间作为休息时间。

3)确定定额时间

确定的基本工作时间、辅助工作时间、准备与结束工作时间、不可避免的中断时间与休息时间之和，就是劳动定额的定额时间，如图 3-3-5 所示。根据时间定额可计算出产量定额，时间定额和产量定额互为倒数。

利用工时规范，可以计算劳动定额的定额时间，计算公式如下：

规范时间＝准备与结束工作时间＋不可避免的中断时间＋休息时间

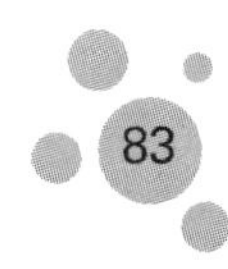

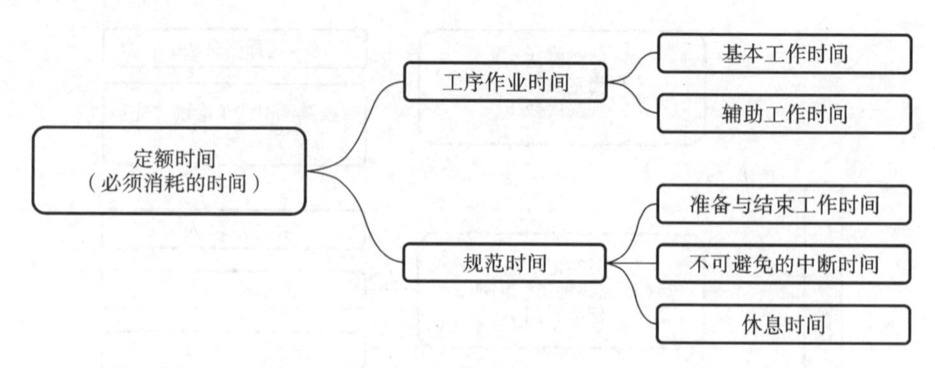

图 3-3-5 定额时间的组成

$$工序作业时间=基本工作时间+辅助工作时间=\frac{基本工作时间}{1-辅助工作时间占工序作业时间的百分比}$$

$$定额时间=\frac{工序作业时间}{1-规范时间占定额时间的百分比}$$

【例 3-3-2】通过计时观察资料得知，人工挖二类土 1 m^3 的基本工作时间为 6 h，辅助工作时间占工序作业时间的 2%，准备与结束工作时间、不可避免的中断时间、休息时间分别占工作日的 3%、2%、18%。该人工挖二类土的定额时间是多少？

解：基本工作时间＝6/8 工日/m^3＝0.75 工日/m^3。

工序作业时间＝0.75/(1－2%)工日/m^3＝0.765 工日/m^3。

定额时间＝0.765/(1－3%－2%－18%)工日/m^3＝0.994 工日/m^3。

(二)材料消耗定额

1. 材料的分类

合理确定材料消耗定额，必须研究和区分材料在施工过程中的类别，如图 3-3-6 所示。

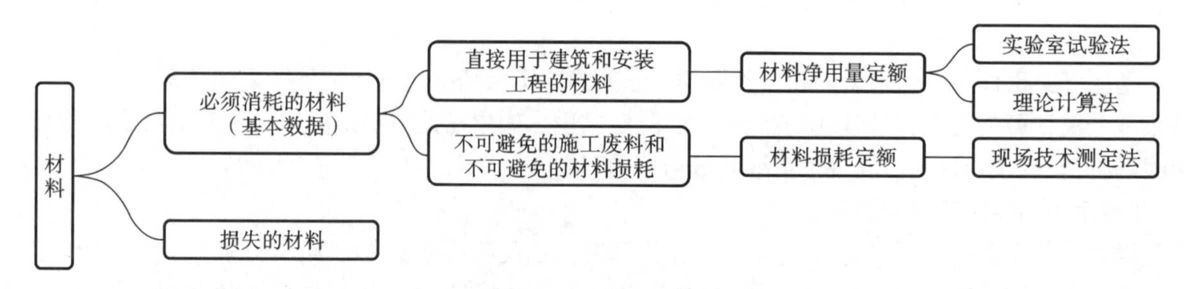

图 3-3-6 材料的分类

1)根据材料消耗的性质划分

根据材料消耗的性质划分，施工中的材料可分为必须消耗的材料和损失的材料。

必须消耗的材料是指在合理用料的条件下生产合格产品需要消耗的材料，包括直接用于建筑和安装工程的材料、不可避免的施工废料、不可避免的材料损耗。

必须消耗的材料属于施工正常消耗，是确定材料消耗定额的基本数据。其中，直接用于建筑和安装工程的材料编制材料净用量定额，不可避免的施工废料和不可避免的材料损耗编制材料损耗定额。

2)根据材料消耗与工程实体的关系划分

根据材料消耗与工程实体的关系划分，施工中的材料可分为实体材料和非实体材料。

(1)实体材料是指直接构成工程实体的材料，包括工程直接性材料和辅助性材料。工程直接性材料主

要是指一次性消耗、直接用于工程、构成建筑物或结构本体的材料，如钢筋混凝土柱中的钢筋、水泥、砂、碎石等；辅助性材料主要是指虽然也在施工过程中一次性消耗，却不构成建筑物或结构本体的材料，如土石方爆破工程中的炸药、引信、雷管等。工程直接性材料用量大，辅助性材料用量少。

(2)非实体材料是指在施工中必须使用但不能构成工程实体的施工措施性材料。非实体材料主要是指周转性材料，如模板、脚手架、支撑等。

2. 确定材料消耗量的基本方法

确定实体材料的净用量定额和材料损耗定额的计算数据，是通过现场技术测定、实验室试验、现场统计和理论计算等方法获得的。

1)现场技术测定法

现场技术测定法又称为观测法，是根据对材料消耗过程的观测，通过完成产品数量和材料消耗量的计算，确定各种材料消耗定额的一种方法。现场技术测定法主要适用于确定材料损耗量，因为该部分数值用统计法或其他方法较难得到。通过现场观测，我还可以区别哪些是可以避免的损耗，哪些是难以避免的损耗，明确定额中不应列入的可以避免的损耗。

2)实验室试验法

实验室试验法主要用于编制材料净用量定额。通过试验，我们能够对材料的结构、化学成分和物理性能以及按强度等级控制的混凝土、砂浆、沥青、油漆等的配比做出科学的结论，给编制材料消耗定额提供有技术根据的、比较精确的计算数据。这种方法的优点是能更深入、更详细地研究各种因素对材料消耗的影响，其缺点在于无法估计施工现场某些因素对材料消耗量的影响。

3)现场统计法

现场统计法是以施工现场积累的分部分项工程使用材料数量、完成产品数量、完成工作原材料的剩余数量等统计资料为基础，经过整理分析，获得材料消耗的数据的方法。这种方法比较简单易行，但也有缺陷：一是该方法一般只能确定材料总消耗量，不能确定必须消耗的材料和损失量；二是其准确程度受统计资料和实际使用材料的影响。因此，这种方法不能作为确定材料净用量定额和材料损耗定额的方法，只能作为编制定额的辅助性方法。

4)理论计算法

理论计算法是根据施工图和建筑构造要求，用理论公式计算出产品的材料净用量的方法。这种方法较适合于不易产生损耗，且容易确定废料的材料的消耗量的计算。

以块料面层的材料用量计算为例，每100 m²面层块料数量、灰缝及结合层材料用量的计算公式如下：

$$100\ \text{m}^2\text{块料净用量}=\frac{100}{(\text{块料长}+\text{灰缝宽})\times(\text{块料宽}+\text{灰缝宽})}$$

$$100\ \text{m}^2\text{灰缝材料净用量}=[100-(\text{块料长}\times\text{块料宽}\times100\ \text{m}^2\text{块料净用量})]\times\text{灰缝深}$$

$$\text{结合层材料用量}=100\times\text{结合层厚度}$$

【例3-3-3】用1∶2水泥砂浆贴150 mm×300 mm×5 mm瓷砖墙面，结合层厚度为10 mm，试计算每100 m²瓷砖墙面中瓷砖和砂浆的消耗量(灰缝宽为2 mm)。假设瓷砖损耗率为1.5%，砂浆损耗率为1%。

解：每100 m²瓷砖墙面中瓷砖净用量 $=\frac{100}{(0.15+0.002)\times(0.3+0.002)}$ 块=2178.46块。

每100 m²瓷砖墙面中瓷砖的总消耗量=2178.46×(1+1.5%)块=2211.14块。

每100 m²瓷砖墙面中结合层砂浆净用量=100×0.01 m³=1 m³。

每100 m²瓷砖墙面中灰缝砂浆净用量=(100−2178.46×0.15×0.3)×0.005 m³=0.01 m³。

每100 m²瓷砖墙面中水泥砂浆总消耗量=(1+0.01)×(1+1%) m³=1.02 m³。

(三)机具消耗定额

机具消耗定额包括施工机械台班定额(机械消耗定额)和仪器仪表台班定额(仪器仪表消耗定额),二者的确定方法大体相同,本部分主要介绍施工机械台班定额的确定。

1. 确定机械 1 h 纯工作正常生产率

机械纯工作时间,就是指机械的必须消耗时间。机械 1 h 纯工作正常生产率,就是在正常施工组织条件下,具有必需的知识和技能的技术工人操纵机械 1 h 的生产率。

根据机械工作特点的不同,机械 1 h 纯工作正常生产率的确定方法也有所不同。

(1)对于循环动作机械,确定机械 1 h 纯工作正常生产率的计算公式如下:

$$\text{机械一次循环的正常延续时间} = \sum(\text{循环各组成部分正常延续时间}) - \text{交叠时间}$$

$$\text{机械 1 h 纯工作正常循环次数} = \frac{60\times 60}{\text{机械一次循环的正常延续时间}}$$

$$\text{机械 1 h 纯工作正常生产率} = \text{机械 1 h 纯工作正常循环次数} \times \text{机械一次循环生产的产品数量}$$

(2)对于连续动作机械,确定机械 1 h 纯工作正常生产率要根据机械的类型和结构特征,以工作过程的特点来进行。计算公式如下:

$$\text{连续动作机械 1 h 纯工作正常生产率} = \frac{\text{工作时间内生产的产品数量}}{\text{工作时间}}$$

工作时间内生产的产品数量和工作时间要通过多次现场观察和机械说明书获得。

2. 确定施工机械的时间利用系数

施工机械的时间利用系数是指机械在一个台班内的纯工作时间与工作班延续时间之比,施工机械的时间利用系数和机械在工作班内的工作状况有着密切的关系。所以,要确定施工机械的时间利用系数,首先要拟定机械工作班的正常工作状况,保证合理利用工时。施工机械的时间利用系数的计算公式如下:

$$\text{施工机械的时间利用系数} = \frac{\text{机械在一个台班内的纯工作时间}}{\text{工作班延续时间(8 h)}}$$

3. 计算施工机械台班定额

计算施工机械台班定额是编制机械定额工作的最后一步,在确定了机械正常工作条件、机械 1 h 纯工作正常生产率和施工机械的时间利用系数之后,采用下列公式计算施工机械台班定额:

$$\begin{aligned}\text{施工机械台班产量定额} &= \text{机械 1 h 纯工作正常生产率} \times \text{机械在一个台班内的纯工作时间}\\ &= \text{机械 1 h 纯工作正常生产率} \times \text{工作班延续时间} \times \text{施工机械的时间利用系数}\end{aligned}$$

$$\text{施工机械时间定额} = \frac{1}{\text{机械台班产量定额指标}}$$

【例 3-3-4】某工程采用出料容量 500 L 的混凝土搅拌机,每次循环中,装料、搅拌、卸料、中断的时间分别为 1 min、3 min、1 min、1 min,施工机械的时间利用系数为 0.9,求该施工机械的台班产量定额。

解:该搅拌机一次循环的正常延续时间=(1+3+1+1) min=6 min=0.1 h。

该搅拌机 1 h 纯工作正常循环次数=10 次。

该搅拌机 1 h 纯工作正常生产率=10×500 L=5000 L=5 m^3。

该搅拌机的台班产量定额=5×8×0.9 m^3 /台班=36 m^3 /台班。

五、计价性定额编制

(一)预算定额

预算定额是指在正常的施工条件下,完成一定计量单位合格分项工程和结构构件所需消耗的人工、材料、施工机具台班数量及相应的费用标准。为了计价的方便,虽然我国大部分预算定额中都包含了定额基价,但是,预算定额作为反映单位合格工程人材机消耗量标准的本质是不变的。预算定额是工程建设中的一个重要的技术经济文件,是编制施工图预算的主要依据,是确定和控制工程造价的基础。

1. 预算定额的作用

(1)预算定额是编制施工图预算的依据。施工图一经确定,工程预算主要受预算定额水平和人工、材料及机具台班的价格的影响。

(2)预算定额可以作为编制施工组织设计的依据。根据预算定额,我们能够计算出施工中各项资源的需要量,为有计划地组织材料采购和预制件加工、劳动力和施工机具的调配提供计算依据。

(3)预算定额可以作为确定合同价款、拨付工程进度款及办理工程结算的基础。按照施工图进行工程发包时,合同价款的确定及施工过程中的工程结算等都需要按照施工图纸进行计价。预算定额是施工图预算的主要编制依据,也为上述计价工作提供支持。

(4)预算定额可以作为施工单位经济活动分析的依据。预算定额规定的物化劳动和劳动消耗指标,可以作为施工单位生产中允许消耗的最高标准。施工单位可以预算定额为依据,进行技术革新,提高劳动生产率和管理效率,提高自身竞争力。

(5)预算定额是编制概算定额的基础。概算定额是在预算定额的基础上综合扩大编制的。将预算定额作为编制依据,不但可以节省编制工作的人力、物力和时间,收到事半功倍的效果,还可以使概算定额在水平上与预算定额保持一致,保证计价工作的连贯性。

2. 预算定额的编制原则

为保证预算定额的质量、充分发挥预算定额的作用、实际使用简便,预算定额在编制工作中应遵循以下原则。

1)按社会平均水平确定预算定额的原则

预算定额作为计价定额,需要遵照价值规律,按市场的普遍水平确定资源消耗量和费用。预算定额反映的社会平均水平是指在正常的施工条件下,在合理的施工组织和工艺条件、平均劳动熟练程度和劳动强度下,完成单位分项工程基本构造单元需要消耗的资源的数量水平和费用水平。

2)简明适用的原则

简明适用的原则包括三个方面。

(1)在编制预算定额时,主要的、常用的、价值量大的项目的分项工程划分宜细;次要的、不常用的、价值量相对较小的项目的分项工程划分可以粗一些。

(2)预算定额要项目齐全,要注意补充那些因采用新技术、新结构、新材料而出现的新的定额项目。如果项目不全、缺项多,计价工作会缺少充足的、可靠的依据。

(3)合理确定预算定额的计量单位,简化工程量的计算,尽可能避免同一种材料用不同的计量单位和一量多用,尽量减少定额附注和换算系数。

3. 预算定额的编制依据

(1)现行施工定额。预算定额是在现行施工定额的基础上编制的。预算定额中的人工、材料、机具台班消耗水平,需要根据施工定额取定;预算定额计量单位的选择,也要以施工定额为基础,从而保证两者的协调和可比性,减轻预算定额的编制工作量,缩短编制时间。

(2)现行设计规范、施工及验收规范,质量评定标准和安全操作规程。

(3)具有代表性的典型工程施工图及有关标准图。编制人员应对这些图纸进行仔细分析研究,并计算出工程数量,作为编制定额时选择施工方法、确定定额数量的依据。

(4)成熟的新技术、新结构、新材料和先进的施工方法等。这类资料是调整定额水平和增加新的定额项目所必需的依据。

(5)有关科学实验、技术测定和统计、经验资料。这类资料是确定定额水平的重要依据。

(6)现行的预算定额、材料单价、机具台班单价及有关规定等。过去定额编制过程中积累的基础资料,也是编制预算定额的依据和参考。

4. 预算定额的编制步骤

(1)确定编制细则。确定编制细则主要包括统一编制表格及编制方法;统一计算口径、计量单位和小数点位数的要求;统一有关规定,包括统一名称、统一用字、统一专业用语、统一符号代码,规范简化字,文字简练明确。

(2)确定定额的项目划分和工程量计算规则。计算工程量是通过计算出典型设计图纸包括的施工过程的工程量,使预算定额在编制时,可以利用施工定额的人工、材料和机械消耗指标确定预算定额所含工序的消耗量。

(3)定额人工、材料、机具台班耗用量的计算、复核和测算。

5. 预算定额消耗量的编制方法

以施工定额为基础编制预算定额时,预算定额人工、材料、机具台班消耗指标的确定,先按施工定额的分项逐项计算出消耗指标,再按预算定额的项目综合。但是,这种综合不是简单的合并和相加,而需要在综合过程中增加两种定额之间适当的水平差。

人工、材料和机具台班消耗量指标应根据定额编制原则和要求,采用理论与实际相结合、图纸计算与施工现场测算相结合、编制人员与现场工作人员相结合的方法进行计算和确定。

1)预算定额中的人工工日消耗量的计算

预算定额中的人工工日消耗量是指在正常施工条件下,生产单位合格产品必须消耗的人工工日数量,是由分项工程所综合的各个工序劳动定额包括的基本用工、其他用工两部分组成的,如图 3-3-7 所示。

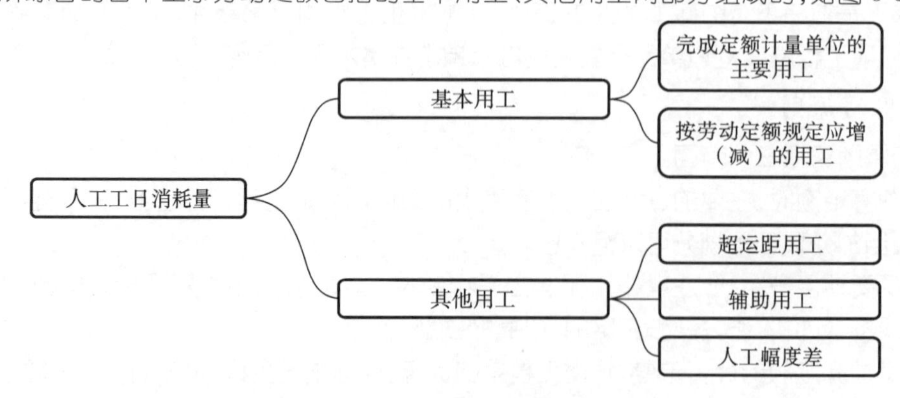

图 3-3-7　人工工日消耗量的组成

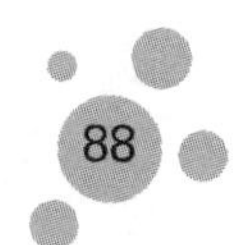

(1)基本用工。基本用工是指完成一定计量单位的分项工程或结构构件的各项工作过程的施工任务必须消耗的技术工种用工,按技术工种相应劳动定额工时定额计算,按不同工种列出定额工日。基本用工包括完成定额计量单位的主要用工和按劳动定额规定应增(减)计算的用工。

①完成定额计量单位的主要用工,按综合取定的工程量和相应的劳动定额进行计算,计算公式如下:

$$基本用工 = \sum(综合取定的工程量 \times 相应的劳动定额)$$

②按劳动定额规定应增(减)的用工。预算定额是在施工定额子目的基础上综合扩大的,包括的工作内容较多,施工的工效因部位不同而不同,所以需要另外增加人工消耗,这种人工消耗也可以列入基本用工。

(2)其他用工。其他用工是辅助基本用工消耗的工日,包括超运距用工、辅助用工和人工幅度差。

①超运距用工。超运距是指劳动定额中已包括的材料、半成品场内水平搬运距离与预算定额所考虑的现场材料、半成品堆放地点到操作地点的水平运输距离之差。

$$超运距 = 预算定额取定运距 - 劳动定额已包括的运距$$

$$超运距用工 = \sum(超运距材料数量 \times 时间定额)$$

需要指出的是,实际工程现场运距超过预算定额取定运距时,可另行计算现场二次搬运费。

②辅助用工。辅助用工即技术工种在劳动定额内不包括而在预算定额内又必须考虑的用工,如机械土方工程配合用工、材料加工(筛砂、洗石、淋化石膏),电焊点火用工等,计算公式如下:

$$辅助用工 = \sum(材料加工数量 \times 相应的加工劳动定额)$$

③人工幅度差。人工幅度差即预算定额与劳动定额的差额,主要是指在劳动定额中未包括,在正常施工情况下不可避免但很难准确计量的用工和各种工时损失。人工幅度差的内容如下:

a. 各工种间的工序搭接及交叉作业相互配合或影响所发生的停歇用工;

b. 施工过程中,移动临时水电线路造成的影响工人操作的时间;

c. 工程质量检查和隐蔽工程验收工作影响工人操作的时间;

d. 同一现场内单位工程之间因操作地点转移而影响工人操作的时间;

e. 工序交接时对前一工序不可避免的修整用工;

f. 施工中不可避免的其他零星用工。

人工幅度差的计算公式如下:

$$人工幅度差 = (基本用工 + 辅助用工 + 超运距用工) \times 人工幅度差系数$$

人工幅度差系数一般为 10%~15%,在预算定额中,人工幅度差的用工量列入其他用工量。

【例 3-3-5】在预算定额人工工日消耗量计算时,已知完成单位合格产品的基本用工为 22 工日,超运距用工为 4 工日,辅助用工为 2 工日,人工幅度差系数为 12%,则预算定额的人工消耗量为多少?

解:基本用工=22 工日。

人工幅度差=(22+4+2)×12%工日=3.36 工日。

其他用工=(4+2+3.36)工日=9.36 工日。

预算定额中的人工工日消耗量=(22+9.36)工日=31.36 工日。

2)预算定额中的材料消耗量的计算

材料消耗量计算方法主要有以下几种。

(1)有标准规格的材料,按规范要求计算定额计量单位的耗用量,如砖、防水卷材、块料面层等。

(2)设计图纸标注尺寸及有下料要求的材料,按设计图纸尺寸计算材料净用量,如门窗制作用材料、板料等。

(3)换算法。各种胶结、涂料等材料的配合比用料,可以根据要求条件换算,得出材料用量。

(4)测定法。测定法包括实验室试验法和现场测定法,指各种强度等级的混凝土及砌筑砂浆配合比的耗用原材料数量的计算,须按照规范要求试配,试压合格以后经过必要的调整后得出水泥、砂子、石子、水的用量。新材料、新结构不能用其他方法计算定额消耗用量时，须用现场测定法来确定。

3）预算定额中的机具台班消耗量的计算

预算定额中的机具台班消耗量是指在正常施工条件下，生产单位合格产品（分部分项工程或结构构件）必须消耗的某种型号施工机具的台班数量。下面主要介绍根据施工定额确定机械台班消耗量的方法，这种方法是指用施工定额中机械台班产量加机械台班幅度差计算预算定额的机械台班消耗量。

机械台班幅度差是指在施工定额规定的范围内没有包括，而在实际施工中又不可避免产生的影响机械或使机械停歇的时间。其内容如下：

①施工机械转移工作面及配套机械相互影响损失的时间；

②在正常施工条件下，机械在施工中不可避免的工序间歇；

③工程开工或收尾时工作量不饱满损失的时间；

④检查工程质量影响机械操作的时间；

⑤临时停机、停电影响机械操作的时间；

⑥机械维修引起的停歇时间。

综上所述，预算定额的机械台班消耗量的计算公式如下：

预算定额机械台班消耗量＝施工定额中的机械台班消耗量×（1＋机械幅度差系数）

【例 3-3-6】已知某挖土机挖土，一次正常循环工作时间是 40 s，每次循环平均挖土量为 0.3 m^3，机械时间利用系数为 0.8，机械幅度差系数为 25％。求该机械挖土方 1000 m^3 的预算定额机械台班消耗量。

解：机械 1 h 纯工作正常循环次数＝3600/40 次/台时＝90 次/台时。

机械 1 h 纯工作正常生产率＝90×0.3 m^3/台时＝27 m^3/台时。

施工机械台班产量定额＝27×8×0.8 m^3/台班＝172.8 m^3/台班。

施工机械台班时间定额＝1/172.8 台班/m^3＝0.005 79 台班/m^3。

预算定额机械台班消耗量＝0.005 79×（1＋25％）台班/m^3＝0.007 24 台班/m^3。

挖土方 1000 m^3 的预算定额机械台班消耗量＝1000×0.007 24 台班＝7.24 台班。

6. 预算定额基价编制

预算定额基价就是预算定额分项工程或结构构件的单价，我国现行各省预算定额基价的表达内容不尽统一。有的定额基价是只包括了人工费、材料费和施工机具使用费的单价，即工料单价；有的定额基价是包括了直接费以外的管理费、利润的清单综合单价，即不完全综合单价；有的定额基价是还包括了规费、税金的全费用综合单价，即完全综合单价。

下面以工料单价为例（见表 3-3-2），阐述预算定额基价的编制方法，即人材机消耗量和人材机单价的结合过程。其中，人工费是由预算定额中每一分项工程各种用工数乘以地区人工工日单价之和算出的；材料费是由预算定额中每一分项工程的各种材料消耗量乘以地区相应材料预算价格之和算出的；施工机具使用费是由预算定额中每一分项工程的各种机械台班消耗量乘以地区相应施工机械台班预算价格之和，以及仪器仪表使用费汇总后算出。上述单价均为不含增值税进项税额。

以基价为工料单价为例，分项工程预算定额基价的计算公式为

分项工程预算定额基价＝人工费＋材料费＋施工机具使用费

$$人工费 = \sum(现行预算定额中的各种人工工日用量 \times 人工日工资单价)$$

$$材料费 = \sum(现行预算定额中的各种材料耗用量 \times 相应的材料单价)$$

$$施工机具使用费 = \sum(现行预算定额中的机械台班消耗量 \times 机械台班单价) + \sum(仪器仪表台班消耗量 \times 仪器仪表台班单价)$$

表 3-3-2　起挖乔木的预算定额基价表

工作内容：起挖、包扎土球、出塘、搬运集中(或上车)、回土填塘　　单位：株

定额编号				E1－73	E1－74	E1－75
项目				起挖乔木(带土球)		
				土球直径(cm以内)		
				160	180	200
名称		单位	单价/元	数量		
人工	普工	工日	42.00	0.828	0.994	1.264
	技工	工日	48.00	3.312	3.976	5.056
材料	草绳	kg	0.51	34.000	42.000	54.000
	麻绳	kg	9.52	2.500	3.400	4.200
	零星材料费	元	—	0.82	1.08	1.35
机械	汽车式起重机16t	台班	1016.50	0.110	—	—
	汽车式起重机25t	台班	1208.70	—	0.135	0.189
基价/元				347.53	450.63	593.09
其中	人工费/元			193.75	232.60	295.78
	材料费/元			41.96	54.86	68.87
	机械费/元			111.82	163.17	228.44

预算定额基价是根据现行定额和当地的价格水平编制的，具有相对的稳定性。在预算定额中列出的“基价”，应视作该定额编制时的工程单价。为了适应市场价格的变动，在编制施工图预算时，编制人员应根据调价系数或指数等对定额基价进行修正。修正后的定额基价乘以根据图纸计算出来的工程量，就可以获得符合实际市场情况的人工、材料、施工机具使用费，或者只使用预算定额的人材机消耗量，人材机单价采用市场价格信息进行计价。

【例 3-3-7】表 3-3-2 所示为起挖乔木的预算定额基价表，其中，定额子目 E1－73 的定额基价计算过程为

定额人工费＝(0.828×42＋3.312×48)元＝193.75 元

定额材料费＝(34×0.51＋2.5×9.52＋0.82)元＝41.96 元

定额施工机具使用费＝0.11×1016.5 元＝111.82 元

定额基价＝(193.75＋41.96＋111.82)元＝347.53 元

(二)概算定额

1. 概算定额的概念

概算定额，是在预算定额的基础上，确定完成合格的单位扩大分项工程或单位扩大结构构件所需消耗

的人工、材料和施工机具台班的数量标准及费用标准。概算定额又称为扩大结构定额。

概算定额是预算定额的综合与扩大。它将预算定额中有联系的若干个分项工程项目综合为一个概算定额项目，如砖基础概算定额项目就是以砖基础为主，综合了平整场地、挖地槽、铺设垫层、砌砖基础、铺设防潮层、回填土及运土等预算定额中的分项工程项目。

概算定额与预算定额的相同之处在于，它们都是以建（构）筑物各个结构部分和分部分项工程为单位表示的，内容都包括人工、材料和机具台班使用量定额三个基本部分，都列有基准价。概算定额表达的主要内容、表达的主要方式及基本使用方法都与预算定额相近。

概算定额与预算定额的不同之处，在于项目划分和综合扩大程度上的差异。同时，概算定额主要用于设计概算的编制。由于概算定额综合了若干分项工程的预算定额，概算工程量的计算和概算表的编制，都比编制施工图预算简化一些。

2. 概算定额的作用

概算定额和概算指标由省、自治区、直辖市在预算定额的基础上组织编写，由主管部门审批，概算定额的主要作用如下：

①是初步设计阶段编制概算、扩大初步设计阶段编制修正概算的主要依据；

②是对设计项目进行技术经济分析比较的基础资料之一；

③是建设工程主要材料计划编制的依据；

④是控制施工图预算的依据；

⑤是施工企业在准备施工期间编制施工组织总设计或总规划时对生产要素提出需要量计划的依据；

⑥是工程结束后，进行竣工决算和评价的依据。

3. 概算定额的编制原则

概算定额的编制应该贯彻社会平均水平和简明适用的原则。概算定额和预算定额都是工程计价的依据，所以应符合价值规律和反映现阶段大多数企业的设计、生产及施工管理水平。概预算定额水平之间应保留必要的幅度差。概算定额的内容和深度是以预算定额为基础的综合和扩大，在合并过程中不得遗漏或增减项目，以保证其严密和正确性。概算定额务必简化、准确和适用。

4. 概算定额的编制依据

概算定额的编制依据因其使用范围不同而不同，编制依据一般有以下几种：

①相关的国家和地区文件；

②现行的设计规范、施工验收技术规范和各类工程预算定额、施工定额；

③具有代表性的标准设计图纸和其他设计资料；

④有关的施工图预算及有代表性的工程决算资料；

⑤现行的人工日工资单价标准、材料单价、机具台班单价及其他的价格资料。

5. 概算定额手册

按专业特点和地区特点编制的概算定额手册的内容基本上是由文字说明、定额项目表和附录三个部分组成的。

1）文字说明

文字说明包括总说明和分部工程说明。总说明主要阐述概算定额的性质和作用、概算定额编制形式和应注意的事项、概算定额编制目的和使用范围、有关定额的使用方法的统一规定。

2）定额项目表

概算定额项目一般按以下两种方法划分。

一是按工程结构划分：一般按土石方、基础、墙、梁、板、柱、门窗、楼地面、屋面、装饰、构筑物等工程结构划分。二是按工程部位（分部）划分：一般按基础、墙体、梁、柱、楼地面、屋盖、其他工程部位等划分，如基础工程可以划分为砖、石、混凝土基础等项目。

定额项目表是概算定额手册的主要内容，由若干分节定额组成。分节定额由工程内容、定额表及附注说明组成。定额表中列有定额编号，计量单位，概算价格，人工、材料、机具台班消耗量指标，综合了预算定额的若干项目与数量。

6. 概算定额基价的编制

概算定额基价和预算定额基价一样，根据不同的表达方法，概算定额基价可能是工料单价、清单综合单价或全费用综合单价，用于编制设计概算。概算定额基价和预算定额基价的编制方法类似，单价均为不含增值税进项税额的价格，故在此不再赘述。

（三）概算指标

1. 概算指标和概算定额的区别

概算指标通常是以单位工程为对象，以建筑面积、体积或成套设备装置的台或组为计量单位规定的人工、材料、机具台班的消耗量标准和造价指标。

概算定额与概算指标的主要区别如下。

1）确定各种消耗量指标的对象不同

概算定额以单位扩大分项工程或单位扩大结构构件为对象，而概算指标则以单位工程为对象。因此，概算指标比概算定额更综合与扩大。

2）确定各种消耗量指标的依据不同

概算定额以现行预算定额为基础，通过计算综合确定出各种消耗量指标；概算指标中各种消耗量指标的确定，则主要依据各种预算或结算资料。

2. 概算指标的作用

概算指标和概算定额、预算定额一样，是与各个设计阶段相适应的多次计价的产物，主要用于初步设计阶段，其作用如下：

①可以作为编制投资估算的参考；

②是初步设计阶段编制概算书、确定工程概算造价的依据；

③概算指标中的主要材料指标可以作为匡算主要材料用量的依据；

④是设计单位进行设计方案比较、设计技术经济分析的依据；

⑤是编制固定资产投资计划、确定投资额和主要材料计划的主要依据；

⑥是建筑企业编制劳动力、材料计划，实行经济核算的依据。

3. 概算指标的分类

概算指标可分为两大类，一类是建筑工程概算指标，另一类是设备及安装工程概算指标，如图3-3-8所示。

4. 概算指标的主要内容

概算指标一般包括以下内容：

①工程概况，包括建筑面积，建筑层数，建筑地点、时间，工程各部位的结构及做法等；

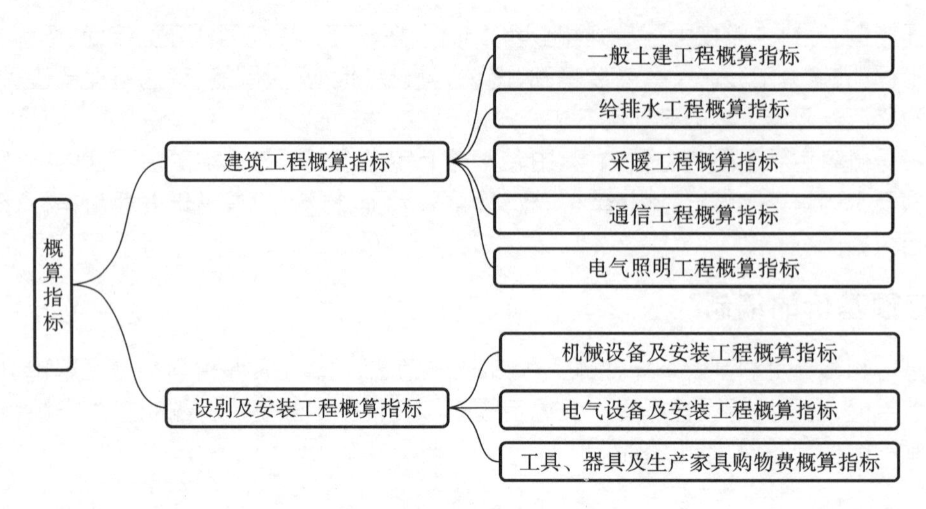

图 3-3-8　概算指标的分类

②工程造价及费用组成；

③每平方米建筑面积的工程量指标；

④每平方米建筑面积的工料消耗指标。

5. 概算指标的编制依据

概算指标的编制依据如下：

①标准设计图纸和各类工程典型设计。

②国家颁发的建筑标准、设计规范、施工规范等。

③现行的概算指标，以及已完工程的预算或结算资料。

④人工工资标准、材料单价、机具台班单价及其他价格资料。

6. 概算指标的编制步骤

以房屋建筑工程为例，概算指标可按以下步骤进行编制。

(1)成立编制小组，拟定工作方案，明确编制原则和方法，确定指标的内容及表现形式，确定基价所依据的人工工资单价、材料单价、机具台班单价。

(2)收集整理编制指标所必需的标准设计、典型设计以及有代表性的工程设计图纸，设计预算等资料，充分利用有使用价值的已经积累的工程造价资料。

(3)编制阶段。编制阶段的工作主要是选定图纸，根据图纸资料计算工程量和编制单位工程预算书，以及按照编制方案确定的指标项目对人工及主要材料消耗指标，填写概算指标的表格。

(4)核对、审核、平衡分析、水平测算、审查定稿。

(四)投资估算指标

1. 投资估算指标的作用

投资估算指标是编制建设项目建议书、可行性研究报告等前期工作阶段投资估算的依据，也可以作为编制固定资产计划投资额的参考。与概预算定额相比，投资估算指标以独立的建设项目、单项工程或单位工程为对象，综合了项目全过程投资和建设中的各类成本和费用，反映了扩大的技术经济指标，既是定额的一种表现形式，又不同于其他的计价定额。投资估算指标既具有宏观指导作用，又能为编制项目建议书和可行性研究阶段投资估算提供依据。

(1)在编制项目建议书阶段,投资估算指标是项目主管部门审批项目建议书的依据之一,并对项目的规划及规模起参考作用。

(2)在可行性研究报告阶段,投资估算指标是项目决策的重要依据,也是多方案比选、优化设计方案、正确编制投资估算、合理确定项目投资额的重要基础。

(3)在建设项目评价及决策过程中,投资估算指标是评价建设项目投资可行性、分析投资效益的主要经济指标。

(4)在项目实施阶段,投资估算指标是限额设计和工程造价确定与控制的依据。

(5)投资估算指标是核算建设项目建设投资需要额和编制建设投资计划的重要依据。

(6)合理、准确地确定投资估算指标是进行工程造价管理改革,实现工程造价事前管理和主动控制的前提条件。

2. 投资估算指标的编制依据

①依照不同的产品方案、工艺流程和生产规模,确定建设项目主要生产、辅助生产、公用设施及生活福利设施等单项工程的内容、规模、数量以及结构形式,选择具有代表性、符合技术发展方向、数量足够的已经建成或正在建设并具有重复使用可能的设计图样及其工程量清册、设备清单、主要材料用量表和预算资料、决算资料,经过分类,筛选、整理出的编制依据。

②国家和主管部门制定、颁发的建设项目用地定额、建设项目工期定额、单项工程施工工期定额及生产定员标准等。

③年度现行全国统一、地区统一的各类工程计价定额、各种费用标准。

④年度的各类工资标准、材料单价、机具台班单价及各类工程造价指数,以所在地区的标准为准。

⑤设备价格。

3. 投资估算指标的内容

投资估算指标是确定和控制建设项目全过程各项投资支出的技术经济指标,涉及建设前期、建设实施期和竣工验收交付使用期等各个阶段的费用支出,内容因行业不同而各异,一般可分为建设项目综合指标、单项工程指标和单位工程指标三个层次。

1)建设项目综合指标

建设项目综合指标是指按规定应列入建设项目总投资的从立项筹建至竣工验收交付使用的全部投资额,包括单项工程投资、工程建设其他费用和预备费等。

2)单项工程指标

单项工程指标是指按规定应列入能独立发挥生产能力或使用效益的单项工程的全部投资额,包括建筑工程费,安装工程费,设备费,工具、器具及生产家具购置费和可能包含的其他费用。

3)单位工程指标

单位工程指标是指按规定应列入能独立设计、施工的工程项目的费用,即建筑安装工程费用。

4. 投资估算指标的编制方法

投资估算指标的编制涉及建设项目的产品规模、产品方案、工艺流程、设备选型、工程设计和技术经济等各个方面,既要考虑现阶段技术状况,又要展望技术发展趋势和设计动向,编制人员应具备较高的专业素质。在各个工作阶段,针对投资估算指标的编制特点,具体工作具有特殊性。

1)收集整理资料

收集整理已建成或正在建设的符合现行技术政策和技术发展方向、有可能重复采用、有代表性的工程的设计施工图、标准设计以及相应的竣工决算或施工图预算资料等，这些资料是编制工作的基础，资料收集得越广泛、反映出的问题越多、编制工作考虑得越全面，就越有利于提高投资估算指标的实用性和覆盖面。同时，对调查收集到的资料要选择占投资比重大、相互关联多的项目进行认真的分析整理，由于已建成或正在建设的工程的设计意图、建设时间和地点、资料的基础等不同，相互之间的差异很大，需要去粗取精、去伪存真地加以整理，才能重复利用。将整理后的数据资料按项目划分栏目加以归类，按照编制年度的现行定额、费用标准和价格，调整成编制年度的造价水平及相互比例。

调查收集的资料来源不同，虽然经过一定的分析整理，但难免会由于设计方案、建设条件和建设时间上的差异给编制工作带来某些影响，使数据失准或漏项等。编制人员必须对有关资料进行综合平衡调整。

2）测算审查

测算是将新编的指标和选定工程的概预算，在同一价格条件下进行比较，检验其“量差”的偏离程度是否在允许偏差的范围之内，如果偏差过大，则要查找原因，进行修正，以保证指标的确切、实用。测算也是对指标编制质量进行的一次系统检查，应由专人进行，以保持测算口径的统一。在此基础上编制人员应组织有关专业人员进行全面审查定稿。

本节课后习题

1.［单选］某施工工序的人工产量定额为 4.56 m^3/工日，则该工序的人工时间定额为（　　）。

A. 0.22 工日/m^3　　B. 0.44 工日/m^3　　C. 1.76 工日/m^3　　D. 4.56 工日/m^3

答案：A

2.［单选］某施工机械的台班产量为 500 m^3，与之配合的工人小组有 4 人，则人工定额为（　　）。

A. 0.2 工日/m^3　　B. 0.8 工日/m^3　　C. 0.2 工日/100 m^3　　D. 0.8 工日/100 m^3

答案：D

3.［单选］下列定额中，定额水平反映社会平均先进水平的是（　　）。

A. 施工定额　　B. 预算定额　　C. 概算定额　　D. 概算指标

答案：A

4.［单选］反映完成一定计量单位合格扩大结构构件需消耗的人工、材料和施工机具台班数量的定额是（　　）。

A. 施工定额　　B. 概算定额　　C. 预算定额　　D. 概算指标

答案：B

5.［单选］下列关于工人工作时间分类的说法，正确的是（　　）。

A. 基本工作时间包括的内容依工作性质各不相同

B. 辅助工作时间的长短与工作量成正比例

C. 准备和结束工作时间的长短与所担负的工作量、工作内容无关

D. 拟定定额时应合理考虑停工时间

答案：A

6.［单选］下列机械工作时间中，属于有效工作时间的是（　　）。

A. 筑路机在工作区末端的调头时间

B. 体积达标而未达到载重吨位的货物汽车运输的时间

C. 机械在工作之前的转移时间

D. 装车数量不足而在低负荷下工作的时间

答案：B

7.［单选］正常施工条件下，完成单位合格建筑产品所需某材料的不可避免损耗量为 0.90 kg，已知该材料的损耗率为 7.20%，则其总消耗量为（　　）kg。

A. 13.50　　B. 13.40　　C. 12.50　　D. 11.60

答案:B

8.[单选]在确定材料消耗量的基本方法中,无法估计施工现场某些因素对材料消耗量的影响的方法是(　　)。

A. 现场技术测定法　　B. 现场统计法　　C. 实验室试验法　　D. 理论计算法

答案:C

9.[单选]通过计时观察,完成某工程的基本工时为 6 h/m³,辅助工作时间为工序作业时间的 8%,规范时间占工作时间的 15%,则完成该工程的时间定额是(　　)工日/m³。

A. 0.93　　B. 0.94　　C. 0.95　　D. 0.96

答案:D

10.[单选]某工程现场采用斗容量为 0.5 m³ 的挖掘机挖土,每一次循环中,挖土提升斗臂、回转斗臂、卸土、反转斗臂并落下土斗四个组成部分的时间分别为 25 秒、15 秒、10 秒和 15 秒,两次循环之间有 5 秒的交叠时间,若机械时间利用系数为 0.85,则该机械的台班产量定额为(　　)m³/台班。

A. 188　　B. 240　　C. 204　　D. 222

答案:C

11.[单选]某砖混结构墙体砌筑工程,完成 10 m³ 砌体基本用工为 14 工日,辅助用工为 3.0 工日,超运距用工为 2.0 工日,人工幅度差系数为 12%,则该砌筑工程预算定额中的人工工日消耗量为(　　)工日/10 m³。

A. 14.85　　B. 21.28　　C. 18.7　　D. 20.35

答案:B

12.[单选]下列施工机械的停歇时间,不在预算定额机械幅度差中考虑的是(　　)。

A. 机械维修引起的停歇　　B. 工程质量检查引起的停歇

C. 机械转移工作面引起的停歇　　D. 进行准备与结束工作引起的停歇

答案:D

13.[单选]某挖掘机械挖二类土方的台班产量定额为 100 m³/台班,当机械幅度差系数为 20%时,该机械挖二类土方 1000 m³ 预算定额的台班消耗量应为(　　)台班。

A. 8.0　　B. 10.0　　C. 12.0　　D. 12.5

答案:C

14.[单选]关于概算定额,下列说法正确的是(　　)。

A. 不仅包括人工、材料和施工机具台班的数量标准,还包括费用标准

B. 是施工定额的综合与扩大

C. 反映的主要内容、项目划分和综合扩大程度与预算定额类似

D. 定额水平体现平均先进水平

答案:A

15.[单选]概算定额与预算定额的差异主要表现在(　　)的不同。

A. 项目划分　　B. 主要工程内容　　C. 主要表达方式　　D. 基本使用方法

答案:A

16.[多选]关于投资估算指标,下列说法正确的有(　　)。

A. 以独立的建设项目、单项工程或单位工程为对象

B. 费用和消耗量指标主要来自概算指标

C. 一般分为建设项目综合指标,单项工程指标和单位工程指标三个层次

D. 单位工程指标一般以单位生产能力投资表示

E. 建设项目综合指标表示的是建设项目的静态投资指标

答案:AC

17.[多选]关于各类工程计价定额的说法,正确的有(　　)。

A. 概算定额基价可以是工料单价、综合单价或全费用综合单价

B. 概算指标分为建筑工程概算指标和设备及安装工程概算指标

C. 综合概算指标的准确性高于单项概算指标

D. 概算指标是在概算定额的基础上进行编制的

E. 投资估算指标必须反映项目建设前期和交付使用期发生的动态投资

答案:ABE

第四节 工程量清单计价

工程量清单计价方法是随着我国建设领域市场化改革的不断深入,自2003年起在全国推广的一种计价方法。其实质在于突出自由市场形成工程交易价格的本质,在招标人提供统一工程量清单的基础上,各投标人进行自主竞价,由招标人择优选择投标人并形成最终的合同价格。在这种计价方法下,合同价格更能够体现市场交易的真实水平,并且能够更加合理地对合同履行过程中可能出现的各种风险进行合理分配,提升承发包双方的履约效率。

一、工程量清单的适用范围和作用

(一)工程量清单的适用范围

工程量清单计价适用于建设工程发承包及其实施阶段的计价活动。国有资金投资的建设工程,必须采用工程量清单计价;非国有资金投资的建设工程,宜采用工程量清单计价;不采用工程量清单计价的建设工程,应执行工程量清单计价规范中除工程量清单等专门性规定外的其他规定。国有资金投资的项目包括全部使用国有资金(含国家融资资金)投资或国有资金投资为主的工程建设项目。

1. 国有资金投资的工程建设项目

国有资金投资的工程建设项目有三种:

①使用各级财政预算资金的项目;

②使用纳入财政管理的各种政府性专项建设资金的项目;

③使用国有企事业单位自有资金,并且国有资产投资者实际拥有控制权的项目。

2. 国家融资资金投资的工程建设项目

国家融资资金投资的工程建设项目有五种:

①使用国家发行债券所筹资金的项目;

②使用国家对外借款或者担保所筹资金的项目;

③使用国家政策性贷款的项目;

④国家授权投资主体融资的项目;

⑤国家特许的融资项目。

3. 国有资金(含国家融资资金)投资为主的工程建设项目

国有资金(含国家融资资金)投资为主的工程建设项目是指国有资金占投资总额 50%以上,或虽不足50%但国有投资者实质上拥有控股权的工程建设项目。

(二)工程量清单的作用

1. 提供公平的竞争条件

面对相同的工程量,由企业根据自身的实力来自主报价,使企业的优势体现到投标报价中,可在一定程度上规范建筑市场秩序,确保工程质量。

2. 满足市场经济条件下竞争的需要

招投标过程就是竞争的过程,招标人提供工程量清单,投标人根据自身情况确定综合单价,计算出投标总价,促成了企业整体实力的竞争,有利于我国建设市场的快速发展。

3. 有利于工程款的拨付和工程造价的最终结算

中标后,中标价就是双方确定合同价的基础,投标清单上的单价就成了拨付工程款的依据。招标人根据施工企业完成的工程量,可以很容易确定进度款的拨付额。工程竣工后,根据设计变更、工程量增减等,招标人也很容易确定工程的最终造价,可在某种程度上减少招标人与施工单位的纠纷。

4. 有利于招标人对投资的控制

采用工程量清单计价,招标人可对投资变化更清楚,在进行设计变更时,能迅速计算出该工程变更对工程造价的影响,从而能根据投资情况决定是否变更或进行方案比较,加强投资控制。

二、工程量清单计价的程序

按照工程量清单计价的一般原理,工程量清单应是载明建设工程项目名称、项目特征、计量单位和工程数量等的明细清单,而项目设置应伴随着建设项目的进展不断细化。根据《住房城乡建设部关于进一步推进工程造价管理改革的指导意见》(建标〔2014〕142 号)的要求,清单计价方式应满足"完善工程项目划分,建立多层级工程量清单,形成以清单计价规范和各专(行)业工程量计算规范配套使用的清单规范体系,满足不同设计深度、不同复杂程度、不同承包方式及不同管理需求下工程计价的需要"的原则。但由于我国目前使用的建设工程工程量清单计价规范主要用于施工图完成后进行发包的阶段,工程量清单的项目分为分部分项工程项目、措施项目、其他项目以及规费和税金项目四大类。

工程量清单又可分为招标工程量清单和已标价工程量清单,由招标人根据国家标准、招标文件、设计文件以及施工现场实际情况编制的称为招标工程量清单,作为投标文件组成部分的已标明价格并经承包人确认的称为已标价工程量清单。招标工程量清单应由具有编制能力的招标人或受其委托的工程造价咨询人或招标代理人编制。采用工程量清单方式招标,招标工程量清单必须作为招标文件的组成部分,其准确性和完整性由招标人负责。招标工程量清单应以单位(项)工程为单位编制,由分部分项工程项目清单,措施项目清单,其他项目清单,规费项目、税金项目清单组成。

工程量清单计价的过程可以分为两个阶段,即工程量清单的编制和工程量清单的应用两个阶段,如图 3-4-1 所示。工程量清单的编制程序如图 3-4-2 所示,工程量清单的应用过程如图 3-4-3 所示。

工程量清单计价的基本原理可以描述为按照工程量清单计价规范的规定,在各相应专业工程工程量计

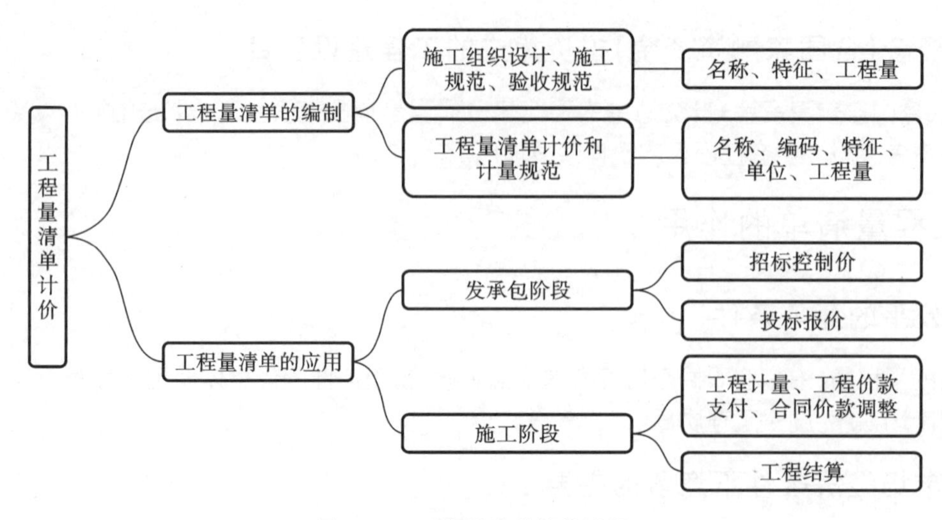

图 3-4-1　工程量清单计价过程

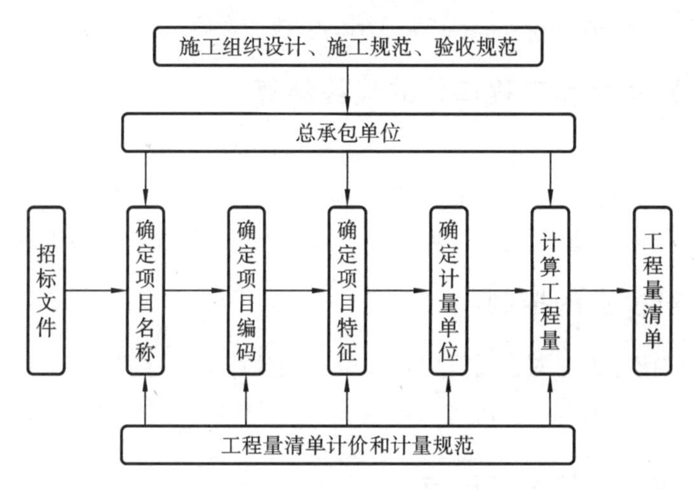

图 3-4-2　工程量清单的编制程序

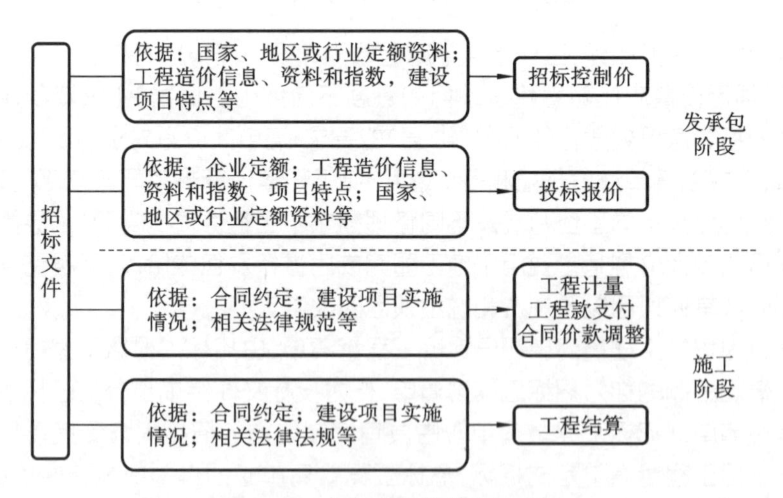

图 3-4-3　工程量清单的应用过程

算规范规定的清单项目设置和工程量计算规则的基础上，针对具体工程的设计图纸和施工组织设计计算出各个清单项目的工程量，根据规定的方法计算出综合单价，并汇总各清单合价得出工程总价。

(1) 分部分项工程费 $=\sum$(分部分项工程量 × 相应分部分项工程综合单价)。

(2) 措施项目费 = $\sum$ 各措施项目费。

(3)其他项目费=暂列金额+暂估价+计日工+总承包服务费。

(4)单位工程造价=分部分项工程费+措施项目费+其他项目费+规费+税金。

(5) 单项工程造价 = $\sum$ 单位工程造价。

(6) 建设项目总造价 = $\sum$ 单项工程造价。

综合单价是指完成一个规定清单项目所需的人工费、材料和工程设备费、施工机具使用费和企业管理费、利润以及一定范围内的风险费用。风险费用是隐含于已标价工程量清单综合单价中,用于化解发承包双方在工程合同中约定的风险内容和范围的费用。

工程量清单计价活动涵盖施工招标、合同管理以及竣工交付全过程,主要包括编制招标工程量清单、最高投标限价、投标报价,确定合同价,工程计量与价款支付,合同价款的调整,工程结算和工程计价纠纷处理等活动。

三、工程量清单的编制

(一)分部分项工程项目清单

分部分项工程项目清单必须载明项目编码、项目名称、项目特征、计量单位和工程量。分部分项工程项目清单必须根据各专业工程工程量计算规范规定的项目编码、项目名称、项目特征、计量单位和工程量计算规则进行编制,如表 3-4-1 所示。在分部分项工程项目清单的编制过程中,招标人负责前六项内容的填列,金额部分在编制最高投标限价或投标报价时填列。分部分项工程项目清单如图 3-4-4 所示。

表 3-4-1　分部分项工程和单价措施项目清单与计价表

工程名称:　　　　标段:　　　　第　页　共　页

序号	项目编码	项目名称	项目特征	计量单位	工程量	金额/元		
						综合单价	合价	其中:暂估价
本页小计								
合计								

注:为计取规费等的使用,可在表中增设"其中:定额人工费"。

1. 项目编码

项目编码是分部分项工程和措施项目清单名称的阿拉伯数字标识。项目编码以五级编码设置,用十二位阿拉伯数字表示。一、二、三、四级编码为全国统一编码,即一至九位应按工程量计算规范附录的规定设置;五级编码,即十至十二位为清单项目编码,应根据拟建工程的工程量清单项目名称设置,不得有重号,这三位清单项目编码由招标人针对招标工程项目具体编制,并应自 001 起顺序编制。

各级编码的含义如下:

①第一级表示专业工程代码(分二位);

②第二级表示附录分类顺序码(分二位);

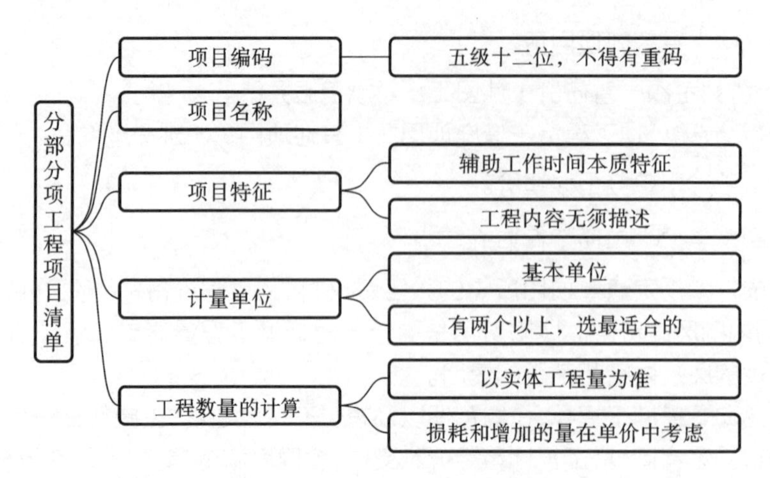

图 3-4-4　分部分项工程项目清单

③第三级表示分部工程顺序码(分二位)；

④第四级表示分项工程项目名称顺序码(分三位)；

⑤第五级表示工程量清单项目名称顺序码(分三位)。

以《园林绿化工程工程量计算规范》(GB 50858—2013)为例，工程量清单项目编码结构如图 3-4-5 所示。

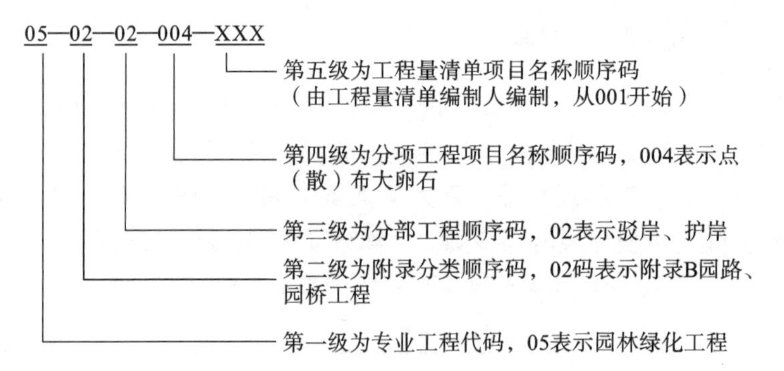

图 3-4-5　工程量清单项目编码结构

当同一标段(或合同段)的一份工程量清单中含有多个单位工程且工程量清单以单位工程为编制对象时，在编制工程量清单时应特别注意对项目编码十至十二位的设置不得有重码的规定。例如一个标段(或合同段)的工程量清单中含有三个单位工程，每个单位工程中都有项目特征相同的点(散)布大卵石，在工程量清单中又需反映三个不同单位工程的点(散)布大卵石工程量时，第一个单位工程的点(散)布大卵石的项目编码应为 050202004001，第二个单位工程的点(散)布大卵石的项目编码应为 050202004002，第三个单位工程的点(散)布大卵石的项目编码应为 050202004003。

2. 项目名称

分部分项工程项目清单的项目名称应按各专业工程工程量计算规范附录的项目名称结合拟建工程的实际确定。附录表中的“项目名称”为分项工程项目名称，是形成分部分项工程项目清单的项目名称的基础，即在编制分部分项工程项目清单时，以附录中的分项工程项目名称为基础，考虑该项目的规格、型号、材质等特征要求，结合拟建工程的实际情况，使其工程量清单项目名称具体化、细化，以反映影响工程造价的主要因素。例如《园林绿化工程工程量计算规范》(GB 50858—2013)附录 B“园路、园桥工程”中“驳岸、护岸”应区分“石(卵石)砌驳岸”“原木桩驳岸”“满(散)铺砂卵石护岸(自然护岸)”“点(散)布大卵石”和“框格花木护岸”。清单项目名称应详细、准确，各专业工程量计算规范中的分项工程项目名称如有缺陷，招标人可做补充，并报当地工程造价管理机构(省级)备案。

3. 项目特征

项目特征是构成分部分项工程项目、措施项目自身价值的本质特征。项目特征是对项目的准确描述，是确定一个清单项目综合单价不可缺少的重要依据，是区分清单项目的依据，是履行合同义务的基础。分部分项工程项目清单的项目特征应按各专业工程工程量计算规范附录中规定的项目特征，结合技术规范、标准图集、施工图纸，按照工程结构、使用材质及规格或安装位置等，进行详细而准确的表述和说明。项目特征中未描述到的其他独有特征，由清单编制人视项目具体情况确定，以准确描述清单项目为准，例如“050201001 园路”的项目特征需要描述“路床土石类别”“垫层厚度、宽度、材料种类”“路面厚度、宽度、材料种类”和“砂浆强度等级”。

在各专业工程工程量计算规范附录中还有关于各清单项目“工作内容”的描述。工作内容是指完成清单项目可能发生的具体工作和操作程序，但应注意的是，在编制分部分项工程项目清单时，工作内容通常无须描述，因为在工程量计算规范中，工程量清单项目与工程量计算规则、工程内容是一一对应的关系，当采用工程量计算规范这个标准时，工作内容均有规定，例如“050201001 园路”的工作内容包括“路基、路床整理”“垫层铺筑”“路面铺筑”和“路面养护”。

4. 计量单位

计量单位应采用基本单位，除各专业另有特殊规定外，单位计量遵循如下规则：

①以重量计算的项目——吨或千克(t 或 kg)；

②以体积计算的项目——立方米(m^3)；

③以面积计算的项目——平方米(m^2)；

④以长度计算的项目——米(m)；

⑤以自然计量单位计算的项目——个、套、块、株、组、根等；

⑥没有具体数量的项目——宗、项等。

各专业有特殊计量单位的，另外说明，当计量单位有两个或两个以上时，应根据所编工程量清单项目的特征要求，选择最适合表现该项目特征并方便计量的单位，例如“原木桩驳岸”的单位为“m”“根”两个计量单位，实际工作中，就应选择最适宜、最方便计量和组价的单位。

计量单位的有效位数应遵守下列规定：

①以“t”为单位，应保留三位小数，第四位小数四舍五入。

②以“m^3”“m^2”“m”“ kg”为单位，应保留两位小数，第三位小数四舍五入。

③以“个”“项”等为单位，应取整数。

5. 工程数量的计算

工程数量主要通过工程量计算规则计算得到。工程量计算规则是指对清单项目工程量计算的规定。除另有说明外，所有清单项目的工程量应以实体工程量为准，并以完成后的净值计算；投标人投标报价时，应在单价中考虑施工中的各种损耗和需要增加的工程量。

根据现行工程量清单计价与工程量计算规范的规定，工程量计算规则可以分为房屋建筑与装饰工程、仿古建筑工程、通用安装工程、市政工程、园林绿化工程、构筑物工程、矿山工程、城市轨道交通工程、爆破工程九大类。

以《园林绿化工程工程量计算规范》(GB 50858—2013)为例，工程量计算规范中规定的附录分类项目包括“绿化工程”“园路、园桥工程”“园林景观工程”和“措施项目”四个部分。每个附录分类进一步细分为若干分部工程，包括“绿地整理”“栽植花木”“绿地喷灌”“驳岸、护岸”“堆塑假山”“亭廊屋面”“花架”“园林桌椅”“树木支撑架、草绳绕树干、搭设遮阴(防寒)棚工程”“围堰、排水工程”等。每个分项工程又进一步细分为若干分项工程，并分别制定了对应的项目特征、工程量计算规则和工作内容等。

随着工程建设中新材料、新技术、新工艺等不断涌现，工程量计算规范附录所列的工程量清单项目不可能包含所有项目。在编制工程量清单时，当出现工程量计算规范附录中未包括的清单项目时，编制人应做补充。在编制补充项目时应注意以下三个方面的问题。

(1)补充项目的编码应按工程量计算规范的规定确定。具体做法如下：补充项目的编码由工程量计算规范的代码、B和三位阿拉伯数字组成，并应从001起顺序编制，例如园林绿化工程如需补充项目，则其编码应从05B001开始顺序编制，同一招标工程的项目不得重码。

(2)工程量清单中应附补充项目的项目名称、项目特征、计量单位、工程量计算规则和工作内容。

(3)将编制的补充项目报省级或行业工程造价管理机构备案。

(二)措施项目清单

措施项目清单如图3-4-6所示。

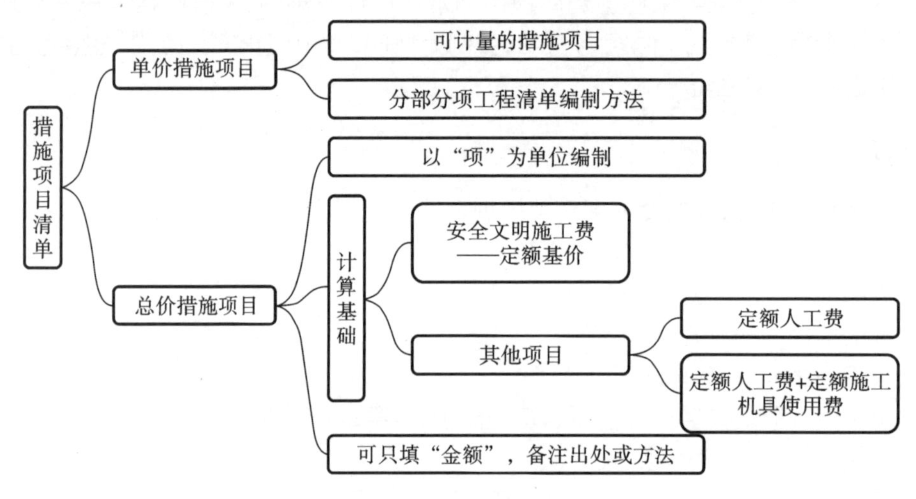

图3-4-6 措施项目清单

1. 措施项目列项

措施项目是指为完成工程项目施工，发生于该工程施工准备和施工过程中的技术、生活、安全、环境保护等方面的项目。措施项目清单应根据相关专业现行工程量计算规范的规定编制，并应根据拟建工程的实际情况列项，例如《园林绿化工程工程量计算规范》(GB 50858—2013)中规定的措施项目包括“脚手架工程”“模板工程”“树木支撑架、草绳绕树干、搭设遮阴(防寒)棚工程”“围堰、排水工程”和“安全文明施工及其他措施项目”。

2. 措施项目清单的格式

1)措施项目清单的类别

措施项目费的发生与使用时间、施工方法或者两个以上的工序相关。措施项目包括安全文明施工，夜间施工，非夜间施工照明，二次搬运，冬雨季施工，地上、地下设施和建筑物的临时保护设施，已完工程及设备保护等。但是有些措施项目是可以计算工程量的项目，如脚手架工程，混凝土模板及支架(撑)，垂直运输，超高施工增加，大型机械设备进出场及安拆，施工排水、降水等，这类措施项目按照分部分项工程项目清单的方式采用综合单价计价，更有利于措施项目费的确定和调整。措施项目中可以计算工程量的项目(单价措施项目)宜采用分部分项工程项目清单的方式编制，列出项目编码、项目名称、项目特征、计量单位和工程量(见表3-4-1)；不能计算工程量的项目(总价措施项目)，以“项”为计量单位进行编制(见表3-4-2)。

表 3-4-2 总价措施项目清单与计价表

工程名称： 标段： 第 页 共 页

序号	项目编码	项目名称	计算基础	费率/(%)	金额/元	调整费率/(%)	调整后金额/元	备注
		安全文明施工费						
		夜间施工增加费						
		二次搬运费						
		冬雨季施工增加费						
		已完工程及设备保护费						
		……						
合计								

编制人(造价人员)： 复核人(造价工程师)：

注：1.“计算基础”中安全文明施工费可为“定额基价”“定额人工费”或“定额人工费＋定额施工机具使用费”，其他项目可为“定额人工费”或“定额人工费＋定额施工机具使用费”。

2.按施工方案计算的措施项目费，若无“计算基础”和“费率”的数值，也可只填“金额”数值，但应在备注栏说明施工方案的出处或计算方法。

2)措施项目清单的编制依据

措施项目清单的编制需考虑多种因素，除工程本身的因素外，还应考虑水文、气象、环境、安全等因素。措施项目清单应根据拟建工程的实际情况列项。若出现工程量计算规范中未列的项目，编制人可根据工程实际情况补充。

措施项目清单的编制依据如下：

①施工现场情况、地勘水文资料、工程特点；

②常规施工方案；

③与建设工程有关的标准、规范、技术资料；

④拟定的招标文件；

⑤建设工程设计文件及相关资料。

(三)其他项目清单

其他项目清单是指分部分项工程项目清单、措施项目清单所包含的内容以外，因招标人的特殊要求而发生的与拟建工程有关的其他费用项目和相应数量的清单。工程建设标准的高低、工程的复杂程度、工程的工期长短、工程的组成内容、发包人对工程管理的要求等都直接影响其他项目清单的具体内容。其他项目清单包括暂列金额，暂估价(包括材料暂估单价、工程设备暂估单价、专业工程暂估价)，计日工，总承包服务费，如图 3-4-7 所示。其他项目清单宜按照表 3-4-3 所示的格式编制，出现未包含在表格中的项目时，可根据工程实际情况补充。

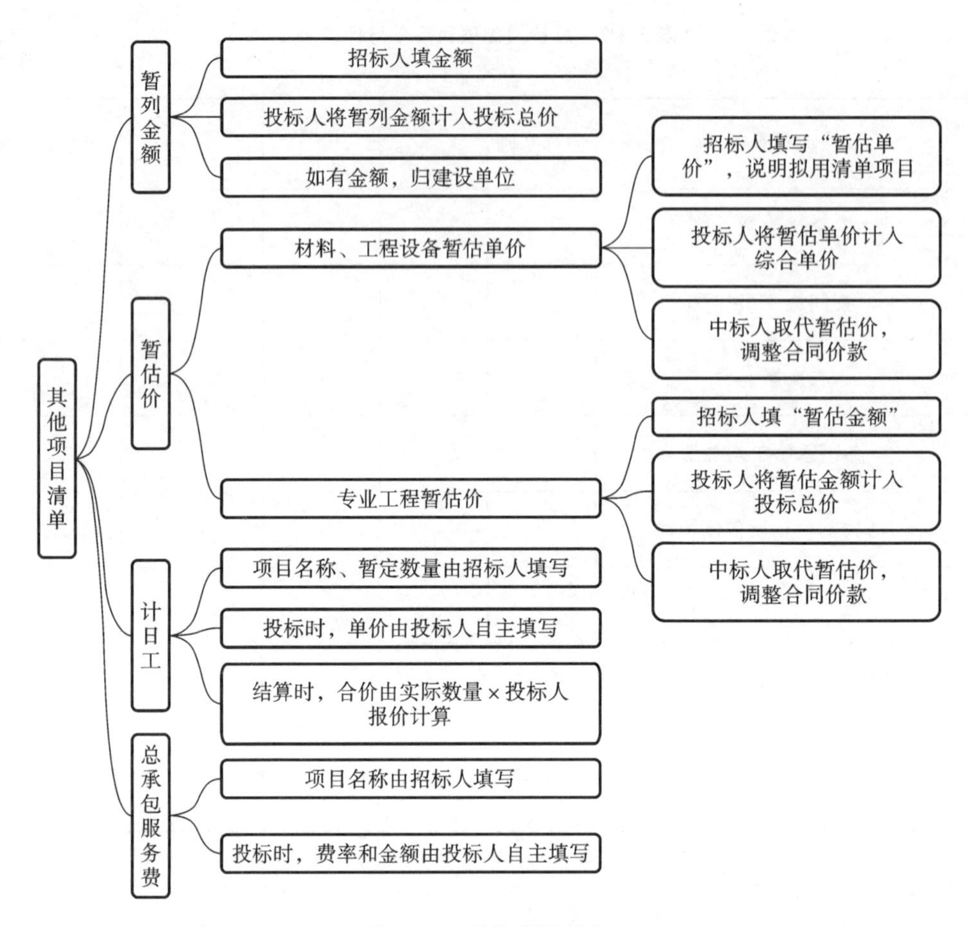

图 3-4-7　其他项目清单

表 3-4-3　其他项目清单与计价汇总表

工程名称：　　　　　　标段：　　　　　　第　页　共　页

序号	项目名称	金额/元	结算金额/元	备注
1	暂列金额			明细详见表 3-4-4
2	暂估价			
2.1	材料(工程设备)暂估价/结算价			明细详见表 3-4-5
2.2	专业工程暂估价/结算价			明细详见表 3-4-6
3	计日工			明细详见表 3-4-7
4	总承包服务费			明细详见表 3-4-8
⋮				
合计				—

注：材料(工程设备)暂估单价列入清单项目综合单价，此处不汇总。

1. 暂列金额

暂列金额是招标人在工程量清单中暂定并包括在合同价款中的一笔款项，是用于工程合同签订时尚未确定或者不可预见的材料、工程设备、服务的采购，施工中可能发生的工程变更、合同约定调整因素出现时的合同价款调整以及发生的索赔、现场签证确认等的费用。不管采用何种合同形式，其理想的标准是一份合同的价格就是其最终的竣工结算价格，或者至少两者应尽可能接近，我国规定对政府投资工程实行概算管理，经项目审批部门批复的设计概算是工程投资控制的刚性指标，即使商业性开发项目也有成本的预先控制问题，否则，无法相对准确预测投资的收益和科学合理地进行投资控制。但工程建设自身的特性决定了工程的设计需要根据工程进展不断地进行优化和调整，业主的需求可能会随工程建设进展出现变化，工程建设过程还会存在一些不能预见、不能确定的因素。这些因素必然会影响合同价格的调整，暂列金额正是因这类不可避免的价格调整而设立的，以便达到合理确定和有效控制工程造价的目标。设立暂列金额并不能保证合同结算价格不会再出现超过合同价格的情况，是否超出合同价格完全取决于工程量清单编制人对暂列金额预测的准确性，以及工程建设过程是否出现了其他事先未预测到的事件。

暂列金额应根据工程特点，按有关计价规定估算。暂列金额可按照表 3-4-4 所示的格式列示。

表 3-4-4 暂列金额明细表

工程名称： 标段： 第 页 共 页

序号	项目名称	计量单位	暂定金额/元	备注
1				
2				
3				
⋮				
合计				

注：此表由招标人填写，如不能详列，也可只列暂定金额总额，投标人应将上述暂列金额计入投标总价。

2. 暂估价

暂估价是指招标人在工程量清单中提供的用于支付必然发生但暂时不能确定价格的材料、工程设备的单价以及专业工程的价格，包括材料暂估单价、工程设备暂估单价和专业工程暂估价。暂估价在招标阶段预见肯定要发生，只是因为标准不明确或者需要由专业承包人完成，暂时无法确定价格。暂估价数量和拟用项目应当结合工程量清单中的“暂估价表”进行补充说明。为方便合同管理，需要纳入分部分项工程项目清单综合单价中的暂估价应只是材料、工程设备暂估单价，以方便投标人组价。

专业工程暂估价一般应是综合暂估价，包括人工费、材料费、施工机具使用费、企业管理费和利润，不包括规费和税金。总承包招标时，专业工程设计深度往往是不够的，一般需由专业设计人员设计。材料、工程设备暂估单价应根据工程造价信息或参照市场价格估算，列出明细表；专业工程暂估价应分不同专业，按有关计价规定估算，列出明细表。暂估价可按照表 3-4-5 和表 3-4-6 所示的格式列示。

表 3-4-5 材料(工程设备)暂估价及调整表

工程名称： 标段： 第 页 共 页

序号	材料(工程设备)名称、规格、型号	计量单位	数量		暂估价/元		确认价/元		差额(±)/元		备注
			暂估	确认	单价	合价	单价	合价	单价	合价	
合计											

注：此表由招标人填写暂估单价，并在备注栏说明暂估价的材料、工程设备拟用在哪些清单项目上，投标人应将上述材料、工程设备暂估价计入工程量清单综合单价。

表 3-4-6　专业工程暂估价及结算价表

工程名称：　　　　　　　　标段：　　　　　　　　　　　　第　页　共　页

序号	项目名称	工程内容	暂估金额/元	结算金额/元	差额(±)/元	备注
合计						

注：此表的“暂估金额”由招标人填写，投标人应将“暂估金额”计入投标总价，结算时按合同约定结算金额填写。

3. 计日工

计日工是在施工过程中，承包人完成发包人提出的工程合同范围以外的零星项目或工作，按合同中约定的单价计价的一种方式。计日工是为了解决现场发生的零星工作的计价而设立的。计日工对完成零星工作所消耗的人工工日、材料数量、施工机具台班进行计量，并按照计日工表中填报的适用项目的单价进行计价支付。计日工适用的零星项目或工作一般是指合同约定之外的或者因变更而产生的、工程量清单中没有相应项目的额外工作，尤其是那些难以事先商定价格的额外工作。

计日工应列出项目名称、计量单位和暂定数量，计日工可按照表 3-4-7 所示的格式列示。

表 3-4-7　计日工表

工程名称：　　　　　　　　标段：　　　　　　　　　　　　第　页　共　页

编号	项目名称	单位	暂定数量	实际数量	综合单价/元	合价/元	
						暂定	实际
一	人工						
1							
2							
⋮							
人工小计							
二	材料						
1							
2							
⋮							
材料小计							
三	施工机具						
1							
2							
⋮							
施工机具小计							
四	企业管理费和利润						
总计							

注：此表中的项目名称、暂定数量由招标人填写。编制最高投标限价时，单价由招标人按有关计价规定确定；投标时，单价由投标人自主报价，按暂定数量计算合价计入投标总价。结算时，按发承包双方确认的实际数量计算合价。

4. 总承包服务费

总承包服务费是指总承包人为配合协调发包人进行的专业工程发包，对发包人自行采购的材料、工程设备等进行保管以及施工现场管理、竣工资料汇总整理等服务所需的费用。招标人应预计该项费用并按投标人的投标报价向投标人支付该项费用。

总承包服务费应列出服务项目及其内容等，总承包服务费按照表 3-4-8 所示的格式列示。

表 3-4-8　总承包服务费计价表

工程名称：　　　　　　　　标段：　　　　　　　　第　页　共　页

序号	项目名称	项目价值/元	服务内容	计算基础	费率/(%)	金额/元
1	发包人发包专业工程					
2	发包人提供材料					
⋮						
	合计					

注：此表中的项目名称、服务内容由招标人填写。编制最高投标限价时，费率及金额由招标人按有关计价规定确定；投标时，费率及金额由投标人自主报价，计入投标总价。

(四)规费、税金项目清单

规费项目清单应按照下列内容列项：社会保险费，包括养老保险费、失业保险费、医疗保险费、工伤保险费、生育保险费；住房公积金计价规范中未列的项目，应根据省级政府或省级有关权力部门的规定列项。税金项目主要是指增值税。计价规范未列的项目，应根据税务部门的规定列项。规费、税金项目计价表如表 3-4-9 所示。

表 3-4-9　规费、税金项目计价表

工程名称：　　　　　　　　标段：　　　　　　　　第　页　共　页

序号	项目名称	计算基础	计算基数	计算费率/(%)	金额/元
1	规费	定额人工费			
1.1	社会保险费	定额人工费			
(1)	养老保险费	定额人工费			
(2)	失业保险费	定额人工费			
(3)	医疗保险费	定额人工费			
(4)	工伤保险费	定额人工费			
(5)	生育保险费	定额人工费			
1.2	住房公积金	定额人工费			
⋮					
2	税金(增值税)	人工费＋材料费＋施工机具使用费＋企业管理费＋利润＋规费			
合计					

编制人(造价人员)：　　　　　　　　　　　　复核人(造价工程师)：

(五)各级工程造价的汇总

各个工程量清单编制好后,将其合计进行汇总,就形成相应单位工程的造价。根据所处计价阶段的不同,单位工程造价汇总表可分为单位工程最高投标限价汇总表、单位工程投标报价汇总表和单位工程竣工结算汇总表。单位工程最高投标限价/投标报价汇总表如表3-4-10所示,单位工程竣工结算汇总表如表3-4-11所示。

各单位工程造价汇总后,形成单项工程及建设项目的工程造价。

表3-4-10 单位工程最高投标限价/投标报价汇总表

工程名称: 标段: 第 页 共 页

序号	汇总内容	金额/元	其中:暂估价/元
1	分部分项工程		
1.1			
1.2			
1.3			
⋮			
2	措施项目		
2.1	其中:安全文明施工费		
3	其他项目		
3.1	其中:暂列金额		
3.2	其中:专业工程暂估价		
3.3	其中:计日工		
3.4	其中:总承包服务费		
4	规费		
5	税金		
最高投标限价/投标报价合计=1+2+3+4+5			

注:本表适用于单位工程最高投标限价或投标报价的汇总,如未划分单位工程,单项工程也使用本汇总表。

表3-4-11 单位工程竣工结算汇总表

工程名称: 标段: 第 页 共 页

序号	汇总内容	金额/元
1	分部分项工程	
1.1		
1.2		
1.3		
⋮		
2	措施项目	
2.1	其中:安全文明施工费	
3	其他项目	
3.1	其中:专业工程结算价	
3.2	其中:计日工	

续表

序号	汇总内容	金额/元
3.3	其中:总承包服务费	
3.4	其中:索赔与现场签证	
4	规费	
5	税金	
竣工结算总价合计=1+2+3+4+5		

注:如未划分单位工程,单项工程也使用本汇总表。

本节课后习题

1.[单选]关于工程量清单计价的适用范围,下列说法正确的是(　　)。

A. 达到或超过规定建设规模的工程,必须采用工程量清单计价

B. 达到或超过规定投资数额的工程,必须采用工程量清单计价

C. 国有资金占投资总额不足 50%的建设工程发承包,不必采用工程量清单计价

D. 不采用工程量清单计价的建设工程,应执行计价规范中除工程量清单等专门性规定以外的规定

答案:D

2.[多选]关于分部分项工程项目清单的编制,下列说法正确的是(　　)。

A. 项目编码第七位至第九位为分项工程项目名称顺序码

B. 项目名称应按工程量计算规范附录中给定的名称确定

C. 项目特征应按工程量计算规范附录中规定的项目特征进行描述

D. 计量单位应按工程量计算规范附录中给定的,选用最适合表现项目特征并方便计量的单位

E. 项目特征最能体现分部分项工程项目自身价值

答案:ADE

3.[多选]根据现行《建设工程工程量清单计价规范》,关于工程量清单的特点和应用,下列说法正确的有(　　)。

A. 分为招标工程量清单和已标价工程量清单

B. 以单位(项)工程为单位编制

C. 是招标文件的组成部分

D. 是载明发包工程内容和数量的清单,不涉及金额

E. 仅用于最高投标限价和投标报价的编制

答案:ABC

4.[单选]关于分部分项工程项目清单中项目编码的编制,下列说法正确的是(　　)。

A. 第二级编码为分部工程顺序码

B. 第五级编码为分项工程项目名称顺序码

C. 同一标段内多个单位工程中项目特征完全相同的分项工程,可采用相同的编码

D. 补充项目应采用 6 位编码

答案:D

5.[单选]下列费用中,应计入总价措施项目清单与计价表中的是(　　)。

A. 垂直运输费

B. 施工降排水费

C. 地上地下成品保护费

D. 大型机械进出场费

答案:C

6.[多选]为有利于措施费的确定和调整,根据现行工程量计算规范,适宜采用单价措施项目计价的有(　　)。

A. 夜间施工增加费

B. 二次搬运费

C. 施工排水、降水费

D. 超高施工增加费

E. 垂直运输费

答案:CDE

7.[多选]关于措施项目工程量清单编制与计价,下列说法中正确的是(　　)。

A. 不能计算工程量的措施项目也可以采用分部分项工程量清单方式编制

B. 安全文明施工费按总价方式编制,其计算基础可为"定额基价""定额人工费"

C. 单价措施项目可以按照分部分项工程量清单编制

D. 除安全文明施工费外的其他总价措施项目的计算基础可为"定额人工费"

E. 按施工方案计算的总价措施项目可以只填"金额"数值,但应注明施工方案的出处或计算方法

答案:BCE

8.[单选]在工程量清单计价中,下列费用项目应计入总承包服务费的是(　　)。

A. 总承包人的工程分包费

B. 总承包人的管理费

C. 总承包人对发包人自行采购材料的保管费

D. 总承包工程的竣工验收费

答案:C

9.[单选]在工程量清单计价中,下列关于暂估价的说法,正确的是(　　)。

A. 材料、设备暂估价是指用于尚未确定或不可预见的材料、设备采购的费用

B. 纳入分部分项工程项目清单综合单价中的材料暂估价包括暂估单价及数量

C. 专业工程暂估价与分部分项工程综合单价在费用构成方面应保持一致

D. 专业工程暂估价由投标人自主报价

答案:C

10.[单选]根据《建设工程工程量清单计价规范》(GB 50500—2013),关于计日工,下列说法中正确的是(　　)。

A. 计日工表包括各种人工,不应包括材料、施工机械

B. 计日工按综合单价计价,投标时应计入投标总价

C. 计日工表中的项目名称由招标人填写,工程数量由投标人填写

D. 计日工单价由投标人自主确定,并按计日工表中所列数量结算

答案:B

11.[多选]关于其他项目清单与计价表的编制,下列说法正确的有(　　)。

A. 材料暂估单价列入清单项目综合单价,不汇总到其他项目清单计价表总额

B. 暂列金额归招标人所有,投标人应将其扣除后再进行投标报价

C. 专业工程暂估价的费用构成类别应与分部分项工程综合单价的构成保持一致

D. 计日工的名称和数量应由投标人填写

E. 总承包服务费的内容和金额应由投标人填写

答案:AC

第五节
工程造价信息及应用

一、工程造价信息及其主要内容

(一)工程造价信息的概念和特点

1. 工程造价信息的概念

工程造价信息是一切有关工程计价的工程特征、状态及其变动的消息的组合。在工程建设期,工程造价总是在不停地运动着、变化着,并呈现出种种不同特征。

从广义角度来说,工程造价信息是指所有对工程造价的确定和控制发挥作用的信息,既包括国家正式发布的与工程造价相关的文件,如工程量清单计价规范、各种定额以及市场价格指导文件等,也包括大量的工程造价指数、指标等;既包括反映国家、行业整体建造水平、资源价格的宏观工程造价信息,也包括反映具体项目造价情况的微观工程造价信息。

2. 工程造价信息的特点

1)区域性

建筑材料大多重量大、体积大、产地远离消费地点,因此,运输量大,费用也较高。尤其是不少建筑材料本身的价值或生产价格并不高,所需要的运输费用却很高,这都在客观上要求工程尽可能就近使用建筑材料。因此这类建筑信息的交换和流通往往限制在一定的区域内。

2)多样性

建设工程具有多样性的特点,要使工程造价管理的信息资料满足不同特点项目的需求,信息在内容和形式上应具有多样性的特点。

3)专业性

工程造价信息的专业性集中反映在建设工程的专业化上,如水利、电力、铁道、公路等工程所需的信息有它的专业特殊性。

4)系统性

工程造价信息是若干具有特定内容和同类性质的、在一定时间和空间内形成的一连串信息。一切工程造价的管理活动和变化总在一定条件下受各种因素的制约和影响。工程造价管理工作也同样是多种因素相互作用的结果,并且从多方面被反映出来,因此,从工程造价信息源发出的信息都不是孤立、紊乱的,而是大量的、系统的。

5)动态性

工程造价信息需要经常不断地收集和补充新的内容,进行信息更新,真实地反映工程造价的动态变化。

6)季节性

由于建筑生产受自然条件影响大,施工内容的安排必须充分考虑季节因素。工程造价信息不能完全避免季节的影响。

(二)工程造价信息的主要内容

从广义上说,所有对工程造价的计价过程起作用的资料都可以称为工程造价信息,如各种定额资料、标准规范、政策文件等。但最能体现信息动态性变化特征,并且在工程价格的市场机制中起重要作用的工程造价信息主要包括价格信息、工程造价指标和工程造价指数。

1. 价格信息

价格信息包括各种建筑材料、装修材料、安装材料、人工工资、施工机具等的最新市场价格。这些信息是比较初级的,一般没有经过系统的加工处理,也可以称为数据。

1)人工价格信息

我国自 2007 年起开展建筑工程实物工程量与建筑工种人工成本信息(也即人工价格信息)的测算和发布工作。其成果是引导建筑劳务合同双方合理确定建筑工人工资水平的基础,是建筑业企业合理支付工人劳动报酬和调解、处理建筑工人劳动工资纠纷的依据,也是工程招投标中评定成本的依据。

2)材料价格信息

材料价格信息在发布时,应披露材料类别、规格、单价、供货地区、供货单位以及发布日期等信息。

3)施工机具价格信息

施工机具价格信息又分为设备市场价格信息和设备租赁市场价格信息两部分。相对而言,后者对于工程计价更为重要。施工机具价格信息应包括机械种类、规格型号、供货厂商名称、租赁单价、发布日期等内容。

2. 工程造价指标

工程造价指标是根据已完或在建工程的各种造价信息,经过统一格式及标准化处理后的造价数值,可用于已完或者在建工程的造价分析,可作为拟建工程的计价依据。

3. 工程造价指数

工程造价指数是反映一定时期价格变化对工程造价影响程度的指数,包括各种单项价格指数,设备、工器具价格指数,建筑安装工程造价指数,建设项目或单项工程造价指数。

二、工程造价指数

(一)工程造价指数的概念及其编制的意义

在建筑市场供求和价格水平发生经常性波动的情况下,建设工程造价及其各组成部分也处于不断变化之中,这不仅使不同时期的工程在“量”与“价”两方面都失去可比性,也给合理确定和有效控制造价造成了困难。根据工程建设的特点,编制工程造价指数是解决这些问题的最佳途径。以合理方法编制的工程造价指数,不仅能够较好地反映工程造价的变动趋势和变化幅度,而且可以剔除价格水平变化对造价的影响,正确反映建筑市场的供求关系和生产力发展水平。

工程造价指数是一定时期的建设工程造价与某一固定时期的工程造价的比值,是以某一设定值为参照得出的同比例数值,用来反映一定时期由于价格变化对工程造价的影响程度,是调整工程造价价差的依据。

工程造价指数反映了报告期与基期相比的价格变动趋势，利用它来研究实际工作中的下列问题很有意义。

①可以利用工程造价指数分析价格变动趋势及其原因。

②可以利用工程造价指数预计宏观经济变化对工程造价的影响。

③工程造价指数是工程发承包双方进行工程估价和结算的重要依据。

（二）工程造价指数的内容及其特征

1. 单项价格指数

单项价格指数包括反映各类工程的人工费、材料费、施工机具使用费报告期价格对基期价格的变化程度的指标。编制人可利用它研究主要单项价格变化的情况及其发展变化的趋势。单项价格指数的计算过程可以简单表示为报告期价格与基期价格之比。依此类推，单项价格指数可以包括各种费率指数，如企业管理费指数、工程建设其他费用指数等。这些费率指数可以直接用报告期费率与基期费率之比求得。很明显，这些单项价格指数都属于个体指数，其编制过程相对比较简单。

2. 设备、工器具价格指数

设备、工器具的种类、品种和规格很多。设备、工器具费用的变动通常是由两个因素引起的，即设备、工器具单件采购价格的变化和采购数量的变化。工程所采购的设备、工器具是由不同规格、不同品种的设备、工器具组成的，因此设备、工器具价格指数属于总指数。由于采购价格与采购数量的数据无论是在基期还是在报告期都比较容易获得，设备、工器具价格指数可以用综合指数的形式来表示。

3. 建筑安装工程造价指数

建筑安装工程造价指数也是一种总指数，包括人工费指数、材料费指数、施工机具使用费指数以及企业管理费指数。建筑安装工程造价指数相对比较复杂，涉及的方面较广，利用综合指数来进行计算分析难度较大。因此，建筑安装工程造价指数可以通过对各项个体指数进行加权平均，用平均数指数的形式来表示。

4. 建设项目或单项工程造价指数

该指数是由设备、工器具价格指数，建筑安装工程造价指数，工程建设其他费用指数综合得到的。它也属于总指数，并且与建筑安装工程造价指数类似，一般也用平均数指数的形式来表示。

三、工程造价信息的动态管理

（一）工程造价信息管理的基本原则

工程造价信息管理是对信息的收集、加工整理、储存、传递与应用等一系列工作的总称，其目的就是通过有组织的信息流通，使决策者能及时、准确地获得相应的信息。为了达到工程造价信息动态管理的目的，在工程造价信息管理过程中应遵循以下基本原则。

1. 标准化原则

标准化原则要求在项目的实施过程中对有关信息的分类进行统一，对信息流程进行规范，力求做到格式化和标准化，从组织上保证信息生产过程的效率。信息分类应选择分类对象最稳定的本质属性或特征作为信息分类的基础和标准。信息分类体系应具备较强的灵活性，可以在使用过程中进行方便的扩展，以保证增加新的信息类型时，不至于打乱已建立的分类体系。同时，一个通用的信息分类体系还应为具体环境中信息分类体系的拓展和细化创造条件。

2. 有效性原则

工程造价信息应针对不同层次管理者的要求进行适当加工，针对不同管理层提供不同要求和浓缩程度的信息，满足不同项目参与方高效信息交换的需要。这个原则是为了保证信息产品对于决策支持的有效性。

3. 定量化原则

工程造价信息不应是项目实施过程中产生的数据的简单记录，应该是经过信息处理人员的比较与分析的信息。采用定量工具对有关数据进行分析和比较是十分必要的。

4. 时效性原则

考虑到工程造价计价过程的时效性，工程造价信息也应具有相应的时效性，以保证信息产品能够及时服务于决策。

5. 高效处理原则

高效处理原则指通过采用高性能的信息处理工具（如工程计价信息管理系统），尽量缩短信息在处理过程中的延迟。

(二)工程造价信息化建设

1. 制定工程造价信息化管理发展规划

根据住房和城乡建设部的《2016—2020 年建筑业信息化发展纲要》，进一步提高工程造价业信息化水平，初步建成一体化行业监管和服务平台，提升数据资源利用水平和信息服务能力。完善建筑行业与企业信息化标准体系和相关的信息化标准，为信息资源共享和深度挖掘奠定基础。制定一整套目标明确、可操作性强的信息化发展规划方案，指定专人负责，做好相关资料收集、信息化技术培训等基础工作。

2. 加快有关工程造价软件和网络的发展

为加大信息化建设的力度，全国工程造价信息网正在与各省信息网联网，这样，全国造价信息网成为一体，用户可以很容易地查阅到全国各省、市的数据，从而大大提高各地造价信息网的使用效率。工程造价信息网包括建设工程人工、材料、机具、工程设备价格信息系统，建设工程造价指标信息系统及有关建设工程政策、工程定额、造价工程师和工程造价咨询和机构信息系统。把与工程造价信息化有关的企业组织起来，加强交流、协作，避免低层次、低水平的重复开发，鼓励技术创新，淘汰落后，不断提高信息化技术在工程造价中的应用水平。实现网络资源高度共享和及时处理，从根本上改变信息不对称的滞后状况。

3. 发展工程造价信息化，推进工程造价信息的标准化工作

工程造价信息的标准化工作包括组织编制建设工程人工、材料、机具、设备的分类及标准代码，工程项目分类标准代码，各类信息采集及传输标准格式等工作。工程造价信息的标准化工作为全国工程造价信息化的发展提供基础。

4. 加快培养工程造价管理信息化人才

工程造价管理部门正通过各种手段与媒介，大力宣传信息化的重要性，以加快工程造价管理人员的信

息素质培养，提高工作效率和工作质量。同时，随着信息系统专业化程度的提高，信息系统的运行维护和使用都需要配备专业的人员。工程造价管理部门亦正大力加强对管理人员和业务人员信息化知识的宣传普及、应用技能的培训，以培养大量可以适应工程造价管理信息化发展的人才，建立一支强大的信息技术开发与应用专业队伍，满足工程造价管理信息化建设的需要。

四、信息技术在工程造价计价与计量中的应用

(一)概述

当今世界正朝着信息化、智能化快速发展，随着计算机技术和互联网的快速发展，建筑行业的信息化、智能化也成为必然。工程造价的计量、计价从手工方式快速发展到现在的信息化和智能化，把广大造价人员从繁重的手工劳动中解放出来，让造价从业人员越来越感受到专业的信息技术带来的方便和快捷，极大地提高了造价人员的工作效率，也极大地提升了企业造价管理的水平。

在工程造价工作中合理运用信息技术，可以有效促进信息交流，提升管理水平。同时，信息技术可以有效连接项目评估、设计、施工以及工程造价的应用，实现工程造价管理的信息化。信息技术可以为建设单位、施工单位、监理单位以及设计和咨询单位建立有机联系，让信息的传输更为方便、快捷，使各单位共同为工程项目管理聚力，为工程造价信息化进一步发展努力。

(二)工程计价

计算机技术在工程造价计量计价中的最先应用是在计价方面，计价软件把国标定标清单、省市地方定额、省市地方清单、计价办法、取费规定、省市造价管理部门的价格信息等内置到软件中，计价从业人员选择相应的地区清单或定额后，把基本的工程信息输入进去，输入计价的项、量并进行必要的定额换算以及市场价格换算后，选择相应的费用模板，当前工程的工程造价即可快速、准确地统计出来，并能快速进行人、材、机的统计分析。计价软件的开发与应用得到了广泛的重视，取得了良好的经济效益。

工程计价软件不仅能够完成概预算的编制工作以及结算的审核工作，还可以对概预算的定额进行编制，并能完成单位估价表的编制。在信息技术未应用到工程计价领域之前，编制定额只能依靠人工完成，需要对成千上万条定额子目进行算价，只能用计算器辅助进行，估价表根据计算结果手工填写完成，再进行烦琐的人工校对和复核，工作量相当庞大。由此可见，编制估价表不但耗费大量的时间和人力，而且还会出现很多失误，使用者在使用过程中会遇到很多不便。计价软件较好地解决了这些问题，计算机根据计价规则自动计算，结果准确无误，计算迅速。

随着计价规范不断完善，计价模式也有不同的类型。目前工程计价处于清单计价模式和定额计价模式并存的时代，国内的计价软件都同时具有清单计价模式和定额计价模式，支持招标形式和投标形式。用户在使用计价软件时需要选择合适的计价模式，选取相应的费用模板和市场价格信息，输入工程量后快速组价，完成工程造价的计算及造价分析。

(三)工程计量

工程计量是编制工程计价的基础工作，具有工作量大、烦琐、费时、细致等特点，占工程计价工作量的50%～70%，计算的精确度和速度也直接影响着工程计价文件的质量。20世纪90年代初，随着计算机技术的发展，利用软件表格法算量的计量工程量软件出现。自动计算工程量软件按照支持的图形维数的不同分为两类:二维算量软件和三维算量软件。自动计算工程量软件内置了工程量清单计算规则，通过计算机对图形自动处理，实现工程量自动计算，可以直接按计算规则计算出工程量，全面、准确地体现清单项目。

五、BIM 技术与工程造价

建筑信息模型(building information model)目前已经在全球范围内得到业界的广泛认可，它可以实现建筑信息模型的集成，从建筑的设计、施工、运行直至建筑全生命周期的终结，各种信息始终整合于一个三维模型信息数据库中，设计团队、施工单位、设施运营部门和建设单位等各方人员可以基于 BIM 进行协同工作，提高工作效率、节省资源、降低成本。

BIM 具有信息完备性、信息关联性、信息一致性、可视化、协调性、模拟性、优改性和可出图性等特点。《建筑业发展“十三五”规划》中明确提出了“加快推进建筑信息模型(BIM)技术在规划、工程勘察设计、施工和运营维护全过程的集成应用”。

(一)BIM 技术的特点

BIM 技术因使用三维全息信息技术，全过程地反映了建筑施工中的要素信息，对于科学实施施工管理是个革命性的技术突破。

1. 可视化

在 BIM 建筑信息模型中，整个施工过程都是可视化的。所以可视化的结果不仅可以用来生成效果图的展示及报表，更重要的是，项目设计、建造、运营过程中的沟通、讨论、决策都在可视化的状态下进行，极大地提升了项目管控的科学化水平。

2. 协调性

BIM 的协调性服务可以帮助解决项目从勘探设计到环境适应再到具体施工的全过程协调问题，也就是说，BIM 建筑信息模型可在建筑物建造前期对各专业的碰撞问题进行协调，生成协调数据，并在模型中生成解决方案，为提升管理效率提供极大的便利。

3. 模拟性

模拟性并不是只能模拟设计出建筑物模型，还可以模拟不能在真实世界中进行操作的事物。在设计阶段，BIM 可以对一些设计上需要进行模拟的东西进行模拟实验，如节能模拟、紧急疏散模拟、日照模拟、热能传导模拟等；在招投标和施工阶段，BIM 可以进行 4D 模拟(三维模型加项目的发展时间)，也就是根据施工的组织设计模拟实际施工，从而确定合理的施工方案来指导施工。同时，BIM 还可以进行 5D 模拟(基于 3D 模型的造价控制)，从而实现成本控制等。

4. 互用性

应用 BIM 可以实现信息的互用性，充分保证了信息经过传输与交换以后，信息前后的一致性。具体来说，互用性就是 BIM 模型中所有数据只需要一次性采集或输入，就可以在整个建筑物的全生命周期中实现信息的共享、交换与流动，使 BIM 模型能够自动演化，避免了信息不一致的错误。互用性可以在建设项目不同阶段免除对数据的重复输入，大大降低成本、节省时间、减少错误、提高效率。

5. 优化性

事实上，整个设计、施工、运营的过程就是一个不断优化的过程，当然，优化和 BIM 也不存在实质性的必然联系，但 BIM 可以进行更好的优化，包括项目方案优化、特殊项目的设计优化等。

(二)BIM 技术对工程造价管理的价值

BIM 在提升工程造价水平,提高工程造价效率,实现工程造价乃至整个工程生命周期信息化的过程中,优势明显,BIM 技术对工程造价管理的价值主要有以下几点。

1. 提高了工程量计算的准确性和效率

BIM 是一个富含工程信息的数据库,可以真实地提供工程量计算所需要的物理和空间信息,借助这些信息,计算机可以快速对各种构件进行统计分析,从而大大减少根据图纸统计工程量带来的烦琐人工操作和潜在错误,在效率和准确性上得到显著提高。

2. 提高了设计效率和质量

基于 BIM 的自动化算量方法可以更快地计算工程量,及时地将设计方案的成本反馈给设计师,便于在设计的前期阶段对成本加以控制,有利于限额设计。同时,基于 BIM 的设计可以更好地处理设计变更。

3. 提高工程造价分析能力

BIM 模型丰富的参数信息和多维度的业务信息能够辅助工程项目不同阶段和不同业务的成本分析和控制能力。同时,在统一的三维模型数据库的支持下,在工程项目全过程管理的过程中,BIM 能够以最少的时间实时实现任意维度的统计、分析和决策,保证了多维度成本分析的高效性和精准性,以及成本控制的有效性和针对性。

4. BIM 技术真正实现了造价全过程管理

目前,工程造价管理已经由单点应用阶段逐渐进入工程造价全过程管理阶段。为确保建设工程的投资效益,工程建设从可行性研究开始经初步设计、扩大初步设计、施工图设计、发承包、施工、调试、竣工、投产、决算、后评价等的整个过程,围绕工程造价开展各项业务工作。基于 BIM 的全过程造价管理让各方在各个阶段能够实现协同工作,解决了阶段割裂和专业割裂的问题,避免了设计与造价控制环节脱节、设计与施工脱节、变更频繁等问题。

(三)BIM 技术在工程造价管理各阶段的应用

工程建设项目的参与方主要包括建设单位、勘察单位、设计单位、施工单位、项目管理单位、咨询单位、材料供应商、设备供应商等。建筑信息模型作为一个建筑信息的集成体,可以很好地在项目各方之间传递信息、降低成本。同样,分布在工程建设全过程的造价管理也可以基于这样的模型完成协同、交互和精细化管理工作。

1. BIM 在决策阶段的应用

基于 BIM 技术的投资决策可以带来项目投资分析效率的极大提升。建设单位在决策阶段可以根据不同的项目方案建立初步的建筑信息模型。BIM 数据模型的建立,结合可视化技术、虚拟建造等功能,为项目的模拟决策提供了基础。根据 BIM 数据模型,建设单位可以调用与拟建项目相似工程的造价数据,高效、准确地估算出规划项目的总投资额,为投资决策提供准确依据。同时,将模型与财务分析工具集成可以实时获取各项目方案的投资收益指标信息,提高决策阶段项目预测水平,帮助建设单位进行决策。BIM 技术在投资造价估算和投资方案选择方面大有作为。

2. BIM 在设计阶段的应用

设计阶段包括初步设计、扩初设计和施工图设计几个阶段,涉及的造价文件是设计方案估算、设计概算

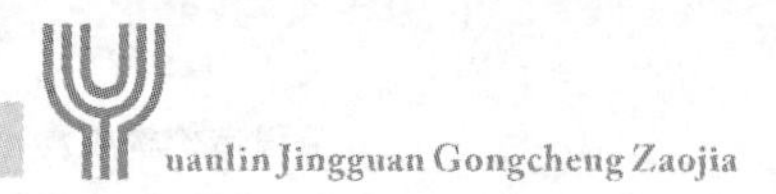

和施工图预算。在设计阶段，BIM 技术对设计方案的优选或限额设计，设计模型的多专业一致性检查，设计概算、施工图预算的编制管理和审核可以实现对造价的有效控制。

3. BIM 在招投标阶段的应用

我国建设工程已基本实现了工程量清单招投标模式，招标和投标各方都可以利用 BIM 模型进行工程量自动计算、统计分析，形成准确的工程量清单，有利于招标方控制造价和投标方报价的编制，提高招投标工作的效率和准确性，并为后续的工程造价管理和控制提供基础数据。

4. BIM 在施工过程中的应用

建筑信息模型在应用方面为建设项目各方提供了施工计划与造价控制的所有数据。项目各方人员在正式施工之前就可以通过建筑信息模型确定不同时间节点的施工进度与施工成本，可以直观地按月、按周、按日看到项目的具体实施情况并得到该时间节点的造价数据，方便项目的实时修改、调整，实现限额领料施工，最大地体现造价控制的效果。

5. BIM 在工程竣工结算中的应用

竣工阶段管理工作的主要内容是确定建设工程项目最终的实际造价，即竣工结算价格和竣工决算价格，编制竣工决算文件，办理项目的资产移交。这也是确定单项工程最终造价、考核承包企业经济效益以及编制竣工决算的依据。基于 BIM 的结算管理不但可以提高工程量计算的效率和准确性，还对结算资料的完备性和规范性有很大的作用。在造价管理过程中，BIM 模型数据库也不断修改完善，模型相关的合同、设计变更、现场签证、计量支付、材料管理等信息也不断录入与更新，到竣工结算时，其信息量已完全可以表达工程实体。BIM 模型的准确性和过程记录完备性有助于提高结算效率，同时，BIM 可以随时查看变更前后的模型进行对比分析，避免结算时描述不清，从而加快结算和审核速度。

本节课后习题

1.［单选］某类建筑材料本身的价格不高，所需的运输费用却很高，该类建筑材料的价格信息一般具有较明显的（　　）。

A. 专业性　　B. 季节性　　C. 区域性　　D. 动态性

答案：C

2.［多选］下列工程造价信息中，在工程价格市场机制中起重要作用的包括（　　）。

A. 工程量信息

B. 价格信息

C. 工程造价指标

D. 工程造价指数

E. 市场发展指数

答案：BCD

3.［单选］下列工程造价信息中，最能体现市场机制下信息动态性变化特征的是（　　）。

A. 工程价格信息　　B. 政策性文件　　C. 计价标准和规范　　D. 工程定额

答案：A

4.［多选］BIM 技术的特点包括（　　）。

A. 可视化

B. 协调性

C. 模拟性

D. 动态性

E. 及时性

答案:ABC

5.[多选]以下各项中属于 BIM 在工程竣工阶段中应用的是(　　)。

A. 工程量自动计算、统计分析,形成准确的工程量清单

B. 提供施工计划与造价控制的所有数据

C. 提高结算资料的完备性和规范性

D. 提高结算效率

E. 设计模型的多专业一致性检查

答案:CD

Yuanlin Jingguan Gongcheng Zaojia

第4章

决策和设计阶段的工程造价

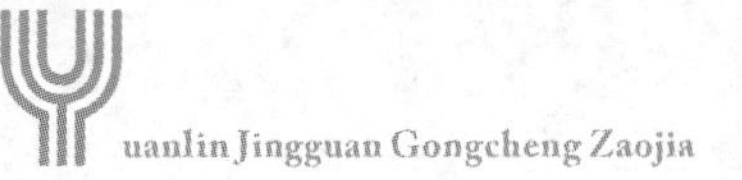

工程决策是选择和决定投资行动方案的过程，是对拟建项目的必要性和可行性进行技术经济论证，对不同建设方案进行技术经济比较及做出判断和决定的过程。工程决策正确性的前提是对相关技术经济基础资料占有的充分性、可靠性和有效性。特别是跨地区、国际化的巨大工程项目，大量翔实的技术经济基础资料的充分占有是工程决策正确性的根本保证。

工程设计是指在工程项目开始建设施工之前，根据已批准的设计任务书，为具体实现拟建项目的技术、经济要求，拟定建筑、安装及设备制造等所需的文案、图纸、数据等设计文件的工作过程，是工程项目由计划变为现实具有决定意义的工作阶段。设计文件是工程建设施工的主要依据。拟建工程在建设过程中能否保证质量、工期和投资目标，在很大程度上取决于设计文件质量的优劣。工程建成后，能否获得满意的经济效果，除了工程决策之外，设计工作起着关键性的作用。

第一节 决策和设计阶段的工程造价的工作内容

决策和设计阶段项目管理工作程序和造价管理工作内容如表 4-1-1 所示。工程造价管理工作随着项目管理工作的逐步展开，需要经过从投资估算、设计概算到施工图预算的工作过程。随着造价文件编制工作的不断深入和细化，预计的工程造价数据精度越来越高，造价偏差越来越小。决策和设计阶段工程造价管理工作的质量对于工程项目建设的成功与否具有决定性的影响。

表 4-1-1　决策和设计阶段项目管理工作程序和造价管理工作内容

<table>
<tr><th>阶段划分</th><th>项目管理工作程序</th><th>造价管理工作内容</th><th>造价偏差控制</th></tr>
<tr><td rowspan="4">决策阶段</td><td>投资机会研究</td><td rowspan="5">投资估算</td><td>±30%左右</td></tr>
<tr><td>项目建议书</td><td>±30%以内</td></tr>
<tr><td>初步可行性研究</td><td>±20%以内</td></tr>
<tr><td>详细可行性研究</td><td>±10%以内</td></tr>
<tr><td rowspan="4">设计阶段</td><td>方案设计</td><td>±10%以内</td></tr>
<tr><td>初步设计</td><td>设计概算</td><td>±5%以内</td></tr>
<tr><td>技术设计</td><td>修正概算</td><td>±5%以内</td></tr>
<tr><td>施工图设计</td><td>施工图预算</td><td>±3%以内</td></tr>
</table>

工程造价管理工作贯穿于工程项目建设全过程。图 4-1-1 所示为工程建设各阶段工作对投资的影响，可以看出，决策与设计阶段是整个工程造价确定与控制的龙头与关键。

一、决策阶段工程造价的工作内容

在我国工程建设项目投资决策阶段，项目管理工作一般包括投资机会研究、项目建议书、初步可行性研究、详细可行性研究等几个工作阶段，相应的工程造价管理工作统称为投资估算。在不同的工作阶段，由于对工程建设项目考虑得深入程度不同，掌握的资料不同，投资估算的准确程度也是有所不同的。随着项目管理工作的不断深入、项目条件的不断细化，投资估算的准确程度也会不断提高，从而对工程建设项目投资起到有效控制作用。

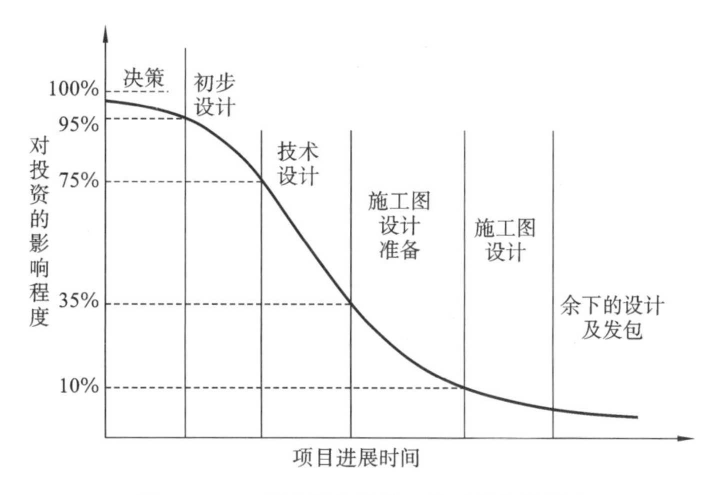

图 4-1-1 工程建设各阶段工作对投资的影响

(一)投资机会研究、项目建议书阶段的投资估算

投资机会研究阶段的工作目标主要是根据国家和地方产业布局和产业结构调整计划，以及市场需求情况，探讨投资方向，选择投资机会，提出概略的项目投资初步设想。如果经过论证初步判断该项目投资有进一步研究的必要，则制定项目建议书。对于较简单的投资项目来说，投资机会研究和项目建议书可视为一个工作阶段。

投资机会研究阶段的投资估算依据的资料比较粗略，投资额通常是通过与已建类似项目的对比得来的，投资估算额度的偏差率应控制在30%左右。项目建议书阶段的投资额是根据产品方案、项目建设规模、产品主要生产工艺、生产车间组成、初选建设地点等估算出来的，其投资估算额度的偏差率应控制在30%以内。

(二)初步可行性研究阶段的投资估算

初步可行性研究阶段主要是在项目建议书的基础上，进一步确定项目的投资规模、技术方案、设备选型、建设地址选择和建设进度等情况，对项目投资以及项目建设后的生产和经营费用支出进行估算，并对工程项目经济效益进行评价，根据评价结果初步判断项目的可行性。该阶段是介于项目建议书和详细可行性研究之间的中间阶段，投资估算额度的偏差率一般应控制在20%以内。

(三)详细可行性研究阶段的投资估算

详细可行性研究阶段也称为最终可行性研究阶段，该阶段应最终确定建设项目的市场、技术、经济方案，并进行全面、详细、深入的投资估算和技术经济分析，选择拟建项目的最佳投资方案，对项目的可行性提出结论性意见。该阶段研究内容较详尽，投资估算额度的偏差率应控制在10%以内。这个阶段的投资估算是项目可行性论证、选择最佳投资方案的主要依据，也是编制设计文件的主要依据。

在工程决策的不同阶段编制投资估算时，由于编制依据条件不同，对其准确度的要求也就有所不同，不可能超越所处阶段的客观现实条件，不能要求与最终实际投资完全一致。在投资决策的不同阶段对所掌握的资料进行全面分析，使在该阶段编制的投资估算满足相应的准确性要求，达到为工程决策提供依据、对工程投资起到有效控制的作用。

二、设计阶段工程造价的工作内容

我国建设行业对工程建设项目设计的阶段划分有“两阶段设计”“三阶段设计”“四阶段设计”的划分方法。一般工业与民用工程建设项目的设计工作可按初步设计和施工图阶段进行，称为“两阶段设计”；技术上复杂而又缺乏设计经验的项目可按初步设计、技术设计和施工图设计三个阶段进行，称为“三阶段设计”；大型、复杂的，对国计民生影响重大的工程建设项目，在初步设计之前，还应增加方案设计，称为“四阶段设计”。根据住房城乡建设部关于印发《建筑工程设计文件编制深度规定(2016 年版)》的通知(建质函〔2016〕247 号)的规定，房屋建筑工程设计工作一般应分为方案设计、初步设计和施工图设计三个阶段；技术要求相对简单的民用建筑工程，当有关主管部门在初步设计阶段没有审查要求，且合同中没有做初步设计的约定时，可在方案设计审批后直接进入施工图设计。

(一)方案设计阶段的投资估算

方案设计是在项目投资决策立项之后，将可行性研究阶段提出的问题和建议，经过项目咨询机构和业主单位共同研究，形成具体、明确的项目建设实施方案的策划性设计文件，其深度应当满足编制初步设计文件的需要。方案设计阶段的造价管理工作仍称为投资估算。该阶段投资估算额度的偏差率显然应低于可行性研究阶段投资估算额度的偏差率。

(二)初步设计阶段的设计概算

初步设计(也称为基础设计)的内容依工程项目的类型不同而有所变化，一般来说，应包括项目的总体设计，布局设计，主要的工艺流程、设备的选型和安装设计，建筑与安装工程量及费用的估算等。初步设计文件应当满足编制施工招标文件、主要设备材料订货和编制施工图设计文件的需要，是施工图设计的基础。如某项目的初步设计包括以下主要内容:初步系统设计，绘制各工艺系统的流程图；通过计算确定各系统的规模和设备参数并绘制管道及仪表图；编制设备的规程及数据表以供招标使用。

初步设计阶段的造价管理工作称为设计概算。设计概算的任务是对项目建设的土建、安装工程量进行估算，对工程项目建设费用进行概算。以整个建设项目为单位形成的概算文件称为建设项目总概算；以单项工程为单位形成的概算文件称为单项工程综合概算。一般情况下，设计概算一经批准，即作为控制拟建项目工程造价的最高限额。

(三)技术设计阶段的修正概算

技术设计(也称为扩大初步设计)是初步设计的具体化，也是各种技术问题的定案阶段。技术设计的详细程度应能够满足解决设计方案中重大技术问题的具体要求，应保证能够根据它进行施工图设计和提出设备订货明细表。技术设计如果对初步设计确定的方案有所更改，应对更改部分编制修正概算。对于不是很复杂的工程，技术设计可以省略，即初步设计完成后直接进入施工图设计阶段。

(四)施工图设计阶段的施工图预算

施工图设计(也称为详细设计)的主要内容是根据批准的初步设计(或技术设计)，绘制出正确、完整和尽可能详细的建筑与安装工程图纸，包括建设项目部分工程的详图零部件结构明细表、验收标准、方法等。施工图设计应当满足设备、材料采购，非标准设备制作和安装施工的需要，并应注明建筑工程合理使用年限。

施工图预算(也称为设计预算)的传统做法是在施工图设计完成之后，根据已批准的施工图和既定的施工方案，结合现行的预算定额、地区单位估价表、费用计取标准、各种资源单价等计算并汇总的造价文件(通常以单位工程或单项工程为单位汇总形成施工图预算文件)。

对于执行限额设计的建设项目,施工图设计阶段要求设计人员和造价人员密切配合,设计人员提出每项单位工程或分部分项工程设计方案之后,造价人员测算其预算造价,若突破预算造价限额,必须对方案进行调整,以保证最终施工图预算控制在预算造价限额之内。如果论证认为突破造价限额是十分必要的、合理的,则要重新报审造价限额。

三、决策阶段影响工程造价的主要因素

决策阶段影响工程造价的主要因素有项目建设规模、建设地区及地点(厂址)、技术方案、设备方案、工程方案和环境保护方案等。

(一)项目建设规模

项目建设规模是指项目设定的正常生产运营年份可能达到的生产能力或者使用效益。项目规模的合理选择关系着项目的成败,决定着工程造价合理与否,其制约因素有市场因素、技术因素、环境因素。

1. 市场因素

市场因素是项目规模确定中需考虑的首要因素。首先,项目产品的市场需求状况是确定项目生产规模的前提。通过市场分析与预测,确定市场需求量、了解竞争对手情况,最终确定项目建成时的最佳生产规模,可以使所建项目在未来能够保持合理的盈利水平和可持续发展的能力。其次,原材料市场、资金市场、劳动力市场等对项目规模的选择起着不同程度的制约作用,如项目规模过大可能导致材料供应紧张和价格上涨,造成项目所需投资资金的筹集困难和资金成本上升等,将制约项目的规模。

2. 技术因素

先进适用的生产技术及技术装备是项目规模效益赖以存在的基础,而相应的管理技术水平则是实现规模效益的保证。若与经济规模生产相适应的先进技术及其装备的来源没有保障,获取技术的成本过高或管理水平跟不上,预期的规模效益将难以实现,会给项目的生存和发展带来危机,导致项目投资效益低下、浪费严重。

3. 环境因素

项目的建设、生产和经营都是在特定的国家、地方政策与社会经济环境条件下进行的。政策因素包括产业政策、投资政策、技术经济政策、国家和地区及行业经济发展规划等。为了取得较好的规模效益,国家对部分行业的新建项目规模有明确的限制性规定,选择项目规模时应遵照执行。项目规模确定中需考虑的主要环境因素有燃料动力供应,协作及土地条件,运输及通信条件等。

4. 建设规模方案比选

在对以上三方面进行充分考核的基础上,应确定相应的产品方案、产品组合方案和项目建设规模。可行性研究报告应根据经济合理性、市场容量、环境容量,以及资金、原材料和主要外部协作条件等方面的研究,对项目建设规模进行充分论证,必要时进行多方案技术经济分析与比较。大型、复杂项目的建设规模论证应研究合理、优化的工程分期分批,明确初期规模和远景规模。不同行业、不同类型项目在研究确定其建设规模时还应充分考虑其自身特点。

经过多方案比较,在项目决策的早期阶段(初步可行性研究阶段或在此之前的阶段),应提出项目建设(或生产)规模的倾向意见,为项目决策提供有说服力的方案。

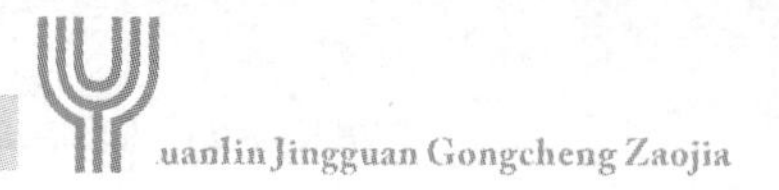

(二)建设地区及地点(厂址)

一般情况下,确定某个建设项目的地址需要经过建设地区选择和建设地点选择(厂址选择)两个不同层次的、相互联系又相互区别的工作阶段。这两个阶段是一种递进关系。其中,建设地区选择是指在几个不同地区之间对拟建项目适宜配置在哪个区域范围的选择;建设地点选择是指对项目具体坐落位置的选择。

1. 建设地区选择

建设地区选择得合理与否,在很大程度上决定着拟建项目的命运,影响着工程造价的高低、建设工期的长短、建设质量的好坏,还影响项目建成后的运营状况。因此,建设地区选择要充分考虑各种因素的制约,具体要考虑规划发展要求、环境和水文特点、区域技术经济水平、劳动力供应等因素。

2. 建设地点(厂址)选择

建设地点选择是一项极为复杂的技术经济综合性很强的系统工程,它不仅涉及项目建设条件、产品生产要素、生态环境和未来产品销售等重要问题,受社会、政治、经济、国防等多因素的制约,还直接影响项目建设投资、建设速度、建设质量和安全,以及未来企业的经营管理及所在地点的城乡建设规划与发展。因此,建设地点选择必须从国民经济和社会发展的全局出发,运用系统观点和方法分析决策。

(三)技术方案

技术方案指产品生产所采用的工艺流程和生产方法。技术方案不仅影响项目的建设成本,还影响项目建成后的运营成本。因此,技术方案的选择直接影响项目的建设和运营效果,必须认真选择和确定。

(四)设备方案

设备方案选择指在生产工艺流程和生产技术确定后,根据产品生产规模和工艺过程的要求,选择设备的型号和数量。设备的选择与技术密切相关,二者必须匹配。没有先进的技术,再好的设备也无法发挥作用;没有先进的设备,技术的先进性则无法体现。

(五)工程方案

工程方案构成项目的实体。工程方案选择是在已选定项目建设规模、技术方案和设备方案的基础上,研究论证主要建筑物、构筑物的建造方案,包括建造标准的确定。一般工业项目的厂房、工业窑炉、生产装置等建筑物、构筑物的工程方案,主要研究建筑特征(面积、层数、高度、跨度)、建筑物和构筑物的结构形式、特殊建筑要求(防火、防震、防爆、防腐蚀、隔音、保温、隔热等)、基础工程方案、抗震设防等。工程方案应在满足使用功能、确保质量和安全的前提下,力求降低造价、节约资金。

(六)环境保护方案

建设项目一般会引起项目所在地自然环境、社会环境和生态环境的变化,对环境状况、环境质量产生不同程度的影响,因此需要在确定建设地址和技术方案中,调查研究环境条件,识别和分析拟建项目影响环境的因素,提出治理和保护环境的措施,比选和优化环境保护方案。在研究环境保护治理措施时,应从环境效益、经济效益相统一的角度进行分析论证,力求环境保护治理方案技术可行和经济合理。

四、设计阶段影响工程造价的主要因素

(一)工业项目

1. 总平面设计

总平面设计中影响工程造价的因素有占地面积、功能分区和运输方式的选择。占地面积的大小一方面会影响征地费用的高低,另一方面也会影响管线布置成本及项目建成运营的运输成本;合理的功能分区既可以使建筑物的各项功能充分发挥,又可以使总平面布置紧凑、安全,避免场地挖填平衡工程量过大,节约用地,降低工程造价;不同的运输方式的运输效率及成本不同,从降低工程造价的角度来看,应尽可能选择无轨运输,可以减少占地,节约投资。

2. 工艺设计

工业项目的产品生产工艺设计是工程设计的核心,是根据工业产品生产的特点、生产性质和功能来确定的。工艺设计一般包括生产设备的选择、工艺流程设计、工艺作业规范和定额标准的制定和生产方法的确定。工艺设计标准高低不仅直接影响工程建设投资的大小和建设进度,而且决定着未来企业的产品质量、数量和经营费用。在工艺设计过程中影响工程造价的因素主要包括生产方法、工艺流程和设备选型。在工业建筑中,设备及安装工程投资占有很大比例,设备的选型不仅影响着工程造价,而且对生产方法及产品质量也有着决定作用。

3. 建筑设计

建筑设计要在考虑施工过程的合理组织和施工条件的基础上,决定工程的平面、竖向设计和结构方案的技术要求。建筑设计阶段影响工程造价的主要因素有平面形状,流通空间,层高,建筑物层数,柱网布置,建筑物的体积、面积和建筑结构类型。

(1)平面形状。建筑物平面形状的设计应在满足建筑物使用功能的前提下,降低建筑周长系数,充分注意建筑平面形状的简洁、布局的合理,从而降低工程造价。一般来说,建筑物平面形状越简单、越规则,它的单位面积造价就越低,建筑周长系数(建筑物周长与建筑面积的比,即单位建筑面积所占外墙长度)越低,设计越经济。圆形、正方形、矩形、T 形、L 形建筑的建筑周长系数依次增大。建筑物平面形状的设计应在满足建筑物使用功能的前提下,降低建筑周长系数。

(2)空间组合。空间组合包括建筑物的层高、层数、室内外高差等因素。室内外高差过大,则建筑物的工程造价提高;室内外高差过小影响使用及卫生条件等。

(3)建筑结构的选择既要满足力学要求,又要考虑经济性。五层以下的建筑物一般选用砌体结构;大中型工业厂房一般选用钢筋混凝土结构;对于多层房屋或大跨度结构,钢结构明显优于钢筋混凝土结构;对于高层或者超高层结构,框架结构和剪力墙结构比较经济。

(二)民用项目

1. 居住小区规划

在进行居住小区建设规划时,要根据小区的基本功能和要求,确定各构成部分的合理层次与关系,据此安排住宅建筑、公共建筑、管网、道路及绿地的布局,确定合理人口与建筑密度、房屋间距和建筑层数,布置

公共设施项目、规模及服务半径，确定水、电、热、煤气的供应等，并划分包括土地开发在内的上述各部分的投资比例。居住小区规划设计的核心问题是提高土地利用率，居住小区规划中影响工程造价的主要因素有占地面积和建筑群体的布置形式。

1)占地面积

居住小区的占地面积不仅直接决定着土地费的高低，而且影响着小区内道路、工程管线长度和公共设备的多少，而这些费用对小区建设投资的影响通常很大。因此，占地面积指标在很大程度上影响小区建设的总造价。

2)建筑群体的布置形式

建筑群体的布置形式对用地的影响不容忽视，可以通过采取高低搭配、点条结合、前后错列以及局部东西向布置、斜向布置或拐角单元等手法节省用地。在保证小区居住功能的前提下，适当集中公共设施、提高公共建筑的层数、合理布置道路、充分利用小区内的边角用地，有利于提高建筑密度、降低小区的总造价。合理压缩建筑的间距、适当提高住宅层数或高低层搭配以及适当增加房屋长度等方式可以节约用地。

2. 住宅建筑设计

住宅建筑设计中影响工程造价的主要因素有建筑物的平面形状和周长系数，住宅的层高和净高，住宅的层数，住宅的单元组成、户型和住户面积，住宅的建筑结构等。

1)建筑物的平面形状和周长系数

与工业项目建筑设计类似，圆形建筑的建筑周长系数最小，但由于施工复杂，圆形建筑的施工费用比矩形建筑增加 20%～30%，故其墙体工程量的减少不能使建筑工程造价降低，使用面积有效利用率不高，用户使用也不便。因此，住宅建筑一般为矩形建筑，既有利于施工，又能降低造价和方便使用。在矩形住宅建筑中，又以长∶宽＝2∶1为佳。一般住宅单元以 3～4 个住宅单元、房屋长度为 60～80 m 较为经济。

2)住宅的层高和净高

住宅的层高和净高直接影响工程造价。根据不同性质的工程综合测算，住宅层高每降低 10 cm，可降低造价 1.2%～1.5%。层高降低还可以提高居住小区的建筑密度，节约土地成本及市政设施配套费。但是，层高设计还需考虑采光与通风问题，层高过低不利于采光及通风，因此，民用住宅的层高一般不宜低于2.8 m。

3)住宅的层数

随着住宅的层数的增加，单方造价系数逐渐降低，即层数越多越经济。但是随着住宅的层数的增加，边际造价系数也逐渐变大，说明随着层数的增加，单方造价系数下降幅度减缓。住宅的层数达到 7 层及以上，就要增加电梯费用，需要较多的交通面积(过道、走廊要加宽)和补充设备(供水设备和供电设备等)。特别是高层住宅，要经受强风和地震等水平荷载，需要提高结构强度，改变结构形式，使工程造价大幅度上升。因此，中小城市建造多层住宅较为经济，大城市可沿主要街道建设高层住宅，以合理利用空间。对于土地特别昂贵的地区，为了降低土地费用，中、高层住宅是比较经济的选择。砖混结构多层住宅的层数与造价的关系如表 4-1-2 所示。

表 4-1-2　砖混结构多层住宅的层数与造价的关系

住宅的层数	1	2	3	4	5	6
单方造价系数/(%)	138.05	116.95	108.38	103.51	101.68	100
边际造价系数/(%)		−21.1	−8.57	−4.87	−1.83	−1.68

4)住宅的单元组成、户型和住户面积

衡量单元组成、户型设计的指标是结构面积系数(住宅结构面积与建筑面积之比)，系数越小设计方案越经济。结构面积系数除与房屋结构形式有关外,也与房屋建筑形状及其长度、宽度有关,还与房间平均面积大小和户型组成有关。房屋平均面积越大,内墙、隔墙在建筑中所占的比重就越小。

5)住宅的建筑结构

随着我国建筑工业化水平的提高,住宅工业化建筑体系的结构形式多种多样,应根据实际情况,因地制宜、就地取材,采用适合本地区的经济合理的结构形式。

本节课后习题

1.[单选]关于我国项目前期各阶段投资估算的精度要求,下列说法中正确的是(　　)。

A.项目建议书阶段,允许误差大于±30%

B.投资设想阶段,误差应控制在±30%以内

C.初步可行性研究阶段,误差应控制在±20%以内

D.详细可行性研究阶段,误差应控制在±15%以内

答案:C

2.[单选]"四阶段设计"比"三阶段设计"增加的是(　　)。

A.初步设计　　B.技术设计　　C.方案设计　　D.施工图设计

答案:C

3.[单选]房屋建筑工程一般采用"(　　)阶段设计"。

A.二　　B.三　　C.四　　D.五

答案:B

4.[多选]决策阶段影响工程造价的主要因素包括(　　)。

A.项目建设规模

B.技术方案

C.设备方案

D.外部协作条件

E.环境保护方案

答案:ABCE

5.[单选]确定项目建设规模时,应该考虑的首要因素是(　　)。

A.市场因素　　B.生产技术因素　　C.管理技术因素　　D.环境因素

答案:A

6.[单选]项目建设规模的影响因素不包括(　　)。

A.市场因素　　B.技术因素　　C.工艺流程　　D.环境因素

答案:C

7.[多选]总平面设计中,影响工程造价的主要因素包括(　　)。

A.现场条件

B.占地面积

C.工艺设计

D.功能分区

E.柱网布置

答案:BD

8.[单选]关于建筑设计对工业项目造价的影响,下列说法正确的有(　　)。

A.建筑周长系数越高,单位面积造价越低

B.单跨厂房柱间距不变,跨度越大,单位面积造价越低

C. 多跨厂房跨度不变，中跨数目越多，单位面积造价越高

D. 大中型工业厂房一般选用砌体结构来降低工程造价

答案：B

9. [单选]关于住宅建筑设计中的结构面积系数，下列说法中正确的是（　　）。

A. 结构面积系数越大，设计方案越经济

B. 房间平均面积越大，结构面积系数越小

C. 结构面积系数与房间户型有关，与房屋长度、宽度无关

D. 结构面积系数与房屋结构有关，与房屋外形无关

答案：B

10. [单选]住宅建筑的平面形式中，既有利于施工、又能降低造价的是（　　）。

A. 矩形　　B. 方形　　C. 圆形　　D. 椭圆形

答案：A

11. [单选]可行性研究报告对工程造价确定与控制的影响不包括（　　）。

A. 可行性研究报告结论的正确性是工程造价合理性的前提

B. 可行性研究报告是控制施工图设计和施工图预算的依据

C. 项目可行性研究报告的内容是决定工程造价的基础

D. 可行性研究的深度影响投资估算的精确度，也影响工程造价的控制效果

答案：B

第二节
投资估算的编制

一、投资估算的概念和作用

（一）投资估算的概念

投资估算是指在建设项目前期各阶段（包括投资机会研究、项目建议书、初步可行性研究、详细可行性研究、方案设计等）按照规定的程序、办法和依据，通过对拟建项目所需投资的测算和估计形成投资估算文件的过程，是进行建设项目技术经济分析与评价和投资决策的基础。投资估算的准确与否不仅影响项目前期各阶段的工作质量和经济评价结果，而且直接影响后续的设计概算和施工图预算的工作及其成果的质量，对建设项目资金筹措方案也有直接的影响。因此，全面、准确地估算建设项目投资，是建设项目前期各阶段造价管理的重要任务。

（二）投资估算的作用

（1）投资机会研究与项目建议书阶段的投资估算是项目主管部门审批项目建议书的依据之一，并对项目的规划、规模起参考作用。

（2）可行性研究阶段的投资估算是项目投资决策的重要依据，也是研究、分析、计算项目投资经济效果的重要条件。

(3)方案设计阶段的投资估算是项目具体建设方案技术经济分析、比选的依据。该阶段的投资估算一经确定,即成为限额设计的依据,用来对各专业设计实行投资切块分配,作为控制和指导设计的尺度。

(4)项目投资估算可作为项目资金筹措及制订建设贷款计划的依据,建设单位可根据批准的项目投资估算,进行资金筹措和向银行申请贷款。

(5)投资估算是核算建设项目固定资产投资需要额和编制固定资产投资计划的重要依据。

(6)投资估算是建设工程设计招标、优选设计单位和设计方案的重要依据。在工程设计招标阶段,投标单位报送的投标书中包括项目设计方案、项目的投资估算和经济性分析,招标单位根据投资估算对各项设计方案的经济合理性进行分析、衡量、比较,在此基础上,择优确定设计单位和设计方案。

二、投资估算的编制内容及依据

(一)编制内容

投资估算按照编制估算的工程对象划分,包括建设项目投资估算、单项工程投资估算和单位工程投资估算等。投资估算文件一般由封面、签署页、编制说明、投资估算分析、总投资估算表、单项工程估算表、主要技术经济指标等内容组成。

1. 投资估算的编制说明

投资估算的编制说明一般包括以下内容:

①工程概况;

②编制范围,说明建设项目总投资估算中包括的和不包括的工程项目和费用,如有几个单位共同编制时,说明分工编制的情况;

③编制方法;

④编制依据;

⑤主要技术经济指标,包括投资、用地和主要材料用量指标,当设计规模有远、近期不同的考虑时,或者土建与安装的规模不同时,应分别计算后综合;

⑥有关参数、率值选定的说明,如征地拆迁、供电供水、考察咨询等费用的费率标准选用情况;

⑦特殊问题的说明(包括采用新技术、新材料、新设备、新工艺),必须说明的价格的确定,进口材料、设备、技术费用的构成与技术参数,采用特殊结构的费用估算方法,安全、节能、环保、消防等专项投资占总投资的比重,建设项目总投资中未计算项目或费用的必要说明等;

⑧采用限额设计的工程还应对投资限额和投资分解做进一步说明;

⑨采用方案比选的工程还应对方案比选的估算和经济指标做进一步说明;

⑩资金筹措方式。

2. 投资估算分析

投资估算分析应包括以下内容:

①工程投资比例分析,一般民用项目要分析土建及装修、给排水、消防、采暖、通风空调、电气等主体工程和道路、广场、围墙、大门、室外管线、绿化等室外附属工程占建设项目总投资的比例;

②各类费用构成占比分析,分析设备及工具、器具购置费,建筑工程费,安装工程费,工程建设其他费用,预备费占建设项目总投资的比例,分析引进设备费用占全部设备费用的比例等;

③分析影响投资的主要因素;

④与类似工程项目比较,对投资总额进行分析。

3. 总投资估算

总投资估算包括汇总单项工程估算、工程建设其他费用、基本预备费、价差预备费,计算建设期利息等。

4. 单项工程投资估算

单项工程投资估算应按建设项目划分的各个单项工程分别计算组成工程费用的建筑工程费,设备及工具、器具购置费和安装工程费。

5. 工程建设其他费用估算

工程建设其他费用估算应按预期将要发生的工程建设其他费用种类,逐项详细估算其费用金额。

6. 主要技术经济指标

工程造价人员应根据项目特点,计算并分析整个建设项目、各单项工程和主要单位工程的主要技术经济指标。

(二)编制依据

建设项目投资估算的编制依据是指在编制投资估算时对拟建项目进行工程计量、计价所依据的有关数据参数等基础资料,主要有以下几个方面:

①国家、行业和地方政府的有关规定;

②拟建项目建设方案确定的各项工程建设内容;

③工程勘察、设计文件或有关专业提供的主要工程量和主要设备清单;

④行业部门、项目所在地工程造价管理机构或行业协会等编制的投资估算指标、概算指标(定额)、工程建设其他费用定额(规定)、综合单价、价格指数和有关造价文件等;

⑤类似工程的各种技术经济指标和参数;

⑥工程所在地的工、料、机市场价格,建筑、工艺及附属设备的市场价格和有关费用;

⑦政府有关部门、金融机构等部门发布的价格指数、利率、汇率、税率等有关参数;

⑧与项目建设相关的工程地质资料、设计文件、图纸等;

⑨其他技术经济资料。

三、投资估算的编制步骤

根据投资估算的阶段不同,投资估算主要包括项目建议书阶段及可行性研究阶段的投资估算。可行性研究阶段的投资估算的编制一般包含静态投资部分、动态投资部分与流动资金估算三部分,主要包括以下步骤。

(1)分别估算各单项工程的建筑工程费,设备及工具、器具购置费,安装工程费,在汇总各单项工程费用的基础上,估算工程建设其他费用和基本预备费,完成工程项目静态投资部分的估算。

(2)在静态投资部分的估算的基础上,估算价差预备费和建设期利息,完成工程项目动态投资部分的估算。

(3)估算流动资金。

(4)估算建设项目总投资。

投资估算编制流程图如图 4-2-1 所示。

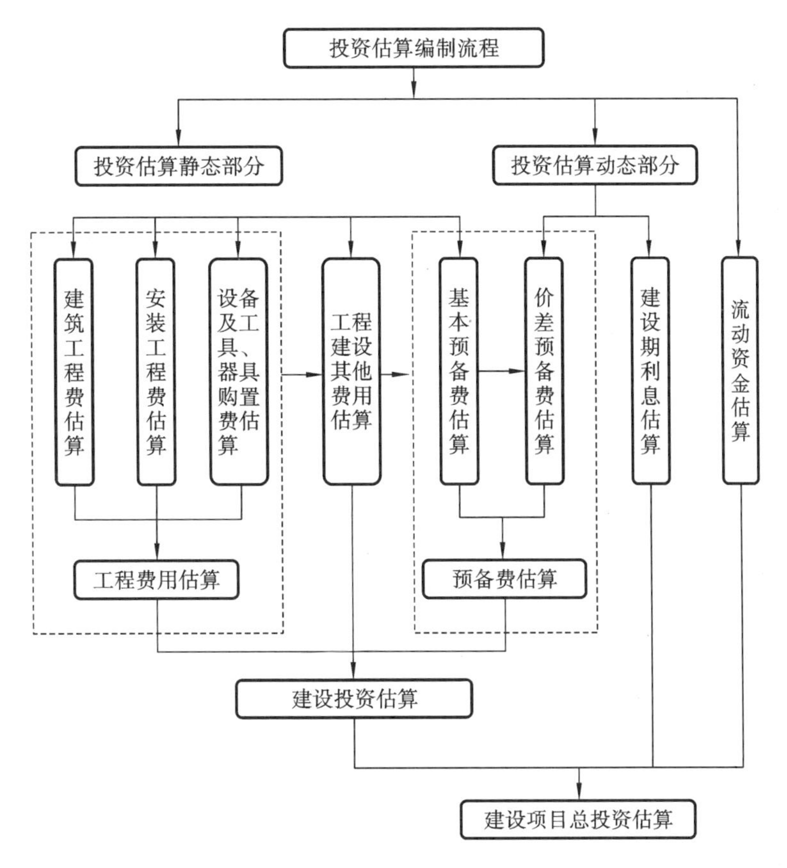

图 4-2-1 投资估算编制流程图

四、投资估算的编制方法

建设项目投资估算要根据所处阶段对建设方案构思、策划和设计深度，结合各自行业的特点，所采用生产技术工艺的成熟性，以及所掌握的国家及地区、行业或部门相关投资估算基础资料和数据的合理、可靠、完整程度（包括造价咨询机构自身统计和积累的可靠的相关造价基础资料）等编制，需要根据所处阶段、方案深度、资料占有等情况的不同采用不同的编制方法。投资机会研究和项目建议书阶段，投资估算的精度低，可采取简单的匡算法，如单位生产能力估算法、生产能力指数法、系数估算法、比例估算法、指标估算法等。在可行性研究阶段，投资估算精度要求就要比前一阶段高些，需采用相对详细的估算方法，如指标估算法等。

（一）静态投资部分的估算

1. 项目建议书阶段的投资估算

项目建议书阶段是初步决策的阶段，对项目还是概念性的理解，因此投资估算只能在总体框架内进行，投资估算对项目决策只是概念性的参考，投资估算只起指导性作用。项目建议书阶段投资估算方法如表4-2-1所示。

表 4-2-1 项目建议书阶段投资估算方法

估算方法	公式	备注
单位生产能力估算法	$C_2=C_1\times\left(\frac{Q_2}{Q_1}\right)^x\times f$	主要应用于拟建装置或项目与用来参考的已建类似装置或项目的规模不同的场合

续表

估算方法	公式	备注
系数估算法	$C=E(1+f_1P_1+f_2P_2+f_3P_3+\dots)+I$	一般应用于设计深度不足，拟建建设项目与已建类似建设项目的主体工程费或主要生产工艺设备投资比重较大，行业内相关系数等基础资料完备的情况
比例估算法	$I=\frac{1}{K}\sum_{i=1}^{n}Q_iP_i$	先求出已有同类企业主要设备投资占全厂建设投资的比例，然后估算出拟建项目的主要设备投资，即可按比例求出拟建项目的建设投资
混合法	是根据主体专业设计的阶段和深度，投资估算编制者所掌握的各类主体发布的相关投资估算基础资料和数据，以及其他统计和积累的可靠的相关造价基础资料，对一个拟建项目采用上述多种方法混合估算其静态投资额的方法	

2. 可行性研究阶段的投资估算

指标估算法是投资估算的主要方法，为了保证编制精度，可行性研究阶段建设项目投资估算原则上应采用指标估算法。指标估算法是指依据投资估算指标，对各单位工程或单项工程费用进行估算，进而估算建设项目总投资的方法。首先，把拟建建设项目以单项工程或单位工程为单位，按建设内容纵向划分为各个主要生产系统、辅助生产系统、公用工程、服务性工程、生活福利设施，以及各项其他工程；同时，按费用性质横向划分为建筑工程、设备购置、安装工程等。然后，根据各种具体的投资估算指标，进行各单位工程或单项工程投资的估算，在此基础上汇集编制成拟建项目的各个单项工程费用和拟建项目的工程费用投资估算。最后，按相关规定估算工程建设其他费用、基本预备费等，形成拟建项目静态投资。

可行性研究阶段投资估算均应满足项目的可行性研究与评估需要，并最终满足国家和地方相关部门批复或备案的要求。可行性研究阶段、方案设计阶段项目建设投资估算视设计深度，宜参照可行性研究阶段的编制办法进行。当采用指标估算法时，可行性研究阶段投资估算的具体编制方法有五个方面。

1)建筑工程费估算

建筑工程费是指建造永久性建筑物和构筑物所需要的费用，一般采用单位建筑工程投资估算法、单位实物工程量投资估算法、概算指标投资估算法等进行估算。

(1)单位建筑工程投资估算法，以单位建筑工程量的投资乘以建筑工程总量计算。这种方法可以进一步分为单位长度价格法、单位面积价格法、单位容积价格法和单位功能价格法。

(2)单位实物工程量投资估算法，以单位实物工程量的投资乘以实物工程总量计算。土石方工程按每立方米投资，矿井巷道衬砌工程按每延长米投资，场地、路面铺设工程按每平方米投资，乘以相应的实物工程总量计算建筑工程费。

(3)概算指标投资估算法。没有估算指标且建筑工程费占总投资比例较大的项目，可采用概算指标估算法。这种方法，应占有较为详细的工程资料、建筑材料价格和工程费用指标，投入的时间和工作量较大。

2)设备及工具、器具购置费估算

设备及工具、器具购置费是指为建设项目购置或自制的达到固定资产标准的各种国产或进口设备、工具器具的购置费用。设备购置费根据项目主要设备表及价格、费用资料编制，工具、器具购置费按设备费的一定比例计取。价值高的设备应按单台(套)估算购置费，价值较小的设备可按类估算购置费。

3)安装工程费估算

安装工程费包括安装主材费和安装费。其中，安装主材费可以根据行业和地方相关部门定期发布的价格信息或市场询价进行估算。

4)工程建设其他费用估算

工程建设其他费用的估算应结合拟建项目的具体情况,有合同或协议明确的费用按合同或协议列入。无合同或协议明确的费用,根据国家和各行业部门、工程所在地地方政府的有关工程建设其他费用定额和估算办法估算。

5)基本预备费估算

基本预备费一般是以建设项目的工程费用和工程建设其他费用之和为基础,乘以基本预备费费率进行计算。基本预备费费率应根据建设项目的设计阶段和具体的设计深度,以及在估算中所采用的各项估算指标与设计内容的贴近度、项目所属行业主管部门的具体规定确定。

(二)动态投资部分的估算

动态投资部分包括价差预备费和建设期利息两部分,动态投资部分应以基准年静态投资的资金使用计划为基础来计算,而不以编制年的静态投资为基础计算。

1. 价差预备费估算

价差预备费的内容包括人工、设备、材料、施工机械的价差费,建筑安装工程费用及工程建设其他费用调整,利率、汇率调整等增加的费用。价差预备费的计算可详见第3章第一节。

2. 建设期利息估算

在建设项目分年度投资计划的基础上设定初步融资方案,采用债务融资的项目应估算建设期利息。建设期利息是指筹措债务资金时在建设期内发生并按规定允许在投产后计入固定资产原值的利息,即资本化利息。建设期利息包括向国内银行和其他非银行金融机构贷款、出口信贷、外国政府贷款、国际商业银行贷款以及在境内外发行的债券等在建设期间应计的借款利息。建设期利息的计算可详见第3章第一节。

(三)流动资金的估算

流动资金也称流动资产投资,是指生产经营性项目投产后,为进行正常生产运营,用于购买原材料、燃料,支付工资及其他经营费用等的周转资金。流动资金的估算可采用分项详细估算法和扩大指标估算法。

五、投资估算的文件组成

根据《建设项目投资估算编审规程》(CECA/GC 1—2015)的规定,单独成册的投资估算文件应包括封面、签署页、目录、编制说明、有关附表等,与可行性研究报告(或项目建议书)统一装订的投资估算文件应包括签署页、编制说明、有关附表等。在编制投资估算文件的过程中,工程造价人员一般需要编制建设投资估算表、建设期利息估算表、流动资金估算表、单项工程投资估算汇总表、项目总投资估算汇总表和项目分年投资计划表等。对于对投资有重大影响的单位工程或分部分项工程的投资估算应另附主要单位工程或分部分项工程投资估算表,列出主要分部分项工程量和综合单价。

(一)编制说明

投资估算编制说明一般应阐述以下内容:

①工程概况;

②编制范围;

③编制方法;

④编制依据；

⑤主要技术经济指标；

⑥有关参数、率值选定的说明；

⑦特殊问题的说明(包括采用新技术、新材料、新设备、新工艺时，必须说明的价格的确定，进口材料、设备、技术费用的构成与计算参数，采用巨型、异型等特殊结构的费用估算方法，环保等投资占总投资的比重，未包括项目或费用的必要说明等)；

⑧采用限额设计的项目还应对投资限额和投资分解做进一步说明；

⑨采用方案比选的项目还应对方案比选的估算和经济指标做进一步说明。

(二)投资估算分析

投资估算分析应包括以下内容：

①工程投资比例分析，一般建筑工程要分析土建、装饰、给排水、电气、暖通、空调、动力等主体工程和道路、广场、围墙、大门、室外管线、绿化等室外附属工程占总投资的比例，一般工业项目要分析主要生产项目(列出各生产装置)、辅助生产项目、公用工程项目(给排水、供电和通信、供气、总图运输及外管)、服务性工程、生活福利设施、厂外工程占建设总投资的比例；

②分析设备购置费、建筑工程费、安装工程费、工程建设其他费用、预备费及建设期利息、流动资金等占建设总投资的比例，分析引进设备费用占全部设备费用的比例等；

③分析影响投资的主要因素；

④与国内类似工程项目比较，分析说明投资高低原因。

(三)建设投资估算表

建设投资是项目投资的重要组成部分，也是项目财务分析的基础数据。估算出建设投资后需编制建设投资估算表，按照费用归集形式，建设投资可按概算法或形成资产法分类。

1. 概算法

按照概算法分类，建设投资由工程费用、工程建设其他费用和预备费三部分构成。工程费用由建筑工程费，设备及工具、器具购置费(含工具、器具及生产家具购置费)和安装工程费构成；工程建设其他费用的内容较多，随行业和项目的不同而有所区别；预备费包括基本预备费和价差预备费。按照概算法编制的建设投资估算表如表 4-2-2 所示。

表 4-2-2　按照概算法编制的建设投资估算表

人民币单位:万元　　　　外币单位:

序号	工程或费用名称	估算价值/万元					技术经济指标	
		建筑工程费	设备购置费	安装工程费	工程建设其他费用	合计	其中:外币	比例/(%)
1	工程费用							
1.1	主体工程							
1.1.1	××							
⋮								
1.2	辅助工程							

续表

序号	工程或费用名称	估算价值/万元					技术经济指标	
		建筑工程费	设备购置费	安装工程费	工程建设其他费用	合计	其中:外币	比例/(%)
1.2.1	××							
⋮								
1.3	公用工程							
1.3.1	××							
⋮								
1.4	服务性工程							
1.4.1	××							
⋮								
1.5	厂外工程							
1.5.1	××							
⋮								
1.6	××							
2	工程建设其他费用							
2.1	××							
⋮								
3	预备费							
3.1	基本预备费							
3.2	价差预备费							
4	建设投资合计							
	比例/(%)							

2. 形成资产法

按照形成资产法分类,建设投资由固定资产费用、无形资产费用、其他资产费用和预备费四部分组成。固定资产费用是指项目投产时将直接形成固定资产的建设投资,包括工程费用和工程建设其他费用中按规定将形成固定资产的费用。工程建设其他费用中按规定将形成固定资产的费用被称为固定资产其他费用,主要包括建设管理费、技术服务费、场地准备及临时设施费、工程保险费、联合试运转费、特殊设备安全监督检验费和市政公用设施费等。无形资产费用是指将直接形成无形资产的建设投资,主要是专利权、非专利技术、商标权、土地使用权和商誉等。其他资产费用是指建设投资中除形成固定资产和无形资产以外的部分,如生产准备费等。按形成资产法编制的建设投资估算表如表 4-2-3 所示。

表 4-2-3　按形成资产法编制的建设投资估算表

人民币单位:万元　　　　外币单位:

序号	工程或费用名称	估算价值/万元					技术经济指标	
		建筑工程费	设备购置费	安装工程费	工程建设其他费用	合计	其中:外币	比例/(%)
1	固定资产费用							
1.1	工程费用							
1.1.1	××							
1.1.2	××							
1.1.3	××							
⋮								
1.2	固定资产其他费用							
1.2.1	××							
⋮								
2	无形资产费用							
2.1	××							
⋮								
3	其他资产费用							
3.1	××							
⋮								
4	预备费							
4.1	价差预备费							
4.2	建设投资合计							
	比例/(%)							

(四)建设期利息估算表

在估算建设期利息时,工程造价人员需要编制建设期利息估算表,如表 4-2-4 所示。建设期利息估算表主要包括建设期发生的各项借款及债券等项目。期初借款余额等于上年借款本金和应计利息之和,即上年期末借款余额;其他融资费用主要指融资中发生的手续费、承诺费、管理费、信贷保险费等融资费用。

表 4-2-4 建设期利息估算表

人民币单位:万元

序号	项目	合计	建设期					
			1	2	3	4	…	n
1	借款							
1.1	建设期利息							
1.1.1	期初借款余额							
1.1.2	当期借款							
1.1.3	当期应计利息							
1.1.4	期末借款余额							
1.2	其他融资费用							
1.3	小计(1.1+1.2)							
2	债券							
2.1	建设期利息							
2.1.1	期初借款余额							
2.1.2	当期借款							
2.1.3	当期应计利息							
2.1.4	期末借款余额							
2.2	其他融资费用							
2.3	小计(2.1+2.2)							
3	合计(1.3+2.3)							
3.1	建设期利息合计(1.1+2.1)							
3.2	其他融资费用合计(1.2+2.2)							

(五)流动资金估算表

在可行性研究阶段,工程造价人员应根据详细估算法估算的各项流动资金估算的结果,编制流动资金估算表,如表 4-2-5 所示。

表 4-2-5 流动资金估算表

人民币单位:万元

序号	项目	最低周转天数	周转天数	计算期					
				1	2	3	4	…	n
1	流动资金								
1.1	应收账款								
1.2	存货								
1.2.1	原材料								
1.2.2	××								
1.2.3	燃料								
1.2.4	××								
1.2.5	在产品								

续表

序号	项目	最低周转天数	周转天数	计算期					
				1	2	3	4	...	n
1.2.6	产成品								
1.3	现金								
1.4	预付账款								
2	流动负债								
2.1	应付账款								
2.2	预收账款								
3	流动资金(1—2)								
4	流动资金当期增加额								

(六)单项工程投资估算汇总表

按照指标估算法，工程造价人员应在可行性研究阶段根据各种投资估算指标，进行各单位工程或单项工程投资的估算。单项工程投资估算应按建设项目划分的各个单项工程分别计算组成工程费用的建筑工程费，设备及工具、器具购置费和安装工程费。单项工程投资估算汇总表如表 4-2-6 所示。

表 4-2-6　单项工程投资估算汇总表

工程名称：

序号	工程和费用名称	估算价值/万元						技术经济指标			
		建筑工程费	设备及工具、器具购置费	安装工程费		其他费用	合计	单位	数量	单位价值	比例/(%)
				安装费	主材料						
一	工程费用										
(一)	主要生产系统										
1	××车间										
1.1	土建										
1.2	给排水										
1.3	采暖										
1.4	通风空调										
1.5	照明										
1.6	设备安装										
⋮											
	小计										
2	××										
⋮											

(七)项目总投资估算汇总表

工程造价人员应将上述投资估算内容和估算方法所估算的各类投资进行汇总，编制项目总投资估算汇

总表，如表 4-2-7 所示。项目建议书阶段的投资估算一般只要求编制项目总投资估算汇总表。项目总投资估算汇总表中工程费用的内容应分解到主要单项工程；工程建设其他费用可在项目总投资估算汇总表中分项计算。

表 4-2-7 项目总投资估算汇总表

工程名称：

序号	工程和费用名称	估算价值/万元					技术经济指标			
		建筑工程费	设备及工具、器具购置费	安装工程费	其他费用	合计	单位	数量	单位价值	比例/(%)
一	工程费用									
二	工程建设其他费用									
三	预备费									
1	基本预备费									
2	价差预备费									
四	建设期利息									
五	流动资金									
	投资估算合计/万元									
	比例/(%)									

(八)项目分年投资计划表

估算出项目总投资后，工程造价人员应根据项目计划进度的安排，编制项目分年投资计划表，如表 4-2-8 所示。该表中的分年建设投资可以作为安排融资计划、估算建设期利息的基础。

表 4-2-8 项目分年投资计划表

人民币单位：万元　　　　外币单位：

序号	项目	人民币			外币		
		第 1 年	第 2 年	……	第 1 年	第 2 年	……
	分年计划/(%)						
1	建设投资						
2	建设期利息						
3	流动资金						
4	项目投入的总资金(1+2+3)						

六、投资估算的审核

为保证投资估算的完整性和准确性，必须加强对投资估算的审核工作。有关文件规定：对建设项目进行评估时应进行投资估算的审核，政府投资项目的投资估算审核除依据设计文件外，还应依据政府有关部门发布的有关规定、建设项目投资估算指标和工程造价信息等计价依据。

投资估算的审核主要从以下几个方面进行。

1. 审核和分析投资估算编制依据的时效性、准确性和实用性

估算项目投资所需的数据资料很多，如已建同类型项目的投资、设备和材料价格、运杂费率，有关的指标、标准以及各种规定等，这些资料可能随时间、地区、价格及定额水平的差异，使投资估算有较大的出入，因此，审核人员要注意投资估算编制依据的时效性、准确性和实用性，针对这些差异做好定额指标水平、价差的调整系数及费用项目的调查，同时对工艺水平、规模大小、自然条件、环境因素等对已建项目与拟建项目在投资方面形成的差异进行调整，使投资估算的价格和费用水平符合项目建设所在地实际情况。审核人员要对调整的过程及结果进行深入、细致的分析和审查。

2. 审核选用的投资估算方法的科学性与适用性

投资估算方法有许多种，每种投资估算方法都有各自适用的条件和范围，并具有不同的精确度。如果使用的投资估算方法与项目的客观条件和实际情况不相适应，或者超出了该方法的适用范围，就不能保证投资估算的质量。工程造价人员要结合设计的阶段或深度等条件，采用适用、合理的估算办法进行估算。

如采用单位工程指标估算法时，审核人员应该审核套用的指标与拟建工程的标准和条件是否存在差异及其对计算结果影响的程度，是否已采用局部换算或调整等方法对结果进行修正，修正系数的确定和采用是否具有一定的科学依据。处理方法不同，技术标准不同，费用相差可能很大。工程量对估算总价影响甚大，如果在估算中不按科学方法进行调整，将会因估算准确程度差造成工程造价失控。

3. 审核投资估算的编制内容与拟建项目规划要求的一致性

审核投资估算的编制内容与拟建项目规划要求的一致性包括工程规模、自然条件、技术标准、环境要求与规定要求是否一致，是否在估算时已进行了必要的修正和反映，是否对工程内容进行量化和质化，是否出现内容方面的重复或漏项和费用方面的高估或低算，如建设项目的主体工程、附加工程或辅助工程、公用工程、生产与生活服务设施、交通工程等是否与规定一致，是否漏掉了某些辅助工程、室外工程等的建设费用。

4. 审核投资估算的费用项目、费用数额的真实性

(1)审核各个费用项目与规定要求、实际情况是否相符，有无漏项或多项，估算的费用项目是否符合项目的具体情况、国家规定及建设地区的实际要求，是否针对具体情况做了适当的增减。

(2)审核项目所在地区的交通、地方材料供应、国内外设备的订货与大型设备的运输等方面，是否针对实际情况考虑了材料价格的差异问题；对偏远地区或有大型设备时是否考虑了增加设备的运杂费。

(3)审核是否考虑了物价上涨和是否考虑了引进国外设备或技术项目每年的通货膨胀率对投资额的影响，考虑的波动变化幅度是否合适。

(4)审核“三废”处理所需的投资是否进行了估算，其估算数额是否符合实际。

(5)审核项目投资主体自有的稀缺资源是否考虑了机会成本，沉没成本是否剔除。

(6)审核是否考虑了采用新技术、新材料以及现行标准和规范比已建项目的要求提高所需增加的投资额，考虑的额度是否合适。

值得注意的是，投资估算要留有余地，既要防止漏项少算，又要防止高估冒算，以保证投资估算具有足够的精度水平，使其真正地对项目建设方案的投资决策起到应有的作用。

本节课后习题

1.［单选］关于项目投资估算的作用，下列说法中正确的是（　　）。

A. 项目建议书阶段的投资估算，是确定建设投资最高限额的依据

B. 可行性研究阶段的投资估算，是项目投资决策的重要依据，不得突破

C. 投资估算不能作为制订建设贷款计划的依据

D. 投资估算是核算建设项目固定资产需要额的重要依据

答案：D

2.［多选］下列估算方法中，不适用于可行性研究阶段投资估算的有（　　）。

A. 生产能力指数法

B. 比例估算法

C. 系数估算法

D. 指标估算法

E. 混合法

答案：ABCE

3.［单选］以拟建项目的主体工程费或主要工艺设备费为基数，以其他辅助或配套工程费占主体工程费的百分比为系数估算项目总投资的方法叫（　　）。

A. 类似项目对比法　B. 系数估算法　C. 生产能力指数法　D. 比例估算法

答案：B

4.［单选］建设项目概算总投资计算时，其静态投资中不包括的费用是（　　）。

A. 工程费用　B. 工程建设其他费用　C. 建设期贷款利息　D. 基本预备费

答案：C

第三节
设计概算的编制

一、设计概算的概念和作用

（一）设计概算的概念

设计概算是以初步设计文件为依据，按照规定的程序、方法和依据，对建设项目总投资及其构成进行的概略计算。具体而言，设计概算是在投资估算的控制下根据初步设计（扩大初步设计）的图纸及说明，利用国家或地区颁发的概算指标、概算定额、综合指标、预算定额、各项费用定额或取费标准（指标），以及各类工程造价指标指数或其他价格信息和建设地区自然、技术经济条件和设备、材料预算价格等资料，按照设计要求，对建设项目从筹建至竣工交付使用所需全部费用进行的预计。设计概算的成果文件称作设计概算书，也简称设计概算。

设计概算的编制内容包括静态投资和动态投资两个层次。静态投资作为评价和选择设计方案的依据；动态投资作为项目筹措、供应和控制资金使用的限额。

政府投资项目的设计概算经批准后，一般不得调整。各级政府投资管理部门对概算的管理都有相应规定。《政府投资条例》(国令第712号)规定，经投资主管部门或者其他有关部门核定的投资概算是控制政府投资项目总投资的依据。初步设计提出的投资概算超过经批准的可行性研究报告提出的投资估算10%的，项目单位应当向投资主管部门或者其他有关部门报告，投资主管部门或者其他有关部门可以要求项目单位重新报送可行性研究报告。政府投资项目建设投资原则上不得超过经核定的投资概算。因国家政策调整、价格上涨、地质条件发生重大变化等原因确需增加投资概算的，项目单位应当提出调整方案及资金来源，按照规定的程序报原初步设计审批部门或者投资概算核定部门核定。

概算调增幅度超过原批复概算10%的，概算核定部门原则上应先请审计机关进行审计，然后依据审计结论进行概算调整。一个工程只允许调整一次概算。

(二)设计概算的作用

设计概算是工程造价在初步设计阶段的表现形式，用于衡量建设投资是否超过估算并控制下一阶段的费用支出。

(1)设计概算是编制固定资产投资计划、确定和控制建设项目投资的依据。按照国家有关规定，政府投资项目编制年度固定资产投资计划，确定计划投资总额及其构成数额，要以批准的初步设计概算为依据，没有批准的初步设计文件及其概算，建设工程不能列入年度固定资产投资计划。

政府投资项目的设计概算一经批准，将作为控制建设项目投资的最高限额。在工程建设过程中，年度固定资产投资计划安排、银行拨款或贷款、施工图设计及其预算、竣工决算等，未经规定程序批准，都不能突破这个限额，确保对国家固定资产投资计划的严格执行和有效控制。

(2)设计概算是控制施工图设计和施工图预算的依据。经批准的设计概算是政府投资建设工程项目的最高投资限额。设计单位必须按批准的初步设计和总概算进行施工图设计，施工图预算不得突破设计概算，设计概算批准后不得任意修改和调整；如需修改或调整，须经原批准部门重新审批。竣工结算不能突破施工图预算，施工图预算不能突破设计概算。

(3)设计概算是衡量设计方案技术经济合理性和选择最佳设计方案的依据。设计部门在初步设计阶段要选择最佳设计方案，设计概算是从经济角度衡量设计方案经济合理性的重要依据，因此，设计概算是衡量设计方案技术经济合理性和选择最佳设计方案的依据。

(4)设计概算是编制最高投标限价的依据。以设计概算进行招标投标的工程，招标单位以设计概算作为编制最高投标限价的依据。

(5)设计概算是签订建设工程合同和贷款合同的依据。建设工程合同价款以设计概预算价为依据，且总承包合同不得超过设计总概算的投资额。银行贷款或各单项工程的拨款累计总额不能超过设计概算。如果项目投资计划所列支的投资额与贷款突破设计概算时，必须查明原因，由建设单位报请上级主管部门调整或追加设计概算总投资。未获批准之前，银行对其超支部分不予拨付。

(6)设计概算是考核建设项目投资效果的依据。对比设计概算与竣工决算可以分析和考核建设工程项目投资效果的好坏，还可以验证设计概算的准确性，有利于加强设计概算管理和建设项目的造价管理工作。

二、设计概算的编制内容及依据

(一)设计概算的编制内容

按照《建设项目设计概算编审规程》(CECA/GC 2—2015)的相关规定，设计概算文件的编制应采用单位工程概算、单项工程综合概算、建设项目总概算三级概算编制形式。当建设项目为一个单项工程时，设计概算文件可采用单位工程概算、总概算两级概算编制形式。三级概算之间的相互关系和费用构成如图 4-3-1 所示。设计概算文件的组成如表 4-3-1 所示。

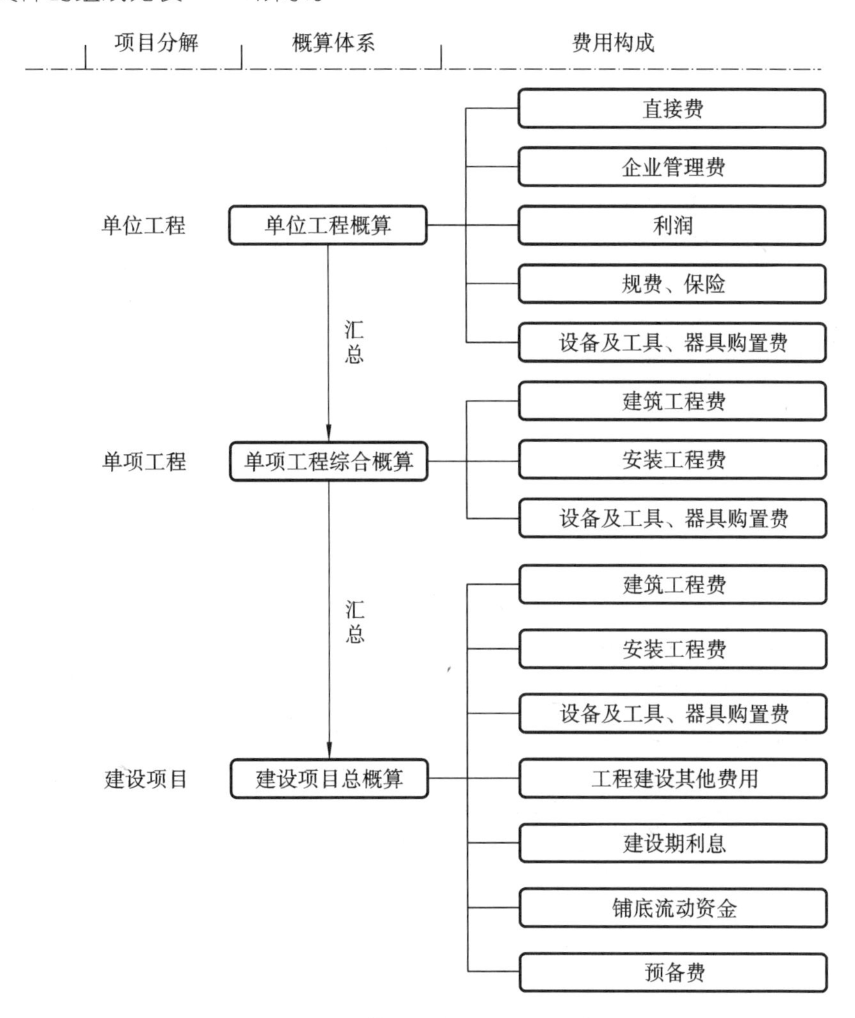

图 4-3-1 三级概算之间的相互关系和费用构成

表 4-3-1 设计概算文件的组成

编制形式	内容	
三级编制	建设项目总概算	一般由封面、签署页及目录、编制说明、总概算表、其他费用计算表、单项工程综合概算表组成总概算册，根据情况由封面、单项工程综合概算表、单位工程概算表及附件组成各概算分册
	单项工程综合概算	
	单位工程概算	
二级编制	总概算	一般由封面、签署页及目录、编制说明、总概算表、其他费用计算表、单位工程概算表组成，可将所有概算文件组成一册
	单位工程概算	

1. 单位工程概算

单位工程是指具有独立的设计文件，能够独立组织施工，但不能独立发挥生产能力或使用功能的工程项目，是单项工程的组成部分。单位工程概算是以初步设计文件为依据，按照规定的程序、方法和依据，计算单位工程费用的成果文件，是编制单项工程综合概算（或项目总概算）的依据，是单项工程综合概算的组成部分。单位工程概算按工程性质可分为单位建筑工程概算和单位设备及安装工程概算两大类。单位建筑工程概算包括一般土建工程概算，给排水、采暖工程概算，通风、空调工程概算，电气、照明工程概算，弱电工程概算，特殊构筑物工程概算等；单位设备及安装工程概算包括机械设备及安装工程概算，电气设备及安装工程概算，热力设备及安装工程概算，工具、器具及生产家具购置费概算等。

2. 单项工程综合概算

单项工程是指在一个建设项目中，具有独立的设计文件，建成后能够独立发挥生产能力或使用功能的工程项目。单项工程是建设项目的组成部分，如生产车间、办公楼、食堂、图书馆、学生宿舍、住宅楼、配水厂等。单项工程综合概算是以初步设计文件为依据，在单位工程概算的基础上汇总单项工程费用的成果文件，由单项工程中的各单位工程的概算汇总编制而成，是建设项目总概算的组成部分。单项工程综合概算的组成如图 4-3-2 所示。

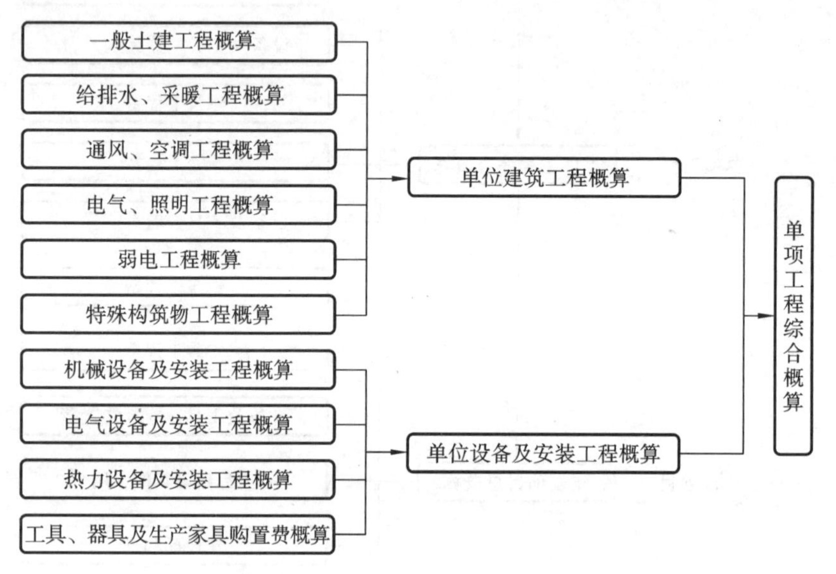

图 4-3-2　单项工程综合概算的组成

3. 建设项目总概算

建设项目总概算是以初步设计文件为依据，在单项工程综合概算的基础上计算建设项目概算总投资的成果文件，是由各单项工程综合概算、工程建设其他费用概算、预备费概算、建设期利息概算和铺底流动资金概算汇总编制而成的，如图 4-3-3 所示。

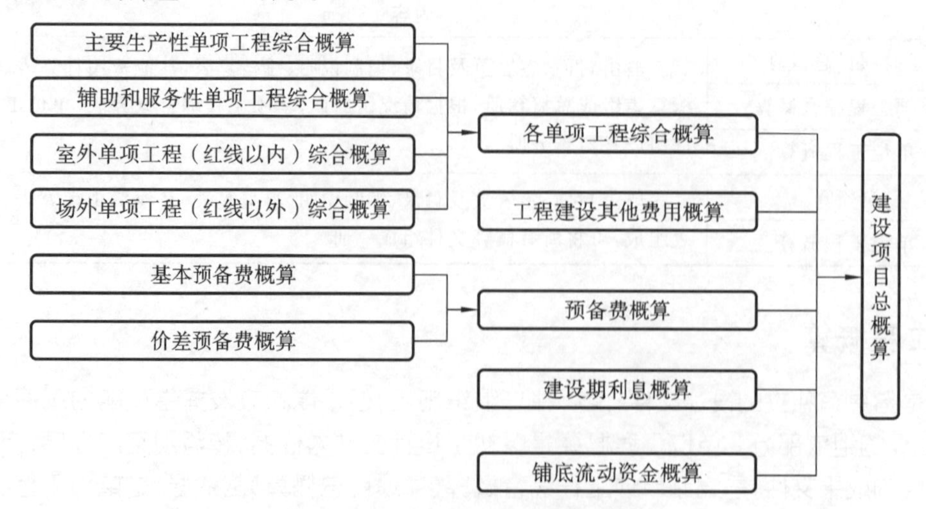

图 4-3-3　建设项目总概算的组成

若干单位工程概算汇总后成为单项工程综合概算，若干单项工程综合概算和工程建设其他费用概算、预备费概算、建设期利息概算、铺底流动资金概算汇总后成为建设项目总概算。单项工程综合概算和建设项目总概算仅是一种归纳、汇总性文件，因此，最基本的计算文件是单位工程概算。若建设项目是一个独立的单项工程，则单项工程综合概算与建设项目总概算可合并编制，并以总概算的形式出具。设计概算的编制内容如表 4-3-2 所示。

表 4-3-2　设计概算的编制内容

<table>
<tr><td rowspan="17">设计概算</td><td rowspan="10">单位工程概算</td><td rowspan="6">单位建筑工程概算</td><td>一般土建工程概算</td></tr>
<tr><td>给排水、采暖工程概算</td></tr>
<tr><td>通风、空调工程概算</td></tr>
<tr><td>电气、照明工程概算</td></tr>
<tr><td>弱电工程概算</td></tr>
<tr><td>特殊构筑物工程概算</td></tr>
<tr><td rowspan="4">单位设备及安装工程概算</td><td>机械设备及安装工程概算</td></tr>
<tr><td>电气设备及安装工程概算</td></tr>
<tr><td>热力设备及安装工程概算</td></tr>
<tr><td>工具、器具及生产家具购置费概算</td></tr>
<tr><td rowspan="2">单项工程概算</td><td colspan="2">单位建筑工程概算</td></tr>
<tr><td colspan="2">单位设备及安装工程概算</td></tr>
<tr><td rowspan="5">建设项目总概算</td><td colspan="2">各单项工程综合概算</td></tr>
<tr><td colspan="2">工程建设其他费用概算</td></tr>
<tr><td colspan="2">预备费概算</td></tr>
<tr><td colspan="2">建设期利息概算</td></tr>
<tr><td colspan="2">铺底流动资金概算</td></tr>
</table>

(二)设计概算的编制依据

设计概算的编制依据包括以下内容：

①国家、行业和地方有关规定；

②概算定额(或指标)、费用定额、工程造价指标；

③工程勘察与设计文件；

④拟定或常规的施工组织设计和施工方案；

⑤建设项目资金筹措方案；

⑥工程所在地同期的人工、材料、机具台班市场价格信息，以及设备供应方式及供应价格信息；

⑦建设项目的技术复杂程度，新技术、新材料、新工艺以及专利使用情况等；

⑧建设项目批准的相关文件、合同、协议等；

⑨政府有关部门、金融机构等发布的价格指数、利率、汇率、税率及工程建设其他费用，以及各类工程造价指数等；

⑩委托单位提供的其他技术经济资料。

三、设计概算的编制方法

(一)单位工程概算的编制

单位工程概算应根据单项工程中的每个单体按专业分别编制，一般按土建、装饰、采暖通风、给排水、照明、工艺安装、自控仪表、通信、道路、总图竖向等专业或工程分别编制。总体而言，单位工程概算包括单位建筑工程概算和单位设备及安装工程概算两类。单位建筑工程概算常用的编制方法有概算定额法、概算指标法、类似工程预算法等；单位设备及安装工程概算常用的编制方法有预算单价法、扩大单价法、设备价值百分比法和综合吨位指标法等。单位工程概算的编制方法如表 4-3-3 所示。

表 4-3-3　单位工程概算的编制方法

方法			适用范围
单位建筑工程概算的编制方法	概算定额法		概算定额法适用于设计达到一定深度，建筑结构尺寸比较明确的项目。这种方法编制出的概算精度较高，但是编制工作量大，需要大量的人力和物力
	概算指标法		概算指标法的适用范围是设计深度不够，不能准确地计算出工程量，但工程设计技术比较成熟而又有类似工程概算指标可以利用的项目
	类似工程预算法		类似工程预算法是利用技术条件相似工程的预算或结算资料，编制拟建单位建筑工程概算的方法
单位设备及安装工程概算的编制方法	设备及工具、器具购置费概算		
	设备安装工程费概算的编制方法	预算单价法	当初步设计较深，有详细的设备和具体满足预算定额工程量清单时，可直接按工程预算定额单价编制设备安装工程概算，该方法具有计算比较具体、精确性较高的优点
		扩大单价法	当初步设计深度不够，设备清单不完备，只有主体设备或仅有成套设备重量时，设备安装工程概算可采用主体设备、成套设备的综合扩大安装单价来编制
		设备价值百分比法	设备价值百分比法，也称为安装设备百分比法。当设计深度不够，只有设备出厂价而无详细规格、重量时，设备安装工程概算可按占设备费的百分比计算
		综合吨位指标法	当设计文件提供的设备清单有规格和设备重量时，设备安装工程概算可采用综合吨位指标编制

1. 概算定额法

概算定额法又称为扩大单价法或扩大结构定额法，是套用概算定额编制单位建筑工程概算的方法。运用概算定额法时，初步设计必须达到一定深度，建筑结构尺寸应比较明确，应能按照初步设计的平面图、立面图、剖面图纸计算出楼地面、墙身、门窗和屋面等扩大分项工程（或扩大结构构件）的工程量。

建筑工程概算表按构成单位工程的主要分部分项工程和措施项目编制，根据初步设计工程量按工程所在省、自治区、直辖市颁发的概算定额（指标）或行业概算定额（指标），以及工程费用定额计算。概算定额法编制设计概算的步骤如下。

（1）收集基础资料、熟悉设计图纸、了解有关施工条件和施工方法。

（2）按照概算定额子目，列出单位工程中分部分项工程项目名称并计算工程量。

（3）确定各分部分项工程费。完成工程量计算后，通过套用定额各子目的综合单价，形成合价。

（4）计算措施项目费。措施项目费的计算分两部分进行：

①可以计量的措施项目费与分部分项工程费的计算方法相同；

②综合计取的措施项目费以该单位工程的分部分项工程费和可以计量的措施项目费之和为基数乘以相应费率计算。

（5）计算汇总单位工程概算。

如果采用全费用综合单价，则

单位工程概算＝分部分项工程费＋措施项目费

（6）编写概算编制说明。

【例 4-3-1】某市拟建一座面积为 12 000 m^2 的教学楼，请按给出的工程量和扩大单价（见表 4-3-4）编制该教学楼土建工程设计概算造价和平方米造价。企业管理费费率为人工、材料、机械费用之和的 15%，利润率为人工、材料、机械费用与企业管理费之和的 8%，增值税税率为 9%。

表 4-3-4　某教学楼土建工程量和扩大单价

分部工程名称	单位	工程量	扩大单价/元
基础工程	10 m^3	250	3600
混凝土及钢筋混凝土	10 m^3	260	7800
砌筑工程	10 m^3	470	3900
地面工程	100 m^2	54	2400
楼面工程	100 m^2	90	2700
屋面工程	100 m^2	60	5500
门窗工程	100 m^2	65	9500
石材饰面	10 m^2	150	3600
脚手架	100 m^2	280	900
措施	100 m^2	120	2200

注：表中价格为人工、材料、机械费用，均不含管理费、利润、增值税。

解：根据已知条件和表 4-3-4 中的工程量及扩大单价，求得该教学楼土建工程概算造价，如表 4-3-5 所示。

表 4-3-5 某教学楼土建工程概算造价计算表

序号	分部工程名称	单位	工程量	扩大单价/元	合价/元
1	基础工程	10 m^3	250	3600	900 000
2	混凝土及钢筋混凝土	10 m^3	260	7800	2 028 000
3	砌筑工程	10 m^3	470	3900	1 833 000
4	地面工程	100 m^2	54	2400	129 600
5	楼面工程	100 m^2	90	2700	243 000
6	屋面工程	100 m^2	60	5500	330 000
7	门窗工程	100 m^2	65	9500	617 500
8	石材饰面	10 m^2	150	3600	540 000
9	脚手架	100 m^2	280	900	252 000
10	措施	100 m^2	120	2200	264 000
A	人材机费用小计	以上 10 项之和			7 137 100
B	企业管理费	A×15%			1 070 565
C	利润	(A+B)×8%			656 613
D	增值税	(A+B+C)×9%			797 785
概算造价		A+B+C+D			9 662 063
平方米造价/(元/m^2)		9 662 063/12 000			805.17

2. 概算指标法

概算指标法是用拟建的住宅的建筑面积或体积乘以技术条件相同或基本相同的工程的概算指标而得出人材机费，然后按规定计算出企业管理费、利润、规费和税金等，得出单位工程概算的方法。

1）概算指标法适用的情况

（1）在方案设计中，由于设计无详图而只有概念性设计时，或初步设计深度不够，不能准确地计算出工程量，但工程设计采用的技术比较成熟时可以选定与该工程类型相似的工程的概算指标编制概算。

（2）设计方案急需造价概算而又有类似工程的概算指标可以利用的情况。

（3）图样设计间隔很久后再来实施，概算指标不适用于当前情况而又急需确定造价的情形下，可按当前概算指标来修正原有概算。

（4）通用设计图设计可组织编制通用设计图概算指标，来确定概算。

2）拟建工程结构特征与概算指标相同时的计算

在使用概算指标法时，如果拟建工程在建设地点、结构特征、地质及自然条件、建筑面积等方面与概算指标相同或相近，就可直接套用概算指标编制概算。在直接套用概算指标时，拟建工程应符合以下条件：

①拟建工程的建设地点与概算指标中的工程建设地点相同；

②拟建工程的工程特征、结构特征与概算指标中的工程特征、结构特征基本相同；

③拟建工程的建筑面积与概算指标中工程的建筑面积相差不大。

根据选用的概算指标的内容，以指标中规定的工程每平方米、每立方米的工料单价，根据管理费、利润、规费、税金的费（税）率确定该子目的全费用综合单价，乘以拟建单位工程建筑面积或体积，即可求出单位工程概算。

单位工程概算＝概算指标每平方米（每立方米）综合单价×拟建单位工程建筑面积（体积）

3）拟建工程结构特征与概算指标有局部差异时的调整

在实际工作中，经常会遇到拟建对象的结构特征与概算指标中规定的结构特征有局部不同的情况，因此，必须对概算指标进行调整后方可套用。

（1）调整概算指标中的每平方米（每立方米）综合单价。这种调整方法是将原概算指标中的综合单价进行调整，扣除每平方米（每立方米）原概算指标中与拟建工程结构不同部分的造价，增加每平方米（每立方米）拟建工程与概算指标结构不同部分的造价，使其成为与拟建工程结构相同的综合单价。计算公式如下：

$$结构变化修正概算指标 = J + Q_1 P_1 - Q_2 P_2$$

式中：J——原概算指标综合单价；

Q_1——概算指标中换入结构的工程量；

Q_2——概算指标中换出结构的工程量；

P_1——换入结构的综合单价；

P_2——换出结构的综合单价。

若概算指标中的单价为工料单价，则应根据管理费、利润、规费、税金的费（税）率确定该子目的全费用综合单价，再计算拟建工程的单位工程概算，即

单位工程概算＝修正后的概算指标综合单价×拟建单位工程建筑面积（体积）

（2）调整概算指标中的人材机数量。这种方法是将原概算指标中每 100 m^2（1000 m^3）建筑面积（体积）的人材机数量进行调整，扣除原概算指标中与拟建工程结构不同部分的人材机消耗量，增加拟建工程与概算指标结构不同部分的人材机消耗量，使其成为与拟建工程结构相同的每 100 m^2（1000 m^3）建筑面积（体积）的人材机数量，计算公式如下：

结构变化修正概算指标的人材机数量＝原概算指标的人材机数量＋换入结构的工程量
×相应定额人材机消耗量－换出结构的工程量
×相应定额人材机消耗量

将修正后的概算指标结合报告编制期的人材机要素价格的变化，以及管理费、利润、规费、税金的费（税）率可以确定该子目的全费用综合单价。

以上两种方法，前者是直接修正概算指标单价，后者是修正概算指标人材机数量。修正之后，概算指标方可按上述方法分别套用。

【例 4-3-2】假设某园博园新建办公楼一座，其建筑面积为 3500 m^2，按概算指标和地区材料预算价格等算出综合单价为 738 元/m^2。其中，一般土建工程的综合单价为 640 元/m^2，采暖工程的综合单价为 32 元/m^2，给排水工程的综合单价为 36 元/m^2，照明工程的综合单价为 30 元/m^2。但新建办公楼设计资料与概算指标相比，其结构构件有部分变更。设计资料表明，外墙为 1.5 砖外墙，而概算指标中外墙为 1 砖外墙。根据当地土建工程预算定额计算，外墙带形毛石基础的综合单价为 147.87 元/m^3，1 砖外墙的综合单价为 177.10 元/m^3，1.5 砖外墙的综合单价为 178.08 元/m^3；概算指标中每 100 m^2 外墙含外墙带形毛石基础 18 m^3，1 砖外墙含外墙带形毛石基础 46.5 m^3。新建工程设计资料表明，每 100 m^2 外墙含外墙带形毛石基础为 19.6 m^3，1.5 砖外墙含外墙带形毛石基础 61.2 m^3。请计算调整后的概算综合单价和新建宿舍的概算造价。

解：结构变化引起的单价调整如表 4-3-6 所示。

表 4-3-6　结构变化引起的单价调整

序号	结构名称	单位	数量（每 100 m^2 含量）	单价/元	合价/元
	土建工程单位面积造价				640
	换出部分				
1	外墙带形毛石基础	m^3	18	147.87	2661.66
2	1 砖外墙	m^3	46.5	177.10	8235.15
	合计	元			10 896.81
	换入部分				
3	外墙带形毛石基础	m^3	19.6	147.87	2898.25
4	1.5 砖外墙	m^3	61.2	178.08	10 898.5
	合计	元			13 796.75
单位造价修正系数：(640－10896.81/100＋13796.75/100)元＝669 元					

其余的单价指标都不变，因此，调整后的概算综合单价为(669＋32＋36＋30)元/m^2＝767 元/m^2。

新建办公楼的单位工程概算＝767×3500 元＝2 684 500 元。

3. 类似工程预算法

类似工程预算法是利用技术条件与设计对象类似的已完工程或在建工程的工程造价资料来编制拟建工程设计概算的方法。当拟建工程初步设计与已完工程或在建工程的设计类似而又没有可用的概算指标时，可以采用类似工程预算法。

1）类似工程预算法的编制步骤

类似工程预算法的编制步骤如下：

①根据设计对象的各种特征参数，选择最合适的类似工程预算；

②根据本地区现行的各种价格和费用标准计算类似工程预算的人工费、材料费、施工机具使用费、企业管理费修正系数；

③根据类似工程预算修正系数和以上四项费用占预算成本的比重，计算预算成本总修正系数，并计算出修正后的类似工程平方米预算成本；

④根据类似工程修正后的平方米预算成本和编制概算地区的利(税)率计算修正后的类似工程平方米造价；

⑤根据拟建工程的建筑面积和修正后的类似工程平方米造价，计算拟建工程概算；

⑥编制概算编写说明。

2）差异调整

类似工程预算法对条件有所要求，也就是可比性，即拟建工程项目的建筑面积、结构构造特征要与已建

工程基本一致，如层数相同、面积相似、结构相似、工程地点相似等，采用这种方法时必须对建筑结构差异和价差进行调整。

(1)建筑结构差异调整。建筑结构差异调整方法与概算指标法的调整方法相同，即先确定有差别的部分，然后分别按每个项目算出结构构件的工程量和单位价格(按编制概算工程所在地区的单价)，然后以类似工程中相应(有差别)的结构构件的工程数量和单价为基础，算出总差价，将类似预算的人材机费总额减去(或加上)这部分差价，得到结构差异换算后的人材机费，得到结构差异换算后的造价。

(2)价差调整。类似工程造价的价差调整可以采用以下两种方法。

①当类似工程造价资料有具体的人工、材料、机具台班的用量时，可按类似工程预算造价资料中的主要材料、工日、机具台班数量乘以拟建工程所在地的主要材料预算价格、人工单价、机具台班单价，计算出人材机费，再计算企业管理费、利润、规费和税金，即可得出所需的综合单价。

②类似工程造价资料只有人工、材料、施工机具使用费和企业管理费等费用或费率时，可以类似工程中各成本构成项目占总成本的百分比为权重，按照加权的方式计算成本单价的调价系数，根据类似工程预算提供的资料，也可按照同样的计算思路计算人材机费综合调整系数，通过系数调整类似工程的工料单价，再按照相应取费基数和费率计算间接费、利润和税金，得出所需的综合单价。

4. 单位设备及安装工程概算的编制方法

单位设备及安装工程概算包括设备及工具、器具购置费概算和设备安装工程费概算两个部分。

1)设备及工具、器具购置费概算的编制方法

设备及工具、器具购置费概算是根据初步设计的设备清单计算出设备原价，并汇总求出设备总原价，然后按有关规定的设备运杂费率乘以设备总原价，两项相加再考虑工具、器具及生产家具购置费得到的概算。设备及工具、器具购置费概算的编制依据包括设备清单、工艺流程图，各部、省、自治区、直辖市规定的现行设备价格和运费标准、费用标准。

2)设备安装工程费概算的编制方法

设备安装工程费概算的编制方法应根据初步设计深度和要求所明确的程度选用，主要编制方法有四种。

(1)预算单价法。当初步设计较深，有详细的设备清单时，可直接按安装工程预算定额单价编制设备安装工程费概算，概算编制程序与安装工程施工图预算程序基本相同。该方法的优点是计算比较具体、精确性较高。

(2)扩大单价法。当初步设计深度不够，设备清单不完备，只有主体设备或仅有成套设备重量时，可采用主体设备、成套设备的综合扩大安装单价来编制设备安装工程费概算。

上述两种方法的具体编制步骤与建筑工程概算类似。

(3)设备价值百分比法，又称为安装设备百分比法。当初步设计深度不够，只有设备出厂价而无详细规格、重量时，设备安装工程费可按占设备费的百分比计算。其百分比值(即安装费率)由相关管理部门制定或由设计单位根据已完类似工程确定。该法常用于价格波动不大的定型产品和通用设备产品，其计算公式为

$$设备安装工程费=设备原价\times安装费率$$

(4)综合吨位指标法。当初步设计提供的设备清单有规格和设备重量时，可采用综合吨位指标编制概算。综合吨位指标由相关主管部门或由设计单位根据已完类似工程的资料确定。该法常用于设备价格波动较大的非标准设备和引进设备的设备安装工程费概算，其计算公式为

$$设备安装工程费=设备重量\times每吨设备安装费指标$$

单位设备及安装工程概算要按照规定的表格进行编制，采用预算单价法和扩大单价法时，单位设备及安装工程概算表如表4-3-7所示。

表 4-3-7　单位设备及安装工程概算表

单项工程概算编号：　　　　　　　　单项工程名称：　　　　　　　　共　页　第　页

序号	项目编号	工程项目或费用名称	项目特征	单位	数量	综合单价/元		合价/元	
						设备购置费	安装工程费	设备购置费	安装工程费
一		分部分项工程							
(一)		机械设备安装工程							
1	××	××							
2	××	××							
(二)		电气工程							
	××	××							
(三)		给排水工程							
	××	××							
(四)		××工程							
		分部分项工程费用小计							
二		可计量措施项目							
(一)		××工程							
	××	××							
(二)		××工程							
	××	××							
		可计量措施项目费小计							
三		综合取定的措施项目费							
1		安全文明施工费							
2		夜间施工增加费							
3		二次搬运费							
4		冬雨季施工增加费							
5	××	××							
		综合取定的措施项目费小计							
		合计							

编制人：　　　　　　　　审核人：　　　　　　　　审定人：

注：1. 单位设备及安装工程概算表应以单项工程为对象进行编制，表中的综合单价应通过综合单价分析表计算获得；

2. 按《建设工程计价设备材料划分标准》(GB/T 50531—2009)，应计入设备购置费的装置性主材计入设备购置费。

5. 概算编制方法的发展趋势

需要指出的是，随着各类工程造价指标、指数的编制和造价数据库的建设，概算的编制将逐渐向应用大数据、人工智能等手段和方法过渡。

以政府投资为主的工程项目,例如电力、铁路、公路等工程,目前仍主要以政府发布的行业或地方定额作为前期投资控制的依据或主要参考,但概算定额(指标)的内容、表现形式等也随着造价改革的不断深化而得以优化,会更具时效性和符合信息化发展潮流。随着信息技术在工程造价领域的深度应用,住房和城乡建设部、各行业造价主管部门积极投入国有资金投资项目的工程造价数据库建设,并已初具成效,大量的工程项目造价信息和各类造价指标、指数等能为工程概算的编制提供丰富的数据资源,而不仅依赖于政府发布的概算定额(指标)。

对于非政府投资项目,概算的编制可不依赖于政府发布的概算定额(指标),来自企业、市场的各类造价数据,造价指标、指数,专业数据库等,均可作为概算编制的依据,概算可采用更多灵活的编制方法进行编制。

基于 BIM 的概算编制也是未来的发展趋势,可以将 BIM 模型分解为不同细度的 BIM 模型组件,如单项工程模型、单位工程模型、分部工程模型、分项工程模型、单构件模型,积累形成种类齐全、不同精度的模型化指标数据库。构建初步设计的 BIM 模型,直接完成工程计量,调用相应的指标数据库价格信息,即可形成初步设计深度的概算文件。数字化、智能化将是工程概算编制的发展方向。

(二)单项工程综合概算的编制

单项工程综合概算是确定单项工程建设费用的综合性文件,是由该单项工程所属的各专业单位工程概算汇总而成的,是建设项目总概算的组成部分。

单项工程综合概算采用综合概算表(含其所附的单位工程概算表和建筑材料表)进行编制。单一的、具有独立性的单项工程建设项目,按照两级概算编制形式,直接编制总概算。

综合概算表是根据单项工程所辖范围内的各单位工程概算等基础资料,按照规定的统一表格进行编制的。对工业建筑而言,其概算包括建筑工程的概算和设备及安装工程的概算;对民用建筑而言,其概算包括土建工程、给排水、采暖、通风及电气照明工程的概算等。

综合概算一般应包括建筑工程费、安装工程费、设备购置费等。单项工程综合概算表如表 4-3-8 所示。

表 4-3-8 单项工程综合概算表

综合概算编号: 工程名称(单项工程): 单位:万元 共 页 第 页

序号	概算编号	工程项目或费用名称	设计规模或主要工程量	建筑工程费	设备购置费	安装工程费	合计	其中:引进部分	
								美元	折合人民币
一		主要工程							
1		××							
2		××							
二		辅助工程							
1		××							
2		××							
三		配套工程							
1		××							
2		××							
		单项工程综合概算合计							

编制人: 审核人: 审定人:

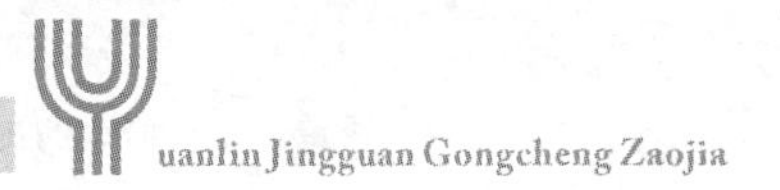

(三)建设项目总概算的编制

建设项目总概算是设计文件的重要组成部分,是预计整个建设项目从筹建到竣工交付使用所花费的全部费用的文件。它是由各单项工程综合概算、工程建设其他费用概算、建设期利息概算、预备费概算和铺底流动资金概算组成,按照主管部门规定的统一表格编制而成的。

建设项目总概算文件应包括编制说明、总概算表、工程建设其他费用概算表、单项工程综合概算表和单位工程概算表、主要建筑安装材料汇总表。独立装订成册的建设项目总概算文件宜加封面、签署页(扉页)和目录。

(1)封面、签署页及目录。

(2)编制说明。

①工程概况。工程概况包括建设项目性质、特点、生产规模、建设周期、建设地点、主要工程量、工艺设备等情况。引进项目要说明引进内容以及与国内配套工程等主要情况。

②编制依据。编制依据包括国家和有关部门的规定,设计文件,现行概算定额或概算指标,设备、材料的预算价格和费用指标等。

③编制方法。说明设计概算是采用概算定额法,还是采用概算指标法或其他方法。

④主要设备、材料的数量。

⑤主要技术经济指标。主要技术经济指标包括项目概算总投资(有引进的给出所需外汇额度)及主要分项投资、主要技术经济指标(主要单位投资指标)等。

⑥工程费用计算表。工程费用计算表主要包括建筑工程费用计算表、工艺安装工程费用计算表、配套工程费用计算表、其他涉及的工程的工程费用计算表。

⑦引进设备材料有关费率取定及依据。引进设备材料有关费率取定及依据主要包括国际运输费、国际运输保险费、关税、增值税、国内运杂费、其他有关税费等。

⑧引进设备材料从属费用计算表。

⑨其他必要的说明。

(3)总概算表。总概算表(三级编制形式)如表 4-3-9 所示。

表 4-3-9　总概算表(三级编制形式)

总概算编号:　　工程名称:　　单位:万元　　共　页　第　页

序号	概算编号	工程项目或费用名称	建筑工程费	设备购置费	安装工程费	其他费用	合计	其中:引进部分		占总投资比例/(%)
								美元	折合人民币	
一		工程费用								
1		主要工程								
		××								
2		辅助工程								
		××								
3		配套工程								
		××								
二		其他费用								
1		××								
2		××								
三		预备费								

续表

序号	概算编号	工程项目或费用名称	建筑工程费	设备购置费	安装工程费	其他费用	合计	其中:引进部分		占总投资比例/(%)
								美元	折合人民币	
四		专项费用								
1		××								
2		××								
		建设工程概算总投资								

编制人:　　　　审核人:　　　　审定人:

(4)工程建设其他费用概算表。工程建设其他费用概算表按国家、地区或部委规定的项目和标准确定,并按统一格式编制,如表 4-3-10 所示。工程建设其他费用概算表应按具体发生的工程建设其他费用项目填写。需要说明和具体计算的费用项目依次在相应的说明及计算式栏内填写或具体计算。工程建设其他费用概算表填写时注意以下事项。

①土地征用及拆迁补偿费应填写土地补偿单价、数量和安置补助费标准、数量等,列式计算所需费用,填入金额栏。

②建设单位管理费按"工程费用×费率"或有关定额列式计算。

③研究试验费应根据设计需要进行研究试验的项目分别填写项目名称及金额、列式计算或进行说明。

(5)单项工程综合概算表和单位工程概算表。

(6)主要建筑安装材料汇总表。主要建筑安装材料汇总表针对每一个单项工程列出钢筋、型钢、水泥、木材等主要建筑安装材料的消耗量。

表 4-3-10　工程建设其他费用概算表

工程名称:　　　　单位:万元　　　　共　页　第　页

序号	费用项目编号	费用项目名称	费用计算基数	费率	金额	计算公式	备注
1							
2							
	合计						

编制人:　　　　审核人:　　　　审定人:

本节课后习题

1. [单选]关于设计概算的作用,下列说法正确的是(　　)。

A. 设计概算是确定建设规模的依据

B. 设计概算是编制固定资产投资计划的依据

C. 政府投资项目设计概算经批准后,不得进行调整

D. 设计概算不应作为签订贷款合同的依据

答案:B

2.[单选]关于单位工程概算的费用组成,下列表述中正确的是(　　)。

A. 由直接费、企业管理费、利润、规费组成

B. 由直接费、企业管理费、利润、规费、税金组成

C. 由直接费,企业管理费,利润,规费,税金,设备及工具、器具购置费组成

D. 由直接费,企业管理费,利润,规费,税金,设备及工具、器具购置费,工程建设其他费用组成

答案:C

3.[单选]关于设计概算的说法,正确的是(　　)。

A. 设计概算是工程造价在设计阶段的表现形式,具备价格属性

B. 三级概算编制形式适用于单一的单项工程建设项目

C. 概算中工程费用应按预测的建设期价格水平编制

D. 概算应考虑贷款的时间价值对投资的影响

答案:D

4.[单选]采用概算定额法编制设计概算的主要工作:①列出分部分项工程项目名称并计算工程量;②搜集基础资料;③编写概算编制说明;④计算措施项目费;⑤确定各分部分项工程费;⑥汇总单位工程概算造价。排序正确的是(　　)。

A. ②①⑤④⑥③　　B. ②③①⑤④⑥　　C. ③②①④⑤⑥　　D. ②①③⑤④⑥

答案:A

5.[单选]某地拟建一座办公楼,当地类似工程的单位工程概算指标为3600元/m^2。概算指标为瓷砖地面,拟建工程为复合木地板,每100 m^2该类建筑中铺贴地面面积为50 m^2。当地预算定额中瓷砖地面和复合木地板的预算单价分别为128元/m^2、190元/m^2。假定以人材机费用之和为基数取费,综合费率为25%。用概算指标法计算的拟建工程造价指标为(　　)元/m^2。

A. 2918.75　　B. 3413.75　　C. 3631.00　　D. 3638.75

答案:D

6.[单选]利用概算指标法编制拟建工程概算,已知概算指标中每100 m^2建筑面积中分摊的人工消耗量为500工日。拟建工程与概算指标相比,仅楼地面做法不同,概算指标为瓷砖地面,拟建工程为花岗岩地面。查预算定额得到铺瓷砖和花岗岩地面的人工消耗量分别为37工日/100 m^2和24工日/100 m^2。拟建工程楼地面面积占建筑面积的65%。对概算指标进行修正后的人工消耗量为(　　)工日/100 m^2。

A. 316.55　　B. 491.55　　C. 508.45　　D. 845.00

答案:B

第四节
施工图预算的编制

一、施工图预算的概念和作用

(一)施工图预算的概念

施工图预算是以施工图设计文件为依据,在工程施工前对工程项目的投资进行的预测与计算。施工图

预算的成果文件称为施工图预算书，简称施工图预算。施工图预算既可以是工程招标投标前或招标投标时，基于施工图纸，按照预算定额、取费标准、各类工程计价信息等计算得到的计划或预期价格，也可以是工程中标后施工企业根据自身的企业定额、资源市场价格、市场供求及竞争状况计算得到的实际预算价格。

(二)施工图预算的作用

1. 施工图预算对投资方的作用

(1)施工图预算是设计阶段控制工程造价的重要环节，是控制施工图设计不突破设计概算的重要措施。

(2)施工图预算是控制造价及资金合理使用的依据，施工图预算确定的预算造价是工程的计划成本，投资方按施工图预算造价筹集建设资金，合理安排建设资金计划，确保建设资金的有效使用，保证项目建设顺利进行。

(3)施工图预算是确定工程最高投标限价的依据。在设置最高投标限价的情况下，最高投标限价通常是在施工图预算的基础上考虑工程的特殊施工措施、工程质量要求、目标工期、招标工程范围以及自然条件等因素进行编制的。

(4)施工图预算可以作为确定合同价款、拨付工程进度款及办理工程结算的基础。

2. 施工图预算对施工企业的作用

(1)施工图预算是建筑施工企业投标报价的基础。在激烈的建筑市场竞争中，建筑施工企业在施工图预算的基础上，结合企业定额和采取的投标策略，确定投标报价。

(2)施工图预算是建筑工程预算包干的依据和签订施工合同的主要内容。在采用总价合同的情况下，施工企业通过与建设单位协商，可在施工图预算的基础上，考虑设计或施工变更后可能发生的费用与其他风险因素，增加一定系数作为工程造价一次性包干价。同样，施工企业与建设单位签订施工合同时，工程价款的相关条款也以施工图预算为依据。

(3)施工图预算是施工企业安排调配施工力量、组织材料供应的依据。施工企业在施工前，可以根据施工图预算的人材机分析，编制资源计划，组织材料、机具、设备和劳动力供应并编制进度计划，统计完成的工作量，进行经济核算并考核经营成果。

(4)施工图预算是施工企业控制工程成本的依据。根据施工图预算确定的中标价格是施工企业收取工程款的依据，企业只有合理利用各项资源，采取先进技术和管理方法，将成本控制在施工图预算价格以内，才能获得良好的经济效益。

3. 施工图预算对其他方面的作用

(1)对于工程咨询单位而言，客观、准确地为委托方做出施工图预算，不仅能体现其水平、素质和信誉，而且强化了投资方对工程造价的控制，有利于节省投资，提高建设项目的投资效益。

(2)对于工程造价管理部门而言，施工图预算是编制工程造价指标、指数，构建建设工程造价数据库的数据资源，也是合理确定工程造价、审定工程最高投标限价的依据。

(3)在履行合同的过程中发生经济纠纷时，施工图预算还是仲裁、管理、司法机关按照法律程序处理、解决问题的依据。

二、施工图预算的编制内容和依据

(一)施工图预算的内容

施工图预算由建设项目总预算、单项工程综合预算和单位工程预算组成。建设项目总预算由单项工程综合预算汇总而成,单项工程综合预算由组成本单项工程的各单位工程预算汇总而成,单位工程预算包括建筑工程预算和设备及安装工程预算。

施工图预算可根据建设项目的实际情况采用三级预算编制或二级预算编制形式。建设项目有多个单项工程时,应采用三级预算编制形式,三级预算编制形式由建设项目总预算、单项工程综合预算、单位工程预算组成。建设项目只有一个单项工程时,应采用二级预算编制形式,二级预算编制形式由建设项目总预算和单位工程预算组成。施工图预算的组成如表 4-4-1 所示。施工图预算编制内容如表 4-4-2 所示。

表 4-4-1　施工图预算的组成

编制形式	组成	工程预算文件
三级预算	建设项目总预算	封面、签署页及目录、编制说明,总预算表、单项工程综合预算表、单位工程预算表、附件等
	单项工程综合预算	
	单位工程预算	
二级预算	建设项目总预算	封面、签署页及目录、编制说明,总预算表、单位工程预算表、附件等
	单位工程预算	

表 4-4-2　施工图预算编制内容

类别	编制内容	
单位工程预算	建筑工程预算	土建工程预算、装饰装修工程预算、给排水工程预算、采暖通风工程预算、电气照明工程预算、弱电工程预算、特殊构筑物工程预算等
	设备安装工程预算	机械设备安装工程预算、电气设备安装工程预算和热力设备安装工程预算等
单项工程综合预算	由各单位工程施工图预算组成,为各单项工程的建筑安装工程费用和设备及工具、器具购置费的总和	
建设项目总预算	由各单项工程综合预算和相关费用组成,包括建筑安装工程费用,设备及工具、器具购置费,工程建设其他费用,预备费,建设期利息及铺底流动资金	

(二)施工图预算的编制依据

施工图预算的编制一般采用以下编制依据:

①国家、行业和地方有关规定;

②预算定额、企业定额、单位估价表等;

③施工图设计文件和相关标准图集、规范;

④项目相关文件、合同、协议等;

⑤工程所在地的人工、材料、设备、施工机具单价,工程造价指标、指数等;

⑥施工组织设计和施工方案;

⑦项目的管理模式、发包模式及施工条件；
⑧其他应提供的资料。

三、施工图预算的编制方法

施工图预算由建设项目总预算、单项工程综合预算和单位工程预算组成。建设项目总预算由单项工程综合预算汇总而成，单项工程综合预算由组成本单项工程的各单位工程预算汇总而成，单位工程预算包括建筑工程预算和设备及安装工程预算。二级预算编制形式由建设项目总预算和单位工程预算组成。所以，施工图预算编制的关键在于单位工程预算。

(一)单位工程预算

施工图预算既可以是设计阶段的施工图预算书，也可以是招标或投标阶段、施工阶段依据施工图纸形成的计价文件，因此，它的编制方法较为多样。常用的计算方法有实物量法和单价法，其中单价法分为工料单价法和全费用综合单价法。设计阶段主要采用的编制方法是单价法，招标及施工阶段主要采用的编制方法是基于工程量清单的综合单价法。

1. 实物量法

用实物量法编制单位工程预算，就是根据施工图计算的各分项工程量分别乘以预算定额(或企业定额)中人工、材料、施工机具台班的定额消耗量，分类汇总得出该单位工程所需的全部人工、材料、施工机具台班消耗数量，再乘以当时当地人工工日单价、各种材料单价、施工机械台班单价、施工仪器仪表台班单价，求出相应的直接费并在此基础上，通过取费的方式计算企业管理费、利润、规费和税金等费用。

实物量法编制施工图预算的公式如下：

$$\begin{aligned}\text{单位工程直接费} &= \text{综合工日消耗量}\times\text{综合工日单价}\\&\quad+\sum(\text{各种材料消耗量}\times\text{相应材料单价})\\&\quad+\sum(\text{各种施工机械消耗量}\times\text{相应施工机械台班单价})\\&\quad+\sum(\text{各施工仪器仪表消耗量}\times\text{相应施工仪器仪表台班单价})\end{aligned}$$

$$\text{单位工程预算}=\text{单位工程直接费}+\text{企业管理费}+\text{利润}+\text{规费}+\text{税金}$$

1)准备资料、熟悉施工图纸

(1)收集编制施工图预算的编制依据。编制施工图预算的编制依据包括预算定额或企业定额，取费标准，当时当地人工、材料、施工机具市场价格等。

(2)熟悉施工图等基础资料。熟悉施工图纸、有关的通用标准图、图纸会审记录、设计变更通知等资料，检查施工图纸是否齐全、尺寸是否清楚，了解设计意图，掌握工程全貌。

(3)了解施工组织设计和施工现场情况。全面分析各分项工程，充分了解施工组织设计和施工方案，如工程进度、施工方法、人员使用、材料消耗、施工机械、技术措施等内容，注意影响费用的关键因素；核实施工现场情况，包括工程所在地地质、地形、地貌等情况，工程实地情况、当地气象资料、当地材料供应地点及运距等情况；了解工程布置、地形条件、施工条件、料场开采条件、场内外交通运输条件等。

2)列项并计算工程量

按照预算定额(或企业定额)子目将单位工程划分为若干分项工程，按照施工图纸尺寸和定额规定的工程量计算规则进行工程量计算。计量单位应与定额中相应的分项工程的计量单位保持一致，原始数据应以施工图纸上的设计尺寸及有关数据为准，注意分项子目不能重复列项计算，也不能漏项少算。

3)套用预算定额(或企业定额),计算人工、材料、机具台班消耗量

根据预算定额(或企业定额)所列单位分项工程人工、材料、施工机具台班的消耗数量,分别乘以各分项工程的工程量,统计汇总出完成各分项工程所需消耗的各类人工工日、各类材料和各类施工机具台班数量。

4)计算并汇总直接费

调用当时当地人工工资单价、材料预算单价、施工机械台班单价、施工仪器仪表台班单价,分别乘以人工、材料、机具台班消耗量,汇总得到单位工程直接费。

5)计算其他各项费用,汇总造价

根据规定的税率、费率和相应的计取基础,分别计算企业管理费、利润、规费和税金,将上述所有费用汇总得到单位工程预算造价。同时,计算工程的技术经济指标,如单方造价等。

6)复核、填写封面、编制说明

检查人工、材料、机具台班的消耗量的计算是否准确,有无漏算、重算或多算;检查采用的人工、材料、机具台班实际价格是否合理。封面应写明工程编号、工程名称、预算总造价和单方造价等。撰写编制说明,将封面、编制说明、预算费用汇总表、人材机实物量汇总表、工程预算分析表等按顺序编排并装订成册,完成单位工程预算的编制工作。

【例 4-4-1】某市有一个住宅楼土建工程,该工程主体设计采用七层轻框架结构、钢筋混凝土筏式基础,单位工程预算采用该市当时的建筑工程预算定额及单位估价表进行编制,以基础部分为例,采用实物量法编制的单位工程预算如表 4-4-3 所示。

表 4-4-3　采用实物量法编制的单位工程预算

序号	人工、材料、机具或费用名称	计量单位	实物工程数量	价格/元	
				当时当地单价	合价
1	人工	工日	2238.55	95.00	212 662.25
2	土石屑	m^3	1196.19	140.00	167 466.60
3	C10 素混凝土	m^3	166.16	345.00	57 325.20
4	C20 钢筋混凝土	m^3	431.18	900.00	388 062.00
5	M5 主体砂浆	m^3	8.40	194.97	1637.75
6	机砖	千块	17.84	580.00	10 347.20
7	脚手架材料费	元	96.23		96.23
8	黄土	m^3	1891.41	15.00	28 371.15
9	蛙式打夯机	台班	95.82	10.28	985.03
10	挖土机	台班	66.76	892.10	59 556.60
11	推土机	台班	2.78	452.70	1258.51
12	其他机械费	元	3138.52		3138.52
13	矩形柱与异型柱差价	元	61.00		61.00
14	基础抹隔潮层费	元	130.00		130.00
	人材机费用小计	元			931 098.04

注:其他各项费用在土建工程预算书汇总时计列。

2. 工料单价法

工料单价法是指以分部分项工程及措施项目的单价为工料单价,将子项工程量乘以对应工料单价后的

合计作为直接费，直接费汇总后，根据规定的计算方法计取企业管理费、利润、规费和税金，将上述费用汇总后得到该单位工程的施工图预算。工料单价法中的单价一般采用单位估价表中的各分项工程工料单价(定额基价)。工料单价法的计算公式如下：

$$单位工程预算=(\sum 分项工程量\times 分项工程工料单价)+企业管理费+利润+规费+税金$$

1)准备工作

本步骤与实物量法基本相同，不同的是需要收集适用的单位估价表，定额中已含有定额基价时则无须单位估价表。

2)列项并计算工程量

本步骤与实物量法相同。

3)套用定额单价，计算直接费

核对工程量计算结果后，套用单位估价表中的工料单价(或定额基价)，用工料单价乘以工程量得出合价，汇总合价得到单位工程直接费。套用工料单价时，若分项工程的主要材料品种与单位估价表(或预算定额)中所列材料不一致，需要按实际使用材料价格换算工料单价后套用，分项工程施工工艺条件与单位估价表(或定额)不一致而造成人工、机具的数量增减时，需要调整用量后套用。

4)编制工料分析表

依据单位估价表(或定额)，将各分项工程对应的定额项目表中的每项材料和人工的定额消耗量分别乘以该分项工程工程量，得到该分项工程工料消耗量，将各分项工程工料消耗量按类别进行汇总，得出单位工程人工、材料的消耗数量。分项工程工料分析表如表 4-4-4 所示。

表 4-4-4　分项工程工料分析表

项目名称：　　　　　　　　　　　　　　　　　　　　　　　　　　编号：

序号	定额编号	分项工程名称	单位	工程量	人工(工日)	主要材料			其他材料费/元
						材料 1	材料 2	…	

编制人：　　　　　　　　　　　　　　　　　　　　　　　　　　审核人：

5)计算主材费并调整直接费

许多定额项目基价为不完全价格，即未包括主材费。因此，还应单独计算出主材费，计算完成后将主材费的价差列入人材机费用。主材费按当时当地的市场价格计取。由于工料单价法采用的是事先编制好的单位估价表，其价格水平不能代表预算编制时的价格水平，一般需采用调价系数或指数进行调价，将价差列入直接费费用合计。

6)按计价程序计取其他费用，并汇总造价

本步骤与实物量法相同。

7)复核，填写封面、编制说明

本步骤与实物量法相同。

工料单价法与实物量法首尾部分的步骤基本相同，不同的主要是中间两个步骤：①实物量法套用的是预算定额(或企业定额)人工、材料、施工机具台班消耗量，工料单价法套用的是单位估价表工料单价或定额基价；②实物量法采用的是当时当地的各类人工、材料、施工机具台班的实际单价，工料单价法采用的单位估价表或定额编制时期的各类人工、材料、施工机具台班单价，需要用调价系数或指数进行调整。

【例 4-4-2】以例 4-4-1 中的工程为例说明工料单价法编制施工图预算的过程。表 4-4-5 所示为采用工料单价法编制的单位工程预算。

表 4-4-5　采用工料单价法编制的单位工程预算

工程定额编号	工程或费用名称	计量单位	工程量	价格/元	
				工料单价	合价
1042	平整场地	m^2	1393.59	3.04	4236.51
1063	挖土机挖土(砂砾坚土)	m^3	2781.73	9.74	27 094.05
1092	干铺土石屑层	m^3	892.68	145.8	130 152.74
1090	C10 混凝土基础垫层(10 cm 内)	m^3	110.03	388.78	42 777.46
5006	C20 带形钢筋混凝土基础(有梁式)	m^3	372.32	1103.66	410 914.69
5014	C20 独立式钢筋混凝土基础	m^3	43.26	929	40 188.54
5047	C20 矩形钢筋混凝土柱(1.8 m 外)	m^3	9.23	599.72	5535.42
13002	矩形柱与异形柱差价	元	61.00		61.00
3001	M5 砂浆砌砖基础	m^3	34.99	523.17	18 305.72
5003	C10 带形无筋混凝土基础	m^3	54.22	423.23	22 947.53
4028	满堂脚手架(3.6 m 内)	m^2	370.13	11.06	4093.64
1047	槽底扦探	m^2	1233.77	6.65	8204.57
1040	回填土(夯填)	m^3	1260.94	30	37 828.20
3004	基础抹隔潮层(有防水粉)	元	130.00		130.00
	人材机费小计				752 470.07

注：其他各项费用在土建工程预算书汇总时计列。

3. 预算编制方法的发展趋势

随着工程造价管理信息化进程的推进，预算的编制将不限于通过传统的预算定额计价，大数据、云计算、物联网等新一代信息技术的应用，能够在工程现场实时采集或引用历史项目资料形成自成长的造价数据库，配合市场化的价格信息，估价人员能够采用更为智能、便捷、精准的数据和方法编制施工图预算。另外，随着 BIM 的深度应用，与概算编制类似，构建施工图设计的 BIM 模型，直接完成工程计量，调用相应的数据库价格信息，即可形成施工图设计深度的概算文件。数字化、智能化将是施工图预算编制的发展方向。

4. 单位工程预算书

单位工程预算由建筑工程预算和设备及安装工程预算组成，建筑工程预算主要由建筑工程预算表和建筑工程取费表构成，设备及安装工程预算则主要由设备及安装工程预算表和设备及安装工程取费表构成，如表 4-4-6 至表 4-4-9 所示。

表 4-4-6 建筑工程预算表

单位工程预算编号： 工程名称(单位工程)： 共 页 第 页

序号	定额号	工程项目或定额名称	单位	数量	单价/元	其中:人工费/元	合价/元	其中:人工费/元
一		土石方工程						
1	××	××						
2	××	××						
二		砌筑工程						
1	××	××						
2	××	××						
三		楼地面工程						
1	××	××						
2	××	××						
		定额人材机费合计						

编制人： 审核人：

表 4-4-7 建筑工程取费表

单项工程预算编号： 工程名称(单位工程)： 共 页 第 页

序号	工程项目或费用名称	表达式	费率/(%)	合价/元
1	定额人材机费			
2	其中:人工费			
3	其中:材料费			
4	其中:机械费			
5	企业管理费			
6	利润			
7	规费			
8	税金			
9	单位建筑工程费用			

编制人： 审核人：

表 4-4-8　设备及安装工程预算表

单项工程综合预算编号：　　　　工程名称(单位工程)：　　　　共　页　第　页

序号	定额号	工程项目或定额名称	单位	数量	单价/元	其中：人工费/元	合价/元	其中：人工费/元
一		设备安装						
1	××	××						
2	××	××						
二		管道安装						
1	××	××						
2	××	××						
三		防腐保温						
1	××	××						
2	××	××						
		定额人材机费合计						

编制人：　　　　审核人：

表 4-4-9　设备及安装工程取费表

单项工程综合预算编号：　　　　工程名称(单位工程)：　　　　共　页　第　页

序号	工程项目或费用名称	表达式	费率/(%)	合价/元
1	定额人材机费			
2	其中：人工费			
3	其中：材料费			
4	其中：机械费			
5	其中：设备费			
6	企业管理费			
7	利润			
8	规费			
9	税金			
10	单位建筑工程费用			

编制人：　　　　审核人：

(二)单项工程综合预算的编制

单项工程综合预算由组成该单项工程的各单位工程预算汇总而成。

单项工程综合预算主要由单项工程综合预算表构成,单项工程综合预算表如表4-4-10所示。

表4-4-10　单项工程综合预算表

单项工程综合预算编号:　工程名称:　单位:万元　共　页　第　页

序号	预算编号	工程项目或费用名称	设计规模或主要工程量	建筑工程费	设备及工具、器具购置费	安装工程费	合计	其中:引进部分	
								美元	折合人民币
一		主要工程							
1		××							
2		××							
二		辅助工程							
1		××							
2		××							
三		配套工程							
1		××							
2		××							
		各单项工程预算合计							

编制人:　审核人:　项目负责人:

(三)建设项目总预算的编制

建设项目总预算由组成该建设项目的各单项工程综合预算,以及经计算的工程建设其他费用、预备费、建设期利息和铺底流动资金汇总而成。三级预算编制形式中建设项目总预算由单项工程综合预算和工程建设其他费用、预备费、建设期利息及铺底流动资金汇总而成。

工程建设其他费用、预备费、建设期利息及铺底流动资金以建设项目施工图预算编制时为界线,若上述费用已经发生,按合理发生金额计列,如果还未发生,按照原概算内容和本阶段的计费原则计算列入。采用三级预算编制形式的工程预算文件包括封面、签署页及目录、编制说明、建设项目总预算表、单项工程综合预算表、单位工程预算表、附件七项内容。建设项目总预算表如表4-4-11所示。

表 4-4-11　建设项目总预算表

建设项目总预算编号：　　工程名称：　　单位：万元　　共　页　第　页

序号	预算编号	工程项目或费用名称	建筑工程费	设备及工具、器具购置费	安装工程费	其他费用	合计	其中：引进部分		占总投资比例/(%)
								美元	折合人民币	
一		工程费用								
1		主要工程								
		××								
2		辅助工程								
		××								
3		配套工程								
		××								
二		其他费用								
1		××								
2		××								
三		预备费								
四		专项费用								
1		××								
2		××								
		建设项目总预算								

编制人：　　审核人：　　项目负责人：

本节课后习题

1.[单选]施工图预算的三级预算编制形式由(　　)组成。

A.单位工程预算、单项工程综合预算、建设项目总预算

B. 静态投资、动态投资、流动资金
C. 建筑安装工程费用、设备购置费、工程建设其他费用
D. 单项工程综合预算、建设期利息、建设项目总预算
答案:A
2.[单选]施工图预算的二级预算编制形式由(　　)组成。
A. 建设项目总预算和单位工程预算
B. 单项工程综合预算和单位工程预算
C. 建设项目总预算和单项工程综合预算
D. 建筑工程预算和设备安装工程预算
答案:A
3.[单选]用工料单价法计算建筑安装工程费用时需套用定额预算单价,下列做法正确的是(　　)。
A. 分项工程名称与定额名称完全一致时,直接套用定额预算单价
B. 分项工程计量单位与定额计量单位完全一致时,直接套用定额预算单价
C. 分项工程主要材料品种与预算定额不一致时,直接套用定额预算单价
D. 分项工程施工工艺条件与预算定额不一致时,调整定额预算单价后套用
答案:D
4.[单选]采用实物量法编制施工图预算时,在按人工、材料、机械台班的市场价计算人材机费用之后,下一个步骤是(　　)。
A. 进行工料分析
B. 计算管理费、利润等费用
C. 计算工程量
D. 编写编制说明
答案:B
5.[单选]采用实物量法与工料单价法编制施工图预算,其工作步骤的差异体现在(　　)。
A. 工程量的计算
B. 直接费的计算
C. 企业管理费的计算
D. 税金的计算
答案:B
6.[单选]关于施工图预算编制时工程建设其他费用的计费原则,下列说法正确的是(　　)。
A. 若工程建设其他费用已发生,则发生部分按合理发生金额计列
B. 若工程建设其他费用已发生,则发生部分按本阶段的计费标准计列
C. 无论工程建设其他费用是否发生,均按原批复概算的计费标准计列
D. 无论工程建设其他费用是否发生,均按原批复估算的计费标准计列
答案:A
7.[多选]关于施工图预算的编制,下列说法正确的有(　　)。
A. 施工图总预算应控制在已批准的设计总概算范围内
B. 施工图预算采用的价格水平应与设计概算编制时期的价格水平保持一致
C. 只有一个单项工程的建设项目应采用三级预算编制形式
D. 单项工程综合预算由组成该单项工程的各单位工程预算汇总而成
E. 施工图预算编制时已发生的工程建设其他费用按合理发生金额计列
答案:ADE

第五节
园林景观工程施工图预算编制案例

一、景墙施工图预算案例

某公园新建一面景墙，景墙平面图和剖面图如图 4-5-1 所示。请按工料单价法，编制景墙部分施工图预算表和取费表。以定额人工费为基数的企业管理费费率为 20%，以定额人工费为基数的利润率为 15%，以定额人工费为基数的规费费率为 20%，税率为 3.48%，其他费用不计。

已知：施工图设计要求平整场地面积按景墙底面积外扩 2 m，以 m²计。

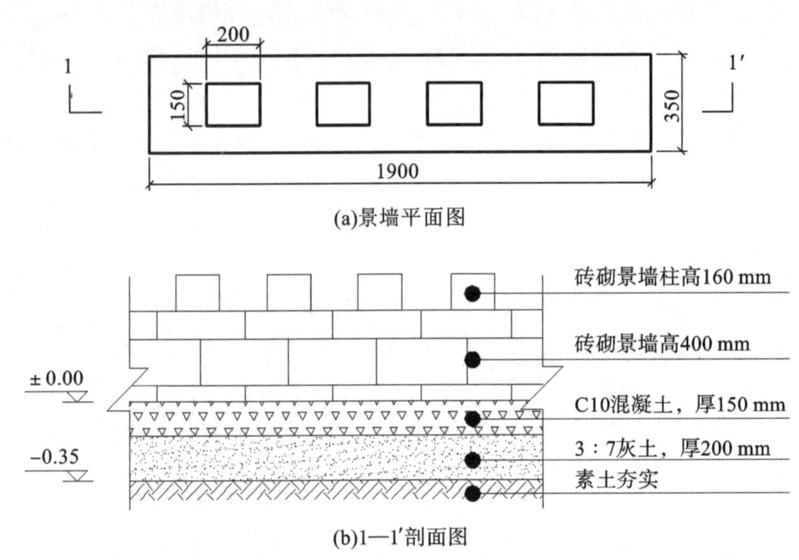

图 4-5-1　景墙平面图和剖面图

解：(1)计算工程量。

平整场地：$S=(1.9+4)\times(0.35+4)\ \mathrm{m}^2=25.67\ \mathrm{m}^2$。

挖土方：$V=1.9\times0.35\times0.35\ \mathrm{m}^3=0.23\ \mathrm{m}^3$。

素土夯实：$S=1.9\times0.35\ \mathrm{m}^2=0.67\ \mathrm{m}^2$。

3∶7 灰土垫层：$V=1.9\times0.35\times0.2\ \mathrm{m}^3=0.13\ \mathrm{m}^3$。

C10 混凝土基础：$V=1.9\times0.35\times0.15\ \mathrm{m}^3=0.10\ \mathrm{m}^3$。

砖砌景墙：$V=(1.9\times0.35\times0.4+0.15\times0.2\times0.16\times4)\ \mathrm{m}^3=0.29\ \mathrm{m}^3$。

(2)编制单位工程预算表，如表 4-5-1 所示。

表 4-5-1　某公园园林景观工程(景墙部分)预算表

序号	定额编号	工程项目或定额名称	单位	数量	单价/元	其中：人工费/元	合价/元	其中：人工费/元
1	4-60	平整场地	m²	25.67	14.26	14.26	366.05	366.05
2	4-1	挖土方	m³	0.23	6.89	6.89	1.58	1.58

续表

序号	定额编号	工程项目或定额名称	单位	数量	单价/元	其中：人工费/元	合价/元	其中：人工费/元
3	4-62	素土夯实	m^2	0.67	0.55	0.55	0.37	0.37
4	4-202	3∶7灰土垫层	m^3	0.13	131.60	33.50	17.11	4.36
5	6-2	C10混凝土基础	m^3	0.10	204.34	34.32	20.43	3.43
6	B7-10	砖砌景墙	m^3	0.29	340.85	60.88	98.85	17.66
定额人材机费用合计							504.39	393.59

(3)编制单位工程取费表，如表4-5-2所示。

表4-5-2 某公园园林景观工程(景墙部分)取费表

序号	工程项目或定额名称	算术表达式	费率/(%)	合价/元
1	定额人材机费用			504.39
	其中：人工费			393.59
2	企业管理费	393.59×20%	20	78.71
3	利润	393.59×15%	15	59.04
4	规费	393.59×20%	20	78.71
5	税金	(504.39+78.71+59.04+78.71)×3.48%	3.48	25.09
6	园林景观工程(景墙部分)费用	504.39+78.71+59.04+78.71+25.09		746.75

二、景石施工图预算案例

某公园设置单体景石，景石平面图和断面图如图4-5-2所示，图中尺寸单位除±0.00、−0.35以m计以外，其余均以mm计。请用工料单价法编制园林景观工程(点风景石部分)预算表和取费表，景石长、宽、高均值为2.3 m、1.8 m、1.5 m。各项费率如下：以定额人工费和机械费之和为基数的企业管理费费率为25%，以定额人工费和机械费之和为基数的利润率为15%，以定额人工费和机械费之和为基数的规费费率为20%，税率为3.48%，其他费用不计。

已知：(1)施工图设计要求平整场地面积按基础底面积乘以系数2，以m^2计。

(2)堆砌假山、布置景石、峰石预算按设计图示尺寸以估算重量计算，质量估算公式为

$$W_{单}=L\times B\times H\times R$$

式中：$W_{单}$——山石单体质量，t；

L——长度方向的平均值，m；

B——宽度方向的平均值，m；

H——高度方向的平均值，m；

R——石料比重，黄(杂)石为2.6 t/m^3，湖石为2.2 t/m^3。

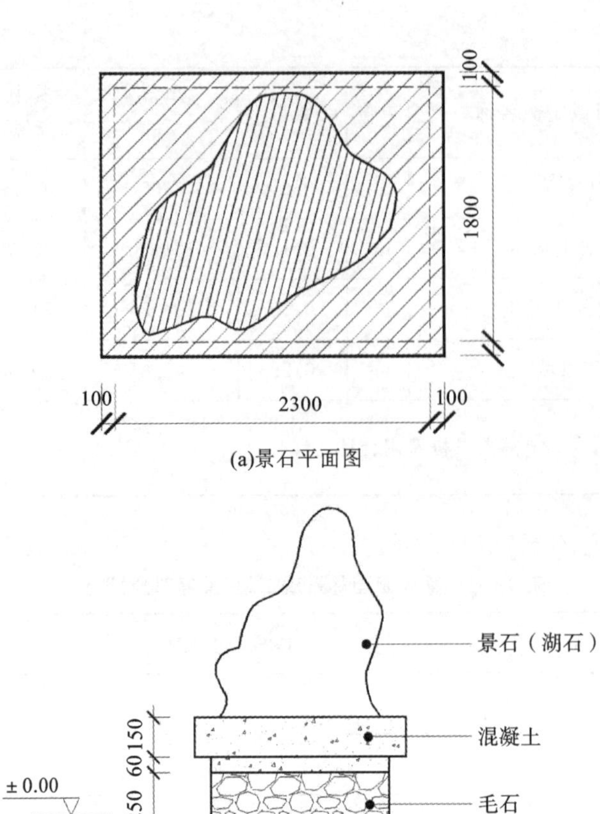

(a)景石平面图

(b)景石断面图

图 4-5-2 景石平面图和断面图

解:(1)计算工程量。

平整场地:$S=2.5\times2\times2\ \text{m}^2=10.00\ \text{m}^2$。

挖土方:$V=2.5\times2\times0.35\ \text{m}^2=1.75\ \text{m}^2$。

素土夯实:$S=2.5\times2\ \text{m}^2=5.00\ \text{m}^2$。

3∶7 灰土垫层:$V=2.5\times2\times0.15\ \text{m}^3=0.75\ \text{m}^3$。

碎石垫层:$V=2.5\times2\times0.1\ \text{m}^3=0.50\ \text{m}^3$。

毛石基础:$V=2.3\times2\times0.25\ \text{m}^2=1.15\ \text{m}^2$。

混凝土基础:$V=(2.3\times2\times0.06+2.5\times2\times0.15)\ \text{m}^3=1.03\ \text{m}^3$。

湖石:$W=L\times B\times H\times R=2.3\times1.8\times1.5\times2.2\ \text{t}=13.66\ \text{t}$。

(2)编制单位工程预算表,如表 4-5-3 所示。

表 4-5-3 某公园园林景观工程(点风景石部分)预算表

序号	定额编号	工程项目或定额名称	单位	数量	单价/元	其中:人工费/元	其中:机械费/元	合价/元	其中:人工费/元	其中:机械费/元
1	4-60	平整场地	10 m^2	1	14.26	14.26	0.00	14.26	14.26	0.00
2	4-1	挖土方	m^3	1.75	6.89	6.89	0.00	12.06	12.06	0.00

续表

序号	定额编号	工程项目或定额名称	单位	数量	单价/元	其中:人工费/元	其中:机械费/元	合价/元	其中:人工费/元	其中:机械费/元
3	4-62	素土夯实	m^2	5.00	0.55	0.55	0.00	2.75	2.75	0.00
4	4-202	3∶7灰土垫层	m^3	0.75	131.60	33.50	6.20	98.70	25.13	4.65
5	4-205	碎石垫层	m^3	0.50	94.98	24.46	4.52	47.49	12.23	2.26
6	4-225	毛石基础	m^3	1.15	206.21	50.25	9.30	237.14	57.79	10.70
7	6-2	混凝土基础	m^3	1.03	204.34	34.32	4.39	210.47	35.35	4.52
8	2-16	湖石	t	13.66	1639.42	343.20	19.81	22 394.48	4688.11	270.60
定额人材机费用合计								23 017.35	4847.68	292.73

(3)编制单位工程取费表,如表4-5-4所示。

表4-5-4 某公园园林景观工程(点风景石部分)取费表

序号	工程项目或定额名称	算术表达式	费率/(%)	合价/元
1	定额人材机费用			23 017.35
	其中:人工费			4847.68
	其中:机械费			292.73
2	企业管理费	(4847.68+292.73)×25%	25	1285.10
3	利润	(4847.68+292.73)×15%	15	771.06
4	规费	(4847.68+292.73)×20%	20	1028.08
5	税金	(23 017.35+1 285.10+771.06+1028.08)×3.48%	3.48	908.34
6	园林景观工程(点风景石部分)费用	23 017.35+1285.10+771.06+1028.08+908.34		27 009.93

三、园路施工图预算案例

某公园铺设嵌草砖园路,长24.5 m,路面宽2.5 m,无道牙,嵌草砖图路断面图如图4-5-3所示。请按工料单价法编制园路园桥工程(园路部分)预算表和取费表,以定额人工费为基数的企业管理费费率为20%,以定额人工费为基数的利润率为15%,以定额人工费为基数的规费费率为20%,税率为3.48%,其他费用不计。

已知:《湖北省园林绿化工程消耗量定额及基价表》规定,园路无道牙,设计无要求时,垫层宽度按路面宽度增加10 cm计算。

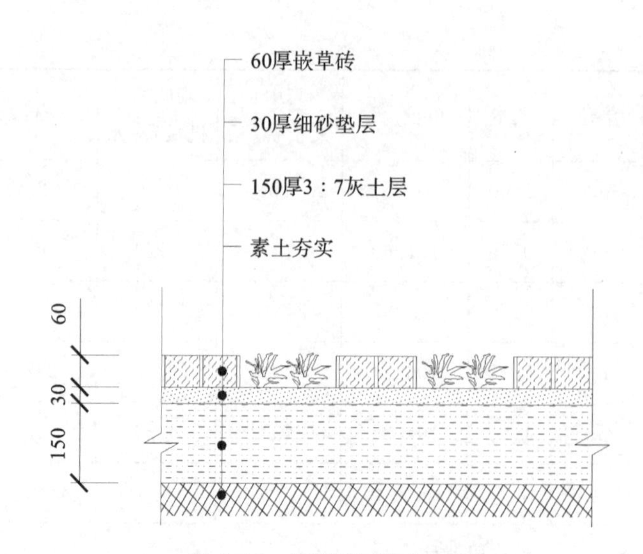

图 4-5-3　嵌草砖园路断面图

解:(1)计算工程量。

挖土方:$V=24.5\times(2.5+0.1)\times(0.15+0.03+0.06)\ m^3=15.29\ m^3$。

整理路床:$S=24.5\times(2.5+0.1)\ m^2=63.70\ m^2$。

素土夯实:$S=24.5\times(2.5+0.1)\ m^2=63.70\ m^2$。

3∶7 灰土垫层:$V=24.5\times(2.5+0.1)\times0.15\ m^3=9.56\ m^3$。

细砂垫层:$V=24.5\times(2.5+0.1)\times0.03\ m^3=1.91\ m^3$。

嵌草砖面层:$S=24.5\times2.5\ m^2=61.25\ m^2$。

(2)编制单位工程预算表,如表 4-5-5 所示。

表 4-5-5　某公园园路园桥工程(园路部分)预算表

序号	定额编号	工程项目或定额名称	单位	数量	单价/元	其中:人工费/元	合价/元	其中:人工费/元
1	4-1	挖土方	m^3	15.29	6.89	6.89	105.35	105.35
2	4-200	整理路床	m^2	63.70	1.51	1.51	96.19	96.19
3	4-62	素土夯实	m^2	63.70	0.55	0.55	35.04	35.04
4	4-202	3∶7 灰土垫层	m^3	9.56	131.60	33.50	1258.10	320.26
5	4-201	细砂垫层	m^3	1.91	111.74	16.75	213.42	31.99
6	4-212	嵌草砖面层	m^2	61.25	39.80	5.63	2437.75	344.84
定额人材机费用合计							4145.85	933.67

(3)编制单位工程取费表,如表 4-5-6 所示。

表 4-5-6 某公园园路园桥工程(园路部分)取费表

序号	工程项目或定额名称	算术表达式	费率/(%)	合价/元
1	定额人材机费用			4 145.85
	其中:人工费			933.67
2	企业管理费	933.67×20%	20	186.73
3	利润	933.67×15%	15	140.05
4	规费	933.67×20%	20	186.73
5	税金	(4145.85+186.73+140.05+186.73)×3.48%	3.48	162.15
6	园路园桥工程(园路部分)费用	4145.85+186.73+140.05+186.73+162.15		4821.51

第5章 施工招投标阶段的工程造价

第一节
施工招标概述

一、招标投标的概念和意义

招标投标是商品经济中的一种竞争性市场交易方式，通常适用于大宗交易。它的特点是由唯一的买主（或卖主）设定标的，招请若干卖主（或买主）通过报价进行竞争，从中选择优胜者与之达成交易协议，随后按协议实现标的。

（一）工程建设项目招标投标

建设工程发承包既是完善市场经济体制的重要举措，也是维护工程建设市场竞争秩序的有效途径。建设工程的发包方式分为招标发包与直接发包，但不论采用哪种方式，一旦确定了发承包关系，则发包人与承包人均应遵循平等、自愿、公平和诚实信用的原则通过签订合同来明确双方的权利和义务。在建设工程领域，招标投标是优选合作伙伴、确定发承包关系的主要方式，也是优化资源配置、实现市场有序竞争的交易行为。

工程建设项目招标投标是国际上广泛采用的，建设项目业主择优选择工程承包商或材料设备供应商的主要交易方式。招标的目的是为拟建的工程项目选择合适的承包商或材料设备供应商，将全部工程或其中部分工作委托给这个（些）承包商或材料设备供应商。承包商或材料设备供应商则通过投标竞争，决定自己的生产任务和销售对象，通过完成生产任务，实现盈利计划。为此，承包商或材料设备供应商需要具备一定的条件，才有可能在投标竞争中获胜，为业主所选中。这些条件通常包括一定的技术、经济实力和管理经验，价格合理，信誉良好等。

《中华人民共和国民法典》关于建设工程合同的第七百九十条规定“建设工程的招标投标活动，应当依照有关法律的规定公开、公平、公正进行”。在工程项目招标投标中，招标人发布招标文件，是一种要约邀请行为。招标人要在招标文件中对投标人的投标报价进行约束，这个约束就是最高投标限价。招标人在招标时，应把合同条款的主要内容纳入招标文件，对投标报价的编制办法和要求及合同价款的约定、调整和支付方式做详细说明。投标人递交投标文件是一种要约行为，投标文件要包括投标报价这个实质内容，投标人在获得招标文件后按其中的规定和要求，根据自行拟定的技术方案和市场因素等确定投标报价，报价应满足招标人的要求且不高于最高投标限价。招标人应组织评标委员会对合格的投标文件进行评审，确定中标候选人或中标人，经过评审修正后的中标人的投标报价即为中标价。招标人发出中标通知书是一种承诺行为。招标人和中标人应签订合同，依据中标价确定签约合同价，并在合同中载明，完成合同价款的约定过程。招投标阶段价款约定如图 5-1-1 所示。

（二）招标投标的意义

招标投标制度意在鼓励竞争，防止垄断，提高投资效益和社会效益，其作用主要体现在以下几个方面：

①节省资金，确保质量，保证项目按期完成，提高投资效益和社会效益；

②创造公平竞争的市场环境，促进企业间的公平竞争，有利于完善和推动中国建设社会主义市场经济的步伐；

③依法招标能够保证投标人在市场经济条件下进行最大限度的竞争，有利于实现社会资源的优化配

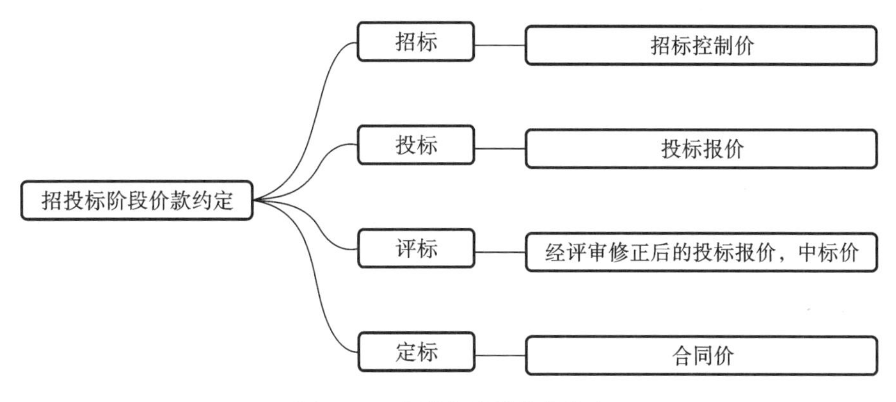

图 5-1-1 招投标阶段价款约定

置，提高涉及企事业单位的业务技术能力和企业管理水平；

④依法招标有利于克服不正当竞争，有利于防止采购活动中的腐败行为；

⑤普遍推广应用招标投标制度，有利于保护国家利益、社会公共利益和招标投标活动当事人的合法利益。

招标投标制度产生的根源是市场中买卖双方存在信息不对称现象，因为信息不对称，交易可能不公平，资源不能得到优化配置。鉴于此，一方构建一个充分竞争的交易环境，迫使对方为赢得合同而相互竞争，招投标活动随之产生。

二、招标投标法规体系及适用范围

（一）招标投标法规体系

《中华人民共和国招标投标法》和《中华人民共和国政府采购法》是规范我国境内招标采购活动的两大基本法律，在此基础上，2012 年 2 月开始施行的《中华人民共和国招标投标法实施条例》和 2015 年 3 月开始施行的《中华人民共和国政府采购法实施条例》作为两大法律的配套行政法规，对招标投标制度做了补充、细化和完善，进一步健全和完善了我国的招标投标制度。

另外，国务院各相关部门结合本部门、本行业的特点和实际情况制定了专门的招投标管理的部门规章、规范性文件及政策性文件，如《工程建设项目施工招标投标办法》《评标委员会和评标方法暂行规定》《招标公告发布暂行办法》《房屋建筑和市政基础设施工程施工招标投标管理办法》等。地方人大及其常委会、人民政府及其有关部门也结合本地区的特点和需要，相继制定了招标投标方面的地方性法规、规章和规范性文件。

总体来看，这些规章和规范性文件使招标采购活动的主要方面和重点环节实现了有法可依、有章可循，已经构成了我国整个招标采购市场的重要组成部分，形成了覆盖全国各领域、各层级的招标采购制度体系，对创造公平竞争的市场环境、规范招标采购行为发挥了重要作用。

（二）必须招标的建设工程范围

为了规范招投标行为，我国相关法规对必须进行招标的项目进行了规定。根据《中华人民共和国招标投标法》的规定，国家发展和改革委员会 2018 年 3 月发布了《必须招标的工程项目规定》（国家发展和改革委员会令第 16 号），明确了必须招标项目的具体范围和规模标准。

（1）全部或者部分使用国有资金投资或者国家融资的项目如下：

①使用预算资金 200 万元以上，并且该资金占投资额 10%以上的项目；

②使用国有企业事业单位资金,并且该资金占控股或者主导地位的项目。

(2)使用国际组织或者外国政府贷款、援助资金的项目如下:

①使用世界银行、亚洲开发银行等国际组织贷款、援助资金的项目;

②使用外国政府及其机构贷款、援助资金的项目。

(3)不属于以上(1)、(2)规定情形的大型基础设施、公用事业等关系社会公共利益、公众安全的项目,必须招标的具体范围由国务院发展改革部门会同国务院有关部门按照确有必要、严格限定的原则制定,报国务院批准。

(4)以上规定范围内的项目,其勘察、设计、施工、监理以及与工程建设有关的重要设备、材料等的采购达到下列标准之一的,必须招标:

①施工单项合同估算价在400万元以上;

②重要设备、材料等货物的采购,单项合同估算价在200万元以上;

③勘察、设计、监理等服务的采购,单项合同估算价在100万元以上。

同一项目中可以合并进行的勘察、设计、施工、监理以及与工程建设有关的重要设备、材料等的采购,合同估算价合计达到前款规定标准的,必须招标。

根据《必须招标的基础设施和公用事业项目范围规定》(发改法规〔2018〕843号),不属于《必须招标的工程项目规定》第二条、第三条规定情形的大型基础设施、公用事业等关系社会公共利益、公众安全的项目,必须招标。

涉及国家安全、国家秘密、抢险救灾或者属于利用扶贫资金实行以工代赈、需要使用农民工等特殊情况,不适宜进行招标的项目,按照国家有关规定可以不进行招标。此外,有下列情形之一的,也可以不进行招标:

①需要采用不可替代的专利或者专有技术;

②采购人依法能够自行建设、生产或者提供;

③已通过招标方式选定的特许经营项目投资人依法能够自行建设、生产或者提供;

④需要向原中标人采购工程、货物或者服务,否则将影响施工或者功能配套要求;

⑤国家规定的其他特殊情形。

三、施工招标方式

《中华人民共和国招标投标法》明确规定,招标分为公开招标和邀请招标两种方式。公开招标又称无限竞争性招标,是指招标人以招标公告的方式邀请不特定的法人或者其他组织投标。

邀请招标又称有限竞争性招标,是指招标人以投标邀请书的方式邀请特定的法人或者其他组织投标。

公开招标的优点:招标人可以在较广的范围内选择承包商,投标竞争激烈,择优率更高,易于获得有竞争性的商业报价,也可以在较大程度上避免招标过程中的贿标行为。公开招标的缺点:准备招标、对投标申请者进行资格预审和评标的工作量大,招标时间长、费用高;若招标人对投标人资格条件的设置不当,常导致投标人之间的差异大,导致评标困难,甚至出现恶意报价行为;招标人和投标人之间可能缺乏互信,增大合同履约风险。

与公开招标方式相比,邀请招标的优点是不发布招标公告,不进行资格预审,简化了招标程序,因此节约了招标费用,缩短了招标时间。同时,招标人比较了解投标人,从而减少了合同履约过程中承包商违约的风险。邀请招标的缺点主要体现在邀请招标的投标竞争激烈程度较差,有可能会提高中标合同价格,也有可能排除某些在技术上或报价上有竞争力的承包商参与投标。

招标人采用公开招标方式的,应当发布招标公告。依法必须进行招标的项目的招标公告,应当通过国家指定的报刊、信息网络或者其他媒介发布。招标公告应当载明招标人的名称和地址,招标项目的性质、数量、实施地点和时间以及获取招标文件的办法等事项。招标人可以根据招标项目本身的要求，在招标公告中，要求潜在投标人提供有关资质证明文件和业绩情况，并对潜在投标人进行资格审查；国家对投标人的资格条件有规定的，依照其规定。招标人不得以不合理的条件限制或者排斥潜在投标人，不得对潜在投标人实行歧视待遇。

招标人采用邀请招标方式的，应当向三个以上具备承担招标项目的能力、资信良好的特定法人或者其他组织发出投标邀请书。投标邀请书也应当载明招标人的名称和地址，招标项目的性质、数量、实施地点和时间，以及获取招标文件的办法等事项。

公开招标和邀请招标的对比如表 5-1-1 所示。

表 5-1-1 公开招标和邀请招标的对比

项目	公开招标	邀请招标
表现形式	招标公告	投标邀请书
投标人范围	无限	有限
投标人数量	至少 3 家	以 5～10 家为宜，不应少于 3 家
是否进行资格预审	是	否
招标工作量	多	少
竞争性	很强	强

四、施工招标组织形式

招标分为招标人自行组织招标和招标人委托招标代理机构代理招标两种组织形式。

具有编制招标文件和组织评标能力的招标人，可自行办理招标事宜，组织招标投标活动，任何单位和个人不得强制其委托招标代理机构办理招标事宜。依法必须进行招标的项目，招标人自行办理招标事宜的，应当向有关行政监督部门备案。

招标人有权自行选择招标代理机构，委托其办理招标事宜，开展招标活动，任何单位和个人不得以任何方式为招标人指定招标代理机构。招标代理机构是依法设立、从事招标代理业务并提供相关服务的中介组织。招标代理机构应当具备下列条件：

①有从事招标代理业务的营业场所和相应资金；

②有能够编制招标文件和组织评标的相应专业力量；

③有符合《中华人民共和国招标投标法》规定条件，可以作为评标委员会成员人选的技术、经济等方面的专家库。

招标代理机构代理招标业务，应当遵守《中华人民共和国招标投标法》和《中华人民共和国招标投标法实施条例》关于招标人的规定。招标代理机构不得在所代理的招标项目中投标或者代理投标，也不得为所代理的招标项目的投标人提供咨询。

五、施工招标程序和工作内容

招标是招标人选择中标人并与其签订合同的过程，而投标则是投标人力争获得实施合同的竞争过程。招标人和投标人均需按照招标投标法律和法规的规定进行招标投标活动。招标程序是指招标单位或委托招标单位开展招标活动全过程的主要步骤、内容及其操作顺序。

公开招标与邀请招标在招标程序上的差异主要是使承包商获得招标信息的方式不同，对投标人资格审查的方式不同。公开招标与邀请招标均要经过招标准备、资格审查与投标、开标评标与授标三个阶段，如表

5-1-2 所示。

表 5-1-2　施工招标的主要工作步骤和工作内容

阶段	主要工作步骤	主要工作内容	
		招标人	投标人
招标准备	项目的招标条件准备	招标人需要完成项目前期研究与立项图纸和技术要求等技术文件准备、项目相关建设手续办理等工作	
	招标审批手续办理	按照国家有关规定需要履行项目审批核准手续的依法必须进行招标的项目，其招标范围、招标方式、招标组织形式应当报项目审批、核准部门审批、核准	
	组建招标组织	自行建立招标组织或招标代理机构	
	策划招标方案	施工标段划分，合同计价方式、合同类型选择，潜在竞争程度评价，投标人资格要求，评标方法设置要求等	组成投标小组 进行市场调查 投标机会研究与跟踪
	发布招标公告（资格预审公告）或发出投标邀请	明确招标公告（资格预审公告）内容、发布招标公告（资格预审公告）或者确定受邀单位，发出投标邀请函	
	编制标底或确定最高投标限价	自行或委托专业机构编制标底或最高投标限价，完成相关评审并最终确定	
	准备招标文件	编制资格预审文件和招标文件，并完成相关评审或备案手续	
资格审查与投标	发售资格预审文件（实行资格预审）	发售资格预审文件	购买资格预审文件 填报资格预审材料
	进行资格预审（实行资格预审）	分析评价资格预审材料 确定资格预审合格者 通知资格预审结果	回函收到资格预审结果
	发售招标文件	发售招标文件	购买招标文件
	现场踏勘、标前会议（必要时）	组织现场踏勘和标前会议（必要时） 进行招标文件的澄清和补遗	参加现场踏勘和标前会议或者资助开展现场踏勘 对招标文件提出质疑
	投标文件的编制、递交和接收	接受投标文件（包括投标保证金或投标保函）	编制投标文件、递交投标文件（包括投标保证金或投标保函）

续表

阶段	主要工作步骤	主要工作内容	
		招标人	投标人
开标评标与授标	开标	组织开标会议	参加开标会议
	评标	组建评标委员会 投标文件初评(符合性鉴定) 投标文件详评(技术标、商务标评审) 要求投标人提交澄清资料(必要时) 资格后审(实行资格后审) 编写评标报告	提交澄清材料(必要时)
	授标	确定中标候选人 公示中标候选人 发出中标通知书 签订施工合同 退还投标保证金	提交履约保函 签订施工合同 收回投标保证金

本节课后习题

1.[单选]下列工程建设项目中,除(　　)以外均属于依法必须招标的项目。

A.使用预算资金 200 万以上且该资金占投资额 10%以上的项目

B.使用国有企业事业单位资金且该资金占控股或主导地位的项目

C.使用国际组织或外国政府贷款的项目

D.涉及社会公共利益和安全的项目

答案:D

2.[单选]根据《工程建设项目招标范围和规模标准规定》,必须招标范围内的各类工程建设项目,达到下列标准之一必须进行招标的有(　　)。

A.材料采购的单项合同估算价为 280 万元

B.施工单项合同估算价为 300 万元

C.重要设备采购的单项合同估算价为 150 万元

D.监理服务采购的单项合同估算价为 60 万元

答案:A

3.[多选]以下必须招标范围内的各类工程建设项目,达到下列规模必须招标的有(　　)。

A.施工单项合同估算价为 500 万元

B.主要设备采购单项合同估算价为 280 万元

C.设计费估算价为 60 万元

D.监理费单项估算价为 230 万元

E.某项目监理费与勘察设计费合并估算,监理费估算价为 80 万元,勘察设计费估算价为 75 万元

答案:ABDE

4.[多选]招标是招标人选择中标人并与其签订合同的过程,工程施工招标包含(　　)三个阶段。

A.招标准备阶段

B.资格预审阶段

C.资格审查与投标阶段

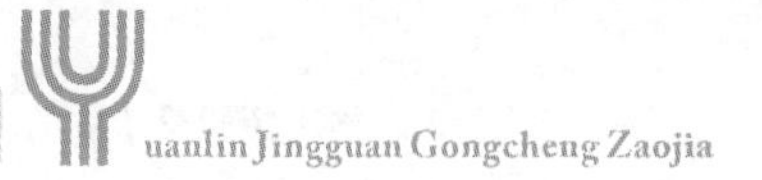

D. 开标评标与授标阶段

E. 签订合同阶段

答案:ACD

5.[多选]工程建设项目招标的组织形式有(　　)。

A. 公开招标

B. 招标人自行组织招标

C. 邀请招标

D. 上级主管部门组织招标

E. 委托工程招标代理机构代理招标

答案:BE

第二节 招标工程量清单与最高投标限价的编制

一、施工招标文件的组成内容

招标文件是指导招标投标工作全过程的纲领性文件。按照《中华人民共和国招标投标法》和《中华人民共和国招标投标法实施条例》等法律法规的规定,招标文件应当包括招标项目的技术要求,投标人资格审查的标准、投标报价要求和评标标准等所有实质性要求和条件以及拟签合同的主要条款。建设工程招标文件由招标人(或其委托的咨询机构)编制,由招标人发布,是投标单位编制投标文件的依据,也是招标人与中标人签订工程承包合同的基础。招标文件提出的各项要求,对整个招标工作乃至发承包双方都具有约束力,因此招标文件的编制及其内容必须符合有关法律法规的规定。建设工程招标文件的编制内容,根据招标范围不同略有不同,本节重点介绍施工招标文件的内容。

(一)施工招标文件的编制内容

根据《中华人民共和国标准施工招标文件》等文件的规定,施工招标文件包括以下内容。

1. 招标公告(或投标邀请书)

当未进行资格预审时,招标文件应包括招标公告。当进行资格预审时,招标文件应包括投标邀请书,该邀请书可代替资格预审通过通知书,以明确投标人已具备了在某具体项目某具体标段的投标资格。招标公告的其他内容包括招标文件的获取、投标文件的递交等。

2. 投标人须知

投标人须知主要包括对项目概况的介绍和招标过程的各种具体要求,在正文中的未尽事宜可以通过投标人须知前附表进行进一步明确,投标人须知前附表由招标人根据招标项目具体特点和实际需要编制和填写,但必须与招标文件的其他章节衔接,并不得与投标人须知正文的内容相抵触,否则抵触内容无效。投标人须知包括 10 个方面的内容。

(1)总则。总则主要包括项目概况、资金来源和落实情况、招标范围、计划工期和质量要求的描述,对投标人资格要求的规定,对费用承担、保密、语言文字、计量单位等内容的约定,对现场踏勘、投标预备会的要求，以及对分包和偏离问题的处理。项目概况主要包括项目名称、建设地点以及招标人和招标代理机构的情况等。

(2)招标文件。招标文件主要包括招标文件的构成以及澄清和修改的规定。

(3)投标文件。投标文件主要包括投标文件的组成、投标报价编制的要求、投标有效期和投标保证金的规定、需要提交的资格审查资料、是否允许提交备选投标方案，以及投标文件编制应遵循的标准格式要求。

(4)投标。投标主要规定投标文件的密封和标识、递交、修改及撤回的各项要求，此部分应当确定投标人编制投标文件所需要的合理时间，即投标准备时间，即自招标文件开始发出之日起至投标人提交投标文件截止之日止的期限，最短不得少于 20 天。采用电子招标投标在线提交投标文件的，投标准备时间最短不少于 10 日。

(5)开标。开标规定开标的时间、地点和程序。

(6)评标。评标说明评标委员会的组建方法、评标原则和采取的评标办法。

(7)合同授予。合同授予说明拟采用的定标方式、中标通知书的发出时间、要求承包人提交的履约担保和合同的签订时限。

(8)重新招标和不再招标。重新招标和不再招标规定重新招标和不再招标的条件。

(9)纪律和监督。纪律和监督主要包括对招标过程各参与方的纪律要求。

(10)需要补充的其他内容。

3. 评标办法

评标办法可选择经评审的最低投标价法和综合评估法。

4. 合同条款及格式

合同条款及格式包括本工程拟采用的通用合同条款、专用合同条款以及各种合同附件的格式。

5. 工程量清单(最高投标限价)

工程量清单即表现拟建工程分部分项工程、措施项目和其他相应数量的明细清单，以满足工程项目具体量化和计量支付的需要；工程量清单是招标人编制最高投标限价和投标人编制投标报价的重要依据。

按照规定应编制最高投标限价的项目，其最高投标限价应在发布招标文件时一并公布。

6. 图纸

图纸是指应由招标人提供的用于计算最高投标限价和投标人计算投标报价所必需的各种详细程度的图纸。

7. 技术标准和要求

招标文件规定的各项技术标准应符合国家强制性规定。招标文件规定的各项技术标准均不得要求或标明某一特定的专利、商标、名称、设计、原产地或生产供应者，不得含有倾向或者排斥潜在投标人的其他内容。如果必须引用某个生产供应商的技术标准才能准确或清楚地说明拟招标项目的技术标准时，则应当在参照后面加上“或相当于”的字样。

8. 投标文件格式

投标文件格式提供各种投标文件编制所应依据的参考格式。

9. 投标人须知前附表规定的其他材料

招标文件应提供投标人须知前附表规定的其他材料。

(二)招标文件的澄清和修改

1. 招标文件的澄清

投标人应仔细阅读和检查招标文件的全部内容,如果发现缺页或附件不全,应及时向招标人提出,以便补齐。如果有疑问,投标人应在规定的时间前以书面形式(包括信函、电报、传真等可以有形地表现所载内容的形式),要求招标人对招标文件进行澄清。

招标文件的澄清应在规定的投标截止时间15天前以书面形式发给所有获取招标文件的投标人,但不指明澄清问题的来源。如果澄清发出的时间距投标截止时间不足15天,相应推迟投标截止时间。

投标人在收到澄清后,应在规定的时间内以书面形式通知招标人,确认已收到该澄清。招标人要求投标人收到澄清后的确认时间,可以采用一个相对的时间,如招标文件澄清发出后12小时以内;也可以采用一个绝对的时间,如××年××月××日上午××:××以前。

2. 招标文件的修改

招标人若对已发出的招标文件进行必要的修改,应当在投标截止时间15天前,以书面形式修改招标文件,并通知所有已获取招标文件的投标人。如果修改招标文件的时间距投标截止时间不足15天,相应推后投标截止时间。投标人收到修改内容后,应在规定的时间内以书面形式通知招标人,确认已收到该修改文件。

二、招标工程量清单的编制

招标工程量清单是招标人依据国家标准、招标文件、设计文件以及施工现场实际情况编制的,随招标文件发布、供投标报价的工程量清单,包括说明和表格。编制招标工程量清单,应充分体现“实体净量”“量价分离”和“风险分担”的原则。招标阶段,招标人或其委托的工程造价咨询人根据工程项目设计文件,编制出招标工程项目的工程量清单,并将其作为招标文件的组成部分。招标人对工程量清单的准确性和完整性负责;投标人应结合企业自身实际、参考市场有关价格信息完成清单项目工程的组合报价,并承担风险。

(一)招标工程量清单编制的准备工作

招标工程量清单编制的准备工作包括初步研究、现场踏勘、拟定常规施工组织设计。

1. 初步研究

初步研究包括对各种资料进行认真研究,为工程量清单的编制做准备。

(1)熟悉《建设工程工程量清单计价规范》(GB 50500—2013)、专业工程量计算规范、当地计价规定及相关文件,熟悉设计文件,掌握工程全貌,掌握清单项目的列项、工程量的准确计算及清单项目的准确描述,及时提出设计文件中出现的问题。

(2)熟悉招标文件、招标图纸,确定工程量清单编审的范围及需要设定的暂估价;收集相关市场价格信息,为暂估价的确定提供依据。

(3)针对《建设工程工程量清单计价规范》(GB 50500—2013)缺项的新材料、新技术、新工艺,收集足够的基础资料,为补充项目的制定提供依据。

2. 现场踏勘

为了选用合理的施工组织设计和施工技术方案,投标人需进行现场踏勘,以充分了解施工现场情况及工程特点，主要对以下两方面进行调查。

（1）自然地理条件：工程所在地的地理位置、地形、地貌、用地范围等；气象、水文情况，包括气温、湿度、降雨量等；地质情况，包括地质构造及特征、承载能力等；地震、洪水及其他自然灾害情况。

（2）施工条件：工程现场周围的道路、进出场条件、交通限制情况；工程现场施工临时设施、大型施工机具、材料堆放场地安排情况；工程现场邻近建筑物与招标工程的间距、结构形式、基础埋深、新旧程度、高度；市政给排水管线位置、管径、压力，废水、污水处理方式，市政、消防供水管道管径、压力、位置等；现场供电方式、方位、距离、电压等；工程现场通信线路的连接和铺设；当地政府有关部门对施工现场管理的一般要求、特殊要求及规定等。

3. 拟订常规施工组织设计

施工组织设计是指导拟建工程项目的施工准备和施工的技术经济文件。根据项目的具体情况编制施工组织设计，拟订工程的施工方案、施工顺序、施工方法等，便于工程量清单的编制及准确计算，特别是工程量清单中的措施项目。施工组织设计编制的主要依据：招标文件中的相关要求，设计文件中的图纸及相关说明，现场踏勘资料，有关计价依据和标准，现行有关技术标准、施工规范或规则等。招标人仅需拟订常规施工组织设计。

招标人在拟定常规施工组织设计时需注意以下问题。

1）估算整体工程量

估算整体工程量根据概算指标或类似工程进行估算，且仅对主要项目进行估算，如土石方、混凝土等。

2）拟定施工总方案

施工总方案只需对重大问题和关键工艺做原则性的规定，不需考虑施工步骤，主要包括施工方法、施工机械设备的选择，科学的施工组织，合理的施工时间，现场的平面布置及各种技术措施。制定总方案要满足以下原则：从实际出发，符合现场的实际情况，在切实可行的范围内尽量求其先进和快速；满足工期的要求；确保工程质量和施工安全；尽量降低施工成本，使方案更加经济合理。

3）编制施工进度计划

施工进度计划要满足合同对工期的要求，在不增加资源的前提下尽量提前。编制施工进度计划时要处理好工程中各分部、分项、单位工程之间的关系，避免出现施工顺序的颠倒或工种相互冲突。

4）计算人材机资源需要量

人工工日数量根据估算的工程量、选用的计价依据、拟定的施工总方案、施工方法及要求的工期确定，并考虑节假日、气候等因素的影响。材料需要量主要根据估算的工程量和选用的材料消耗标准进行计算。机具台班数量根据施工方案确定选择机械设备及仪器仪表方案和种类的匹配要求，再根据估算的工程量和机械台班消耗标准进行计算。

5）施工平面布置

施工平面布置需根据施工方案、施工进度要求，对施工现场的道路交通、材料仓库、临时设施等做出合理的规划布置，主要包括建设项目施工总平面图上的一切地上、地下已有和拟建的建筑物、构筑物以及其他设施的位置和尺寸；所有为施工服务的临时设施的位置，如施工用地范围，施工用道路，材料仓库，取土与弃土位置，水源、电源位置，安全、消防设施位置；永久性测量放线标桩位置等。

（二）招标工程量清单的编制内容

1. 分部分项工程项目清单编制

分部分项工程项目清单是反映拟建工程分部分项工程项目名称和相应数量的明细清单，由招标人负责编制,包括项目编码、项目名称、项目特征、计量单位和工程量的计算五项内容。

1)项目编码

分部分项工程项目清单的项目编码,应根据拟建工程的工程项目清单项目名称设置,同一招标工程的项目编码不得有重码。

2)项目名称

分部分项工程项目清单的项目名称应按专业工程量计算规范附录的项目名称结合拟建工程的实际确定。在分部分项工程项目清单中列出的项目,应是在单位工程的施工过程中以其本身构成该单位工程实体的分项工程,但应注意以下两点。

(1)在拟建工程的施工图纸中有体现,并且在专业工程量计算规范附录中也有对应项目的分部分项工程项目,根据附录中的规定直接列项,计算工程量,确定其项目编码。

(2)当在拟建工程的施工图纸中有体现,但在专业工程量计算规范附录中没有对应的项目,并且在附录项目的"项目特征"或"工作内容"中也没有提示时,编制人员必须编制针对这些分项工程的补充项目,在清单中单独列项并在清单的编制说明中注明。

3)项目特征

工程量清单的项目特征是确定一个清单项目综合单价不可缺少的重要依据。在编制工程量清单时,编制人员必须对项目特征进行准确和全面的描述。项目特征用文字难以准确和全面地描述时,为达到规范、简洁、准确、全面描述项目特征的要求,应按以下原则进行编制。

(1)项目特征应按附录中的规定,结合拟建工程的实际描述,应满足确定综合单价的需要。

(2)若采用标准图集或施工图纸能够全部或部分满足项目特征描述的要求,项目特征描述可直接采用"详见××图集"或"××图号"的方式。不能满足项目特征描述要求的部分,仍应用文字描述。

4)计量单位

分部分项工程项目清单的计量单位与有效位数应遵守清单计价规范的规定。附录中有两个或两个以上计量单位的,应结合拟建工程项目的实际选择其中一个。

5)工程量的计算

分部分项工程项目清单所列工程量应按专业工程量计算规范规定的工程量计算规则计算。另外,补充项目的工程量计算规则必须符合下述原则:一是计算规则要具有可计算性,二是计算结果要具有唯一性。

工程量的计算是一项繁杂而细致的工作,为了计算的快速准确并尽量避免漏算或重算,必须依据一定的计算原则及方法。

(1)计算口径一致。根据施工图列出的工程量清单项目,必须与专业工程工程量计算规范中相应清单项目的口径一致。

(2)按工程量计算规则计算。工程量计算规则是综合确定各项消耗指标的基本依据,也是具体工程测算和分析资料的基准。

(3)按图纸计算。工程量按每个分项工程,根据设计图纸进行计算,计算时采用的原始数据必须以施工图纸所表示的尺寸或施工图纸能读出的尺寸为准,不得任意增减。

(4)按一定顺序计算。计算分部分项工程量时,可以按照清单分部分项编目顺序或按施工图专业顺序依次进行计算。计算同一张图纸的分项工程量时,一般可采用以下几种顺序:按顺时针或逆时针顺序计算;按先横后纵顺序计算;按轴线编号顺序计算;按施工先后顺序计算。

2. 措施项目清单编制

措施项目清单指为完成工程项目施工,发生于该工程施工准备和施工过程中的技术、生活、安全、环境保护等方面的项目清单,措施项目分单价措施项目和总价措施项目。

措施项目清单的编制需考虑多种因素，除工程本身的因素外，还涉及水文、气象、环境、安全等因素。措施项目清单应根据拟建工程的实际情况列项，若出现《建设工程工程量清单计价规范》(GB 50500—2013)中未列的项目，可根据工程实际情况补充。措施项目清单的设置要考虑拟建工程的施工组织设计，施工技术方案，相关的施工规范与施工验收规范，招标文件中提出的某些必须通过一定的技术措施才能实现的要求，设计文件中一些不足以写进技术方案但是要通过一定的技术措施才能实现的内容。

一些可以精确计算工程量的措施项目可采用与分部分项工程项目清单编制相同的方式，编制分部分项工程和单价措施项目清单与计价表。一些措施项目费用的发生与使用时间、施工方法或者两个以上的工序相关并大多与实际完成的实体工程量的大小关系不大，如安全文明施工、冬雨季施工、已完工程设备保护等，应编制总价措施项目清单与计价表。

3. 其他项目清单的编制

其他项目清单是应招标人的特殊要求而发生的与拟建工程有关的其他费用项目的清单。工程建设标准的高低、工程的复杂程度、工程的工期长短、工程的组成内容、发包人对工程管理要求等都直接影响其他项目清单的具体内容。当出现未包含在表格中的内容的项目时，编制人员可根据实际情况补充。

1)暂列金额

暂列金额是指招标人暂定并包括在合同中的一笔款项，是用于工程合同签订时尚未确定或者不可预见的所需材料、工程设备、服务的采购，施工中可能发生的工程变更、合同约定调整因素出现时的合同价款调整以及发生的索赔、现场签证确认等的费用。此项费用由招标人填写项目名称、计量单位、暂定金额等，若不能详列，也可只列暂定金额总额。暂列金额由招标人支配，实际发生后才支付，因此，暂列金额应根据施工图纸的深度、暂估价设定的水平、合同价款约定调整的因素以及工程实际情况合理确定。暂列金额一般可按分部分项工程项目清单的10%～15%确定，不同专业预留的暂列金额应分别列项。

2)暂估价

暂估价是招标人在招标文件中提供的用于支付必然要发生但暂时不能确定价格的材料、工程设备的单价以及专业工程的金额。一般而言，为方便合同管理和计价，需要纳入分部分项工程量项目综合单价的暂估价，应只是材料、工程设备暂估单价，以方便投标与组价。以“项”为计量单位给出的专业工程暂估价一般应是综合暂估价，即应当包括除规费、税金以外的管理费、利润等。

3)计日工

计日工是为了解决现场发生的工程合同范围以外的零星工作或项目的计价而设立的。计日工为额外工作的计价提供了一个方便快捷的途径。计日工对完成零星工作所消耗的人工工时、材料数量、机具台班进行计量，并按照计日工表中填报的适用项目的单价进行计价支付。编制计日工表格时，一定要给出暂定数量，并且需要根据经验，尽可能估算一个比较贴近实际的数量，且尽可能把项目列全，以消除因此而产生的争议。

4)总承包服务费

总承包服务费是为了解决招标人在法律法规允许的条件下，进行专业工程发包以及自行采购材料、设备时，要求总承包人对发包的专业工程提供协调和配合服务，对供应的材料、设备提供收、发和保管服务以及对施工现场进行统一管理，对竣工资料进行统一汇总整理等发生并向承包人支付的费用。招标人应当按照投标人的投标报价支付该项费用。

4. 规费、税金项目清单的编制

规费、税金项目清单应按照规定的内容列项，当出现规范中没有的项目时，应根据省级政府或有关部门的规定列项。税金项目清单除规定的内容外，如国家税法发生变化或增加税种，应对税金项目清单进行补充。规费、税金的计算基础和费率均应按国家或地方相关部门的规定执行。

5. 工程量清单总说明的编制

工程量清单总说明包括以下内容。

1)工程概况

工程概况要对建设规模、工程特征、计划工期、施工现场实际情况、自然地理条件、环境保护要求等做出描述。建设规模是指建筑面积;工程特征应说明基础及结构类型,建筑层数、高度,门窗类型,各部位装饰、装修做法;计划工期是根据工程实际需要而安排的施工天数;施工现场实际情况是指施工场地的地表状况;自然地理条件是指建筑场地所处地理位置的气候及交通运输条件;环境保护要求是针对施工噪声及材料运输可能对周围环境造成的影响和污染所提出的防护要求。

2)工程招标及分包范围

招标范围是指单位工程的招标范围,如建筑工程招标范围为"全部建筑工程",装饰、装修工程招标范围为"全部装饰、装修工程"或招标范围不含桩基础、幕墙、门窗等。工程分包是指特殊工程项目的分包,如招标人自行采购安装铝合金门窗等。

3)工程量清单编制依据

工程量清单编制依据包括建设工程工程量清单计价规范、设计文件、招标文件、施工现场情况、工程特点及常规施工方案等。

4)工程质量、材料、施工等的特殊要求

工程质量的要求是指招标人要求拟建工程的质量应达到合格或优良标准;材料的要求是指招标人根据工程的重要性,使用功能,装饰、装修标准提出的要求,如对水泥的品牌,钢材的生产厂家,花岗石的产地、品牌等的要求;施工要求一般是指建设项目中对单项工程的施工顺序等的要求。

5)其他需要说明的事项

工程量清单汇总说明应包括其他需要说明的事项。

6. 招标工程量清单汇总

分部分项工程项目清单,措施项目清单,其他项目清单,规费、税金项目清单编制完成以后,经审查复核,与工程量清单封面及总说明汇总并装订,由相关责任人签字和盖章,形成完整的招标工程量清单文件。

(三)招标工程量清单编制示例

随招标文件发布供投标报价的工程量清单,称为招标工程量清单,通常用表格形式表示并加以说明。由于招标人所用的工程量清单表格与投标人报价所用的工程量清单表格是同一个表格,招标人发布的表格中,除暂列金额、暂估价列有"金额"外,其他项目只列出工程量,该工程量是根据工程量计算规范的计算规则所得的。

【例 5-2-1】××园二期园路工程分部分项工程量的计算与列表。

根据《市政工程工程量计算规范》(GB 50857—2013)和《园林绿化工程工程量计算规范》(GB 50858—2013),对矿渣、园路、路牙铺设、挖一般土方、回填方、余方弃置等工程量进行计算并列表。

1)050201001 园路

根据《园林绿化工程工程量计算规范》(GB 50858—2013)附录 B.1 园路的工程量计算规则,园路的工程量按设计图示尺寸以面积计算,不包括路牙。

项目特征:①路床土石类别;②垫层厚度、宽度、材料种类;③路面厚度、宽度、材料种类;④砂浆强度等级。

工作内容:①路基、路床整理;②垫层铺筑;③路面铺筑;④路面养护。

2)050201003 路牙铺设

根据《园林绿化工程工程量计算规范》(GB 50858—2013)附录 B.1 路牙铺设的工程量计算规则,路牙铺设的工程量按设计图示尺寸以长度计算。

项目特征:①垫层厚度、材料种类;②路牙材料种类、规格;③砂浆强度等级。

工作内容:①基层清理;②垫层铺设;③路牙铺设。

3)040202008 矿渣(道路基层)

根据《市政工程工程量计算规范》(GB 50857—2013)附录 B.2 矿渣的工程量计算规则,矿渣的工程量按设计图示尺寸以面积计算,不扣除各类井所占面积。

项目特征:厚度。

工作内容:①拌合;②运输;③铺筑;④找平;⑤碾压;⑥养护。

4)040101001 挖一般土方

根据《市政工程工程量计算规范》(GB 50857—2013)附录 A.1 挖一般土方的工程量计算规则,挖一般土方的工程量按设计图示尺寸以体积计算。

项目特征:①土壤类别;②挖土深度。

工作内容:①排地表水;②土方开挖;③围护(挡土板)及拆除;④基底钎探;⑤场内运输。

5)040103001 回填方

根据《市政工程工程量计算规范》(GB 50857—2013)附录 A.3 回填方的工程量计算规则,回填方的工程量按设计图示尺寸以体积计算,按挖方清单项目工程量加原地面线至设计要求标高间的体积,减基础、构筑物等埋入体积计算。

项目特征:①密实度要求;②填方材料品种;③填方粒径要求;④填方来源、运距。

工作内容:①运输;②回填;③压实。

6)040103002 余方弃置

根据《市政工程工程量计算规范》(GB 50857—2013)附录 A.3 余方弃置的工程量计算规则,余方弃置的工程量按挖方清单项目工程量减利用回填方体积(正数)计算。

项目特征:①废弃料品种;②运距。

工作内容:余方点装料运输至弃置点。

7)050401003 亭脚手架

根据《园林绿化工程工程量计算规范》(GB 50858—2013)附录 D.1 亭脚手架的工程量计算规则,亭脚手架的工程量可以座计算,按设计图示数量计算;也可以平方米计量,按建筑面积计算。

项目特征:①搭设方式;②檐口高度。

工作内容:①场内、场外材料搬运;②搭、拆脚手架、斜道、上料平台;③铺设安全网;④拆除脚手架后材料分类堆放。

8)分部分项工程和单价措施项目清单计价表

分部分项工程和单价措施项目清单计价表如表 5-2-1 所示。招标人提供招标工程量清单时,金额内容为空白。措施项目如有予以计量的内容也填入该表。

表 5-2-1　分部分项工程和单价措施项目清单计价表

工程名称:××园　　　标段:××市园博园二期工程　　　　第　页　共　页

序号	项目编码	项目名称	项目特征描述	计量单位	工程量	金额/元		
						综合单价	合价	其中:暂估价
		……						
		0502 园路、园桥工程						
1	040202008001	矿渣	厚度:80 cm	m^2	10 661			
2	050201001001	园路	垫层为 150 mm 厚 3∶7 灰土,宽 2.5 m 烧面黄锈石花岗岩 600 mm×400 mm×30 mm,宽2.5 m 30 mm 厚 1∶2.5 水泥砂浆	m^2	464			
3	050201003001	路牙铺设	垫层为 200 mm 厚级配碎石 芝麻灰烧面路缘石 990 mm×150 mm×150 mm 30 mm 厚 1:3 水泥砂浆	m	3046			
4	040101001004	挖一般土方	土壤类别:一、二类土 挖土深度:2 m 以内	m^3	4263			
5	040103001003	回填方	密实度要求:夯实 填方来源、运距:原土回填	m^3	3965			
6	040103002005	余方弃置	废弃料品种:土方 运距:5 km	m^3	398			
		分部小计						
		……						
		0117 措施项目						
16	050401003001	亭脚手架	砖混、檐高 6 m	m^2	10 940			
		……						
		分部小计						
合计								

三、最高投标限价的编制

(一)最高投标限价概述

1. 最高投标限价的概念

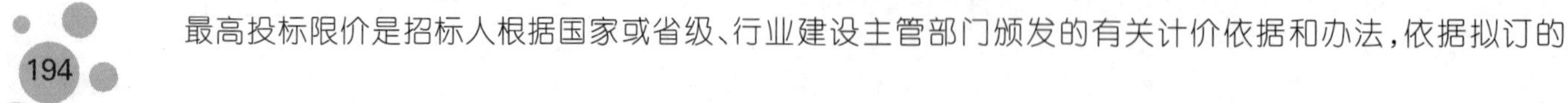

最高投标限价是招标人根据国家或省级、行业建设主管部门颁发的有关计价依据和办法,依据拟订的

招标文件和招标工程量清单,结合工程具体情况发布的对投标人的投标报价进行控制的最高价格。

最高投标限价和标底是两个不同的概念。标底是招标人的预期价格,最高投标限价是招标人可接受的上限价格。招标人不得以投标报价超过标底上下浮动范围作为否决投标的条件,但是投标人报价超过最高投标限价时将被否决。标底需要保密,最高投标限价则需要在发布招标文件时公布。

最高投标限价的优缺点如表 5-2-2 所示。

表 5-2-2 最高投标限价的优缺点

优点	缺点
有效控制投资	若最高投标限价大大高于市场平均价,可能诱导投标人串标、围标
提高了透明度	
投标人自主报价,不受标底影响	若最高投标限价远远低于市场平均价,会影响招标效率
设置控制上限减少业主依赖评标基准价	

2. 最高投标限价的作用

最高投标限价可有效控制投资,防止通过围标、串标方式恶性哄抬报价,给招标人带来投资失控的风险。最高投标限价或其计算方法需要在招标文件中明确,因此,最高投标限价的编制提高了透明度,避免了暗箱操作等违法活动的产生。在最高投标限价的约束下,各投标人自主报价、公开公平竞争,有利于引导投标人进行理性竞争,符合市场规律。

3. 采用最高投标限价招标应该注意的问题

(1)最高投标限价大幅高于市场平均价时,中标后利润很丰厚,投标报价不超过公布的限额的投标都是有效投标,可能诱导投标人串标、围标。

(2)招标文件公布的最高投标限价远远低于市场平均价会影响招标效率。投标人按此限额投标将无利可图,超出此限额投标又会成为无效投标,可能出现只有 1～2 个投标人投标或出现无人投标情况,招标人不得不修改最高投标限价进行二次招标。

(3)最高投标限价编制工作本身是一项较为系统的工程活动,编制人员除具备相关造价知识之外,还需对工程的实际作业有全面的了解。若仅将其编制的重点集中在计量与计价上,忽视了对工程本身系统的了解,则很容易造成最高投标限价与事实不符的情况,使招标与投标单位都面临较大的风险。

(二)最高投标限价的编制规定与依据

1. 最高投标限价的编制规定

(1)国有资金投资的工程建设项目应实行工程量清单招标,招标人应编制最高投标限价,并应当拒绝高于最高投标限价的投标报价,即投标人的投标报价若超过公布的最高投标限价,则其投标应被否决。

(2)最高投标限价应由具有编制能力的招标人或受其委托的工程造价咨询人编制。工程造价咨询人不得同时接受招标人和投标人对同一个工程的最高投标限价和投标报价的编制。

(3)最高投标限价应当依据工程量清单、工程计价有关规定和市场价格信息等编制,并不得进行上浮或下调。招标人应当在招标文件中公布最高投标限价的总价,以及各单位工程的分部分项工程费、措施项目费、其他项目费、规费和税金。

(4)最高投标限价超过批准的概算时,招标人应将其报原概算审批部门审核,这是因为我国对国有资金投资项目的投资控制实行的是设计概算审批制度,国有资金投资的工程的最高投标限价原则上不能超过批准的设计概算。同时,招标人应将最高投标限价报工程所在地的工程造价管理机构备查。

(5)投标人经复核认为招标人公布的最高投标限价未按照《建设工程工程量清单计价规范》(GB 50500—2013)的规定进行编制的,应在最高投标限价公布后5天内向招标投标监督机构和工程造价管理机构投诉。工程造价管理机构受理投诉后,应立即对最高投标限价进行复查,组织投诉人、被投诉人或其委托的最高投标限价编制人等单位人员对投诉问题逐一核对。工程造价管理机构应当在受理投诉的10天内完成复查,特殊情况下可适当延长,并做出书面结论通知投诉人、被投诉人及负责该工程招标投标监督的招标投标管理机构。当最高投标限价复查结论与原公布的最高投标限价误差大于±3%时,应责成招标人改正。当重新公布最高投标限价时,若重新公布之日至原投标截止日期不足15天,投标截止日期应延长。

(6)招标人应将最高投标限价及有关资料报送工程所在地或有该工程管辖权的行业管理部门工程造价管理机构备查。

2. 最高投标限价的编制依据

最高投标限价的编制依据是指在编制最高投标限价时需要进行工程量计量、价格确认、工程计价的有关参数、率值的确定等工作时所需的基础性资料。虽然《住房和城乡建设部办公厅关于印发工程造价改革工作方案的通知》(建办标〔2020〕38号)提出了"取消最高投标限价按定额计价的规定,逐步停止发布预算定额"的要求,但在一定时期内,由于市场化的造价信息以及对应一定计量单位的工程量清单或工程量清单子项具有地区、行业特征的工程造价指标尚不能完全满足工程计价的需要,最高投标限价的编制依据应是各级建设行政主管部门发布的计价依据、标准、办法与市场化的工程造价信息的混合使用。最高投标限价的编制依据主要包括以下内容:

①现行国家标准《建设工程工程量清单计价规范》(GB 50500—2013)与各专业工程工程量计算规范;

②国家或省级、行业建设主管部门颁发的计价办法;

③建设工程设计文件及相关资料;

④拟定的招标文件及招标工程量清单;

⑤与建设项目相关的标准、规范、技术资料;

⑥施工现场情况、工程特点及常规施工方案;

⑦工程造价管理机构发布的人工、材料、设备及机械单价等工程造价信息,工程造价信息没有发布的,参照市场价;

⑧其他相关资料。

(三)最高投标限价的编制内容

最高投标限价应当编制完善的编制说明。编制说明应包括工程规模、涵盖的范围、采用的预算定额和依据、基础单价来源、税费取定标准等内容,以方便对最高投标限价进行理解和审查。最高投标限价的编制内容包括分部分项工程费、措施项目费、其他项目费、规费和税金,各部分有不同的计价要求。

1. 最高投标限价的计价程序

建设工程的最高投标限价反映的是单位工程费用,各单位工程费用是由分部分项工程费、措施项目费、其他项目费、规费和税金组成的。单位工程最高投标限价的计价程序表如表5-2-3所示。

表5-2-3 单位工程最高投标限价的计价程序表

工程名称: 标段: 第 页 共 页

序号	汇总内容	计算方法	金额/元
1	分部分项工程	按计价规定计算	
1.1			

续表

序号	汇总内容	计算方法	金额/元
1.2			
2	措施项目	按计价规定计算	
2.1	其中:安全文明施工费	按规定标准估算	
3	其他项目		
3.1	其中:暂列金额	按计价规定估算	
3.2	其中:专业工程暂估价	按计价规定估算	
3.3	其中:计日工	按计价规定估算	
3.4	其中:总承包服务费	按计价规定估算	
4	规费	按规定标准计算	
5	税金	(1+2+3+4)×增值税税率	
最高投标限价		合计=1+2+3+4+5	

注:本表适用于单位工程最高投标限价,如未划分单位工程,单项工程也使用本表。

2. 分部分项工程费的编制要求

分部分项工程费应根据招标文件中的分部分项工程项目清单及有关要求,按《建设工程工程量清单计价规范》(GB 50500—2013)有关规定确定综合单价计价。

1)综合单价的组价过程

最高投标限价的分部分项工程费应由各单位工程的招标工程量清单中给定的工程量乘以其相应综合单价汇总而成。综合单价应按照招标人发布的分部分项工程项目清单的项目名称、工程量、项目特征,依据工程所在地区的工程计价依据、标准或工程造价指标进行组价确定。首先,依据提供的工程量清单和施工图纸,确定清单计量单位所组价的子项目名称,并计算出相应的工程量;其次,依据工程造价政策规定或信息价确定新组价子项的人工、材料、施工机具台班单价;再次,在考虑风险因素确定管理费率和利润率的基础上,按规定程序计算出所组价子项的合价;最后,将若干项所组价子项的合价相加并考虑未计价材料费除以工程量清单项目工程量,得到工程量清单项目综合单价,未计价材料费(包括暂估单价的材料费)应计入综合单价。

$$
\begin{aligned}
\text{清单组价子项合价} = {} & \text{清单组价子项工程量} \times [\textstyle\sum(\text{人工消耗量} \times \text{人工单价})] \\
& + \textstyle\sum(\text{材料消耗量} \times \text{材料单价}) \\
& + \textstyle\sum(\text{机具台班消耗量} \times \text{机具台班单价}) + \text{管理费} + \text{利润}
\end{aligned}
$$

$$
\text{工程量清单综合单价} = \frac{\sum \text{清单组价子项合价} + \text{未计价材料费}}{\text{工程量清单项目工程量}}
$$

2)综合单价中的风险因素

为使最高投标限价与投标报价所包含的内容一致,综合单价应包括招标文件中要求投标人承担的风险内容及其范围(幅度)产生的风险费用。

(1)技术难度较大和管理复杂的项目,可考虑一定的风险费用,并纳入综合单价。

(2)工程设备、材料价格的市场风险,应依据招标文件的规定,工程所在地或行业工程造价管理机构的有关规定,以及市场价格趋势考虑一定率值的风险费用,纳入综合单价。

(3)税金、规费等法律、法规、规章和政策变化的风险和人工单价等风险费用不应纳入综合单价。

3. 措施项目费的编制要求

(1)措施项目费中的安全文明施工费应当按照国家或省级、行业建设主管部门的规定标准计价,该部分不得作为竞争性费用。

(2)不同工程项目、不同施工单位会有不同的施工组织方法,所发生的措施项目费也会有所不同。因此对于竞争性措施项目费的确定,招标人应依据工程特点,结合施工条件和施工方案,考虑其经济性、实用性、先进性、合理性和高效性。

(3)措施项目应按招标文件中提供的措施项目清单确定,措施项目分为以"量"计算和以"项"计算的措施项目费两种。可精确计量的措施项目,以"量"计算,按其工程量用与分部分项工程量清单单价相同的方式确定综合单价;不可精确计量的措施项目,以"项"为单位,采用费率法按有关规定综合确定综合单价。采用费率法时需确定某项费用的计费基数及其费率,结果应是包括除规费、税金以外的全部费用。费率法的计算公式为

以"项"计算的措施项目清单费=措施项目计费基数×费率

4. 其他项目费的编制要求

1)暂列金额

暂列金额可根据工程的复杂程度、设计深度、工程环境条件(包括地质、水文、气候条件等)进行估算。

2)暂估价

暂估价中的材料和工程设备单价应按照工程造价管理机构发布的工程造价信息中的材料和工程设备单价计算,如果发布的部分材料和工程设备单价为一个范围,宜遵循就高原则编制最高投标限价;工程造价信息未发布的材料和工程设备,其单价参考市场价格估算;暂估价中的专业工程暂估价应分不同专业,按有关计价规定估算。

3)计日工

计日工包括人工、材料和施工机械。在编制最高投标限价时,计日工中的人工单价和施工机械台班单价应按省级、行业建设主管部门或其授权的工程造价管理机构公布的单价计算。如果人工单价、费率标准等有浮动范围可供选择时,应在合理范围内选择偏低的人工单价和费率值,以缩小最高投标限价与合理成本价的差距。材料应按工程造价管理机构发布的工程造价信息中的材料单价计算,如果发布的部分材料单价为一个范围,宜遵循就高原则编制最高投标限价;工程造价信息未发布单价的材料,其价格应在确保信息来源可靠的前提下,按市场调查、分析确定的单价计算,并计取一定的企业管理费和利润。未采用工程造价管理机构发布的工程造价信息时,招标人应在招标文件或答疑补充文件中对最高投标限价采用的与造价信息不一致的市场价格进行说明。

4)总承包服务费

编制最高投标限价时,总承包服务费应按照省级或行业建设主管部门的规定计算,或者根据行业经验标准计算,如表 5-2-4 所示。

表 5-2-4　总承包服务费的计算标准

招标人对分包的专业工程要求	总承包服务费
总承包管理和协调	按分包的专业工程估算造价的 1.5%计算
总承包管理和协调,并提供配合服务	按分包的专业工程估算造价的 3%~5%计算
招标人自行供应材料、工程设备	按招标人供应材料、工程设备价值的 1%计算

5. 规费和税金的编制要求

规费和税金应按国家或省级、行业建设主管部门的规定计算，不得作为竞争性费用。

税金的计算公式如下：

税金=(分部分项工程费+措施项目费+其他项目费+规费)×增值税税率

(四)编制最高投标限价时应注意的问题

(1)应该正确、全面地选用行业和地方的计价依据、标准、办法和市场化的工程造价信息。采用的材料价格应是通过工程造价信息平台发布的材料价格，工程造价信息未发布材料单价的材料，其材料价格应通过市场调查确定。另外，未采用发布的工程造价信息时，招标人应在招标文件或答疑补充文件中对最高投标限价采用的与造价信息不一致的市场价格进行说明，采用的市场价格则应通过调查、分析确定，有可靠的信息来源。

(2)施工机械设备的选型直接关系到综合单价水平，应根据工程项目特点和施工条件，本着经济实用、先进高效的原则确定。

(3)不可竞争的措施项目和规费、税金等费用的计算均属于强制性的条款，编制最高投标限价时应按国家有关规定计算。

(4)不同工程项目、不同投标人会有不同的施工组织方法，所发生的措施费也会有所不同，因此，对于竞争性的措施费用的确定，招标人应先编制常规的施工组织设计或施工方案，经科学论证后再进行合理确定措施项目与费用。

本节课后习题

1.[单选]直接发承包项目如按初步设计总概算投资包干，其签约合同费应以(　　)为准。

A. 经审批的概算投资总额

B. 经审批的概算投资相对应的建筑安装费用

C. 经审批的概算投资中与承包内容相对应部分的投资

D. 经审批的概算投资中相对应的工程费用

答案:C

2.[单选]关于建设工程施工招标文件，下列说法正确的是(　　)。

A. 工程量清单不是招标文件的组成部分

B. 由招标人编制的招标文件只对投标人具有约束力

C. 招标项目的技术要求可以不在招标文件中描述

D. 招标人可以对已发出的招标文件进行必要的修改

答案:D

3.[单选]关于施工招标文件的疑问和澄清，下列说法正确的是(　　)。

A. 投标人可以口头方式提出疑问

B. 投标人不得在投标截止前的 15 天内提出疑问

C. 投标人收到澄清后的确认时间应按绝对时间设置

D. 招标文件的书面澄清应发给所有投标人

答案:D

4.[单选]关于工程量清单“量价分离”和“风险分担”的编制原则，下列说法正确的是(　　)。

A. 招标人对已标价工程量清单中各分部分项工程量的准确性和完整性负责

B. 招标人对已标价工程量清单中措施项目工程量的准确性和完整性负责

C. 投标人对已标价工程量清单中各分部分项工程量的准确性和完整性负责

D. 投标人对已标价工程量清单中措施项目工程量的准确性和完整性负责

答案:A

5.[多选]为满足施工招标工程量清单编制的需要,招标人需拟定施工总方案,其主要内容包括(　　)。

A. 施工方法

B. 施工步骤

C. 施工机械设备的选择

D. 施工顺序

E. 现场的平面布置

答案:ACE

6.[单选]为编制招标工程量清单,在拟定常规的施工组织设计时,正确的做法是(　　)。

A. 根据概算指标和类似工程估算整体工程量时,仅对主要项目进行估算

B. 拟定施工总方案时需要考虑施工步骤

C. 在满足工期要求的前提下,施工进度计划应尽量推后以降低风险

D. 在计算人材机资源需要量时,不必考虑节假日、气候的影响

答案:A

7.[单选]关于招标工程量清单中分部分项工程量清单的编制,下列说法正确的是(　　)。

A. 所列项目应该是施工过程中以其本身构成工程实体的分项工程或可以精确计量的措施分项项目

B. 拟建施工图纸有体现,但专业工程量计算规范附录中没有对应项目的,则必须编制这些分项工程的补充项目

C. 补充项目的工程量计算规则,应符合"计算规则要具有可计算性"且"计算结果要具有唯一性"的原则

D. 采用标准图集的分项工程,其特征描述应直接采用"详见××图集"的方式

答案:C

8.[多选]下列费用中,属于招标工程量清单中其他项目清单编制内容的是(　　)。

A. 暂列金额

B. 暂估价

C. 计日工

D. 总承包服务费

E. 措施费

答案:ABCD

9.[单选]关于建设工程招标工程量清单的编制,下列说法正确的是(　　)。

A. 总承包服务费应计列在暂列金额项下

B. 分部分项工程项目清单中所列工程应按专业工程量计算规范规定的工程计算规则计算

C. 措施项目清单的编制不用考虑施工技术方案

D. 在专业工程量计算规范中没有列项的分部分项工程,不得编制补充项目

答案:B

10.[单选]关于建设工程工程量清单的编制,下列说法正确的是(　　)。

A. 招标文件必须由专业咨询机构编制,由招标人发布

B. 材料的品牌应在设计文件中体现,在工程量清单编制说明中不再说明

C. 专业工程暂估价包括企业管理费和利润

D. 税金、规费是政府规定的,在清单编制中可不列项

答案:C

11.[单选]编制招标工程量清单时,应根据施工图纸的深度、暂估价设定的水平、合同价款约定调整因

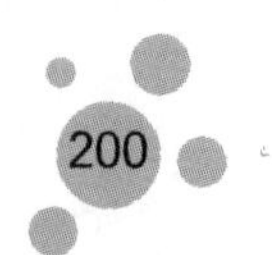

素以及工程实际情况合理确定的清单项目是(　　)。

A. 措施项目清单

B. 暂列金额

C. 专业工程暂估价

D. 计日工

答案:B

12. [单选]根据《建设工程工程量清单计价规范》(GB 50500—2013),关于招标工程量清单中暂列金额的编制,下列说法正确的是(　　)。

A. 应详列其项目名称、计量单位,不列明金额

B. 应列明暂定金额总额,不详列项目名称等

C. 不同专业预留的暂列金额应分别列项

D. 没有特殊要求一般不列暂列金额

答案:C

13. [单选]关于依法必须招标工程的标底和招标控制价,下列说法中正确的是(　　)。

A. 招标人有权自行决定是否采用设标底招标、无标底招标以及招标控制价招标

B. 采用设标底招标的,招标人有权决定标底是否在招标文件中公开

C. 采用招标控制价招标的,招标人应在招标文件中明确最高投标限价,也可以规定最低投标限价

D. 公布招标控制价时,招标人还应公布各单位工程的分部分项工程费、措施项目费、其他项目费、规费和税金

答案:D

14. [单选]关于最高投标限价的编制,下列说法正确的是(　　)。

A. 国有企业的建设工程招标可以不编制最高投标限价

B. 招标文件中可以不公开最高投标限价

C. 最高投标限价与标底的本质是相同的

D. 政府投资的建设工程招标时,应设最高投标限价

答案:D

15. [单选]根据《建设工程工程量清单计价规范》(GB 50500—2013)中对招标控制价的相关规定,下列说法正确的是(　　)。

A. 招标控制价公布后根据需要可以上浮或下调

B. 招标人可以只公布招标控制价总价,也可以只公布单价

C. 招标控制价可以在招标文件中公布,也可以在开标时公布

D. 高于招标控制价的投标报价应被拒绝

答案:D

16. [单选]依据工程所在地区颁发的计价定额等编制最高投标限价、进行分部分项工程综合单价组价时,首先应确定的是(　　)。

A. 风险范围与幅度

B. 工程造价信息确定的人工单价等

C. 定额项目名称及工程量

D. 管理费率和利润率

答案:C

第三节 施工投标文件的编制

一、施工投标报价的编制流程

投标报价是投标人响应招标文件要求所报出的，在已标价工程量清单中标明的总价，它是依据招标工程量清单提供的工程数量，计算综合单价与合价后形成的。为使投标报价更加合理并具有竞争性，投标报价的编制通常应遵循一定的程序，如图 5-3-1 所示。

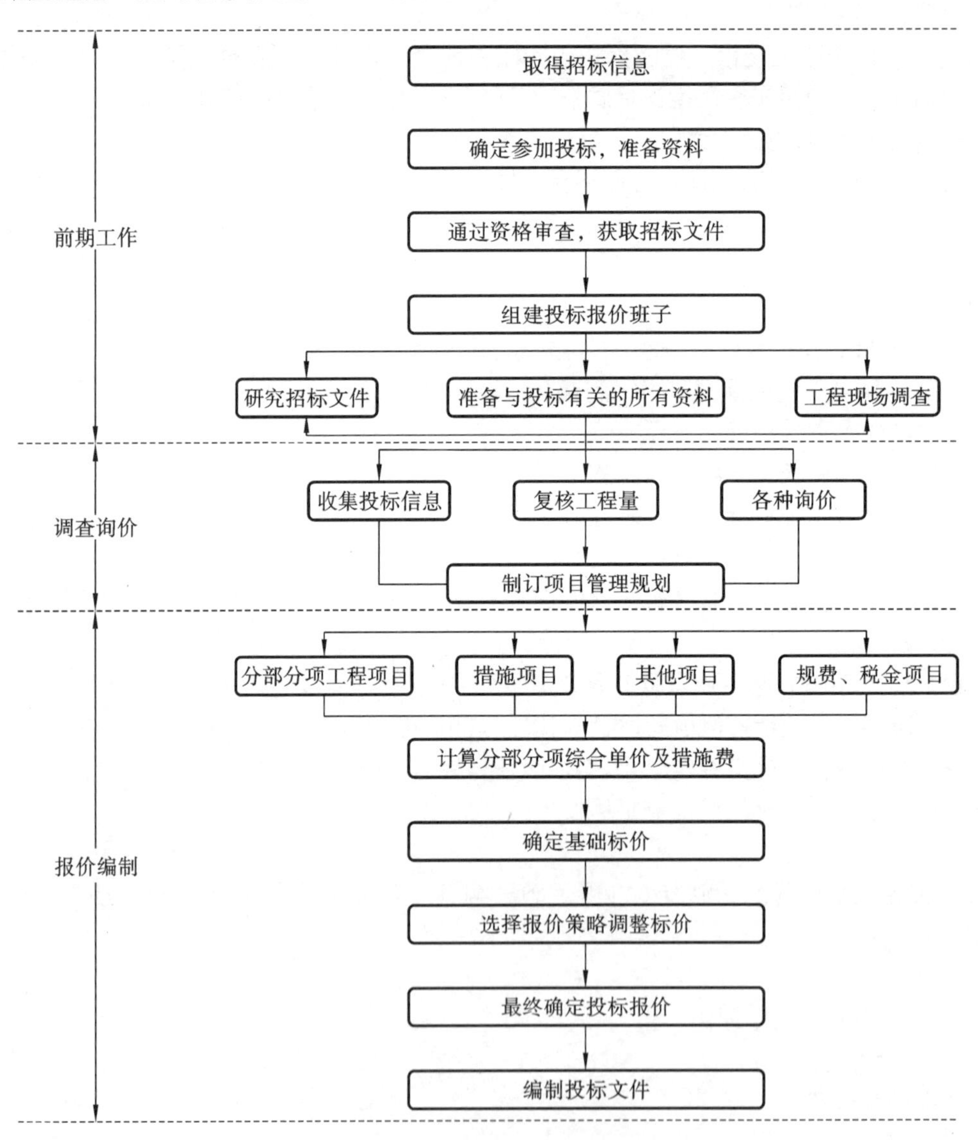

图 5-3-1　投标报价的编制流程图

二、投标报价前期工作

(一)研究招标文件

投标人取得招标文件后,为保证工程量清单报价的合理性,应对投标人须知、合同条件、技术规范、图纸和工程量清单等重点内容进行分析,深刻而正确地理解招标文件的要求和招标人的意图。

1. 投标人须知

投标人须知反映了招标人对投标的要求,特别要注意项目的资金来源、投标书的编制和递交、投标保证金、是否允许递交备选方案、评标方法等,重点在于防止投标被否决。

2. 合同分析

1)合同背景分析

投标人有必要了解与拟承包工程有关的合同背景,了解监理方式,了解合同的法律依据,为报价、合同实施及索赔提供依据。

2)合同形式分析

合同形式分析主要分析承包方式(如分项承包、施工承包、设计与施工总承包和管理承包等)和计价方式(如单价方式、总价方式、成本加酬金方式等)。

3)合同条款分析

(1)承包人的任务、工作范围和责任。

(2)工程变更及相应的合同价款调整。

(3)付款方式、时间。投标人应注意合同条款中关于工程预付款、材料预付款的规定,根据这些规定和预计的施工进度计划,计算出占用资金的数额和时间,从而计算出需要支付的利息数额并计入投标报价。

(4)施工工期。合同条款中关于合同工期、开竣工日期、分部工程分期交付工期等规定,是投标人制订施工进度计划的依据,也是报价的重要依据。投标人要注意合同条款中有无工期奖罚的规定,尽可能做到在工期符合要求的前提下报价有竞争力,或在报价合理的前提下工期有竞争力。

(5)业主责任。投标人制订的施工进度计划和做出的报价,都是以业主履行责任为前提的。所以,投标人应注意合同条款中关于业主责任措辞的严密性,以及关于索赔的有关规定。

3. 技术标准和要求分析

技术标准是按工程类型来描述工程技术和工艺内容特点,对设备、材料、施工和安装方法等规定的技术要求,或是对工程质量进行检验、试验和验收规定的方法和要求。它们与工程量清单中各子项工作密不可分,报价人员应在准确理解招标人要求的基础上对有关工程内容进行报价。任何忽视技术标准的报价都是不完整、不可靠的,有时可能导致工程承包重大失误和亏损。

4. 图纸分析

图纸是确定工程范围、内容和技术要求的重要文件,也是投标者确定施工方法等施工计划的主要依据。图纸的详细程度取决于招标人提供的施工图设计达到的深度和采用的合同形式。详细的设计图纸可使投标人比较准确地估价,而不够详细的图纸则需要估价人员采用综合估价方法,其结果一般不是很精确。

(二)调查工程现场

招标人一般会在招标文件中明确是否组织工程现场踏勘以及组织工程现场踏勘的时间和地点。投标人对一般区域进行调查的重点包括以下几个方面。

1. 自然条件调查

自然条件调查主要包括对气象资料,水文资料,地震、洪水及其他自然灾害情况,地质情况等的调查。

2. 施工条件调查

施工条件调查的内容主要包括工程现场的用地范围、地形、地貌、地物、高程,地上或地下障碍物,现场的三通一平情况;工程现场周围的道路、进出场条件、有无特殊交通限制;工程现场施工临时设施、大型施工机具、材料堆放场地安排的可能性,是否需要二次搬运;工程现场邻近建筑物与招标工程的间距、结构形式、基础埋深、新旧程度、高度;市政给水及污水、雨水排放管线位置、高程、管径、压力、废水、污水处理方式,市政、消防供水管道管径、压力、位置等;当地供电方式、方位、距离、电压等;当地煤气供应能力,管线位置、高程等;工程现场通信线路的连接和铺设;当地政府有关部门对施工现场管理的一般要求、特殊要求及规定,是否允许节假日和夜间施工等。

3. 其他条件调查

其他条件调查主要包括各种构件、半成品及商品混凝土的供应能力和价格,以及现场附近的生活设施、治安环境等情况。

三、询价与工程量复核

(一)询价

询价是投标报价中的一个重要环节。工程投标活动中,投标人不仅要考虑投标报价能否中标,还应考虑中标后承担的风险。因此,投标人在报价前必须通过各种渠道,采用各种方式对所需人工、材料、施工机具等要素进行系统的调查,掌握各要素的价格、质量、供应时间、供应数量等数据。这个过程称为询价。询价除需要了解生产要素的价格外,还应了解影响价格的各种因素,这样才能为报价提供可靠的依据。询价时要特别注意两个问题:一是产品质量必须可靠,并满足招标文件的有关规定;二是供货方式、时间、地点,有无附加条件和费用。

1. 询价的渠道

询价的渠道有以下几种:

①直接与生产厂商联系;

②了解生产厂商的代理人或从事该项业务的经纪人;

③了解经营该项产品的销售商;

④向咨询公司进行询价,通过咨询公司得到比较可靠的询价资料,但需要支付一定的咨询费用,也可向同行了解;

⑤通过互联网查询;

⑥自行进行市场调查或信函询价。

2. 生产要素询价

1)材料询价

材料询价的内容包括调查对比材料价格、供应数量、运输方式、保险和有效期、不同买卖条件下的支付方式等。询价人员在施工方案初步确定后,立即发出材料询价单,并催促材料供应商及时报价。收到询价单后,询价人员应将从各种渠道询得的材料报价及其他有关资料汇总整理,对同种材料从不同经销部门得到的所有资料进行比较分析,选择合适、可靠的材料供应商的报价,提供给工程报价人员使用。

2)施工机具询价

在外地施工需用的施工机具,有时在当地租赁或采购可能更为有利,因此,报价前有必要进行施工机具的询价。必须采购的施工机具,可向供应厂商询价。对于租赁的施工机具,投标人可向专门从事租赁业务的机构询价,并应详细了解其计价方法,例如各种施工机具每台班的租赁费、最低计费起点、施工机具停滞时租赁费及进出场费的计算,燃料费及机上人员工资是否在台班租赁费之内,如需另行计算,这些费用项目的具体数额为多少等。

3)劳务询价

如果承包人准备在工程所在地招募工人,则劳务询价是必不可少的。劳务询价主要有两种情况:一种是成建制的劳务公司,相当于劳务分包,一般费用较高,但素质较可靠,工效较高,承包人的管理工作较轻;另一种是劳务市场招募零散劳动力,这种方式虽然劳务价格低廉,但有时劳动力素质达不到要求或工效较低,且承包人的管理工作较繁重。投标人应在对劳务市场充分了解的基础上决定采用哪种方式,并以此为依据进行投标报价。

3. 分包询价

承包人可以确定拟分包的项目范围,将拟分包的专业工程施工图纸和技术说明送交预先选定的分包单位,请他们在约定的时间内报价,以便进行比较,选择合适的分包人。分包询价应注意以下几点:分包标函是否完整;分包工程单价包含的内容;分包人的工程质量、信誉及可信赖程度;质量保证措施;分包报价。

(二)复核工程量

工程量清单作为招标文件的组成部分,是由招标人提供的。工程量的大小是投标报价最直接的依据。复核工程量的准确程度,将影响承包人的经营行为:一是根据复核后的工程量与招标文件提供的工程量之间的差距,考虑相应的投标策略,决定报价裕度;二是根据工程量的大小采取合适的施工方法,选择适用、经济的施工机具设备,投入相应的劳动力数量等。复核工程量应注意以下几方面的问题。

(1)投标人应认真根据招标说明、图纸、地质资料等招标文件资料,计算主要清单工程量,复核工程量清单。复核工程量清单应特别注意以下问题:按一定顺序进行,避免漏算或重算;正确划分分部分项工程项目,与清单计价规范保持一致。

(2)复核工程量的目的不是修改工程量清单,即使工程量清单有误,投标人也不能修改招标工程量清单中的工程量,因为修改清单将导致在评标时投标文件被认为未响应招标文件而被否决。

(3)针对招标工程量清单中工程量的遗漏或错误,是否向招标人提出修改意见取决于投标策略。投标人可以向招标人提出,由招标人统一修改并把修改情况通知所有投标人;也可以运用一些报价的技巧提高报价的质量,争取在中标后获得更大的收益。

(4)投标人通过工程量复核还能准确地确定订货及采购物资的数量,防止超量或少购等带来的浪费、积压或停工待料。在核算完全部招标工程量清单中的细目后,投标人应按大项分类汇总主要工程总量,以便把握整个工程的施工规模,并据此研究采用合适的施工方法,选择适用的施工设备等。

四、投标报价的编制原则与依据

投标报价是投标人希望达成工程承包交易的期望价格，在不高于最高投标限价的前提下，应既保证有合理的利润空间又使之具有一定的竞争性。投标报价计算的必要条件是确定施工方案和施工进度，此外，投标报价计算还必须与采用的合同形式相协调。

(一)投标报价的编制原则

报价是投标的关键性工作，报价是否合理不仅直接关系到投标的成败，还关系到中标后企业的盈亏。投标报价的编制原则有五个。

1. 自主报价原则

投标报价由投标人自主确定，但必须执行《建设工程工程量清单计价规范》(GB 50500—2013)的强制性规定。投标报价应由投标人或受其委托的工程造价咨询人编制。

2. 不低于成本原则

《中华人民共和国招标投标法》第四十一条规定："中标人的投标应当符合下列条件……(二)能够满足招标文件的实质性要求，并且经评审的投标价格最低；但是投标价格低于成本的除外。"《评标委员会和评标方法暂行规定》第二十一条规定："在评标过程中，评标委员会发现投标人的报价明显低于其他投标报价或者在设有标底时明显低于标底，使得其投标报价可能低于其个别成本的，应当要求该投标人作出书面说明并提供相关证明材料。投标人不能合理说明或者不能提供相关证明材料的，由评标委员会认定该投标人以低于成本报价竞标，其投标应作废标处理"。根据上述法律、规章的规定，投标人的投标报价不得低于工程成本。

3. 风险分担原则

投标报价要以招标文件中设定的发承包双方责任划分为考虑投标报价费用项目和费用计算的基础，发承包双方的责任划分不同会导致合同风险的分摊不同，从而导致投标人选择不同的报价，投标人应根据工程发承包模式考虑投标报价的费用内容和计算深度。

4. 发挥自身优势原则

投标人应以施工方案、技术措施等作为投标报价计算的基本条件；以反映企业技术和管理水平的企业定额作为计算人工、材料和机具台班消耗量的基本依据；充分利用现场考察、调研成果、市场价格信息和行情资料，编制基础标价。

5. 科学严谨原则

报价计算方法要科学严谨，简明适用。

(二)投标报价的编制依据

《建设工程工程量清单计价规范》(GB 50500—2013)规定，投标报价应根据下列依据编制：

①《建设工程工程量清单计价规范》(GB 50500—2013)与专业工程量计算规范；

②企业定额；

③国家或省级、行业建设主管部门颁发的计价依据、标准和办法；

④招标文件、工程量清单及其补充通知、答疑纪要；
⑤建设工程设计文件及相关资料；
⑥施工现场情况、工程特点及投标时拟定的施工组织设计或施工方案；
⑦与建设项目相关的标准、规范等技术资料；
⑧市场价格信息或工程造价管理机构发布的工程造价信息；
⑨其他的相关资料。

五、投标报价的编制方法和内容

投标报价的编制方法是先根据招标人提供的工程量清单编制分部分项工程和措施项目清单与计价表，其他项目清单与计价表，规费、税金项目计价表，编制完成后，汇总得到单位工程投标报价汇总表，再逐级汇总，分别得出单项工程投标报价汇总表和建设项目投标报价汇总表，如图5-3-2所示。

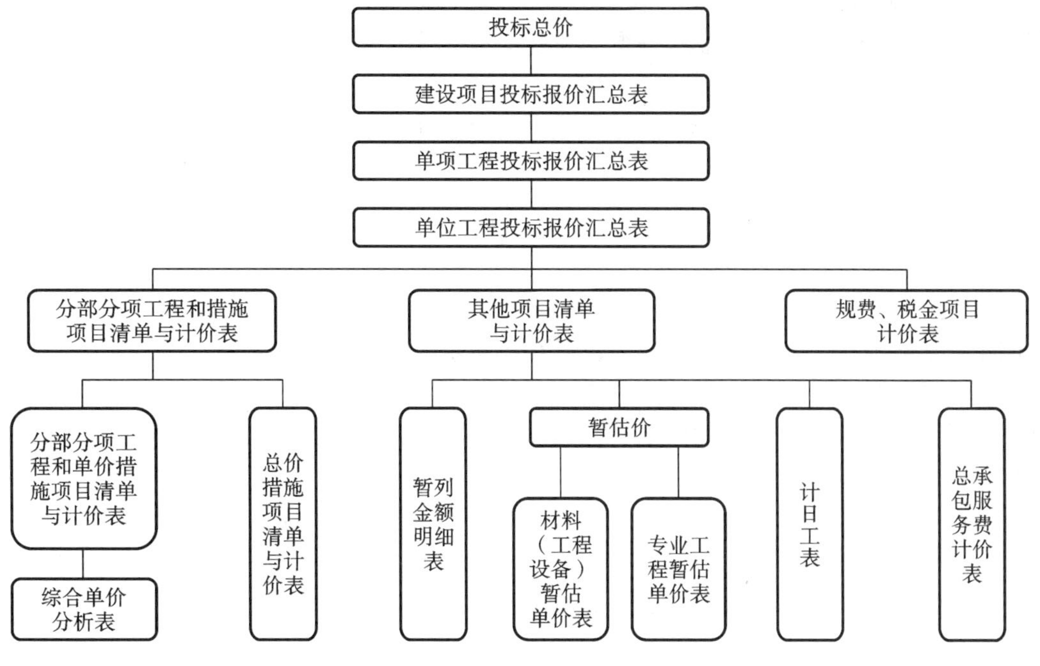

图5-3-2 建设项目施工投标总价组成

(一)分部分项工程和措施项目清单与计价表的编制

1. 分部分项工程和单价措施项目清单与计价表的编制

投标人投标报价中的分部分项工程费和以单价计算的措施项目费应按招标文件中分部分项工程和单价措施项目清单与计价表的特征描述确定综合单价计算。因此，确定综合单价是分部分项工程和单价措施项目清单与计价表编制过程中最主要的内容。综合单价包括完成一个规定清单项目所需的人工费、材料和工程设备费、施工机具使用费、企业管理费、利润，应考虑风险费用的分摊。

综合单价＝人工费＋材料和工程设备费＋施工机具使用费＋企业管理费＋利润

1)确定综合单价时的注意事项

(1)以项目特征为依据。项目特征是确定综合单价的重要依据之一，投标人投标报价时应依据招标文件中的清单项目的特征描述确定综合单价。在招标投标过程中，当招标工程量清单特征描述与设计图纸不符时，投标人应以招标工程量清单的项目特征描述为准，确定投标报价的综合单价；当施工中施工图纸或设计变更与招标工程量清单项目特征描述不一致时，发承包双方应按实际施工的项目特征，依据合同约定重新确定综合单价。

(2)材料、工程设备暂估价的处理。招标文件的其他项目清单提供了暂估单价的材料和工程设备，其中的材料应按其暂估的单价计入清单项目的综合单价。

(3)考虑合理的风险。招标文件要求投标人承担的风险费用，投标人应考虑进综合单价。在施工过程中，当出现的风险内容及其范围(幅度)在招标文件规定的范围(幅度)内时，综合单价不得变动，合同价款不做调整。发承包双方对工程施工阶段的风险宜采用如下分摊原则。

①对于主要由市场价格波动导致的价格风险，如工程造价中的建筑材料、燃料等价格风险，发承包双方应当在招标文件中或在合同中对此类风险的范围和幅度进行明确约定，进行合理分摊。根据工程特点和工期要求，一般采取的方式是承包人承担5%以内的材料、工程设备价格风险，10%以内的施工机具使用费风险。

②对于法律、法规、规章或有关政策出台导致工程税金、规费、人工费发生变化，并由省级、行业建设行政主管部门或其授权的工程造价管理机构根据上述变化发布的政策性调整，以及由政府定价或政府指导价管理的原材料等价格进行了调整，承包人不应承担此类风险，应按照有关调整规定执行。

③对于承包人根据自身技术水平、管理、经营状况能够自主控制的风险，如承包人的管理费、利润的风险，承包人应结合市场情况，根据企业自身的实际情况合理确定、利用企业定额自主报价，该部分风险由承包人承担。

2)综合单价确定的步骤和方法

当分部分项工程内容比较简单，由单一计价子项计价，且《建设工程工程量清单计价规范》(GB 50500—2013)与所用企业定额中的工程量计算规则相同时，综合单价的确定只需用相应企业定额子目中的人材机费做基数计算管理费、利润，再考虑相应的风险费用。当工程量清单给出的分部分项工程与所用企业定额的单位不同或工程量计算规则不同，投标人需要按企业定额的计算规则重新计算工程量，并按照下列步骤来确定综合单价。

①确定计算基础。计算基础主要包括消耗量指标和生产要素单价，如图5-3-3所示。投标人应根据本企业的实际消耗量水平，结合拟定的施工方案确定完成清单项目需要消耗的各种人工、材料、施工机具台班的数量。计算时应采用企业定额或参照与本企业实际水平相近的国家、地区、行业计价依据和计价标准，并通过调整来确定清单项目的人材机单位用量。各种人工、材料、施工机具台班的单价应根据询价结果和市场行情综合确定。

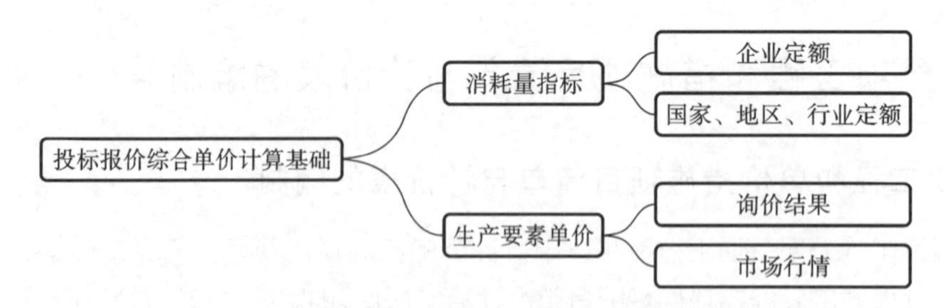

图5-3-3 投标报价综合单价计算基础

②分析每个清单项目的工程内容。在招标工程量清单中，招标人已对项目特征进行了准确、详细的描述，投标人根据这个描述，结合施工现场情况和拟定的施工方案确定完成各清单项目实际应发生的工程内容。必要时，投标人可参照《建设工程工程量清单计价规范》(GB 50500—2013)中提供的工程内容。有些特殊的工程也可能出现规范列表之外的工程内容。

③计算工程内容的工程数量与清单单位的含量。每项工程内容都应根据企业定额的工程量计算规则

计算工程数量，当企业定额的工程量计算规则与清单的工程量计算规则一致时，投标人可直接以工程量清单中的工程量作为工程内容的工程数量。

当采用清单单位含量计算人工费、材料费、施工机具使用费时，还需要计算每个计量单位的清单项目所分摊的工程内容的工程数量，即清单单位含量。

$$清单单位含量=\frac{某工程内容的企业定额工程量}{清单工程量}$$

④分部分项工程人工、材料、施工机具使用费的计算。以完成每个计量单位的清单项目所需的人工、材料、施工机具用量为基础计算，即

每个计量单位清单项目某种资源的使用量=该资源的企业定额单位用量×相应企业定额条目的清单单位含量

根据预先确定的各种生产要素的单位价格可计算出每个计量单位清单项目的分部分项工程的人工费、材料费与施工机具使用费。

人工费=完成单位清单项目所需的人工的工日数量×人工工日单价

材料费 = ∑(完成单位清单项目所需的各种材料、半成品的数量×各种材料、半成品的单价)+工程设备费

施工机具使用费 = ∑(完成单位清单项目所需的各种机械的台班数量×各种机械的台班单价)+∑(完成单位清单项目所需各种仪器仪表的台班数量×各种仪器仪表的台班单价)

当招标人提供的其他项目清单中列示了材料暂估价时，投标人应根据招标人提供的价格计算材料费，并在分部分项工程项目清单与计价表中将其表现出来。

⑤计算综合单价。企业管理费和利润可按照规定的取费基数以及一定的费率计算，若以人工费与施工机具使用费之和为取费基数，则

企业管理费=(人工费+施工机具使用费)×企业管理费费率

利润=(人工费+施工机具使用费)×利润率

将上述五项费用汇总，并考虑合理的风险费用，即可得到清单综合单价。根据计算出的综合单价，投标人可编制分部分项工程和单价措施项目清单与计价表，如表 5-3-1 所示。

表 5-3-1　分部分项工程和单价措施项目清单与计价表(投标报价)

工程名称：××园　　标段：××市园博园二期工程　　第　页　共　页

序号	项目编码	项目名称	项目特征描述	计量单位	工程量	金额/元		
						综合单价	合价	其中：暂估价
		……						
		0502 园路、园桥工程						
1	040202008001	矿渣	厚度：80 cm	m²	10 661	134.96	1 438 808.56	
2	050201001001	园路	垫层为 150 mm 厚 3∶7 灰土，宽 2.5 m 烧面黄锈石花岗岩 600 mm×400 mm×30 mm，宽 2.5 m 30 mm 厚 1∶2.5 水泥砂浆	m²	464	236.05	109 527.20	

续表

序号	项目编码	项目名称	项目特征描述	计量单位	工程量	金额/元		
						综合单价	合价	其中：暂估价
3	050201003001	路牙铺设	垫层为200 mm厚级配碎石 芝麻灰烧面路缘石 990 mm×150 mm×150 mm 30 mm厚1∶3水泥砂浆	m	3046	162.38	494 609.48	
4	040101001004	挖一般土方	土壤类别：一、二类土 挖土深度：2 m以内	m^3	4263	3.82	16 284.66	
5	040103001003	回填方	密实度要求：夯实 填方来源、运距：原土回填	m^3	3965	16.46	65 263.90	
6	040103002005	余方弃置	废弃料品种：土方 运距：5 km	m^3	398	29.09	11 577.82	
		分部小计					2 136 071.62	
		……						
		0504 措施项目						
16	050401003001	亭脚手架	砖混、檐高6 m	m^2	10 940	19.80	216 612	
		……						
		分部小计					738 257	
合计							6 318 410	340 000

3）工程量清单综合单价分析表的编制

为表明综合单价的合理性，投标人应对其进行单价分析，以作为评标时的判断依据。综合单价分析表的编制应反映上述综合单价的编制过程，并按照规定的格式编制，如表 5-3-2 所示。

表 5-3-2 工程量清单综合单价分析表

工程名称：××园 标段：××市园博园二期工程 第 页 共 页

项目编码		050201001002		项目名称	三级园路			计量单位	m²	工程量	464
清单综合单价组成明细											
企业定额编号	企业定额名称	企业定额单位	数量	单价/元				合价/元			
				人工费	材料费	施工机具使用费	企业管理费和利润	人工费	材料费	施工机具使用费	企业管理费和利润
略	整理路床	m²	1	1.4	0	0	0.39	1.4	0	0	0.39
略	灰土垫层	m³	0.15	28.53	22.19	0.55	14.36	4.28	3.33	0.08	2.15
略	花岗岩面层（含砂浆）	m²	1	14.88	158.78	1.67	49.09	14.88	158.78	1.67	49.09
人工单价				小计				20.56	162.11	1.75	51.63
30元/工日				未计价材料费							
清单项目综合单价								236.05			
材料费明细	主要材料名称、规格、型号			单位	数量			单价/元	合价/元	暂估单价/元	暂估合价/元
	3∶7灰土垫层			m³	0.15			22.19	3.33		
	烧面黄锈石花岗岩 600 mm×400 mm×30 mm			m²	1			151.71	151.71		
	1∶3水泥砂浆			m³	0.03			235.59	7.07		
	其他材料费										
	材料费小计								162.11		

2. 总价措施项目清单与计价表的编制

对于不能精确计量的措施项目，投标人应编制总价措施项目清单与计价表。投标人对措施项目中的总价项目投标报价应遵循以下原则。

(1)措施项目的内容应依据招标人提供的措施项目清单和投标人投标时拟定的施工组织设计或施工方案确定。

(2)措施项目费由投标人自主确定，但其中的安全文明施工费必须按照国家或省级、行业建设主管部门的规定计价，不得作为竞争性费用。招标人不得要求投标人对该项费用进行优惠，投标人也不得利用该项费用参与市场竞争。

总价措施项目清单与计价表，如表5-3-3所示。

表 5-3-3 总价措施项目清单与计价表

工程名称：××园 标段：××市园博园二期工程 第 页 共 页

序号	项目编码	项目名称	计算基础	费率/(%)	金额/元	调整后费率/(%)	调整后金额/元	备注
1	011707001001	安全文明施工费	人工费	25	209 650			

续表

序号	项目编码	项目名称	计算基础	费率/(%)	金额/元	调整后费率/(%)	调整后金额/元	备注
2	011707002001	夜间施工增加费	人工费	1.5	12 579			
3	011707004001	二次搬运费	人工费	1	8386			
4	011707005001	冬雨季施工增加费	人工费	0.6	5032			
5	011707007001	已完工程及设备保护费			6000			
合计					241 647			

(二)其他项目清单与计价表的编制

其他项目费主要由暂列金额、暂估价、计日工以及总承包服务费组成,如表 5-3-4 所示。

表 5-3-4 其他项目清单与计价表

工程名称:××园　　标段:××市园博园二期工程　　第 页 共 页

序号	项目名称	金额/元	结算金额/元	备注
1	暂列金额	350 000		明细详见表 5-3-5
2	暂估价	200 000		
2.1	材料(工程设备)暂估价/结算价			明细详见表 5-3-6
2.2	专业工程暂估价/结算价	200 000		明细详见表 5-3-7
3	计日工	26 528		明细详见表 5-3-8
4	总承包服务费	20 760		明细详见表 5-3-9
	合计	597 288		

投标人对其他项目费投标报价时应遵循以下原则。

(1)暂列金额应按照招标人提供的其他项目清单中列出的金额填写,不得变动,如表 5-3-5 所示。

表 5-3-5 暂列金额明细表

工程名称:××园　　标段:××市园博园二期工程　　第 页 共 页

序号	项目名称	计量单位	暂定金额/元	备注
1	自行车棚工程	项	100 000	正在设计图纸
2	工程量偏差和设计变更	项	100 000	
3	政策性调整和材料价格波动	项	100 000	
4	其他	项	50 000	
	合计		350 000	

(2)暂估价不得变动和更改。暂估价中的材料、工程设备暂估价必须按照招标人提供的暂估单价计入清单项目的综合单价,如表 5-3-6 所示;专业工程暂估价必须按照招标人提供的其他项目清单中列出的金额填写,如表 5-3-7 所示。材料、工程设备暂估单价和专业工程暂估价均由招标人提供,为暂估价格,在工程实施过程中,不同类型的材料与专业工程采用不同的计价方法。

表 5-3-6 材料(工程设备)暂估单价表

工程名称:××园　　标段:××市园博园二期工程　　第　页　共　页

序号	材料(工程设备)名称、规格、型号	计量单位	数量		暂估价/元		确认价/元		差额(±)/元		备注
			暂估	确认	单价	合价	单价	合价	单价	合价	
1	香樟(多杆) 株高:H1000 cm 冠径:P700 cm	株	10		25 000	250 000					
2	丛生柚子树(多杆)	株	6		15 000	90 000					
合计						340 000					

表 5-3-7 专业工程暂估价表

工程名称:××园　　标段:××市园博园二期工程　　第　页　共　页

序号	工程名称	工程内容	暂估金额/元	结算金额/元	差额(±)/元	备注
1	消防工程	合同图纸中标明的以及消防工程规范和技术说明中规定的各系统中的设备、管道、阀门、线缆等的供应、安装和调试工作	200 000			
合计			200 000			

(3)计日工应按照招标人提供的其他项目清单列出的项目和估算的数量,自主确定各项综合单价并计算费用,如表 5-3-8 所示。

表 5-3-8 计日工表

工程名称:××园　　标段:××市园博园二期工程　　第　页　共　页

编号	项目名称	单位	暂定数量	实际数量	综合单价/元	合价/元	
						暂定	实际
一	人工						
1	普工	工日	100		80	8000	
2	技工	工日	60		110	6600	
人工小计						14 600	
二	材料						
1	钢筋(规格见施工图)	t	1		4000	4000	
2	水泥 42.5	t	2		600	1200	
3	中砂	m^3	10		80	800	
4	砾石(5～40 mm)	m^3	5		42	210	
5	页岩砖(240 mm×115 mm×53 mm)	千匹	1		300	300	
材料小计						6510	
三	施工机具						
1	自升式塔吊起重机	台班	5		550	2750	
2	灰浆搅拌机(400 L)	台班	2		20	40	
施工机具小计						2790	
四	企业管理费和利润(按人工费的 18%计)					2628	
总计						26 528	

(4)总承包服务费应根据招标人在招标文件中列出的分包专业工程内容和供应材料、设备情况，按照招标人提出的协调、配合与服务要求和施工现场管理需要自主确定，如表 5-3-9 所示。

表 5-3-9　总承包服务费计价表

工程名称：××园　　　标段：××市园博园二期工程　　　第　页　共　页

序号	项目名称	项目价值/元	服务内容	计算基础	费率/(%)	金额/元
1	发包人发包专业工程	200 000	1.按专业工程承包人的要求提供施工工作面并对施工现场进行统一管理，对竣工资料进行统一整理汇总； 2.为专业工程承包人提供垂直运输机械和焊接电源接入点，并承担垂直运输费和电费	项目价值	7	14 000
2	发包人提供材料	845 000	对发包人供应的材料进行验收、保管和使用发放	项目价值	0.8	6760
	合计					20 760

(三)规费、税金项目计价表的编制

规费和税金应按国家或省级、行业建设主管部门的规定计算，不得作为竞争性费用，因为规费和税金的计取标准是依据有关法律、法规和政策规定制定的，具有强制性。因此，投标人在投标报价时必须按照国家或省级、行业建设主管部门的有关规定计算规费和税金。规费、税金项目计价表，如表 5-3-10 所示。

表 5-3-10　规费、税金项目计价表

工程名称：××园　　　标段：××市园博园二期工程　　　第　页　共　页

序号	项目名称	计算基础	计算基数	费率/(%)	金额/元
1	规费				239 001
1.1	社会保险费				188 685
(1)	养老保险费	人工费		14	117 404
(2)	失业保险费	人工费		2	16 772
(3)	医疗保险费	人工费		6	50 316
(4)	工伤保险费	人工费		0.25	2096.5
(5)	生育保险费	人工费		0.25	2096.5
1.2	住房公积金	人工费		6	50 316
2	税金	分部分项工程费+措施项目费+其他项目费+规费		9	710 366
		合计			949 367

(四)投标报价的汇总

投标人的投标总价应当与组成工程量清单的分部分项工程费、措施项目费、其他项目费、规费、税金的合计金额一致,即投标人在进行工程量清单招标的投标报价时,不能进行投标总价优惠(或降价、让利),投标人对投标报价的任何优惠(或降价、让利)均应反映在相应清单项目的综合单价中。

单位工程投标报价汇总表如表 5-3-11 所示。

表 5-3-11　单位工程投标报价汇总表

工程名称:××园　　标段:××市园博园二期工程　　第　页　共　页

序号	汇总内容	金额/元	其中:暂估价/元
1	分部分项工程	6 318 410	340 000
1.1	园路、园桥工程	2 136 071.62	
⋮			
2	措施项目	738 257	
2.1	其中:安全文明施工费	209 650	
3	其他项目	597 288	
3.1	其中:暂列金额	350 000	
3.2	其中:专业工程暂估价	200 000	
3.3	其中:计日工	26 528	
3.4	其中:总承包服务费	20 760	
4	规费	239 001	
5	税金	710 366	
投标报价合计=1+2+3+4+5		8 603 322	340 000

【例 5-3-1】某建设单位对拟建项目进行公开招标,招标文件中附有该项目的工程量清单,建设单位要求投标人根据本企业能力确定综合单价、措施项目费、企业管理费率、利润率。

招标文件中统一规定以下内容:①规费以分部分项工程费、措施项目费、其他项目费之和为基数计取,费率为 6%;②税金以分部分项工程费、措施项目费、其他项目费、规费之和为基数计取,增值税税率为 9%;③安全文明施工费按分部分项工程费的 3.5%计取;④其他项目费中的暂定金额为 6 万元,专业工程暂估价为 10 万元(总承包服务费按 4%计取),计日工为 100 工日。

投标人 A 根据招标文件提供的工程量清单,确定了分部分项工程的基价(人材机费用之和),如表5-3-12所示。分部分项工程量清单计价的企业管理费费率为 8%(以基价为基数计取),利润率为 10%(以基价、管理费之和为基数计取),不考虑风险因素。投标人 A 还在投标文件中确定了除安全文明施工费以外的措施项目费为分部分项工程费用的 12%,其他项目费中的计日工的综合单价为 40 元/工日。

请根据背景材料计算投标人 A 的单位工程报价。

解:分部分项工程量清单综合单价=(人工费+材料费+机械使用费)×(1+企业管理费费率)×(1+利润率)=基价×(1+8%)×(1+10%),如表 5-3-13 所示。

分部分项工程费=694 386 元。

措施项目费=694 386×(12%+3.5%)元=107 629.83 元。

其他项目费=(60 000+100 000+100 000×4%+100×40)元=168 000 元。

规费=(694 386+107 629.83+168 000)×6%元=58 200.95 元。

税金=(694 386+107 629.83+168 000+58 200.95)×9%元=92 539.51 元。

土建工程报价=(694 386+107 629.83+168 000+58 200.95+92 539.51)元=1 120 756.29 元。

表 5-3-12　分部分项工程量清单与计价表(例 5-3-1)

序号	项目编码	项目名称	项目特征	计量单位	工程量	基价/元	综合单价/元	合价/元
1	略	带形基础	略	m^3	500	300	356.40	178 200
2	略	土方回填	略	m^3	300	10	11.88	3564
3	略	实心砖墙	略	m^3	800	210	249.48	199 584
4	略	现浇混凝土平板	略	m^3	200	80	95.04	19 008
5	略	现浇混凝土构造柱	略	m^3	150	350	415.80	62 370
6	略	现浇混凝土钢筋	略	t	50	3900	4633.20	231 660
合计								694 386

表 5-3-13　单位工程投标报价汇总表(例 5-3-1)

序号	汇总内容	表达式	金额/元
1	分部分项工程	明细见表 5-3-12	694 386
2	措施项目	694 386×(12%+3.5%)	107 629.83
2.1	其中:安全文明施工费	694 386×3.5%	24 303.51
3	其他项目费	60 000+100 000+4000+4000	168 000
3.1	其中:暂列金额	招标文件给定	60 000
3.2	其中:专业工程暂估价	招标文件给定	100 000
3.3	其中:总承包服务费	100 000×4%	4000
3.4	其中:计日工	100×40	4000
4	规费	(694 386+107 629.83+168 000)×6%	58 200.95
5	税金	(694 386+107 629.83+168 000+58 200.95)×9%	92 539.51
合计=1+2+3+4+5		694 386+107 629.83+168 000+58 200.95+92 539.51	1 120 756.29

六、其他注意事项

(一)投标文件的内容

投标人应当按照招标文件的要求编制投标文件。投标文件应当包括下列内容:

①投标函及投标函附录;

②法定代表人身份证明或附有法定代表人身份证明的授权委托书;

③联合体协议书(如果工程允许采用联合体投标);

④投标保证金;

⑤已标价工程量清单；
⑥施工组织设计；
⑦项目管理机构；
⑧拟分包项目情况表；
⑨资格审查资料；
⑩招标文件要求提供的其他材料。

(二)投标文件编制时应遵循的规定

(1)投标文件应按“投标文件格式”进行编写，如有必要，可以增加附页，作为投标文件的组成部分。其中，投标函附录在满足招标文件实质性要求的基础上，可以提出比招标文件要求更吸引招标人的承诺。

(2)投标文件应当对招标文件有关工期、投标有效期、质量要求、技术标准和要求、招标范围等实质性内容做出响应。

(3)投标文件应由投标人的法定代表人或其委托代理人签字和盖单位章。委托代理人签字的，投标文件应附法定代表人签署的授权委托书。投标文件应尽量避免涂改、行间插字或删除。如果出现上述情况，改动之处应加盖单位章或由投标人的法定代表人或其授权的代理人签字确认。

(4)投标文件正本一份，副本份数符合招标文件的规定。正本和副本的封面上应清楚地标记“正本”或“副本”的字样。投标文件的正本与副本应分别装订成册，并编制目录。副本和正本不一致时，以正本为准。

(5)除招标文件另有规定外，投标人不得递交备选投标方案。允许投标人递交备选投标方案的，只有中标人递交的备选投标方案方可被考虑。评标委员会认为中标人的备选投标方案优于其按照招标文件要求编制的投标方案的，招标人可以接受该备选投标方案。

(三)投标文件的递交

投标人应当在招标文件规定的提交投标文件的截止时间前，将投标文件密封并送达投标地点。招标人收到投标文件后，应当向投标人出具标明签收人和签收时间的凭证，任何单位和个人不得在开标前开启投标文件。在招标文件要求提交投标文件的截止时间后送达或未送达指定地点的投标文件，为无效的投标文件，招标人不予受理。投标文件的递交还应注意以下问题。

1. 投标保证金与投标有效期

(1)投标人在递交投标文件的同时，若招标文件要求提交投标保证金，应按规定的日期、金额、形式递交投标保证金，并作为其投标文件的组成部分，如图 5-3-4 所示。联合体投标的，其投标保证金由牵头人或联合体各方递交，并应符合规定。投标保证金除现金外，可以是银行出具的银行保函、保兑支票、银行汇票或现金支票。投标保证金不得超过项目估算价的 2%，具体标准可遵照各行业规定。依法必须进行招标的项目的境内投标单位，以现金或者支票形式提交的投标保证金应当从其基本账户转出。投标人不按要求提交投标保证金的，其投标文件应被否决。

出现下列情况的，投标保证金将不予返还：
①投标人在规定的投标有效期内撤销或修改其投标文件；
②中标人在收到中标通知书后，无正当理由拒签合同协议书或未按招标文件规定提交履约担保。

(2)投标有效期。投标有效期是招标人对投标人发出的邀约做出承诺的期限，也是投标人就其提交的投标文件承担相关义务的期限。投标有效期从投标截止时间开始计算，主要用作组织评标委员会评标、招标人定标、发出中标通知书以及签订合同等工作，一般考虑以下因素：
①组织评标委员会完成评标需要的时间；
②确定中标人需要的时间；

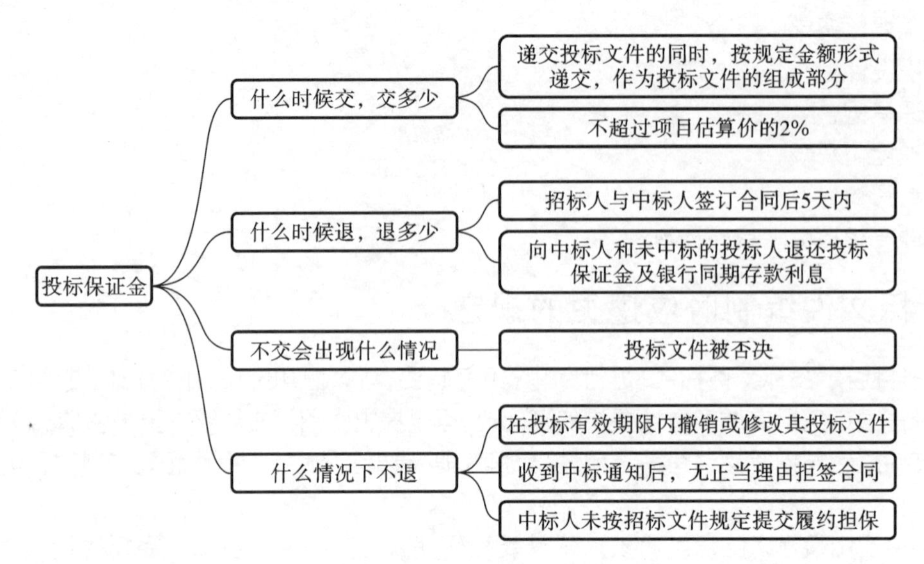

图 5-3-4 投标保证金

③签订合同需要的时间。

投标有效期可根据项目特点确定，一般项目的投标有效期为 60～90 天。投标保证金有效期应与投标有效期保持一致。

出现特殊情况需要延长投标有效期的，招标人以书面形式通知所有投标人延长投标有效期。投标人同意延长的，应相应延长投标保证金有效期，但不得要求或被允许修改其投标文件的实质性内容；投标人拒绝延长的，其投标失效，但投标人有权收回投标保证金。

2. 投标文件的递交方式

投标文件的密封和标识。投标文件的正本与副本应分开包装，加贴封条，并在封套上清楚标记“正本”或“副本”字样，于封口处加盖投标人单位章。

投标文件的修改与撤回。在规定的投标截止时间前，投标人可以修改或撤回已递交的投标文件，但应以书面形式通知招标人。在招标文件规定的投标有效期内，投标人不得要求撤销或修改其投标文件。

费用承担与保密责任。投标人准备和参加投标活动发生的费用自理。参与招标投标活动的各方应对招标文件和投标文件中的商业和技术等秘密保密，违者应对由此造成的后果承担法律责任。

(四)对投标行为的限制性规定

1. 联合体投标

两个以上法人或者其他组织可以组成一个联合体，以一个投标人的身份共同投标。联合体投标需遵循以下规定：

(1)联合体各方应按招标文件提供的格式签订联合体协议书，联合体各方应当指定牵头人，授权其代表所有联合体成员负责投标和合同实施阶段的主办、协调工作，并应当向招标人提交由所有联合体成员法定代表人签署的授权书。

(2)联合体各方签订共同投标协议后，不得再以自己的名义单独投标，也不得组成新的联合体或参加其他联合体在同一个项目中投标。联合体各方在同一个招标项目中以自己的名义单独投标或者参加其他联合体投标的，相关投标均无效。

(3)招标人接受联合体投标并进行资格预审的，联合体应当在提交资格预审申请文件前组成。资格预审后联合体增减、更换成员的，其投标无效。

(4)由相同专业的单位组成的联合体,按照资质等级较低的单位确定资质等级。

(5)联合体投标的,应当以联合体各方或者联合体牵头人的名义提交投标保证金。以联合体牵头人名义提交的投标保证金,对联合体各成员具有约束力。

2. 串通投标

在投标过程中有串通投标行为的,招标人或有关管理机构可以认定该行为无效。

(1)有下列情形之一的,属于投标人相互串通投标:

①投标人之间协商投标报价等投标文件的实质性内容;

②投标人之间约定中标人;

③投标人之间约定部分投标人放弃投标或者中标;

④属于同一个集团、协会、商会等组织成员的投标人按照该组织要求协同投标;

⑤投标人之间为谋取中标或者排斥特定投标人而采取的其他联合行动。

(2)有下列情形之一的,视为投标人相互串通投标:

①不同投标人的投标文件由同一个单位或者个人编制;

②不同投标人委托同一个单位或者个人办理投标事宜;

③不同投标人的投标文件载明的项目管理成员为同一个人;

④不同投标人的投标文件异常一致或者投标报价呈规律性差异;

⑤不同投标人的投标文件相互混装;

⑥不同投标人的投标保证金从同一个单位或者个人的账户转出。

(3)有下列情形之一的,属于招标人与投标人串通投标:

①招标人在开标前开启投标文件并将有关信息泄露给其他投标人;

②招标人直接或者间接向投标人泄露标底、评标委员会成员等信息;

③招标人明示或者暗示投标人压低或者抬高投标报价;

④招标人授意投标人撤换、修改投标文件;

⑤招标人明示或者暗示投标人为特定投标人中标提供方便;

⑥招标人与投标人为谋求特定投标人中标而采取的其他串通行为。

本节课后习题

1.[多选]根据《建设工程工程量清单计价规范》(GB 50500—2013),关于投标文件措施项目计价表的编制,下列说法正确的有(　　)。

A. 单价措施项目计价表应采用综合单价方式计价

B. 总价措施项目计价表应包含规费和建筑业增值税

C. 不能精确计量的措施项目应编制总价措施项目计价表

D. 总价措施项目的内容确定与招标人拟定的措施清单无关

E. 总价措施项目的内容确定与投标人投标时拟定的施工组织设计无关

答案:AC

2.[单选]投标报价时,投标人需严格按照招标人所列项目明细进行自主报价的是(　　)。

A. 总价措施项目

B. 专业工程暂估价

C. 计日工

D. 规费

答案:C

3.[单选]根据《建设工程工程量清单计价规范》(GB 50500—2013),关于施工发承包投标报价的编制,下列做法正确的是(　　)。

A. 设计图纸与招标工程量清单项目特征描述不同时,以设计图纸为准

B. 暂列金额应按照招标工程量清单中列出的金额填写,不得变动

C. 材料、工程设备暂估价应按暂估单价乘以所需数量后计入其他项目费

D. 总承包服务费应按照投标人提出的协调、配合和服务项目自主报价

答案:B

4.[单选]施工投标报价的主要工作如下:①复核工程量;②研究招标文件;③确定基础标价;④制定项目管理规划;⑤编制投标文件。正确的工作流程是(　　)。

A. ①④②③⑤　　B. ④②③①⑤　　C. ①②④⑤③　　D. ②①④③⑤

答案:D

5.[多选]投标人投标报价前研究招标文件、进行合同分析的内容包括(　　)。

A. 投标人须知分析

B. 合同形式分析

C. 合同条款分析

D. 技术标准和要求分析

E. 图纸分析

答案:BC

6.[单选]关于工程施工投标报价过程中的工程量的复核,下列说法正确的是(　　)。

A. 复核的准确程度不会影响施工方法的选用

B. 复核的目的在于修改工程量清单中的工程量

C. 复核有助于防止由于物资少购带来的停工待料

D. 复核中发现的遗漏和错误须向招标人提出

答案:C

7.[多选]关于投标保证金及投标有效期,下列说法正确的有(　　)。

A. 投标人在投标有效期内撤销投标文件,投标保证金予以返还

B. 一般项目的投标有效期为 60~90 天

C. 中标人在收到中标通知书后,无正当理由拒签合同协议书或未按招标文件规定提交履约担保,投标保证金不予退还

D. 投标人在投标截止日前修改投标文件的,投标保证金不予返还

E. 联合体投标的,投标保证金只能由牵头人提交

答案:BC

8.[单选]下列关于投标报价的编制方法与内容的说法中,错误的是(　　)。

A. 措施项目的内容应依据招标人提供的措施项目清单和投标人投标时拟定的施工组织设计或施工方案

B. 投标人不能自主确定措施项目费

C. 投标总价与各部分合计金额应一致,不能进行投标总价的优惠

D. 投标人对投标报价的任何优惠均应反映在相应的清单项目的综合单价中

答案:B

9.[多选]关于已标价工程量清单中的其他项目清单的编制,说法正确的是(　　)。

A. 应投标人的特殊要求而发生的与拟建工程有关的其他费用项目和相应数量的清单

B. 暂列金额按招标文件提供的金额报价

C. 专业工程暂估价应包括规费和利润

D. 工程建设标准的高低、发包人对工程管理要求对其内容会有直接影响

E. 计日工应按照招标人提供的其他项目清单列出的项目和估算的数量,自主确定各项综合单价并计算费用

答案:BDE

10. [单选]关于联合体投标需遵循的规定,下列说法中正确的是(　　)。

A. 联合体各方签订共同投标协议后,可再以自己的名义单独投标

B. 资格预审后联合体增减、更换成员的,其投标有效性待定

C. 由相同专业的单位组成的联合体,按较高资质确定联合体资质等级

D. 联合体投标的,可以联合体牵头人的名义提交投标保证金

答案:D

第四节 评标、定标及合同价款的约定

一、评标程序及评审标准

(一)清标与初步评审

评标活动应遵循公平、公正、科学、择优的原则,招标人应当采取必要的措施,保证评标在严格保密的情况下进行。评标是招标投标活动中一个十分重要的环节,如果不对评标过程进行保密,则有可能发生影响公正评标的不正当行为。

评标委员会成员名单一般应于开标前确定,该名单在中标结果确定前应当保密。评标委员会在评标过程中是独立的,任何单位和个人都不得非法干预、影响评标过程和结果。

1. 清标

根据《建设工程造价咨询规范》(GB/T 51095—2015)的规定,清标是指招标人或工程造价咨询人在开标后、评标前,对投标人的投标报价是否响应招标文件、违反国家有关规定,以及报价的合理性、算术性错误等进行审查并出具意见的活动。清标工作主要包含下列内容:

①对招标文件的实质性响应;

②错漏项分析;

③分部分项工程项目清单项目综合单价的合理性分析;

④措施项目清单的完整性和合理性分析,以及不可竞争性费用的正确性分析;

⑤其他项目清单完整性和合理性分析;

⑥不平衡报价分析;

⑦暂列金额、暂估价正确性复核;

⑧总价与合价的算术性复核及修正建议;

⑨其他应分析和澄清的问题。

清标工作内容如图 5-4-1 所示。

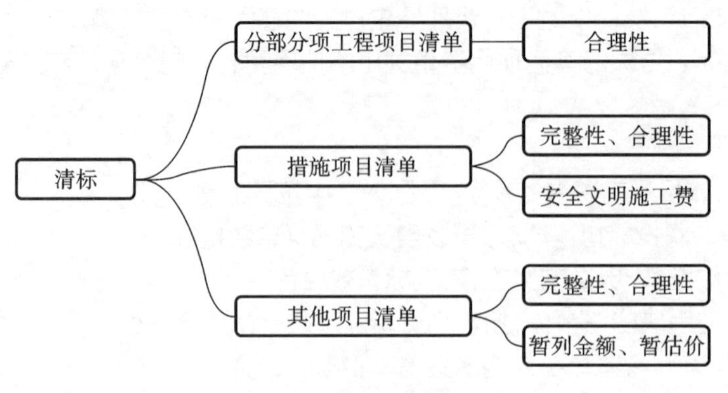

图 5-4-1 清标工作内容

2. 初步评审及标准

根据《评标委员会和评标方法暂行规定》和《中华人民共和国标准施工招标文件》的规定，我国目前评标中主要采用的方法包括经评审的最低投标价法和综合评估法，两种评标方法在初步评审阶段的内容和标准上是一致的。

初步评审的标准包括以下四个方面。

(1)形式评审标准。形式评审标准包括投标人名称与营业执照、资质证书、安全生产许可证一致；投标函上有法定代表人或其委托代理人签字并加盖单位章；投标文件格式符合要求；联合体投标人(如有)已提交联合体协议书，并明确联合体牵头人；报价唯一，即只能有一个有效报价等。

(2)资格评审标准。未进行资格预审的投标人，应具备有效的营业执照，具备有效的安全生产许可证，并且资质等级、财务状况、类似项目业绩、信誉、项目经理、其他要求、联合体投标人等，均符合规定。已进行资格预审的投标人，仍按资格审查办法中的详细审查标准进行审查。

(3)响应性评审标准。主要的评审内容包括投标报价校核，审查全部报价数据计算的正确性，分析报价构成的合理性，并与最高投标限价进行对比分析，工期、工程质量、投标有效期、投标保证金、权利义务、已标价工程量清单、技术标准和要求、分包计划等均应符合招标文件的有关要求。投标文件应实质上响应招标文件的所有条款、条件，无显著的差异或保留。显著的差异或保留包括以下情况：对工程的范围、质量及使用性能产生实质性影响；偏离了招标文件的要求，对合同中规定的招标人的权利或者投标人的义务造成实质性的限制；纠正这种差异或者保留会对提交了实质性响应要求的投标书的其他投标人的竞争地位产生不公平影响。

(4)施工组织设计和项目管理机构评审标准。施工组织设计和项目管理机构评审标准主要包括施工方案与技术措施、质量管理体系与措施、安全管理体系与措施、环境保护管理体系与措施、工程进度计划与措施、资源配备计划、技术负责人、其他主要人员、施工设备、试验设备、检测仪器设备等，符合有关标准。

(二)详细评审标准与方法

经初步评审合格的投标文件，评标委员会应当根据招标文件确定的评标标准和方法，对其技术部分和商务部分进一步评审、比较。详细评审的方法包括经评审的最低投标价法和综合评估法两种。

1. 经评审的最低投标价法

经评审的最低投标价法是指评标委员会对满足招标文件实质要求的投标文件，根据详细评审标准规定的量化因素及标准进行价格折算，按照经评审的投标价由低到高的顺序(投标报价低于其成本的除外)推荐中标候选人，或根据招标人授权直接确定中标人。经评审的投标价相等时，投标报价低的优先；投标报价也相等时，优先条件由招标人事先在招标文件中确定。

2. 综合评估法

不宜采用经评审的最低投标价法的招标项目，一般应当采用综合评估法进行评审。综合评估法是指评标委员会对满足招标文件实质性要求的投标文件，按照规定的评分标准进行打分，并按得分由高到低的顺序（投标报价低于其成本的除外）推荐中标候选人，或根据招标人授权直接确定中标人。综合评分相等时，投标报价低的优先；投标报价也相等时，优先条件由招标人事先在招标文件中确定。

详细评审方法对比如表 5-4-1 所示。

表 5-4-1　详细评审方法对比

	经评审的最低投标价法	综合评估法
评标前	投标人的投标报价	投标人的投标报价
评标中	对商务偏差的价格调整和说明	所做的任何修正；对商务偏差的调整；对技术偏差的调整；对各评审因素的评估
评标后	已评审的最终投标价	每个投标的最终评审结果

二、定标程序及相关流程

（一）确定中标人

除招标文件中特别规定了授权评标委员会直接确定中标人外，招标人应依据评标委员会推荐的中标候选人确定中标人，评标委员会提交中标候选人的人数应符合招标文件的要求，应当不超过 3 人，并应标明排列顺序。中标人的投标应当符合下列条件之一：

①能够最大限度满足招标文件中规定的各项综合评价标准；

②能够满足招标文件的实质性要求，并且经评审的投标价格最低，但是投标价格低于成本的除外。

对国有资金占控股或者主导地位的项目，招标人应当确定排名第一的中标候选人为中标人。排名第一的中标候选人放弃中标、因不可抗力提出不能履行合同、招标文件规定应当提交履约保证金而在规定的期限内未能提交，或者被查实存在影响中标结果的违法行为等情形，不符合中标条件的，招标人可以按照评标委员会提出的中标候选人名单排序依次确定其他中标候选人为中标人。依次确定其他中标候选人与招标人预期差距较大，或者对招标人明显不利的，招标人可以重新招标。

招标人可以授权评标委员会直接确定中标人。招标人不得向中标人提出压低报价、增加工作量、缩短工期或其他违背中标人意愿的要求，即不得以此作为发出中标通知书和签订合同的条件。

（二）发出中标通知及提交履约担保

1. 发出中标通知书

中标人确定后，招标人应当向中标人发出中标通知书，并同时将中标结果通知所有未中标的投标人。中标通知书对招标人和中标人具有法律效力。中标通知书发出后，招标人改变中标结果，或者中标人放弃中标项目的，应当依法承担法律责任。招标人自行招标的，应当自确定中标人之日起 15 日内，向有关行政监督部门提交招标投标情况的书面报告。书面报告中至少应包括下列内容：

①招标方式和发布资格预审公告、招标公告的媒介；

②招标文件中的投标人须知、技术规格、评标标准和方法、合同主要条款等内容；

③评标委员会的组成和评标报告；

④中标结果。

2. 提交履约担保

在签订合同前，招标文件要求中标人提交履约担保的，中标人应当提交。履约担保属于中标人向招标人提供的用来保障其履行合同义务的担保，如图 5-4-2 所示。中标人以及联合体中标人应按招标文件规定的金额、担保形式和提交时间，向招标人提交履约担保。履约担保有现金、支票、汇票、履约担保书和银行保函等形式，中标人可以选择其中一种作为招标项目的履约担保，履约担保金额最高不得超过中标合同金额的 10%。中标人不能按要求提交履约担保的，视为放弃中标，其投标保证金不予退还，给招标人造成的损失超过投标保证金数额的，中标人还应当对超过部分进行赔偿。履约担保的有效期自合同生效之日起至合同约定的中标人主要义务履行完毕止。

招标人要求中标人提供履约担保的，招标人应当同时向中标人提供工程款支付担保。中标后的承包人应保证其履约担保在发包人颁发工程接收证书前一直有效。发包人应在工程接收证书颁发后 28 天内将履约担保退还给承包人。

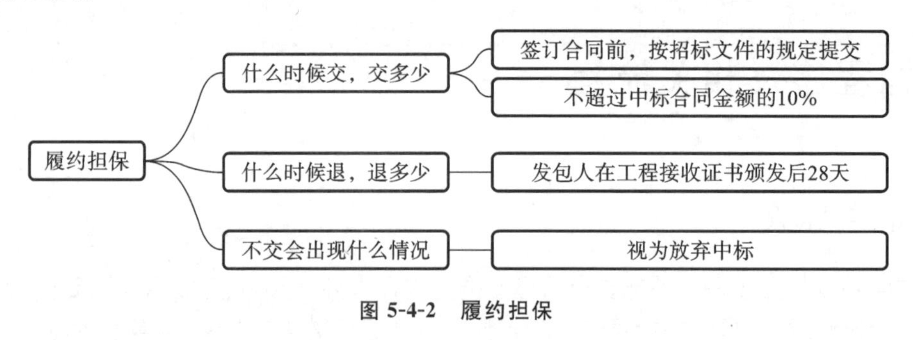

图 5-4-2 履约担保

三、合同价款的约定

合同价款是合同文件的核心要素，建设项目不论是招标发包还是直接发包，合同价款的具体数额均在合同协议书中载明。

(一)签约合同价与中标价的关系

签约合同价是指合同双方签订合同时在协议书中列明的合同价格，对于以单价合同形式招标的项目，工程量清单中各种价格的总计即为合同价。合同价就是中标价，因为中标价是指评标时经过算术修正的、并在中标通知书中载明的招标人接受的投标价格。法理上，经公示后招标人向投标人发出了中标通知书(投标人向招标人回复确认中标通知书已收到)，中标人的中标价就受到法律保护，招标人不得以任何理由反悔。这是因为，合同价格属于招标投标活动中的核心内容，根据《中华人民共和国招标投标法》第四十六条“招标人和中标人应当……按照招标文件和中标人的投标文件订立书面合同，招标人和中标人不得再行订立背离合同实质性内容的其他协议”的规定，发包人应根据中标通知书确定的价格签订合同。

(二)合同价款约定的规定和内容

1. 合同签订的时间及规定

招标人和中标人应当在投标有效期内并在自中标通知书发出之日起 30 日内，按照招标文件和中标人的投标文件订立书面合同，如图 5-4-3 所示。中标人无正当理由拒签合同的，招标人取消其中标资格，其投标

保证金不予退还;给招标人造成的损失超过投标保证金数额的,中标人还应当对超过部分进行赔偿。发出中标通知书后,招标人无正当理由拒签合同的,招标人向中标人退还投标保证金;给中标人造成损失的,还应当赔偿损失。招标人最迟应当在与中标人签订合同后5日内,向中标人和未中标的投标人退还投标保证金及银行同期存款利息。

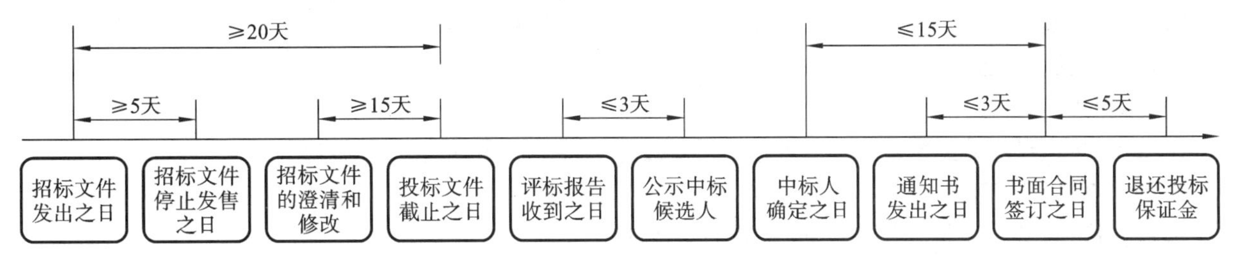

图 5-4-3　合同签订时间

2. 合同价款类型的选择

实行招标的工程的合同价款应由发承包双方依据招标文件和中标人的投标文件在书面合同中约定。合同约定不得违背招、投标文件中关于工期、造价、质量等方面的实质性内容。招标文件与中标人的投标文件不一致的地方,以投标文件为准。

不实行招标的工程的合同价款,在发承包双方认可的合同价款基础上,由发承包双方在合同中约定。

根据《建筑工程施工发包与承包计价管理办法》(住建部第16号令),实行工程量清单计价的建筑工程,鼓励发承包双方采用单价方式确定合同价款;建设规模较小、技术难度较低、工期较短的建设工程,发承包双方可以采用总价方式确定合同价款;紧急抢险、救灾以及施工技术特别复杂的建设工程,发承包双方可以采用成本加酬金方式确定合同价款。

3. 合同价款约定的内容

发承包双方应在合同条款中对下列事项进行约定:

①预付工程款的数额、支付时间及抵扣方式;

②安全文明施工费的支付计划,使用要求等;

③工程计量与支付工程进度款的方式、数额及时间;

④工程价款的调整因素、方法、程序、支付及时间;

⑤施工索赔与现场签证的程序、金额确认与支付时间;

⑥承担计价风险的内容、范围以及超出约定内容、范围的调整方法;

⑦工程竣工结算价款的编制与核对、支付及时间;

⑧工程质量保证金的数额、预留方式及时间;

⑨违约责任以及发生合同价款争议的解决方法与时间;

⑩与履行合同、支付价款有关的其他事项等。

本节课后习题

1.[单选]关于评标过程中对投标报价算术错误的修正,下列做法中正确的是(　　)。

A. 评标委员会应对报价中的算术性错误进行修正

B. 修正的价格,经评标委员会书面确认后具有约束力

C. 投标人应接受修正价格,否则将被没收投标保证金

D. 投标文件中的大写与小写金额不一致的,以小写金额为准

答案:A

2.[多选]关于履约担保,下列说法中正确的有(　　)。

A. 履约担保可以用现金、支票、汇票、履约担保书和银行保函的形式

B. 履约担保金额不得超过中标合同金额的 2%

C. 履约担保的有效期自开工之日起至合同约定的中标人主要义务履行完毕止

D. 招标人要求中标人提供履约担保的,招标人应同时向中标人提供工程款支付担保

E. 发包人应在工程接收证书颁发后 28 天内把履约担保退还给承包人

答案:ADE

3.[单选]根据《建设工程造价咨询规范》,下列投标文件的评审内容,属于清标工作的是(　　)。

A. 营业执照的有效性

B. 营业执照、资质证书、安全生产许可证的一致性

C. 投标函上签字与盖章的合法性

D. 投标文件是否实质性响应招标文件

答案:D

4.[单选]建设工程评标过程中遇下列情形,评标委员会可直接否决投标文件的是(　　)。

A. 投标文件中的大、小写金额不一致

B. 未按施工组织设计方案进行报价

C. 投标联合体没有提交共同投标协议

D. 投标报价采用了不平衡报价

答案:C

5.[单选]根据《评标委员会和评标方法暂行规定》等,评标委员会评标发现的投标报价算术错误,应由(　　)进行修正。

A. 评标委员会

B. 招标监督机构

C. 招标人

D. 投标人

答案:A

6.[多选]关于招标人与中标人合同的签订,下列说法正确的有(　　)。

A. 双方按照招标文件和投标文件订立书面合同

B. 双方在投标有效期内并在自中标通知书发出之日起 30 日内签订施工合同

C. 招标人要求中标人按中标下浮 3%后签订施工合同

D. 中标人无正当理由拒绝签订合同的,招标人可不退还其投标保证金

E. 招标人在与中标人签订合同后 5 日内,向所有投标人退还投标保证金

答案:BD

第五节
园林景观工程建设项目工程量清单编制实例

本节主要介绍园林景观工程建设项目中常见的工程量清单编制案例,主要侧重于“量”的计算,即分部分项工程工程量的计算和工程量清单的编制,不涉及“价”的计算。

一、某园区停车场绿化工程

某园区停车场绿化工程平面示意图如图 5-5-1 所示。施工季节为秋季。停车场绿化工程苗木规格及工程量如图 5-5-2 所示。已知条件如下：

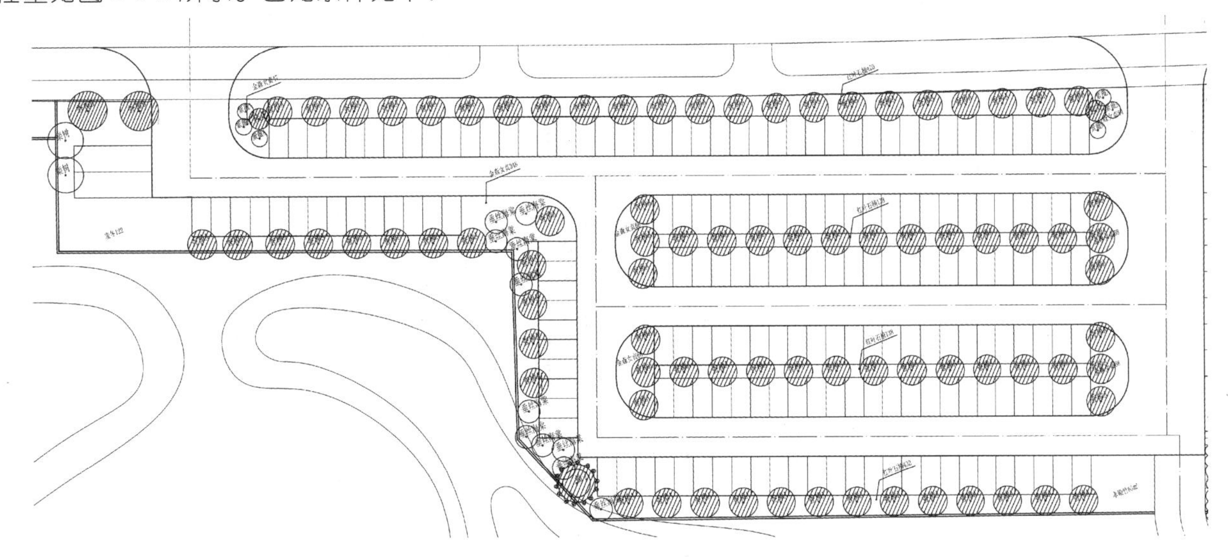

图 5-5-1 某园区停车场绿化工程平面示意图

①原绿地土壤为三类土,需进行 30 cm 土壤改良,土壤改良份比为砂：园土：泥炭土＝1：7：2;

②高乔木每株施肥 2 kg,小乔木每株施肥 1 kg,色块每平方米施肥 0.5 kg;

③种植胸径在 5 cm 以上的乔木需进行四角支撑、三角支撑,草绳缠干 2.0 m 或 1.5 m;

④本工程养护等级为一级,养护周期为一年,保活期为 3 个月,保存期为 9 个月。

根据以上背景资料和国家现行的《建设工程工程量清单计价规范》(GB 50500—2013)及《园林绿化工程工程量计算规范》(GB 50858—2013),编制该绿化工程的工程量计算表及工程量计价清单。

解:停车场绿化工程分部分项工程工程量计算表如表 5-5-1 所示。

表 5-5-1 停车场绿化工程分部分项工程工程量计算表

工程名称:停车场绿化工程

序号	项目编码	项目名称	计量单位	计算式	工程量合计
1	050101001001	整理绿化用地	m^2	690＋721＋122	1533
2	050101009001	种植土回(换)填	m^3	1533×0.3	459.9
3	050102001001	栽植乔木:香樟 A	株	82	82
4	050102001002	栽植乔木:香樟 B	株	2	2
5	050102001003	栽植乔木:桂花	株	2	2
6	050102001004	栽植乔木:柚子(丛生)	株	1	1
7	050102001005	栽植乔木:紫薇 A	株	6	6
8	050102001006	栽植乔木:栾树	株	2	2
9	050102001007	栽植乔木:垂丝海棠	株	11	11
10	050102003001	栽植竹类:孝顺竹	m^2	63	63
11	050102007001	栽植色带:红叶石楠	m^2	690	690
12	050102007002	栽植色带:金森女贞	m^2	721	721
13	050102007003	栽植色带:麦冬	m^2	122	122

编号	图例	名称及种类	拉丁学名	胸径或干径/cm	株高/cm	冠幅/cm	数量/株	备注
1		香樟A	*Cinnamomum camphora* (L.) Pesl.	15	>500	>350	82	全冠，冠形饱满，行道式栽植时，树形一致且枝下高>280 cm
2		香樟B	*Cinnamomum camphora* (L.) Pesl.	20	>600	>550	2	全冠，冠形饱满，行道式栽植时，树形一致且枝下高>280 cm
3		桂花	*Osmanthus fragrans* var.thunbergii	12	320～350	>300	2	独干，全冠，树型饱满，多次修剪后壮苗，金桂
4		柚子（丛生）	*Citrus maxima*	25	>600	>500	1	3杆以上，每杆地径≥8 cm；全冠，树形优美，特选
5		紫薇A	*Lagerstroemia indica*		>220	180～200	6	自然冠，丛生，7分枝以上
6		栾树	*Koelreuteria paniculata* Laxm.	18	500～550	350～400	2	全冠，树形优美，枝下高>2.8 cm
7		垂丝海棠	*Malus halliana*	D6～7	200～220	150～200	11	全冠，树形优美

(a) 苗木数量汇总

编号	名称及种类	拉丁学名	胸径或干径/cm	株高/cm	冠幅/cm	数量/m^2	备注
1	孝顺竹	*Bambusa multiplex*	2～3	>250	>150	63	丛生，1丛/4 m^2，>30支/丛，全梢

(b) 竹类植物汇总

编号	名称及种类	拉丁学名	株高/cm	蓬径/cm	数量/m^2	备注
1	红叶石楠	*Photinia x fraseri*	40	25～30	690	36 株/m^2
2	金森女贞	*Ligustrum japonicum* ‘Howardii’	30～35	20～25	721	36 株/m^2
3	麦冬	*Ophiopogon japonicus*	10～15	10～15	122	64 株/m^2

(c) 块状栽植灌木及地被汇总

图 5-5-2　停车场绿化工程苗木规格及工程量

停车场绿化工程分部分项工程工程量计价清单如表 5-5-2 所示。

表 5-5-2　停车场绿化工程分部分项工程工程量计价清单

工程名称:停车场绿化工程

序号	项目编码	项目名称	项目特征	计量单位	工程量	金额/元		
						综合单价	合价	其中:暂估价
1	050101001001	整理绿化用地	1.绿化用地整理。 2.挖、填土方及找平。 3.土壤类别:综合。 4.弃土运距:自行考虑	m^2	1533			
2	050101009001	种植土回(换)填	1.种植土必须满足园林栽植植物生长所需要的水、肥、气、热的要求。 2.土壤改良份比初步定为砂:园土:泥炭土=1:7:2,改良厚度为平均 30 cm 深	m^3	459.9			
3	050102001001	栽植乔木	1.名称及种类:香樟 A。 2.胸径或干径:15 cm。 3.株高、冠幅:>500 cm、>350 cm。 4.树穴换填种植土。 5.施有机豆饼肥 2 kg/株。 6.养护期及养护标准:成活养护 3 个月,保存养护 9 个月;一级养护。 7.苗木支撑、草绳等:四角支撑,草绳缠干 2 m。 8.其他:全冠,冠形饱满,行道式栽植时,树形一致且枝下高>280 cm,带土球栽植;未注明事宜参见设计图纸	株	82			
4	050102001002	栽植乔木	1.名称及种类:香樟 B。 2.胸径或干径:20 cm。 3.株高、冠幅:>600 cm、>550 cm。 4.施有机豆饼肥 2 kg/株。 5.养护期及养护标准:成活养护 3 个月,保存养护 9 个月;一级养护。 6.苗木支撑、草绳等:四角支撑,草绳缠干 2 m。 7.其他:全冠,冠形饱满,行道式栽植时,树形一致且枝下高>280 cm,带土球栽植;未注明事宜参见设计图纸	株	2			
5	050102001003	栽植乔木	1.名称及种类:桂花。 2.胸径或干径:12 cm。 3.株高、冠幅:320~350 cm、>300 cm。 4.施有机豆饼肥 2 kg/株。 5.养护期及养护标准:成活养护 3 个月,保存养护 9 个月;一级养护。 6.苗木支撑、草绳等:四角支撑,草绳缠干 2 m。 7.其他:独干,全冠,树型饱满,多次修剪后壮苗,金桂,带土球栽植;未注明事宜参见设计图纸	株	2			

续表

序号	项目编码	项目名称	项目特征	计量单位	工程量	金额/元		
						综合单价	合价	其中：暂估价
6	050102001004	栽植乔木	1.植物名称：柚子(丛生)。 2.胸径或干径：25 cm。 3.株高、冠幅：>600 cm、>500 cm。 4.施有机豆饼肥 2 kg/株。 5.养护期及养护标准：成活养护 3 个月，保存养护 9 个月；一级养护。 6.苗木支撑、草绳等：四角支撑，草绳。 7.其他：3 杆以上，每杆地径≥8 cm；全冠，树形优美，特选；未注明事宜参见设计图纸	株	1			
7	050102001005	栽植乔木	1.名称及种类：紫薇 A。 2.株高、冠幅：>220 cm、180～200 cm。 3.施有机豆饼肥 2 kg/株。 4.养护期及养护标准：成活养护 3 个月，保存养护 9 个月；一级养护。 5.苗木支撑、草绳等：三角支撑。 6.其他：自然冠，丛生，7 分枝以上，带土球栽植；未注明事宜参见设计图纸	株	6			
8	050102001006	栽植乔木	1.名称及种类：栾树。 2.胸径或干径：18 cm。 3.株高、冠幅：500～550 cm、300～400 cm。 4.施有机豆饼肥 2 kg/株。 5.养护期及养护标准：成活养护 3 个月，保存养护 9 个月；一级养护。 6.苗木支撑、草绳等：四角支撑、缠绳高度 2 m。 7.其他：全冠，树形优美，枝下高>2.8 m，带土球栽植；未注明事宜参见设计图纸	株	2			
9	050102001007	栽植乔木	1.名称及种类：垂丝海棠。 2.胸径或干径：D6～7 cm。 3.株高、冠幅：200～220 cm、150～200 cm。 4.施有机豆饼肥 2 kg/株。 5.养护期及养护标准：成活养护 3 个月，保存养护 9 个月；一级养护。 6.苗木支撑、草绳等：四角支撑、缠绳高度 1 m。 7.其他：全冠，树形优美，带土球栽植；未注明事宜参见设计图纸	株	11			

续表

序号	项目编码	项目名称	项目特征	计量单位	工程量	金额/元		
						综合单价	合价	其中：暂估价
10	050102003001	栽植竹类	1.竹种类:孝顺竹。 2.胸径或干径:2～3 cm。 3.株高、冠幅:>250 cm、>150 cm。 4.施有机豆饼肥 1 kg/株。 5.养护期及养护标准:成活养护 3 个月,保存养护 9 个月;一级养护。 6.其他:丛生,1 丛/4 m^2,>30 支/从,全梢;未注明事宜参见设计图纸	m^2	63			
11	050102007001	栽植色带	1.名称及种类:红叶石楠。 2.株高、蓬径:40 cm、25～30 cm。 3.单位面积株数:36 株/m^2。 4.养护期及养护标准:成活养护 3 个月,保存养护 9 个月;一级养护。 5.施有机豆饼肥 0.5 kg/m^2。 6.未注明事宜参见设计图纸	m^2	690			
12	050102007002	栽植色带	1.名称及种类:金森女贞。 2.株高、蓬径:30～35 cm、25～30 cm。 3.单位面积株数:36 株/m^2。 4.养护期及养护标准:成活养护 3 个月,保存养护 9 个月;一级养护。 5.施有机豆饼肥 0.5 kg/m^2。 6.未注明事宜参见设计图纸	m^2	721			
13	050102007003	栽植色带	1.名称及种类:麦冬。 2.株高、蓬径:10～15 cm、10～15 cm。 3.单位面积株数:64 株/m^2。 4.养护期及养护标准:成活养护 3 个月,保存养护 9 个月;一级养护。 5.施有机豆饼肥 0.5 kg/m^2。 6.未注明事宜参见设计图纸	m^2	122			
合计								

二、某园区停车场园路工程

某园区新建一个停车场。停车场平面图如图 5-5-3 所示。停车位平面图如图 5-5-4 所示。停车位剖面图如图 5-5-5 所示。道牙剖面图如图 5-5-6 所示。已知条件如下:

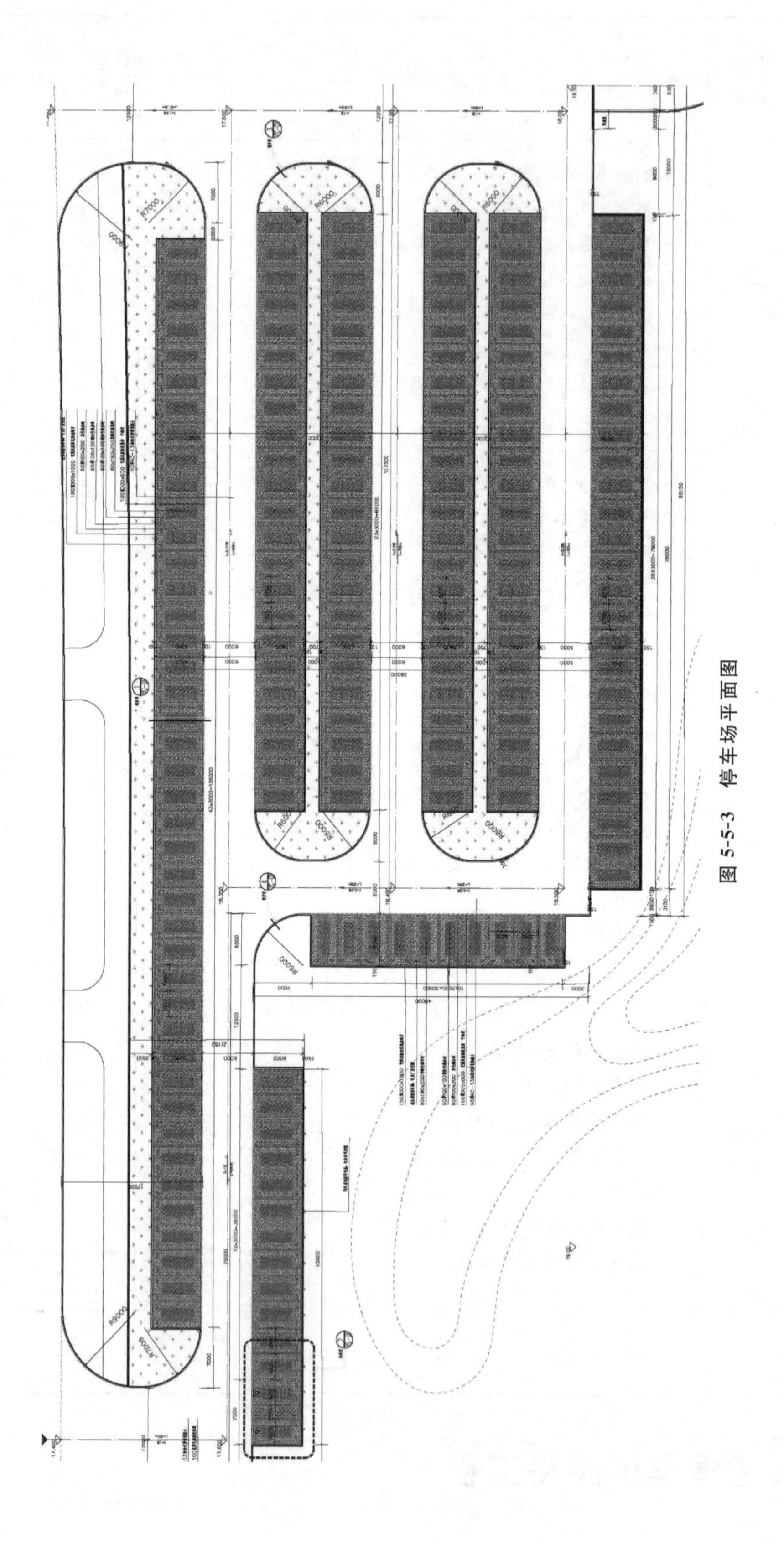

图 5-5-3 停车场平面图

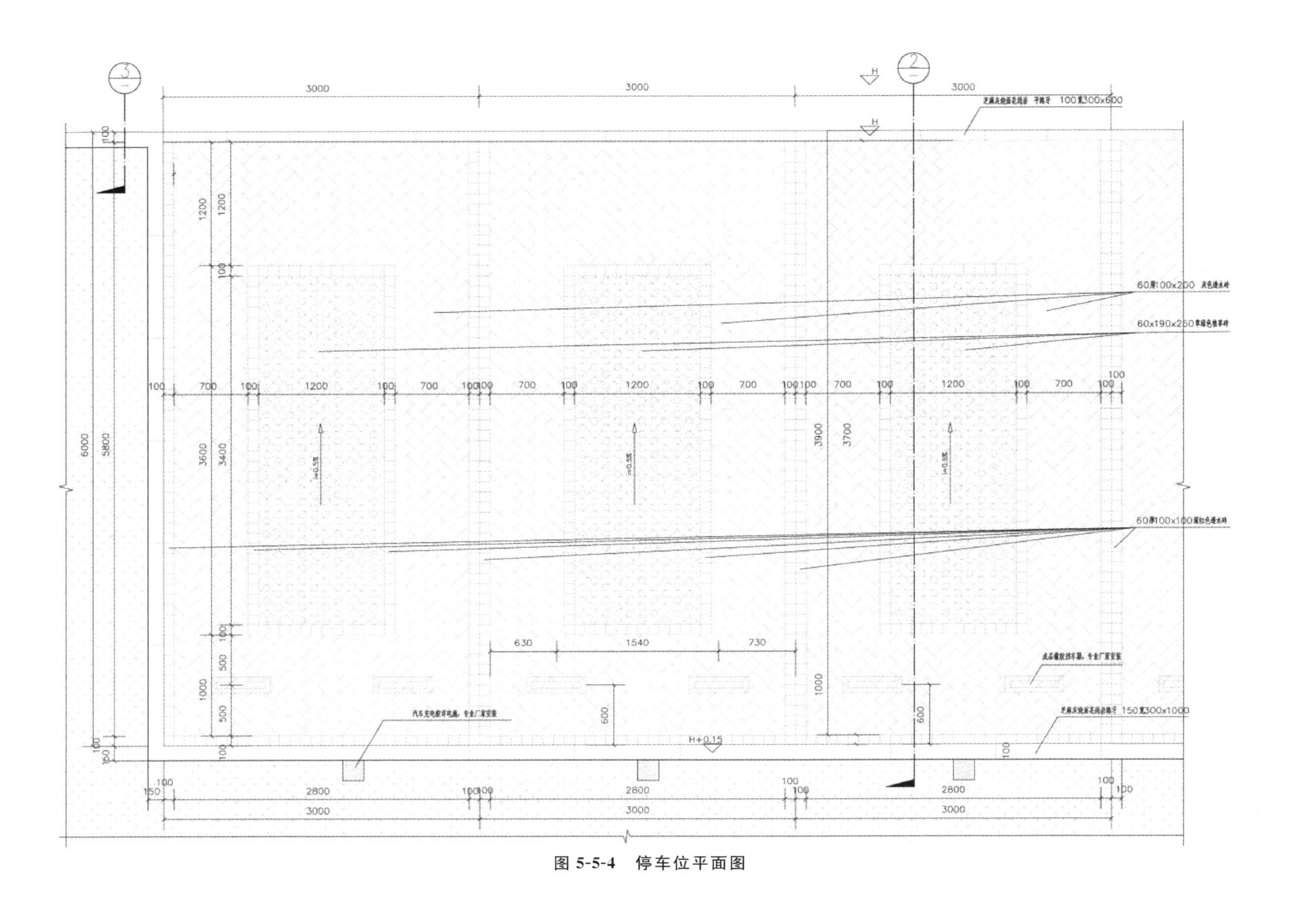
3000
3000
3000
100宽300x600
60厚100x200
60x190x250
60厚100x100
150宽300x1000
630
1540
730
600
H+0.15
2800
6000
5800
3600
3400
3900
3700
1200
i=0.5%

图 5-5-4　停车位平面图

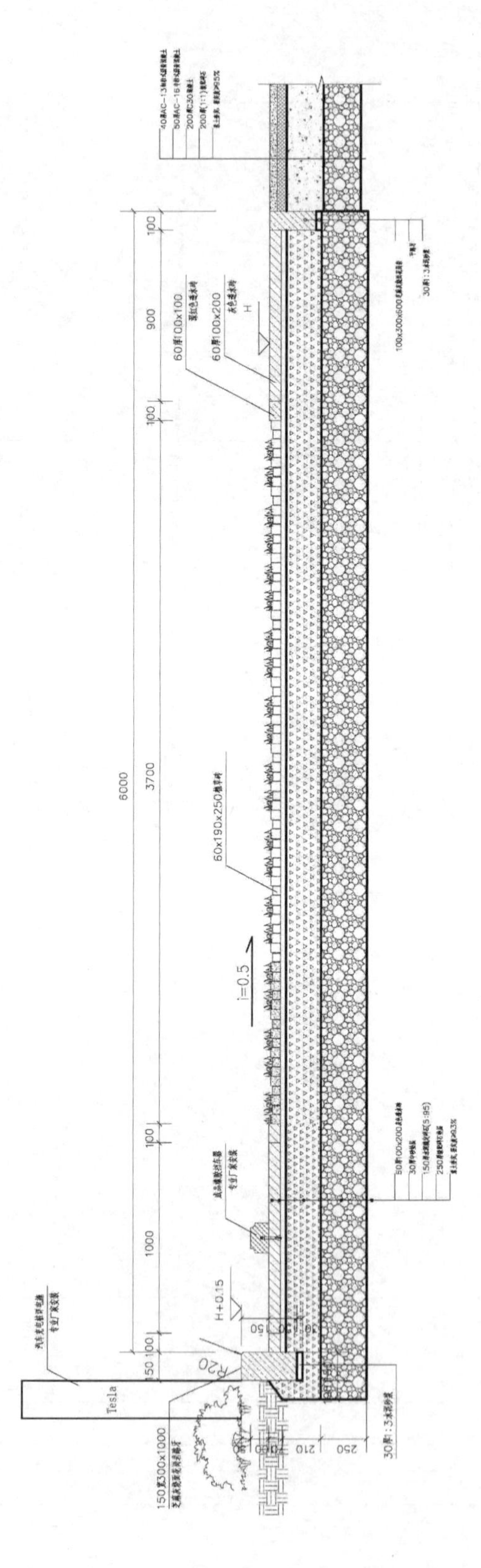
6000
100
900
3700
1000
150
i=0.5
H+0.15
R20
Tesla
60厚100x100
60厚100x200
60x190x250

图 5-5-5 停车位剖面图

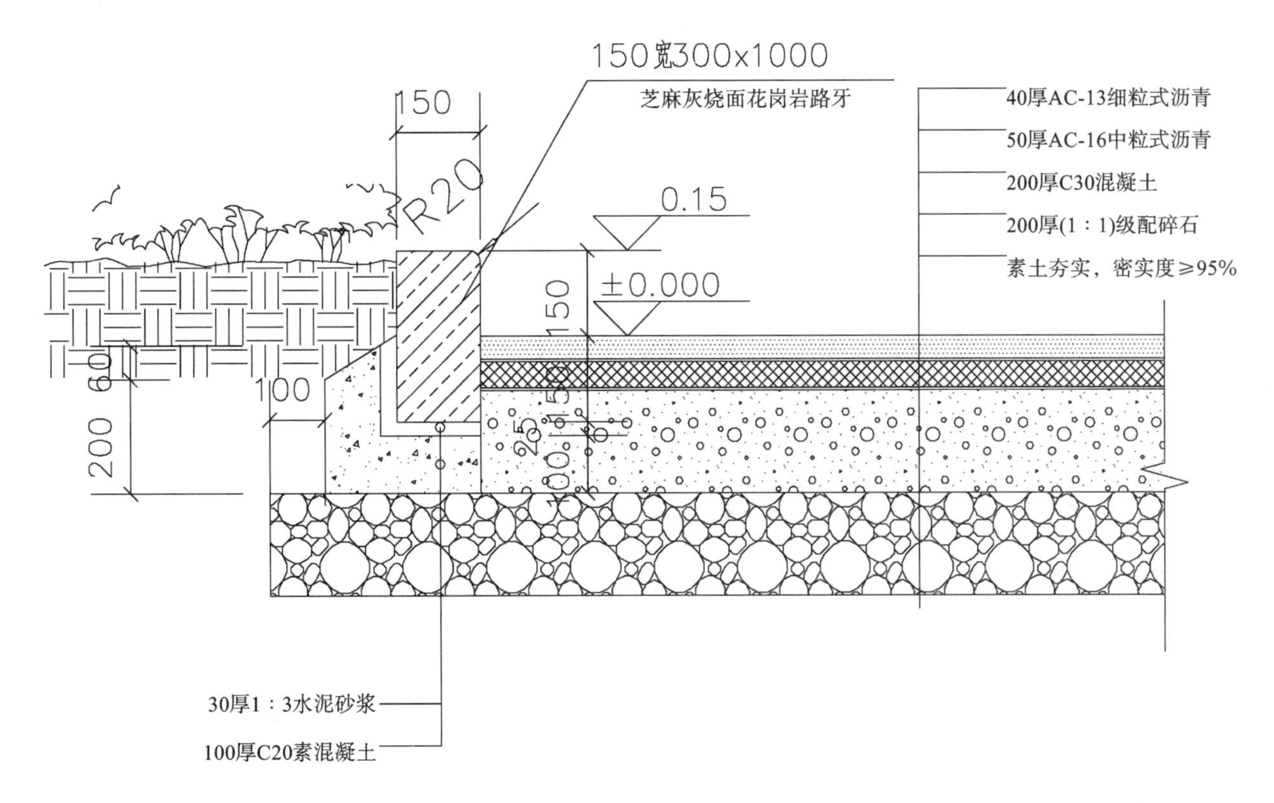

图 5-5-6 道牙剖面图

①不考虑场地土方工程量；

②整个停车场的铺装面积为 8069.31 m²，停车位占地面积为 3329.86 m²，停车场共 185 个停车位，站石路牙长 938.9 m；

③停车位由透水砖地面和植草砖地面组成，植草砖占地面积为 1.2 m×3.4 m，其余为透水砖地面。

根据以上背景资料和国家现行的《建设工程工程量清单计价规范》(GB 50500—2013)及《园林绿化工程工程量计算规范》(GB 50858—2013)，编制该停车场园路工程的工程量计算表及工程量计价清单。

解：停车场园路工程分部分项工程工程量计算表如表 5-5-3 所示。

表 5-5-3 停车场园路工程分部分项工程工程量计算表

工程名称：停车场园路工程

序号	项目编码	项目名称	计量单位	计算式	工程量合计
1	050201001001	透水砖地面	m²	(3×6−1.2×3.4)×(43+23×4+26+10+14)	2575.2
2	050201005001	植草砖地面	m²	1.2×3.4×(43+23×4+26+10+14)	754.8
3	050201003001	安砌站石路牙	m	938.9	938.9
4	050201003002	安砌平路牙	m	(43+23×4+26+10+14)×3	555
5	040203006001	沥青混凝土路面	m²	8069.31−2575.2−754.8−938.9×0.15−555×0.1	4542.98
6	080505003001	车挡	个	185×2	370

停车场园路工程分部分项工程工程量计价清单如表 5-5-4 所示。

表 5-5-4　停车场园路工程分部分项工程工程量计价清单

工程名称:停车场园路工程

序号	项目编码	项目名称	项目特征	计量单位	工程量	金额/元		
						综合单价	合价	其中:暂估价
1	050201001001	透水砖地面	1.60 厚灰色/深红色透水砖面层。 2.30 厚中砂垫层。 3.150 厚水泥稳定碎石(5∶95)。 4.250 厚级配砂石垫层。 5.素土夯实,详见结施	m^2	2575.2			
2	050201005001	植草砖地面	1.60×190×250 植草砖面层。 2.30 厚 1∶3 干硬性水泥砂浆。 3.150 厚混凝土垫层。 4.150 厚级配碎石垫层。 5.素土夯实,详见结施	m^2	754.8			
3	050201003001	安砌站石路牙	1.150 宽 300×1000 芝麻灰烧面花岗岩路牙。 2.30 厚 1∶3 水泥砂浆。 3.250 厚级配砂石垫层。 4.素土夯实,详见结施	m	938.9			
4	050201003002	安砌平路牙	1.100 宽 300×600 芝麻灰烧面花岗岩平路牙。 2.30 厚 1∶3 水泥砂浆。 3.250 厚级配砂石垫层。 4.素土夯实,详见结施	m	555			
5	040203006001	沥青混凝土路面	1.40 厚 AC-13 细粒式沥青混凝土。 2.50 厚 AC-16 中粒式沥青混凝土。 3.200 厚 C30 混凝土垫层。 4.200 厚级配碎石。 5.素土夯实,详见结施	m^2	4542.98			
6	080505003001	车挡	橡胶车挡	个	370			
		分部小计						
合计								

三、某园区驳岸工程

某园区驳岸工程详图如图 5-5-7 和图 5-5-8 所示。已知该原木驳岸长度为 1370 m，原木桩毛石驳岸长度为 30 m。

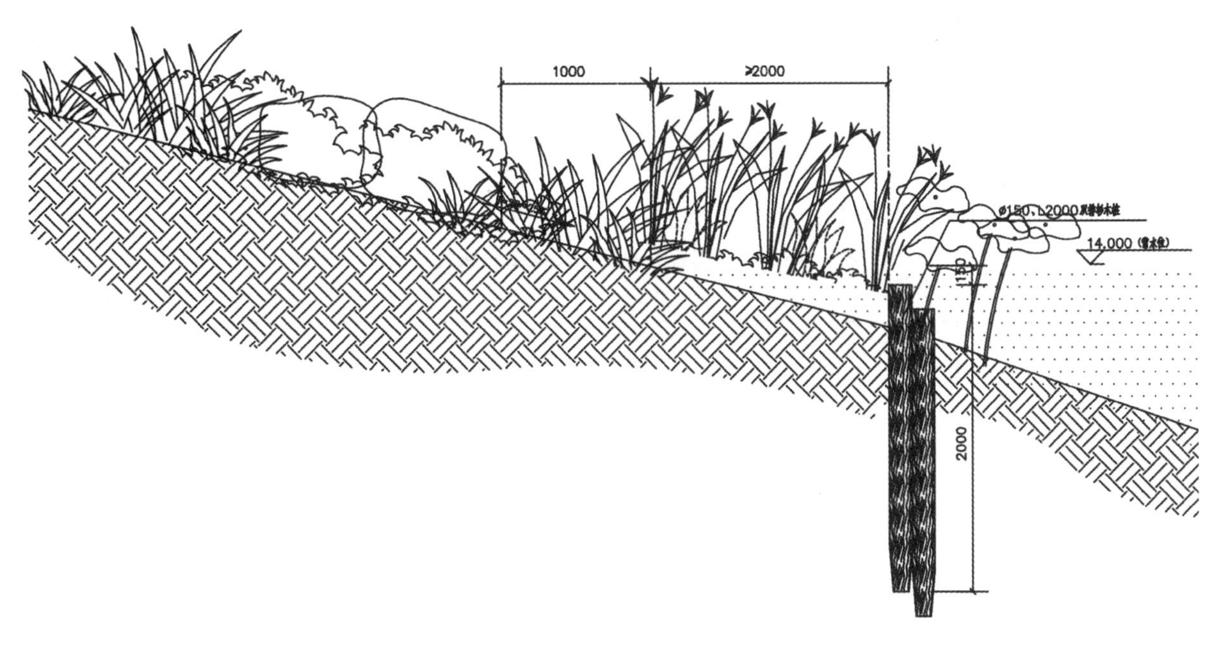

图 5-5-7　原木驳岸详图

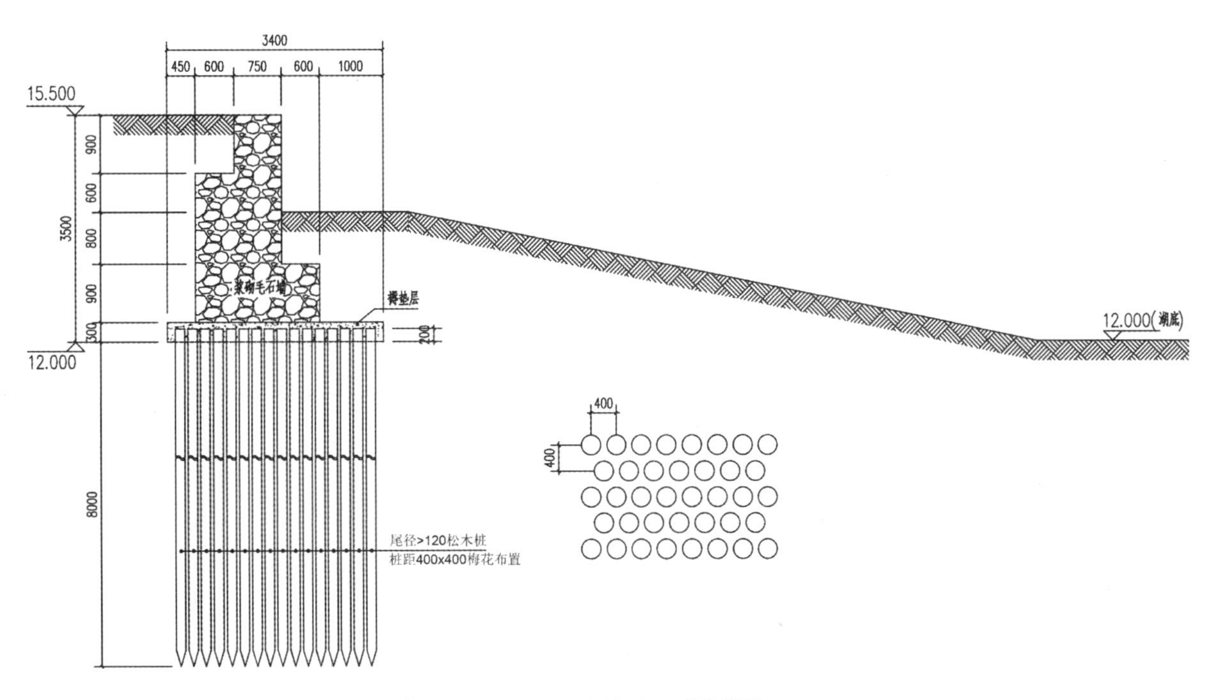

图 5-5-8　原木桩毛石驳岸详图

根据以上背景资料和《建设工程工程量清单计价规范》(GB 50500—2013)及《园林绿化工程工程量计算规范》(GB 50858—2013),编制该驳岸工程的工程量计算表及工程量计价清单。

解:驳岸工程分部分项工程工程量计算表如表 5-5-5 所示。

表 5-5-5 驳岸工程分部分项工程工程量计算表

工程名称:驳岸工程

序号	项目编码	项目名称	计量单位	计算式	工程量合计
1	050202002001	原木驳岸	根	1370/0.15×2	18 267
2	050202001001	原木桩毛石驳岸	m^3	30×4.32	129.6

驳岸工程分部分项工程工程量计价清单如表 5-5-6 所示。

表 5-5-6 驳岸工程分部分项工程工程量计价清单

工程名称:驳岸工程

序号	项目编码	项目名称	项目特征	计量单位	工程量	金额/元		
						综合单价	合价	其中:暂估价
1	050202002001	原木驳岸	1.木材种类:原木。 2.桩直径:150 mm。 3.桩单根长度:2 m。 4.排列:双排	根	18 267			
2	050202001001	原木桩毛石驳岸	1.石料种类、规格:毛石。 2.砂浆强度等级、配合比:1∶3 水泥砂浆。 3.底部垫层:300 mm 碎石垫层。 4.桩类型、长度、分布:原木桩,8 m,平均每平方米 4 根	m^3	129.6			
		分部小计						
合计								

四、某园区廊架工程

某园区廊架工程的平面图、立面图如图 5-5-9 至图 5-5-11 所示。已知条件如下:

①该地土壤类别为一、二类土;

②不考虑土方工程量及钢筋混凝土工程量,只计算装饰工程工程量。

根据以上背景资料和《建设工程工程量清单计价规范》(GB 50500—2013)及《园林绿化工程工程量计算规范》(GB 50858—2013),编制该廊架工程的工程量计算表及工程量计价清单。

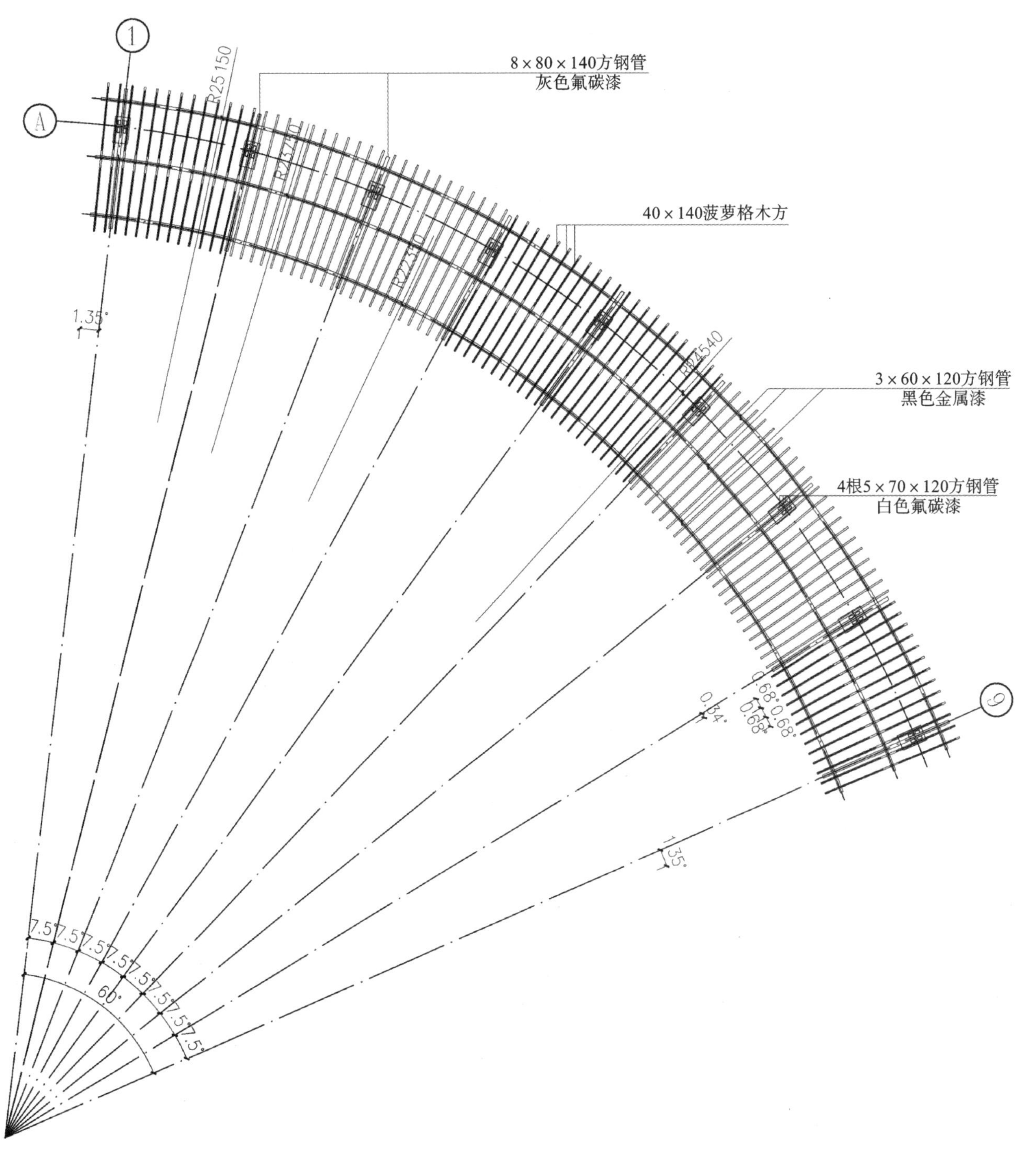

图 5-5-9 廊架屋顶平面图

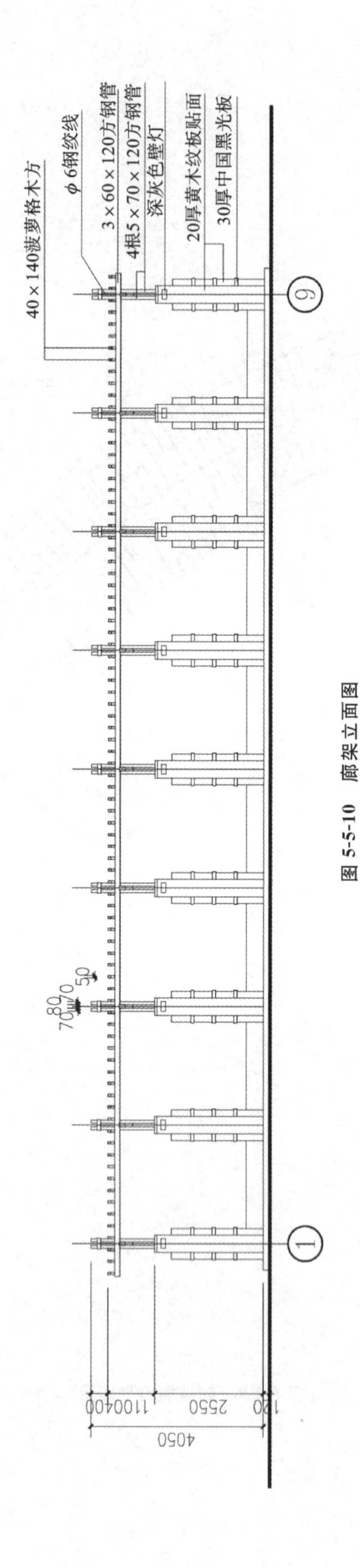
40×140菠萝格木方
φ6钢绞线
3×60×120方钢管
4根5×70×120方钢管
深灰色壁灯
20厚黄木纹板贴面
30厚中国黑光板
4050
2550
120

图 5-5-10　廊架立面图

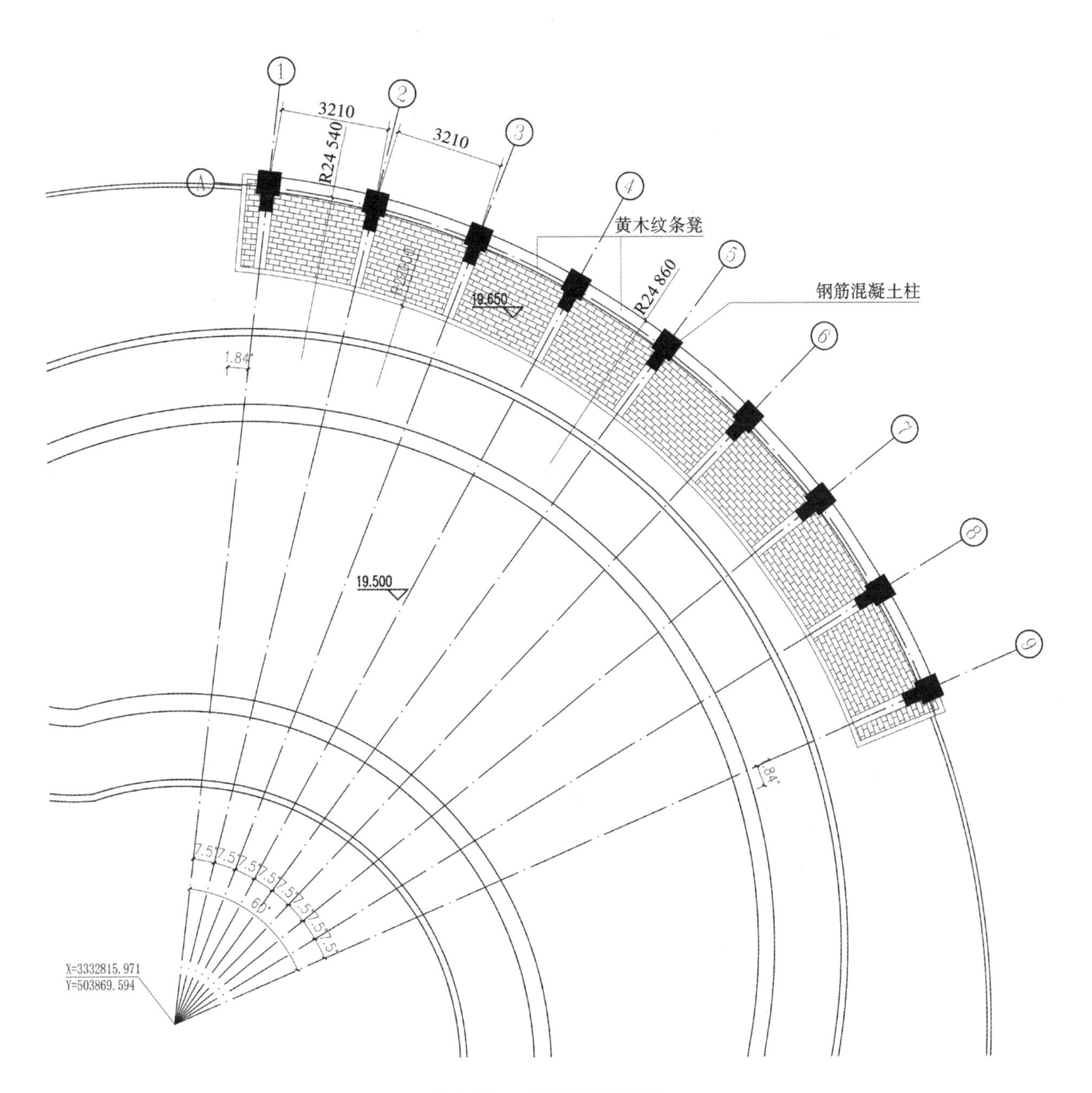

图 5-5-11　廊架底层平面图

解:廊架工程分部分项工程工程量计算表如表 5-5-7 所示。

表 5-5-7　廊架工程分部分项工程工程量计算表

工程名称:廊架工程

序号	项目编码	项目名称	计量单位	计算式	工程量合计
1	011102001015	石材贴面	m^2	23.51×0.42+(0.68×0.68+0.48×3)×9	27.00
2	011204001014	石材贴面(立面)	m^2	23.51×0.46+23.51×0.3+(0.99+0.28+0.28+0.28+0.23×2)×9+(2.51×0.38+1.68×0.15×2)×9+0.68×2.55×9	67.2
3	011204001015	石材贴面(立面)	m^2	1.02×0.08×3×2×9	4.41
4	010603002002	钢柱	t	0.38×1.5×4×9×39.25/1000	0.805

续表

序号	项目编码	项目名称	计量单位	计算式	工程量合计
5	010604001005	钢梁	t	3.6×0.44×9×62.8/1000+ 0.36×30.5×3×23.55/1000	1.671
6	011405001002	金属面氟碳漆	m^2	0.38×1.5×4×9	20.52
7	170403009015	预埋铁件	t	0.4×0.3×978.5/1000	0.117
8	010702002004	廊架顶棚	m^3	3.61×0.14×0.05×85	2.15

廊架工程分部分项工程工程量计价清单如表 5-5-8 所示。

表 5-5-8　廊架工程分部分项工程工程量计价清单

工程名称：廊架工程

序号	项目编码	项目名称	项目特征	计量单位	工程量	金额/元		
						综合单价	合价	其中：暂估价
1	011102001015	石材贴面	1.50 厚黄木纹板贴面。 2.石材专用 AB 胶	m^2	27.00			
2	011204001014	石材贴面（立面）	1.20 厚黄木纹板贴面。 2.石材专用 AB 胶	m^2	67.2			
3	011204001015	石材贴面（立面）	1.30 厚中国黑光板。 2.石材专用 AB 胶	m^2	4.41			
4	010603002002	钢柱	规格型号：5×70×120 方钢管	t	0.805			
5	010604001005	钢梁	规格型号：3×60×120 方钢管+8×80×140 方钢管	t	1.671			
6	011405001002	金属面氟碳漆	灰/黑色氟碳漆	m^2	20.52			
7	170403009015	预埋铁件	规格型号：10×400×300 预埋钢板	t	0.117			
8	010702002004	廊架顶棚	规格材料型号：40×140 菠萝格木方	m^3	2.15			
		分部小计						
合计								

五、屋顶景观绿化工程

屋顶景观绿化工程平面图如图 5-5-12 所示。施工季节为秋季。苗木规格及工程量如图 5-5-13 所示。铺装部分如图 5-5-14 至图 5-5-16 所示。已知条件如下：

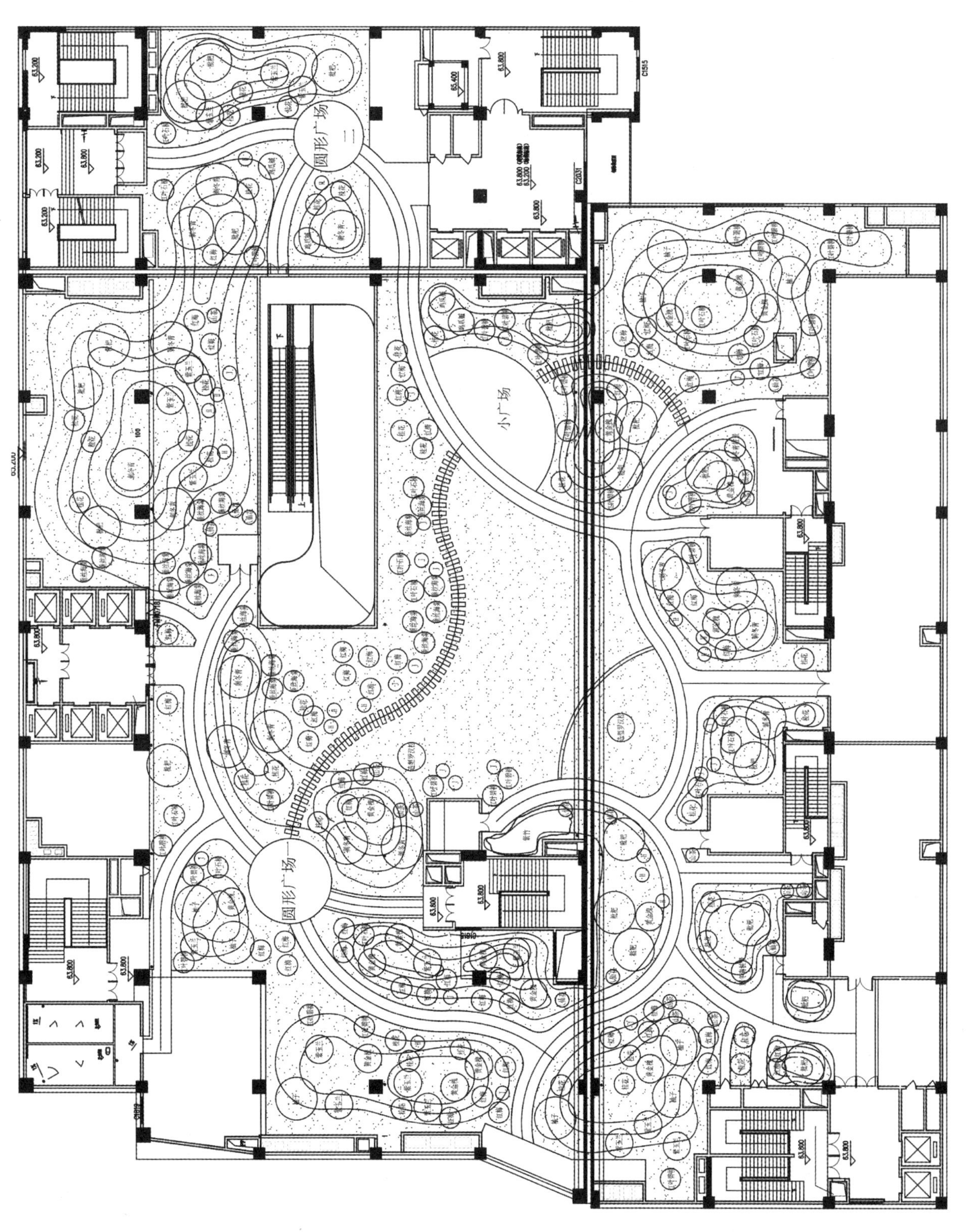

图 5-5-12　屋顶景观绿化工程平面图

序号	图例	苗木名称	规格/cm				数量	单位	备注
			地径	胸径或干径	冠幅	株高			
1	刺冬青	刺冬青				300	15	株	全冠，树形优美
2	枇杷	枇杷		8	150	200	19	株	全冠，树形优美
3	柚子	柚子		8	150	200	9	株	全冠，树形优美
4	造型罗汉松	造型罗汉松			150～200	250	2	株	全冠，树形优美
5	刺冬青桩景	刺冬青桩景			150～200	200	2	株	全冠，树形优美
6	紫玉兰	紫玉兰		5～6	150～200	200	16	株	全冠，树形优美
7	桂花	桂花		8	150～200	300	35	株	全冠，树形优美
8	黄金槐	黄金槐		8	200	250～300	17	株	全冠，树形优美
9	红叶石楠	红叶石楠		8	150	200	14	株	全冠，树形优美
10	鸡爪槭	鸡爪槭		8	150	200	4	株	全冠，树形优美
11	垂丝海棠	垂丝海棠	6		150	150～200	20	株	全冠，树形优美
12	红叶碧桃	红叶碧桃	6		150	150～200	26	株	全冠，树形优美
13	红梅	红梅	8		100～150	150～200	50	株	全冠，树形优美
14	山茶	山茶	6		80～100	100	12	株	全冠，树形优美
15	八仙花	八仙花	6		40～50	40～50	9	株	全冠，树形优美
16	J	金森女贞球			120	100	22	株	树形饱满，不露地脚
17	H	红继木球			120	100	15	株	树形饱满，不露地脚
18		紫竹		2	50～100	200	17	m^2	5根/m^2
19		果岭草草坪					2417	m^2	草坪满铺

图 5-5-13　苗木规格及工程量

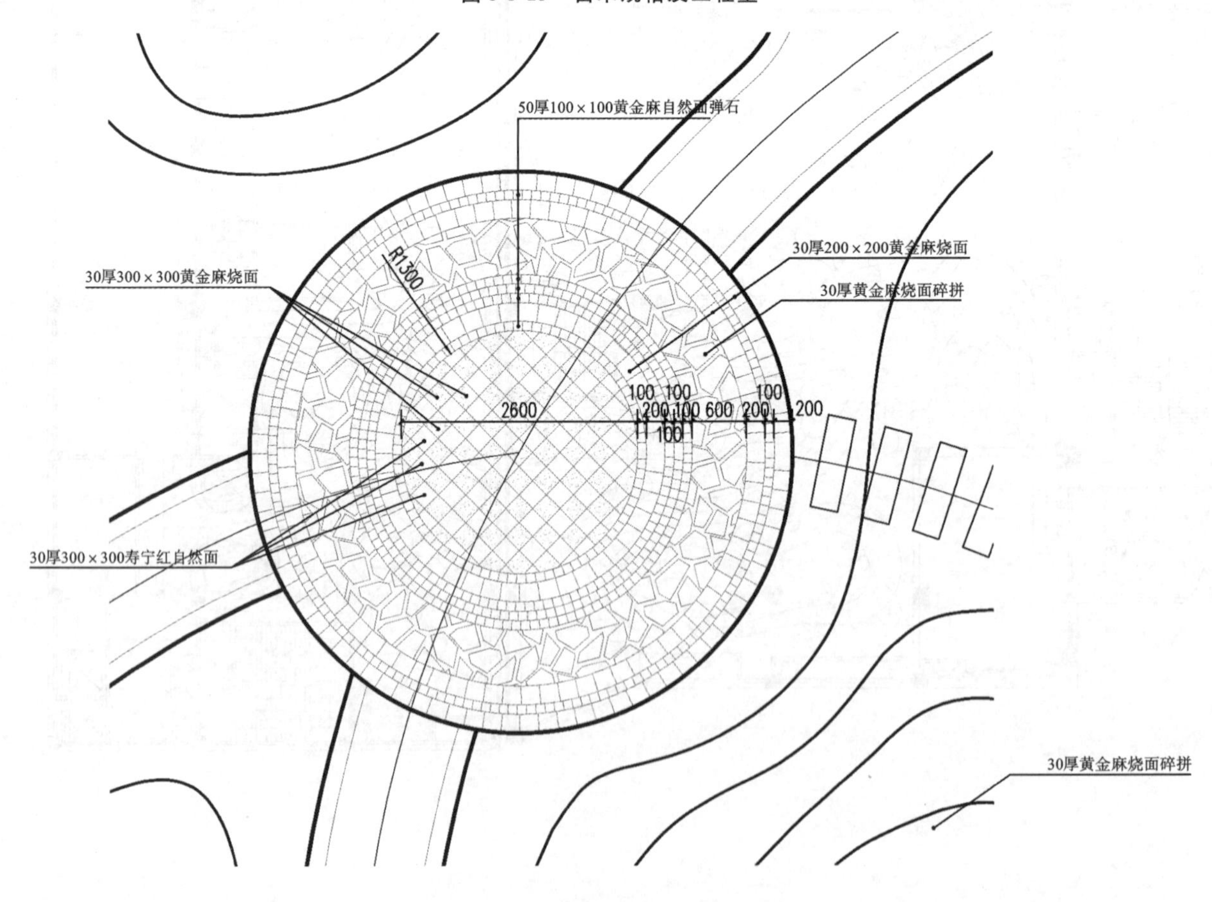

图 5-5-14　圆形广场一平面大样图

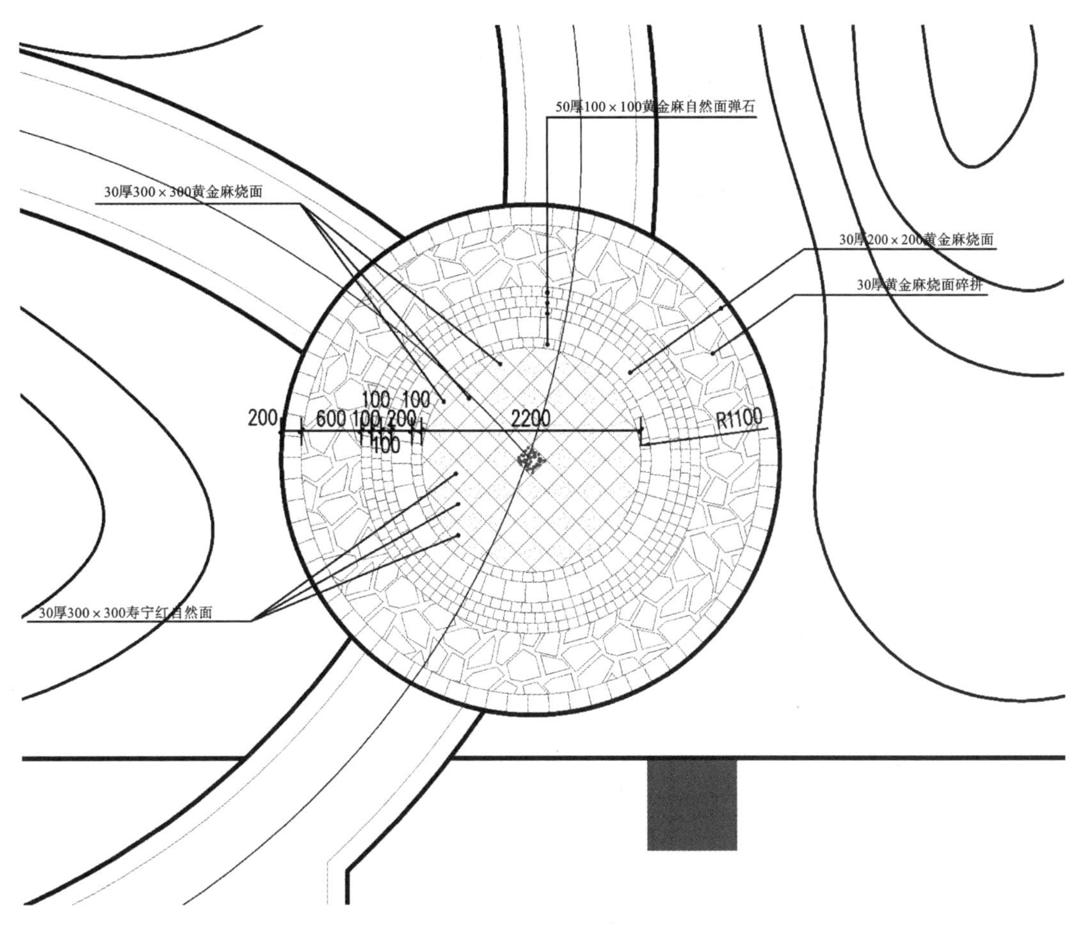

图 5-5-15 圆形广场二平面大样图

①原绿地土壤为三类土，需进行30 cm土壤改良，土壤改良份比为砂：肥（腐叶土）：土（现状土）=1：1

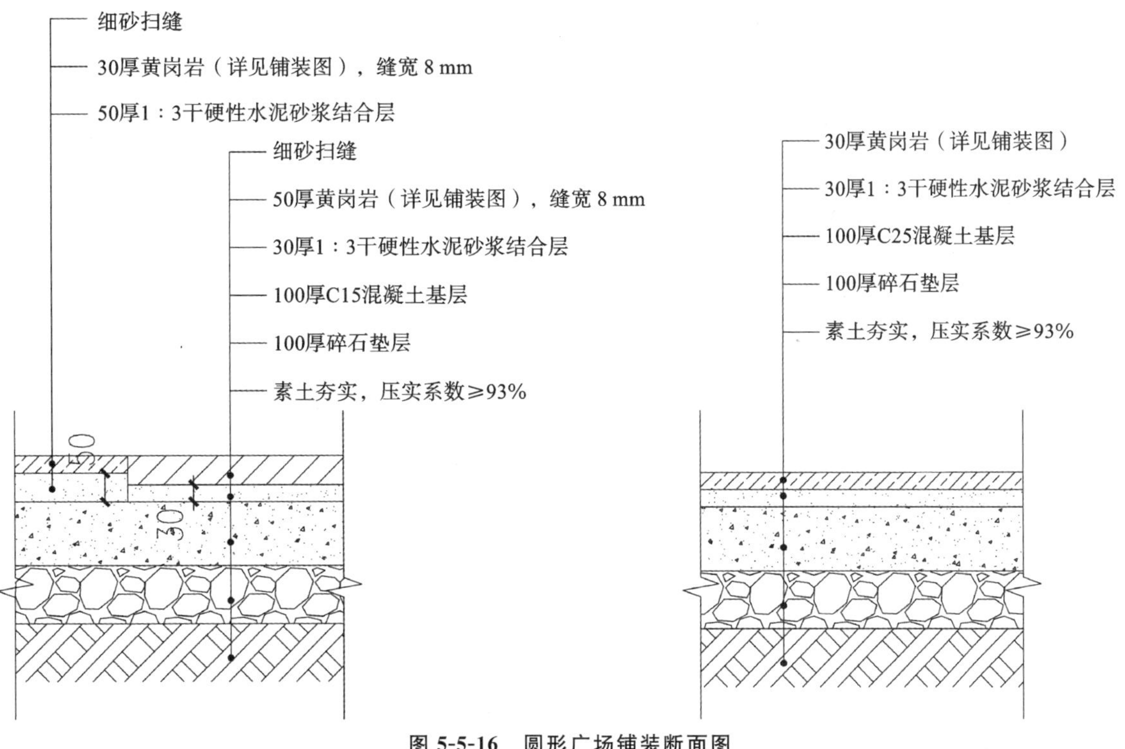

图 5-5-16 圆形广场铺装断面图

：4(体积比)；

②种植胸径在 5 cm 以上的乔木需进行四角支撑、三角支撑，草绳缠干 2.0 m 或 1.5 m；

③本工程养护等级为一级，养护周期为一年，保活期为 3 个月，保存期为 9 个月。

④铺装部分不考虑土方工程量。

根据以上背景资料和《建设工程工程量清单计价规范》(GB 50500—2013)及《园林绿化工程工程量计算规范》(GB 50858—2013)，编制该屋顶景观绿化工程的工程量计算表及工程量计价清单。

解：屋顶景观绿化工程分部分项工程工程量计算表如表 5-5-9 所示。

表 5-5-9 屋顶景观绿化工程分部分项工程工程量计算表

工程名称：屋顶景观绿化工程

序号	项目编码	项目名称	计量单位	计算式	工程量合计
园林绿化工程					
1	050101009001	种植土回(换)填	m^3	(2417＋17)×0.3	730.2
2	050102001001	栽植乔木：枇杷	株	19	19
3	050102001002	栽植乔木：柚子	株	9	9
4	050102001003	栽植乔木：造型罗汉松	株	2	2
5	050102001004	栽植乔木：紫玉兰	株	16	16
6	050102001005	栽植乔木：桂花	株	35	35
7	050102001006	栽植乔木：黄金槐	株	17	17
8	050102001007	栽植乔木：红叶石楠	株	14	14
9	050102001008	栽植乔木：鸡爪槭	株	4	4
10	050102001009	栽植乔木：垂丝海棠	株	20	20
11	050102002001	栽植灌木：刺冬青	株	15	15
12	050102002002	栽植灌木：刺冬青桩景	株	2	2
13	050102002003	栽植灌木：红叶碧桃	株	26	26
14	050102002004	栽植灌木：红梅	株	50	50
15	050102002005	栽植灌木：山茶	株	12	12
16	050102002006	栽植灌木：八仙花	株	9	9
17	050102002007	栽植灌木：金森女贞球	株	22	22
18	050102002008	栽植灌木：红继木球	株	15	15
19	050102003001	栽植竹类：紫竹	m^2	17	17
20	050102012001	铺种草皮：果岭草草坪	m^2	2417	2417

续表

序号	项目编码	项目名称	计量单位	计算式	工程量合计
园建铺装工程(圆形广场部分)					
21	050201001001	30 mm 厚 200×200 黄金麻烧面	m^2	$(1.6^2-1.4^2)\times3.14+(2.7^2-2.5^2)\times3.14+(3^2-2.8^2)\times3.14+(1.4^2-1.2^2)\times3.14+(2.5^2-2.3^2)\times3.14$	13.44
22	050201001002	30 mm 厚黄金麻烧面碎拼	m^2	$(2.5^2-1.9^2)\times3.14+(2.3^2-1.7^2)\times3.14$	15.83
23	050201001003	50 mm 厚 100×100 黄金麻自然面弹石	m^2	$(1.4^2-1.3^2)\times3.14+(1.9^2-1.6^2)\times3.14+(2.8^2-2.7^2)\times3.14+(1.2^2-1.1^2)\times3.14+(1.7^2-1.4^2)\times3.14$	9.51
24	050201001004	30 mm 厚 300×300 黄金麻烧面	m^2	$1.3^2\times3.14/2+1.1^2\times3.14/2$	4.55
25	050201001005	30 mm 厚 300×300 寿宁红自然面	m^2	$1.3^2\times3.14/2+1.1^2\times3.14/2$	4.55

屋顶景观绿化工程分部分项工程工程量计价清单如表 5-5-10 所示。

表 5-5-10 屋顶景观绿化工程分部分项工程工程量计价清单

工程名称:屋顶景观绿化工程

序号	项目编码	项目名称	项目特征	计量单位	工程量	金额/元		
						综合单价	合价	其中:暂估价
园林绿化工程								
1	050101009001	种植土回(换)填	1. 回填土质要求:土壤改良份比为砂∶肥(腐叶土)∶土(现状土)=1∶1∶4(体积比)。 2. 回填厚度:30 cm。 3. 含原土挖除清运。 4. 包括为满足设计、验收规范规定施工所需的一切工序	m^3	730.2			
2	050102001001	栽植乔木	1. 种类:枇杷。 2. 胸径或干径:8 cm。 3. 株高、冠径:株高为 200 cm,冠幅为 150 cm。 4. 养护期:1 年。 5. 包括为满足设计、验收规范规定施工所需的一切工序	株	19			
3	050102001002	栽植乔木	1. 种类:柚子。 2. 胸径或干径:8 cm。 3. 株高、冠径:株高为 200 cm,冠幅为 150 cm。 4. 养护期:1 年。 5. 包括为满足设计、验收规范规定施工所需的一切工序	株	9			

续表

序号	项目编码	项目名称	项目特征	计量单位	工程量	金额/元		
						综合单价	合价	其中：暂估价
4	050102001003	栽植乔木	1.种类:造型罗汉松。 2.株高、冠径:株高为 250 cm,冠幅为 150～200 cm。 3.养护期:1 年。 4.包括为满足设计、验收规范规定施工所需的一切工序	株	2			
5	050102001004	栽植乔木	1.种类:紫玉兰。 2.胸径或干径:5～6 cm。 3.株高:200 cm。 4.冠幅:150～200 cm。 5.养护期:1 年。 6.包括为满足设计、验收规范规定施工所需的一切工序	株	16			
6	050102001005	栽植乔木	1.种类:桂花。 2.胸径或干径:8 cm。 3.株高、冠径:株高为 300 cm,冠幅为 150～200 cm。 4.养护期:1 年。 5.包括为满足设计、验收规范规定施工所需的一切工序	株	35			
7	050102001006	栽植乔木	1.种类:黄金槐。 2.胸径或干径:8 cm。 3.株高、冠径:株高为 250～300 cm,冠幅为 200 cm。 4.养护期:1 年。 5.包括为满足设计、验收规范规定施工所需的一切工序	株	17			
8	050102001007	栽植乔木	1.种类:红叶石楠。 2.胸径或干径:8 cm。 3.株高、冠径:株高为 200 cm,冠幅为 150 cm。 4.养护期:1 年。 5.包括为满足设计、验收规范规定施工所需的一切工序	株	14			
9	050102001008	栽植乔木	1.种类:鸡爪槭。 2.胸径或干径:8 cm。 3.株高、冠径:株高为 200 cm,冠幅为 150 cm。 4.养护期:1 年。 5.包括为满足设计、验收规范规定施工所需的一切工序	株	4			
10	050102001009	栽植乔木	1.种类:垂丝海棠。 2.地径:6 cm。 3.株高:150～200 cm。 4.冠幅:200 cm。 5.养护期:1 年。 6.包括为满足设计、验收规范规定施工所需的一切工序	株	20			

续表

序号	项目编码	项目名称	项目特征	计量单位	工程量	金额/元		
						综合单价	合价	其中：暂估价
11	050102002001	栽植灌木	1. 种类：刺冬青。 2. 株高：300 cm。 3. 养护期：1 年。 4. 包括为满足设计、验收规范规定施工所需的一切工序	株	15			
12	050102002002	栽植灌木	1. 种类：刺冬青桩景。 2. 冠丛高：冠幅为 150～200 cm，株高为 200 cm。 3. 养护期：1 年。 4. 包括为满足设计、验收规范规定施工所需的一切工序	株	2			
13	050102002003	栽植灌木	1. 种类：红叶碧桃。 2. 地径：6 cm。 3. 株高：150～200 cm。 4. 冠幅：150 cm。 5. 养护期：1 年。 6. 包括为满足设计、验收规范规定施工所需的一切工序	株	26			
14	050102002004	栽植灌木	1. 种类：红梅。 2. 地径：8 cm。 3. 株高：150～200 cm。 4. 冠幅：100～150 cm。 5. 养护期：1 年。 6. 包括为满足设计、验收规范规定施工所需的一切工序	株	50			
15	050102002005	栽植灌木	1. 种类：山茶。 2. 地径：6 cm。 3. 株高：100 cm。 4. 冠幅：80～100 cm。 5. 养护期：1 年。 6. 包括为满足设计、验收规范规定施工所需的一切工序	株	12			
16	050102002006	栽植灌木	1. 种类：八仙花。 2. 地径：6 cm。 3. 株高：40～50 cm。 4. 冠幅：40～50 cm。 5. 养护期：1 年。 6. 包括为满足设计、验收规范规定施工所需的一切工序	株	9			
17	050102002007	栽植灌木	1. 种类：金森女贞球。 2. 株高：100 cm。 3. 冠幅：120 cm。 4. 养护期：1 年。 5. 包括为满足设计、验收规范规定施工所需的一切工序	株	22			

续表

序号	项目编码	项目名称	项目特征	计量单位	工程量	金额/元		
						综合单价	合价	其中：暂估价
18	050102002008	栽植灌木	1. 种类：红继木球。 2. 株高：100 cm。 3. 冠幅：120 cm。 4. 养护期：1年。 5. 包括为满足设计、验收规范规定施工所需的一切工序	株	15			
19	050102003001	栽植竹类	1. 竹种类：紫竹。 2. 竹胸径或根盘丛径：2 cm。 3. 养护期：1年。 4. 包括为满足设计、验收规范规定施工所需的一切工序	m^2	17			
20	050102012001	铺种草皮	1. 草皮种类：果岭草草坪。 2. 铺种方式：满铺。 3. 养护期：1年。 4. 包括为满足设计、验收规范规定施工所需的一切工序	m^2	2417			
园建铺装工程（圆形广场部分）								
21	050201001001	30 mm厚200×200黄金麻烧面	1. 基层处理：原土夯实，压实系数≥93%。 2. 垫层厚度、宽度、材料种类：100 mm厚卵石垫层，150 mm厚C25混凝土垫层。 3. 路面厚度、宽度、材料种类：30 mm厚黄金麻烧面花岗岩碎拼。 4. 砂浆强度等级：1∶3干硬性水泥砂浆。 5. 铺装应设置间距不大于6 m的伸缩缝，缝宽20 mm，沥青灌缝，内嵌沥青油膏，上硅胶封口，硅胶颜色同铺装。 6. 包括为满足设计、验收规范规定施工所需的一切工序	m^2	13.44			
22	050201001002	30 mm厚黄金麻烧面碎拼	1. 基层处理：原土夯实，压实系数≥93%。 2. 垫层厚度、宽度、材料种类：100 mm厚C15混凝土垫层。 3. 路面厚度、宽度、材料种类：30 mm厚200×200黄金麻烧面。 4. 砂浆强度等级：1∶3干硬性水泥砂浆。 5. 铺装应设置间距不大于6 m的伸缩缝，缝宽20 mm，沥青灌缝，内嵌沥青油膏，上硅胶封口，硅胶颜色同铺装。 6. 包括为满足设计、验收规范规定施工所需的一切工序	m^2	15.83			

续表

序号	项目编码	项目名称	项目特征	计量单位	工程量	金额/元		
						综合单价	合价	其中：暂估价
23	050201001003	50 mm厚100×100黄金麻自然面弹石	1.基层处理：原土夯实，压实系数≥93%。 2.垫层厚度、宽度、材料种类：100 mm厚C15混凝土垫层。 3.路面厚度、宽度、材料种类：30 mm厚600×600黄金麻烧面。 4.砂浆强度等级：1∶3干硬性水泥砂浆。 5.铺装应设置间距不大于6 m的伸缩缝，缝宽20 mm，沥青灌缝，内嵌沥青油膏，上硅胶封口，硅胶颜色同铺装。 6.包括为满足设计、验收规范规定施工所需的一切工序	m^2	9.51			
24	050201001004	30 mm厚300×300黄金麻烧面	1.基层处理：原土夯实，压实系数≥93%。 2.垫层厚度、宽度、材料种类：100 mm厚C15混凝土垫层。 3.路面厚度、宽度、材料种类：50 mm厚100×100黄金麻自然面弹石。 4.砂浆强度等级：1∶3干硬性水泥砂浆。 5.铺装应设置间距不大于6 m的伸缩缝，缝宽20 mm，沥青灌缝，内嵌沥青油膏，上硅胶封口，硅胶颜色同铺装。 6.包括为满足设计、验收规范规定施工所需的一切工序	m^2	4.55			
25	050201001005	30 mm厚300×300寿宁红自然面	1.基层处理：原土夯实，压实系数≥93%。 2.垫层厚度、宽度、材料种类：100 mm厚C15混凝土垫层。 3.路面厚度、宽度、材料种类：30 mm厚300×300黄金麻烧面。 4.砂浆强度等级：1∶3干硬性水泥砂浆。 5.铺装应设置间距不大于6 m的伸缩缝，缝宽20 mm，沥青灌缝，内嵌沥青油膏，上硅胶封口，硅胶颜色同铺装。 6.包括为满足设计、验收规范规定施工所需的一切工序	m^2	4.55			
		分部小计						
合计								

第6章

施工和竣工阶段的工程造价

第一节 施工阶段合同价款调整

发承包双方应在施工合同中约定合同价款，实行招标工程的合同价款由合同双方依据中标通知书的中标价款在合同协议书中约定，不实行招标工程的合同价款由合同双方依据双方确定的施工图预算的总造价在合同协议书中约定。在工程施工阶段，由于项目实际情况的变化，发承包双方在施工合同中约定的合同价款可能会出现变动。为合理分配双方的合同价款变动风险，有效地控制工程造价，发承包双方应当在施工合同中明确约定合同价款的调整事件、调整方法及调整程序，并在工程施工、竣工阶段进行动态管理。

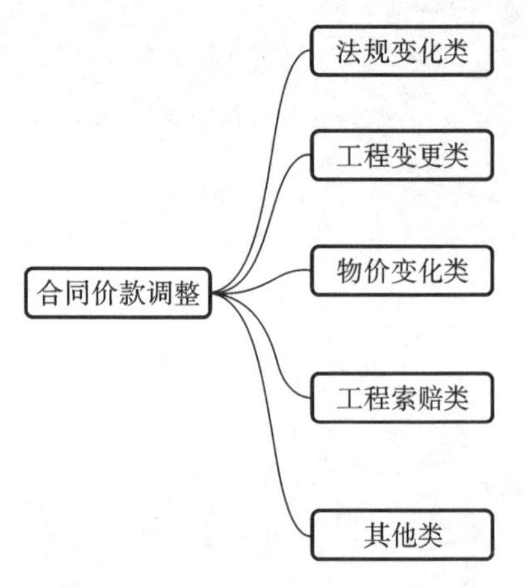

图 6-1-1 合同价款调整的类别

发承包双方按照合同约定调整合同价款的若干事项，可以分为五类：一是法规变化类，主要包括法律法规变化事件；二是工程变更类，主要包括工程变更、项目特征不符、工程量清单缺项、工程量偏差、计日工等事件；三是物价变化类，主要包括物价波动、暂估价事件；四是工程索赔类，主要包括不可抗力、提前竣工（赶工补偿）、误期赔偿、索赔等事件；五是其他类，主要包括现场签证以及发承包双方约定的其他调整事项，现场签证根据签证内容，有的可归于工程变更类，有的可归于索赔类，有的可能不涉及合同价款调整。经发承包双方确认调整的合同价款，作为追加（减）合同价款，应与工程进度款或结算款同期支付。合同价款调整的类别如图6-1-1所示。

本书重点介绍工程变更类、工程索赔类和其他类合同价款调整。

一、工程变更类合同价款调整

工程变更类合同价款调整如图 6-1-2 所示。

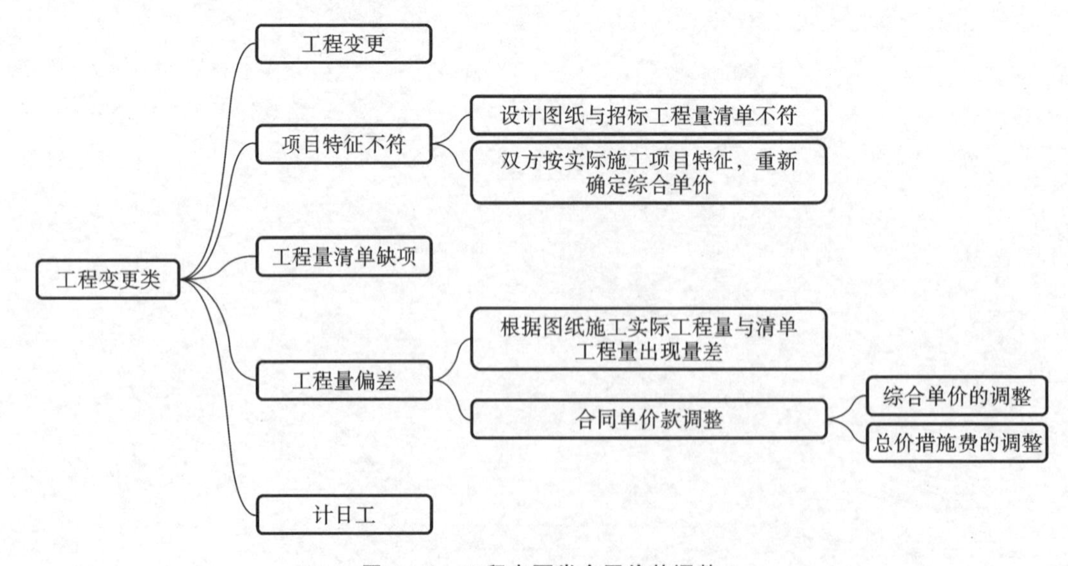

图 6-1-2 工程变更类合同价款调整

(一)工程变更

工程变更是合同实施过程中由发包人提出或由承包人提出,经发包人批准的对合同工 程的工作内容、工程数量、质量要求、施工顺序与时间、施工条件、施工工艺或其他特征,以及合同条件等的改变。工程变更指令发出后,发包人应当迅速落实指令,全面修改相关的各种文件。承包人也应当抓紧落实,如果承包人不能全面落实变更指令,则扩大的损失应当由承包人承担。

1.工程变更的范围

在不同的合同文本中规定的工程变更的范围可能会有所不同,以《建设工程施工合同(示范文本)》GF-2017-0201和《中华人民共和国标准施工招标文件》(2007年版)为例,两者规定的工程变更范围不同,如表6-1-1所示。

表6-1-1 不同合同文本中工程变更的范围

施工合同示范文本	标准施工招标文件
1.增加或减少合同中的任何工作,或追加额外的工作; 2.取消合同中的任何工作,转由他人实施的工作除外; 3.改变合同中任何工作的质量标准或其他特性; 4.改变工程的基线、标高、位置和尺寸; 5.改变工程的时间安排或实施顺序	1.取消合同中的任何一项工作,被取消的工作不能转由发包人或其他人实施; 2.改变合同中任何一项工作的质量或其他特性; 3.改变合同工程的基线、标高、位置或尺寸; 4.改变合同中任何一项工作的施工时间或改变已批准的施工工艺或顺序; 5.为完成工程需要追加的额外工作

2.工程变更的价款调整方法

1)分部分项工程费的调整

工程变更引起分部分项工程项目发生变化时,分部分项工程费应按照下列规定调整。

(1)已标价工程量清单中有适用于变更工程项目的,且工程变更导致的该清单项目的工程数量变化不足15%时,采用该项目的单价。直接采用适用的项目单价的前提是其采用的材料、施工工艺和方法相同,也不因此增加关键线路上工程的施工时间。

(2)已标价工程量清单中没有适用、但有类似于变更工程项目的,可在合理范围内参照类似项目的单价或总价调整。采用类似的项目单价的前提是其采用的材料、施工工艺和方法基本相似,不增加关键线路上工程的施工时间,可仅就其变更后的差异部分,参考类似的项目单价由发承包双方协商新的项目单价。

(3)已标价工程量清单中没有适用也没有类似于变更工程项目的,承包人根据变更工程资料、计量规则和计价办法、工程造价管理机构发布的信息(参考)价格和承包人报价浮动率,提出变更工程项目的单价或总价,报发包人确认后调整。

(4)已标价工程量清单中没有适用也没有类似于变更工程项目,且工程造价管理机构发布的信息(参考)价格缺价的,承包人根据变更工程资料、计量规则、计价办法和通过市场调查等方法得到的有合法依据的市场价格提出变更工程项目的单价或总价,报发包人确认后调整。

2)措施项目费的调整

工程变更引起措施项目发生变化,承包人提出调整措施项目费的,应事先将拟实施的方案提交发包人确认,并详细说明与原方案措施项目相比的变化情况。拟实施的方案经发承包双方确认后执行。发承包双方应按照下列规定调整措施项目费。

①安全文明施工费按照实际发生变化的措施项目调整，不得浮动。

②采用单价计算的措施项目费按照实际发生变化的措施项目按前述分部分项工程费的调整方法确定单价。

③按总价(或系数)计算的措施项目费，除安全文明施工费外，按照实际发生变化的措施项目调整，但应考虑承包人报价浮动因素。

如果承包人未事先将拟实施的方案提交给发包人确认，则视为工程变更不引起措施项 目费的调整或承包人放弃调整措施项目费的权利。

3)删减工程或工作的补偿

如果发包人提出的工程变更，因非承包人原因删减了合同中的某项原定工作或工程，致使承包人发生的费用或(和)得到的收益不能被包括在其他已支付或应支付的项目中，也未被包含在任何替代的工作或工程中，则承包人有权提出并得到合理的费用及利润补偿。

(二)项目特征不符

1. 项目特征描述

项目特征描述是确定综合单价的重要依据之一，承包人在投标报价时应依据发包人 提供的招标工程量清单中的项目特征，确定清单项目的综合单价。发包人在招标工程量清单中对项目特征的描述，应被认为是准确的和全面的，并且与实际施工要求相符。承包人应按照发包人提供的招标工程量清单，根据项目特征的内容及有关要求实施合同工程，直到其被改变为止。

2. 合同价款的调整方法

承包人应按照发包人提供的设计图纸实施合同工程，若在合同履行期间，出现设计图纸(含设计变更)与招标工程量清单项目的特征描述不符，且该变化引起该项目的工程造价增减变化的情况，发承包双方应当按照实际施工的项目特征，重新确定相应工程量清单项目的综合单价，调整合同价款。

(三)工程量清单缺项

1. 清单缺项漏项的责任

招标工程量清单必须作为招标文件的组成部分，其准确性和完整性由招标人负责。因此，招标工程量清单是否准确和完整，其责任应当由提供工程量清单的发包人负责，作为投标人的承包人不应承担因工程量清单的缺项、漏项以及计算错误带来的风险与损失。

2. 合同价款的调整方法

1)分部分项工程费的调整

施工合同履行期间，招标工程量清单中分部分项工程出现缺项、漏项，造成新增工程清单项目的，发承包双方应按照工程变更事件中关于分部分项工程费的调整方法，调整合同价款。

2)措施项目费的调整

新增分部分项工程项目清单项目后，引起措施项目发生变化的，应当按照工程变更事件中关于措施项目费的调整方法，在承包人提交的实施方案被发包人批准后，调整合同价款；由于招标工程量清单中措施项目缺项，承包人应将新增措施项目实施方案提交发包人批准后，按照工程变更事件中的有关规定调整合同价款。

(四)工程量偏差

1. 工程量偏差的概念

工程量偏差是指承包人根据发包人提供的图纸(包括由承包人提供的经发包人批准的图 纸)进行施工,按照现行国家工程量计算规范规定的工程量计算规则,计算得到的完成合同工程项目应予计量的工程量与相应的招标工程量清单项目列出的工程量之间的量差。

2. 合同价款的调整方法

施工合同履行期间,若应予计算的实际工程量与招标工程量清单列出的工程量出现偏 差,或者因工程变更等非承包人原因导致工程量偏差,该偏差将对工程量清单项目的综合单价产生影响,发承包双方应当在施工合同中约定是否调整综合单价以及如何调整。如果合同中没有约定或约定不明的,发承包双方可以按以下原则办理。

1)综合单价的调整原则

当应计算的实际工程量与招标工程量清单出现偏差(包括因工程变更等原因导致的工程量偏差)超过15%时,综合单价的调整原则:当工程量增加15%以上时,增加部分的工程量的综合单价应当调低;当工程量减少15%以上时,减少后剩余部分的工程量的综合单价应当调高。

2)总价措施项目费的调整

当应计算的实际工程量与招标工程量清单出现偏差(包括因工程变更等原因导致的工程量偏差)超过15%,且该变化引起措施项目发生变化时,如果该措施项目是按系数或单一总价方式计价的,措施项目费的调整原则:工程量增加的,措施项目费调增;工程量减少的,措施项目费调减。具体的调整方法应由双方当事人在合同专用条款中约定。

(五)计日工

1. 计日工费用的产生

发包人通知承包人以计日工方式实施的零星工作,承包人应予执行。采用计日工计价的任何一项变更工作,承包人应在该项变更的实施过程中,按合同约定提交以下报表和有关凭证送发包人复核:

①工作名称、内容和数量;

②投入该工作的所有人员的姓名、工种、级别和耗用工时;

③投入该工作的材料的名称、类别和数量;

④投入该工作的施工设备型号、数量和耗用台时;

⑤发包人要求提交的其他资料和凭证。

2. 计日工费用的确认和支付

计日工项目实施结束时,承包人应按照确认的计日工现场签证报告核实该类项目的工程数量,并根据核实的工程数量和承包人已标价工程量清单中的计日工单价计算,提出应付价款;已标价工程量清单中没有该类计日工单价的,发承包双方按工程变更的有关的规定商定计日工单价。

每个支付期末,承包人应与进度款同期向发包人提交本期所有计日工记录的签证汇 总表,以说明本期自己认为有权得到的计日工金额,调整合同价款,列入进度款支付。

二、工程索赔类合同价款调整

工程索赔是指在工程合同履行过程中，当事人一方因非己方的原因而遭受经济损失或工期延误，按照合同约定或法律规定应由对方承担责任时，向对方提出工期和(或)费用补偿要求的行为。

施工现场条件、气候条件的变化，施工进度、物价的变化，以及合同条款、规范、标准文件和施工图纸的变更、差异、延误等因素会使工程承包中不可避免地出现索赔。

对于施工合同的双方来说，索赔是维护自身合法利益的权利。索赔合同条件中双方的合同责任一样，构成严密的合同制约关系。承包人可以向发包人提出索赔，发包人也可以向承包人提出索赔。

索赔的分类方法有以下几种。

1. 按索赔的当事人分类

根据索赔的合同当事人不同，索赔可以分为承包人与发包人之间的索赔、总承包人与分包人之间的索赔。

1)承包人与发包人之间的索赔

该类索赔发生在建设工程施工合同的当事人之间，既包括承包人向发包人索赔，也包括发包人向承包人索赔。但是在工程实践中，经常发生的索赔事件，大都是承包人向发包人提出的。

2)总承包人与分包人之间的索赔

在建设工程分包合同履行过程中，索赔事件发生后，无论是发包人的原因还是总承包人的原因，分包人都只能向总承包人提出索赔要求，而不能直接向发包人提出索赔要求。

2. 按索赔目的和要求分类

根据索赔目的和要求不同，索赔可以分为工期索赔和费用索赔。

1)工期索赔

工期索赔一般是指工程合同履行过程中，由于非自身原因造成工期延误，按照合同约定或法律规定，承包人向发包人提出合同工期补偿要求的行为。工期顺延的要求获得批准后，承包人不仅可以免除拖期违约赔偿金的责任，还有可能因工期提前获得赶工补偿(或奖励)。

2)费用索赔

费用索赔是指工程承包合同履行中，当事人一方因非己方原因遭受费用损失，按合同约定或法律规定应由对方承担责任时，向对方提出增加费用要求的行为。

3. 按索赔事件的性质分类

根据索赔事件的性质不同，索赔可以分为工程延误索赔、加速施工索赔、工程变更索赔、合同终止索赔、不可预见的不利条件索赔、不可抗力事件索赔。

1)工程延误索赔

因发包人未按合同要求提供施工条件，或因发包人指令工程暂停或不可抗力事件等原因造成工期拖延的，承包人可以向发包人提出索赔；如果由于承包人原因导致工期拖延，发包人可以向承包人提出索赔。

2)加速施工索赔

由于发包人指令承包人加快施工速度、缩短工期，引起承包人的人力、物力、财力的额外开支，承包人可以提出索赔。

3)工程变更索赔

发包人指令增加或减少工程量、增加附加工程、修改设计、变更工程顺序等,造成工期延长和(或)费用增加时,承包人可以提出索赔。

4)合同终止索赔

发包人违约或发生不可抗力事件等原因造成合同非正常终止,承包人因此遭受经济损失时,可以提出索赔。如果由于承包人的原因导致合同非正常终止,或者合同无法继续履行,发包人可以提出索赔。

5)不可预见的不利条件索赔

不利的物质条件通常是指承包人在施工现场遇到的不可预见的自然物质条件、非自然的物质障碍和污染物,例如地质条件与发包人提供的资料不符,出现不可预见的地下水、地质断层、溶洞、地下障碍物等,承包人可以对因此遭受的损失提出索赔。

6)不可抗力事件索赔

不可抗力可以分为自然事件和社会事件。自然事件主要是工程施工过程中不可避免且不能克服的自然灾害,包括地震、海啸、瘟疫、水灾等;社会事件包括国家政策、法律、法令的变更,战争,罢工等。工程施工期间,因不可抗力事件的发生而遭受损失的一方,可以根据合同中对不可抗力风险分担的约定,向对方提出索赔。

7)其他索赔

其他索赔指因货币贬值、汇率变化、物价上涨、政策法令变化等原因引起的索赔。

三、索赔的依据和前提条件

(一)索赔的依据

提出索赔和处理索赔都要依据下列文件或凭证。

(1)工程施工合同文件。工程施工合同是工程索赔中最关键和最主要的依据。工程施工期间,发承包双方关于工程的洽商、变更等书面协议或文件,也是索赔的重要依据。

(2)国家颁布的相关法律、行政法规。国家颁布的相关法律、行政法规是工程索赔的法律依据。部门规章以及工程项目所在地的地方性法规或地方政府规章在施工合同专用条款中被约定为工程合同的适用法律时,也可以作为工程索赔的依据。

(3)工程建设强制性标准。不属于强制性标准的其他标准、规范和计价依据,除施工合同中有明确约定外,不能作为工程索赔的依据。

(4)工程施工合同履行过程中与索赔事件有关的各种凭证。这些凭证是承包人因索赔事件遭受费用或工期损失的事实依据,反映了工程的计划情况和实际情况的差异。

(二)索赔成立的条件

索赔成立的条件如下:

①索赔事件已造成了承包人直接经济损失或工期延误;

②造成费用增加或工期延误的索赔事件是因非承包人的原因发生的;

③承包人已经按照工程施工合同规定的期限和程序提交了索赔意向通知、索赔报告及相关证明材料。

四、工程索赔的结果

《中华人民共和国标准施工招标文件》(2007 年版)的通用合同条款,按照引起索赔事件的原因不同,对一方当事人提出的索赔可能给予合理补偿工期、费用和(或)利润的情况,分别做出了相应的规定,如表 6-1-2 至表 6-1-6 所示。

表 6-1-2　仅补偿工期的索赔事件

序号	条款号	索赔事件	可补偿内容		
			工期	费用	利润
1	11.4	异常恶劣的气候条件导致工期延误	√		
2	21.3.1(4)	不可抗力造成工期延误	√		

表 6-1-3　仅补偿费用的索赔事件

序号	条款号	索赔事件	可补偿内容		
			工期	费用	利润
1	5.2.4	提前向承包人提供材料、工程设备		√	
2	9.2.6	发包人原因造成承包人人员工伤事故		√	
3	11.6	承包人提前竣工		√	
4	16.2	基准日后法律的变化		√	
5	19.4	工程移交后发包人原因导致的缺陷修复后的试验和试运行		√	
6	21.3.1(4)	因不可抗力停工期间应监理人要求照管、清理、修复工程		√	

表 6-1-4　补偿工期+费用的索赔事件

序号	条款号	索赔事件	可补偿内容		
			工期	费用	利润
1	1.10.1	施工中发现文物、古迹	√	√	
2	4.11	施工中遇到不利物质条件	√	√	

表 6-1-5　补偿费用+利润的索赔事件

序号	条款号	索赔事件	可补偿内容		
			工期	费用	利润
1	18.6.2	发包人原因导致工程试运行失败		√	√
2	19.2.3	工程移交后发包人原因导致新的缺陷或损坏的修复		√	√

表 6-1-6　补偿工期+费用+利润的索赔事件

序号	条款号	索赔事件	可补偿内容		
			工期	费用	利润
1	1.6.1	迟延提供图纸	√	√	√
2	2.3	迟延提供施工场地	√	√	√
3	5.2.6	发包人提供的材料、工程设备不合格或迟延提供,变更交货地点	√	√	√

续表

序号	条款号	索赔事件	可补偿内容		
			工期	费用	利润
4	8.3	承包人依据发包人提供的错误资料导致测量放线错误	√	√	√
5	11.3	发包人原因造成工期延误	√	√	√
6	12.2	发包人暂停施工造成工期延误	√	√	√
7	12.4.2	工程暂停后因发包人原因无法按时复工	√	√	√
8	13.1.3	发包人原因导致承包人返工	√	√	√
9	13.5.3	监理人对已经覆盖的隐蔽工程进行重新检查且检查结果合格	√	√	√
10	13.6.2	发包人提供的材料、工程设备造成工程不合格	√	√	√
11	14.1.3	承包人应监理人要求对材料、工程设备和工程重新检验且检验结果合格	√	√	√
12	18.4.2	发包人在工程竣工前提前占用工程	√	√	√
13	22.2.2	发包人违约导致承包人暂停施工	√	√	√

五、工程索赔的计算

(一)费用索赔的计算

1. 索赔费用的组成

对于不同原因引起的索赔，承包人可索赔的具体费用内容是不完全一样的。但归纳起来，索赔费用的组成与工程造价的构成基本类似。一般可归结为人工费、材料费、施工机具使用费、现场管理费、总部(企业)管理费、保险费、保函手续费、利息、利润、分包费用等。

1)人工费

人工费的索赔包括完成合同之外的额外工作花费的人工费；超过法定工作时间的加班劳动；法定人工费增长；非承包人原因导致工效降低所增加的人工费；非承包人原因导致工程停工的人员窝工费和工资上涨费等。停工损失中的人工费通常采取人工单价乘以折算系数计算。

2)材料费

材料费的索赔包括索赔事件的发生造成材料实际用量超过计划用量而增加的材料费；发包人原因导致工程延期期间的材料价格上涨和超期储存费用。材料费应包括运输费、保管费以及合理的损耗费用。如果由于承包人管理不善，造成材料损坏失效，材料费不能列入索赔款项。

3)施工机具使用费

施工机具使用费的索赔的主要内容为施工机械使用费的索赔。施工机械使用费的索赔包括完成合同之外的额外工作增加的施工机械使用费；非承包人原因导致工效降低增加的施工机械使用费；发包人或工程师指令错误或迟延导致机械停工的台班停滞费。计算机械设备的台班停滞费时，不能按机械设备台班费计算，因为机械设备台班费包括设备使用费。如果机械设备是承包人的自有设备，台班停滞费一般按台班折旧费、人工费与其他费之和计算；如果机械设备是承包人租赁的设备，台班停滞费一般按台班租金加每台班分摊的施工机械进出场费计算。

4)现场管理费

现场管理费的索赔包括承包人完成合同之外的额外工作以及发包人原因导致工期延期期间的现场管理费,包括管理人员工资、办公费、通信费、交通费等。

5)总部(企业)管理费

总部(企业)管理费的索赔主要指的是发包人原因导致工程延期期间增加的承包人向公司总部提交的管理费,包括总部职工工资、办公大楼折旧、办公用品、财务管理、通信设施以及总部领导人员赴工地检查指导工作的开支。

6)保险费

发包人原因导致工程延期时,承包人必须办理工程保险、施工人员意外伤害保险等各项保险的延期手续,对于因此增加的费用,承包人可以提出索赔。

7)保函手续费

发包人原因导致工程延期时,承包人必须办理相关履约保函的延期手续,对于因此增加的手续费,承包人可以提出索赔。

8)利息

利息的索赔包括发包人拖延支付工程款利息;发包人迟延退还工程质量保证金的利息;发包人错误扣款的利息等。至于具体的利率标准,双方可以在合同中明确约定,没有约定或约定不明的,可以按照同期同类贷款利率或同期贷款市场报价利率计算。

9)利润

一般来说,依据施工合同中明确规定可以给予利润补偿的索赔条款,承包人提出费用索赔时都可以主张利润补偿。索赔利润的计算通常与原报价单中的利润百分率保持一致。

10)分包费用

发包人原因导致分包工程费用增加时,分包人只能向总承包人提出索赔,但分包人的索赔款项应当列入总承包人对发包人的索赔款项。分包费用索赔指的是分包人的索赔费用,一般也包括与上述费用类似的内容。

2. 费用索赔的计算方法

费用索赔的计算应以赔偿实际损失为原则,包括直接损失和间接损失。费用索赔的计算方法通常有三种,即实际费用法、总费用法和修正的总费用法。

1)实际费用法

实际费用法又称分项法,即根据索赔事件造成的损失或成本增加,按费用项目逐项进行分析、计算索赔金额的方法。这种方法比较复杂,但能客观地反映施工单位的实际损失,比较合理,易于被当事人接受,在国际工程中被广泛采用。

由于索赔费用组成的多样化,对于不同原因引起的索赔,承包人可索赔的具体费用内容有所不同,必须具体问题具体分析。实际费用法依据的是实际发生的成本记录或单据,因此,在施工过程中,系统而准确地积累记录资料是非常重要的。

2)总费用法

总费用法,也被称为总成本法。发生多次索赔事件后,重新计算工程的实际总费用,该实际总费用减去投标报价时的估算总费用即为索赔金额。总费用法计算索赔金额的公式如下:

索赔金额=实际总费用-投标报价时的估算总费用

但是,总费用法没有考虑实际总费用中可能包括由于承包人的原因(如施工组织不善)增加的费用,投标报价时的估算总费用也可能由于承包人为谋取中标而导致报价过低，因此，总费用法并不十分科学。只有在难以精确地确定某些索赔事件导致的各项费用增加额时，总费用法才适用。

3）修正的总费用法

修正的总费用法是对总费用法的改进，即在总费用计算的原则上，去掉了一些不合理的因素，使其更为合理。修正的内容如下：

①将计算索赔款的时段局限于受到索赔事件影响的时间，而不是整个施工期；

②只计算受到索赔事件影响时段内的某项工作所受影响的损失，而不是计算该时段内所有施工工作所受的损失；

③与该项工作无关的费用不列入总费用；

④对投标报价时的估算总费用重新进行核算，即按受影响时段内该项工作的实际单价进行核算，乘以实际完成的该项工作的工程量，得出调整后的报价费用。

修正的总费用法计算索赔金额的公式如下：

索赔金额＝某项工作调整后的实际总费用－该工作投标报价时的估算总费用

修正的总费用法与总费用法相比，有了实质性的改进，它的准确程度已接近于实际费用法。

【例 6-1-1】某施工合同约定，施工现场主导施工机械一台，由施工企业租得，台班单价为 300 元/台班，租赁费为 100 元/台班，人工工资为 40 元/工日，窝工补贴为 10 元/工日，以人工费为基数的综合费率为 35%。在施工过程中，发生了如下事件：①异常恶劣天气导致工程停工 2 天，人员窝工 30 个工日；②恶劣天气导致场外道路中断，抢修道路用工 20 工日；③场外大面积停电，停工 2 天，人员窝工 10 工日。施工企业可向业主索赔的费用为多少？

解：各事件处理结果如下。

①异常恶劣天气导致的停工通常不能进行费用索赔。

②抢修道路用工的索赔额＝20×40×(1＋35%)元＝1080 元。

③停电导致的索赔额＝(2×100＋10×10)元＝300 元。

总索赔费用＝(1080＋300)元＝1380 元。

(二)工期索赔的计算

工期索赔，一般是指承包人依据合同对非自身原因导致的工期延误向发包人提出的工期顺延要求。

1. 工期索赔中应当注意的问题

1）划清施工进度拖延的责任

承包人原因造成的施工进度滞后属于不可原谅的延期；承包人不应承担任何责任的延误，才是可原谅的延期。有时，工程延期的原因中可能包含双方责任，监理人应进行详细分析，分清责任比例，只能对可原谅的延期批准顺延合同工期。可原谅的延期又可细分为可原谅并给予补偿费用的延期和可原谅但不给予补偿费用的延期。后者是指非承包人责任事件的影响并未导致施工成本的额外支出，大多属于发包人应承担风险责任事件的影响，如异常恶劣的气候条件影响的停工等。

2）被延误的工作应是处于施工进度计划关键线路上的施工内容

只有位于关键线路上工作内容的滞后，才会影响竣工日期。但有时也应注意，既要看被延误的工作是否在批准进度计划的关键线路上，又要详细分析这个延误对后续工作的可能影响。因为若对非关键线路工作的影响时间较长，超过了可用于该工作的自由支配的时间，也会导致进度计划中的非关键线路转化为关键线路，其滞后将影响总工期。此时，发包人应充分考虑该工作的自由时间，给予相应的工期顺延，并要求承包人修改施工进度计划。

2. 工期索赔的具体依据

承包人向发包人提出工期索赔的具体依据主要包括以下几点：

①合同约定或双方认可的施工总进度规划；

②合同双方认可的详细进度计划；

③合同双方认可的对工期的修改文件；

④施工日志、气象资料；

⑤业主或工程师的变更指令；

⑥影响工期的干扰事件；

⑦受干扰后的实际工程进度等。

3. 工期索赔的计算方法

1)直接法

如果干扰事件直接发生在关键线路上，造成总工期的延误，承包人可以直接将该干扰事件的实际干扰时间(延误时间)作为工期索赔值。

2)比例计算法

如果干扰事件仅影响某单项工程、单位工程或分部分项工程的工期，要分析其对总工期的影响，可以采用比例计算法。

(1)已知受干扰部分工程的延期时间，工期索赔值的计算公式为

$$\text{工期索赔值}=\text{受干扰部分工期拖延时间}\times\text{受干扰部分工程的合同价格}/\text{原合同总价}$$

(2)已知额外增加工程量的价格，工期索赔值的计算公式为

$$\text{工期索赔值}=\text{原合同总工期}\times\text{额外增加的工程量的价格}/\text{原合同总价}$$

比例计算法虽然简单方便，但有时不符合实际情况，而且比例计算法不适用于变更施工顺序、加速施工、删减工程量等事件的索赔。

3)网络图分析法

网络图分析法是利用进度计划的网络图，分析其关键线路。如果延误的工作为关键工作，则延误的时间为索赔的工期；如果延误的工作为非关键工作，当该工作由于延误超过时差限制而成为关键工作时，可以索赔延误时间与时差的差值；若该工作延误后仍为非关键工作，则不存在工期索赔问题。

该方法通过分析干扰事件发生前和发生后网络计划的计算工期之差来计算工期索赔值，可以用于各种干扰事件和多种干扰事件共同作用引起的工期索赔。

4)共同延误的处理

在实际施工过程中，工程拖期很少是只由一方造成的，往往是两三种原因同时发生(或相互作用)而形成的，故称为“共同延误”。在这种情况下，要具体分析哪一种情况下延误是有效的，应依据以下原则。

(1)判断造成拖期的哪一种原因是最先发生的，即确定初始延误者，初始延误者应对工程拖期负责。在初始延误发生作用期间，其他并发的延误不承担拖期责任。

(2)如果初始延误者是发包人原因，则在发包人原因造成的延误期内，承包人既可得到工期补偿，又可得到经济补偿。

(3)如果初始延误者是客观原因，则在客观原因发生影响的延误期内，承包人可以得到工期补偿，但很难得到费用补偿。

(4)如果初始延误者是承包人原因，则在承包人原因造成的延误期内，承包人既不能得到工期补偿，也不能得到费用补偿。

六、其他类合同价款调整

其他类合同价款调整主要指现场签证。现场签证是指发包人或其授权的现场代表(包括工程监理人、工程造价咨询人)与承包人或其授权的现场代表就施工过程中涉及的责任事件所做的签认证明。施工合同履行期间出现现场签证事件的,发承包双方应调整合同价款。

(一)现场签证的提出

承包人应发包人要求完成合同以外的零星项目、非承包人责任事件处理等工作的,发包人应及时以书面形式向承包人发出指令,提供所需的相关资料;承包人在收到指令后,应及时向发包人提出现场签证要求。

承包人在施工过程中,若发现合同工程内容因场地条件、地质水文、发包人要求等不一致时,应提供所需的相关资料,提交发包人签证认可,作为合同价款调整的依据。

(二)现场签证的计算

(1)现场签证的工作如果已有相应的计日工单价,现场签证报告中仅列明完成该签证工作所需的人工、材料、工程设备和施工机具台班的数量。

(2)如果现场签证的工作没有相应的计日工单价,承包人应当在现场签证报告中列明完成该签证工作所需的人工、材料、工程设备和施工机具台班的数量及单价。

承包人应按照现场签证的内容计算价款,报送发包人确认后,作为增加合同价款,与进度款同期支付。

现场签证表如表 6-1-7 所示。

表 6-1-7 现场签证表

工程名称: 标段: 编号:

<table>
<tr><td>施工部位</td><td></td><td>日期</td><td></td></tr>
<tr><td colspan="4">致:＿＿＿＿＿(发包人全称)
根据＿＿＿＿＿(指令人姓名)＿＿＿＿＿年＿＿＿＿＿月＿＿＿＿＿日的口头指令或你方＿＿＿(或监理人)＿＿＿＿＿年＿＿＿＿＿月＿＿＿＿＿日的书面通知,我方要求完成此项工作应支付价款金额为(大写)＿＿＿＿＿,(小写)＿＿＿＿＿。请予核准。
附:1.签证事由及原因
2.附图及计算式
承包人(章)
承包人代表＿＿＿＿＿＿＿
日期＿＿＿＿＿＿＿</td></tr>
<tr><td colspan="2">复核意见
你方提出的此项签证申请经复核:
□不同意此项签证,具体意见见附件
□同意此项签证,签证金额的计算,由造价工程师复核
监理工程师＿＿＿＿＿
日期＿＿＿＿＿</td><td colspan="2">复核意见
□此项签证按承包人中标的计日工单价计算,金额为(大写)＿＿＿＿＿元,(小写)＿＿＿＿＿元
□此项签证因无计日工单价,金额为(大写)＿＿＿＿＿元,(小写)＿＿＿＿＿元
造价工程师＿＿＿＿＿
日期＿＿＿＿＿</td></tr>
</table>

续表

<table>
<tr><td>审核意见
□不同意此项签证
□同意此项签证，价款与本期进度款同期支付

发包人（章）
发包人代表________
日期________</td></tr>
</table>

注：1. 在选择栏中的"□"内做标识"√"；

2. 本表一式四份，由承包人在收到发包人（监理人）的口头或书面通知后填写，发包人、监理人、造价咨询人、承包人各存一份。

（三）现场签证的限制

合同工程发生现场签证事项，未经发包人签证确认，承包人便擅自实施相关工作的，除非征得发包人书面同意，否则发生的费用由承包人承担。

本节课后习题

1.［单选］工程变更引起措施项目发生变化时，关于合同价款的调整，下列说法正确的是（　　）。

A. 安全文明施工费不进行调整

B. 按总价计算的措施项目费的调整，不考虑承包人报价浮动因素

C. 按单价计算的措施项目费的调整，以实际发生变化的措施项目数量为准

D. 招标清单中漏项的措施项目费的调整，以承包人自行拟定的实施方案为准

答案：C

2.［单选］下列发承包双方在约定调整合同价款的事项中属于工程变更类的是（　　）。

A. 工程量清单缺项

B. 不可抗力

C. 物价波动

D. 提前竣工

答案：A

3.［多选］根据《建设工程施工合同（示范文本）》（GF-2017-0201），下列事项应纳入工程变更范围的有（　　）。

A. 改变工程的标高

B. 改变工程的实施顺序

C. 提高合同中的工作质量标准

D. 将合同中的某项工作转由他人实施

E. 工程设备价格的变化

答案：ABC

4.［单选］关于计日工费用的确认和支付，下列说法正确的是（　　）。

A. 承包人应按照确认的计日工现场签证报告提出计日工项目的数量

B. 发包人应根据已标价工程量清单中的工程数量和计日工单价确定应付价款

C. 已标价工程量清单中没有计日工单价的，发包人确定价格

D. 已标价工程量清单中没有计日工单价的，承包人确定价格

答案：A

5.[单选]不可抗力造成的下列损失,应由承包人承担的是(　　)。

A. 工程所需清理、修复费用

B. 运至施工场地待安装设备的损失

C. 承包人的施工机械设备损坏及停工损失

D. 停工期间,发包人要求承包人留在工地的保卫人员的费用

答案:C

6.[单选]根据《中华人民共和国标准施工招标文件》的通用合同条款,下列引起承包人索赔的事件中,可以同时获得工期和费用补偿的是(　　)。

A. 发包人原因造成承包人人员工伤事故

B. 施工中遇到不利物质条件

C. 承包人提前竣工

D. 基准日后法律的变化

答案:B

7.[单选]关于索赔的相关论述,下列说法正确的是(　　)。

A. 索赔是指承包人向发包人提出工期和(或)费用补偿要求的行为

B. 发包人原因导致分包人遭受经济损失,分包人可直接向发包人提出索赔

C. 承包人提出的工期补偿索赔经发包人批准后,可先排除承包人非自身原因拖期违约责任

D. 不可抗力事件造成合同非正常终止,承包人不能向发包从提出索赔

答案:C

8.[单选]根据《中华人民共和国标准施工招标文件》(2007 年版)通用合同条款,下列引起承包人索赔的事件中,可以同时获得工期、费用和利润补偿的是(　　)。

A. 施工中发现文物、古迹

B. 发包人延迟提供建筑材料

C. 承包人提前竣工

D. 不可抗力造成工期延误

答案:B

9.[多选]下列资料中,可以作为施工发承包双方提出和处理索赔的直接依据的有(　　)。

A. 未在合同中约定的工程所在地的地方性法规

B. 工程施工合同文件

C. 合同中约定的非强制性标准

D. 现场签证

E. 合同中未明确规定的地方定额

答案:BC

10.[单选]某施工现场主导施工机械一台,由承包人租得。施工合同约定,当发生索赔事件时,该机械台班单价、租赁费分别按 900 元/台班、400 元/台班计;人工工资、窝工补贴分别按 100 元/工日、50 元/工日计;以人工费与机械费之和为基数的综合费率为 30%。在施工过程中,发生如下事件:①异常恶劣天气导致工程停工 2 天,人员窝工 20 个工日;②因恶劣天气导致工程修复用工 10 个工日、消耗主导机械 1 个台班。承包人可向发包人索赔的费用为(　　)元。

A. 1820　　B. 2470　　C. 2820　　D. 3470

答案:B

11.[单选]某施工合同约定人工工资为 200 元/工日,窝工补贴按人工工资的 25%计算,在施工过程中发生了如下事件:①异常恶劣天气导致工程停工 2 天,人员窝工 20 个工日;②恶劣天气导致场外道路中断,抢修道路用工 20 个工日;③几天后,场外停电,停工 1 天,人员窝工 10 个工日。承包人可向发包人索赔的人

工费为(　　)元。

A. 1500　　　　B. 2500　　　　C. 4500　　　　D. 5500

答案:C

12.[多选]下列费用中,承包人可以索赔的有(　　)。

A. 法定增长的人工费

B. 承包人原因导致工效降低增加的机械使用费

C. 承包人垫资施工的垫资利息

D. 发包人拖延支付工程款的利息

E. 发包人错误扣款的利息

答案:ACDE

13.[单选]施工合同履行期间出现现场签证事件时,现场签证应由(　　)提出。

A. 发包人　　　　B. 监理人　　　　C. 设计人　　　　D. 承包人

答案:D

第二节
合同价款的支付和结算

工程结算是发承包双方根据国家有关法律、法规规定和合同约定,对合同工程实施中、终止时、已完工后的工程项目进行的合同价款计算、调整和确认,包括支付预付款、支付进度款、竣工结算、最终结清等活动。

一、预付款及期中支付

(一)预付款

预付款是由发包人按照合同约定,在正式开工前预先支付给承包人,用于购买工程施工所需的材料和组织施工机械和人员进场的价款。

1. 预付款的支付

预付款额度,各地区、各部门的规定不完全相同,主要是保证施工所需材料和构件的正常储备。预付款额度一般是根据施工工期、建筑安装工作量、主要材料和构件费用占建筑安装工程费用的比例以及材料储备周期等因素经测算确定的。

1)百分比法

百分比法指发包人根据工程的特点、工期长短、市场行情、供求规律等因素,招标时在合同条件中约定工程预付款的百分比。包工包料工程的预付款的支付比例不得低于签约合同价(扣除暂列金额)的10%,不宜高于签约合同价(扣除暂列金额)的30%。

2)公式计算法

公式计算法是根据主要材料(含结构件等)占年度承包工程总价的比重,材料储备定额天数和年度施工天数等因素,通过公式计算预付款额度的一种方法。

计算公式为

$$工程预付款数额=\frac{年度工程总价\times材料比例}{年度施工天数}\times材料储备定额天数$$

式中，年度施工天数按 365 日历天计算；材料储备定额天数由当地材料供应的在途天数、加工天数、整理天数、供应间隔天数、保险天数等因素决定。

2. 预付款的扣回

发包人支付给承包人的预付款属于预支性质，随着工程的逐步实施，原已支付的预付款应以充抵工程价款的方式陆续扣回，抵扣方式应当由双方当事人在合同中明确约定。扣款的方法主要有以下两种。

1）按合同约定扣款

预付款的扣款方法由发包人和承包人通过洽商后在合同中确定，一般是在承包人完成金额累计达到合同总价的一定比例后，由承包人开始向发包人还款，发包人从每次应付给承包人的进度款中扣回预付款，发包人至少在合同规定的完工期前将预付款逐次扣回。

2）起扣点计算法

起扣点计算法从未施工工程尚需的主要材料及构件的价值等于预付款时起扣，此后，每次结算工程价款时，按材料所占比重扣减工程价款，至工程竣工前全部扣清。起扣点的计算公式如下：

$$T=P-\frac{M}{N}$$

式中：T——起扣点（即预付款开始扣回时）的累计完成工程金额；

P——承包工程合同总额；

M——预付款总额；

N——主要材料及构件所占比重。

该方法对承包人比较有利，最大限度地占用了发包人的流动资金，但是，显然不利于发包人的资金使用。

【例 6-2-1】某工程合同总额为 20 000 万元，其中主要材料占比 40%，合同中约定的工程预付款项总额为 2400 万元，则按起扣点计算法计算的预付款起扣点为多少万元？

解：$T=P-M/N=(20\ 000-2400/40\%)$万元$=14\ 000$万元。

3. 预付款担保

1）预付款担保的概念及作用

预付款担保是指承包人与发包人签订合同后领取预付款前，承包人正确、合理使用发包人支付的预付款而提供的担保，其主要作用是保证承包人能够按合同规定的目的使用并及时偿还发包人已支付的全部预付金额，如图 6-2-1 所示。如果承包人中途毁约，中止工程，使发包人不能在规定期限内从应付工程款中扣除全部预付款，则发包人有权从该项担保金额中获得补偿。

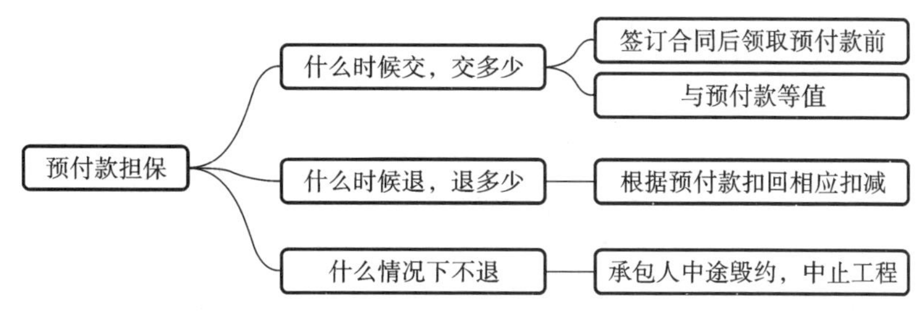

图 6-2-1　预付款担保

2）预付款担保的形式

预付款担保的主要形式为银行保函。预付款担保的担保金额通常与发包人的预付款是等值的。预付款一般逐月从进度款中扣除，预付款担保的担保金额也逐月减少。承包人的预付款保函的担保金额根据预付款扣回的数额相应扣减，但在预付款全部扣回之前一直保持有效。

预付款担保也可以采用发承包双方约定的其他形式，如由担保公司提供担保，或采取抵押等担保形式。

4. 安全文明施工费

发包人应在工程开工后的28天内预付不低于当年施工进度计划的安全文明施工费总额的60%的安全文明施工费，其余部分按照提前安排的原则进行分解，与进度款同期支付。

发包人没有按时支付安全文明施工费的，承包人可催告发包人支付；发包人在付款期满后的7天内仍未支付的，若发生安全事故，发包人应承担连带责任。

(二)期中支付

合同价款的期中支付，是指发包人在合同工程施工过程中，按照合同约定对付款周期内承包人完成的合同价款进行支付的款项，也就是工程进度款的结算支付。发承包双方应按照合同约定的时间、程序和方法，根据工程计量结果，办理期中价款结算，支付进度款。进度款支付周期，应与合同约定的工程计量周期一致。

1. 期中支付价款的计算

1)已完工程价款结算

已标价工程量清单中的单价项目，承包人应按工程计量确认的工程量与综合单价计算进度款。如果综合单价发生调整，承包人以发承包双方确认调整的综合单价计算进度款。

已标价工程量清单中的总价项目，承包人应按合同中约定的进度款支付分解，分别列入进度款支付申请中的安全文明施工费和本周期应支付的总价项目。

已完工程价款结算如图6-2-2所示。

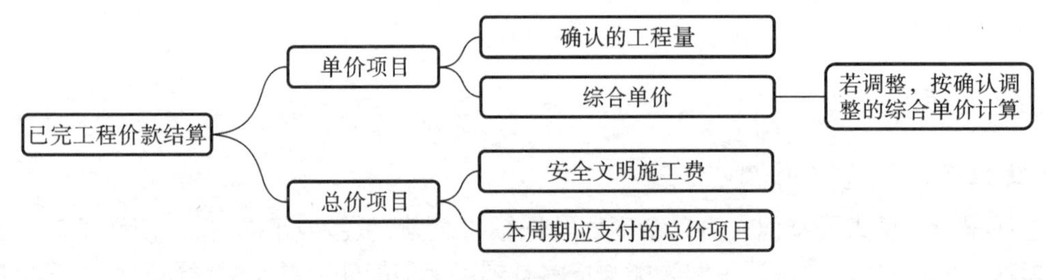

图6-2-2　已完工程价款结算

2)结算价款调整

承包人现场签证和得到发包人确认的索赔金额列入本周期增加的金额。由发包人提供的材料、工程设备金额，应按照发包人签约提供的单价和数量从进度款支付中扣出，列入本周期应扣减的金额。

结算价款调整如图6-2-3所示。

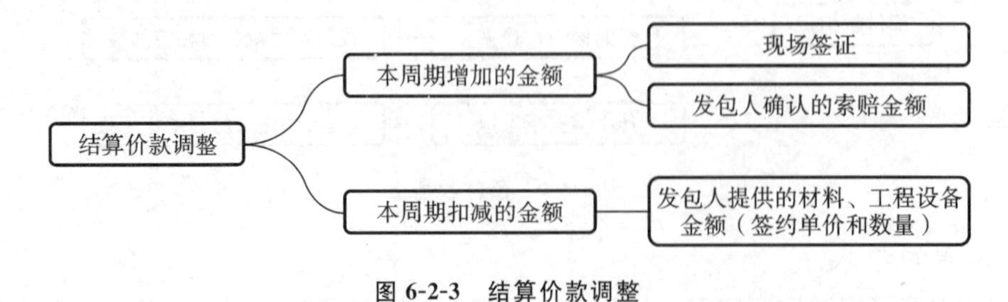

图6-2-3　结算价款调整

3)进度款的支付比例

进度款的支付比例按照合同约定,按期中结算价款总额计算,不低于60%,不高于90%。

2.期中支付的文件

1)进度款支付申请

承包人应在每个计量周期到期后向发包人提交已完工程进度款支付申请,一式四份,详细说明承包人认为此周期有权得到的款额,包括分包人已完工程的价款。支付申请包括以下内容。

(1)累计已完成的合同价款。

(2)累计已实际支付的合同价款。

(3)本周期合计完成的合同价款。本周期合计完成的合同价款包括以下内容:

①本周期已完成单价项目的金额;

②本周期应支付的总价项目的金额;

③本周期已完成的计日工价款;

④本周期应支付的安全文明施工费;

⑤本周期应增加的金额。

(4)本周期合计应扣减的金额。本周期合计应扣减的金额包括以下内容:

①本周期应扣回的预付款;

②本周期应扣减的金额。

(5)本周期实际应支付的合同价款。

2)进度款支付证书

发包人应在收到承包人的进度款支付申请后,根据计量结果和合同约定对申请内容进行核实,确认后向承包人出具进度款支付证书。若发承包双方对有的清单项目的计量结果有争议,发包人应针对无争议部分的工程计量结果向承包人出具进度款支付证书。

3)支付证书的修正

发现已签发的任何支付证书有错、漏或重复的数额时,发包人有权进行修正,承包人也有权提出修正申请。经发承包双方复核同意修正的进度款,应在本次到期的进度款中支付或扣除。

二、竣工结算

竣工结算是指工程项目完工并经竣工验收合格后,发承包双方按照施工合同的约定对所完成的工程项目进行的合同价款的计算、调整和确认。财政部、建设部于2004年10月发布的《建设工程价款结算暂行办法》规定,工程完工后,发承包双方应按照约定的合同价款及合同价款调整内容以及索赔事项,进行竣工结算。竣工结算分为单位工程竣工结算、单项工程竣工结算和建设项目竣工总结算。《住房和城乡建设部办公厅关于印发工程造价改革工作方案的通知》(建办标〔2020〕38号)中指出,应"加强工程施工合同履约和价款支付监管,引导发承包双方严格按照合同约定开展工程款支付和结算,全面推行施工过程价款结算和支付"。

(一)竣工结算文件的编制和审核

1.竣工结算文件的编制

1)竣工结算文件的提交

工程完工后,承包人应当在工程完工后的约定期限内提交竣工结算文件。未在规定期限内提交并且提不出正当理由延期的，承包人经发包人催告后仍未提交竣工结算文件或没有明确答复时，发包人有权根据已有资料编制竣工结算文件，作为办理竣工结算和支付结算款的依据，承包人应认可。

2)竣工结算文件的编制依据

竣工结算文件的编制依据包括以下内容：

①建设工程工程量清单计价规范；

②工程合同；

③发承包双方实施过程中已确认的工程量及其结算的合同价款；

④发承包双方实施过程中已确认调整后追加(减)的合同价款；

⑤建设工程设计文件及相关资料；

⑥投标文件；

⑦其他依据。

3)编制竣工结算文件的计价原则

在采用工程量清单计价的方式下，工程竣工结算的编制应当遵循下列计价原则。

(1)分部分项工程和措施项目中的单价项目应依据双方确认的工程量与已标价工程量清单的综合单价计算；如果发生调整，以发承包双方确认调整的综合单价计算。

(2)措施项目中的总价项目应依据合同约定的项目和金额计算；如果发生调整，以发承包双方确认调整的金额计算，其中安全文明施工费必须按照国家或省级、行业建设主管部门的规定计算。

(3)其他项目计价原则。

①计日工应按发包人实际签证确认的事项计算。

②暂估价应按《建设工程工程量清单计价规范》(GB 50500—2013)的相关规定计算。

③总承包服务费应依据合同约定金额计算，如果发生调整，以发承包双方确认调整的金额计算。

④施工索赔费用应依据发承包双方确认的索赔事项和金额计算。

⑤现场签证费用应依据发承包双方签证资料确认的金额计算。

⑥暂列金额应减去工程价款调整(包括索赔、现场签证)金额计算，如有余额归发包人。

(4)规费和税金。

规费和税金按照国家或省级、行业建设主管部门的规定计算。

(5)其他原则。

采用总价合同的项目，应在合同总价基础上，对合同约定能调整的内容及超过合同约定范围的风险因素进行调整；采用单价合同的项目，在合同约定风险范围内的综合单价应固定不变，并应按合同约定进行计量，且应按实际完成的工程量进行计量。此外，发承包双方在合同工程实施过程中已经确认的工程计量结果和合同价款，在竣工结算办理中应直接列入结算。

2. 竣工结算文件的审核

1)竣工结算文件审核的委托

国有资金投资建设工程的发包人，应当委托工程造价咨询机构对竣工结算文件进行审核，并在收到竣工结算文件后的约定期限内向承包人提出由工程造价咨询机构出具的竣工结算文件审核意见；逾期未答复的，按照合同约定处理，合同没有约定的，竣工结算文件视为已被认可。

非国有资金投资的建筑工程的发包人，应当在收到竣工结算文件后的约定期限内对承包人进行答复，逾期未答复的，按照合同约定处理，合同没有约定的，竣工结算文件视为已被认可；发包人对竣工结算文件有异议的，应当在答复期内向承包人提出，并可以在提出异议之日起的约定期限内与承包人协商；发包人在协商期内未与承包人协商或者经协商未能与承包人达成协议的，应当委托工程造价咨询机构进行竣工结算审核，并在协商期满后的约定期限内向承包人提出由工程造价咨询机构出具的竣工结算文件审核意见。

2)工程造价咨询机构的审核

接受委托的工程造价咨询机构从事的竣工结算审核工作通常应包括下列三个阶段。

(1)准备阶段。

准备阶段应包括收集、整理竣工结算审核项目的审核依据资料，做好送审资料的交验、核实、签收工作，对资料的缺陷向委托方提出书面意见及要求。

(2)审核阶段。

审核阶段应包括现场踏勘核实，召开审核会议，澄清问题，提出补充依据性资料和必要的弥补性措施，形成会商纪要，进行计量、计价审核与确定工作，完成初步审核报告。

(3)审定阶段。

审定阶段应包括就竣工结算审核意见与承包人、发包人进行沟通，召开协调会议，处理分歧事项，形成竣工结算审核成果文件，签认竣工结算审定签署表，提交竣工结算审核报告等工作。

竣工结算审核应采用全面审核法，除委托咨询合同另有约定外，不得采用重点审核法、抽样审核法或类比审核法等其他方法。

竣工结算审核的成果文件应包括竣工结算审核书封面、签署页、竣工结算审核报告、

竣工结算审定签署表、竣工结算审核汇总对比表、单项工程竣工结算审核汇总对比表、单位工程竣工结算审核汇总对比表等。

3)承包人异议的处理

发包人委托工程造价咨询机构审核竣工结算文件的，工程造价咨询机构应在规定期限内核对完毕，审核意见与承包人提交的竣工结算文件不一致的，应提交给承包人复核，承包人应在规定期限内将同意审核意见或不同意见的说明提交工程造价咨询机构。工程造价咨询机构收到承包人提出的异议后，应再次复核，复核无异议的，发承包双方应在规定期限内在竣工结算文件上签字确认，竣工结算办理完毕；复核后仍有异议的，发承包双方应对无异议部分办理不完全竣工结算；有异议部分由发承包双方协商解决，协商不成的，按照合同约定的争议解决方式处理。

承包人逾期未提出书面异议的，视为工程造价咨询机构核对的竣工结算文件已经承包人认可。

4)竣工结算文件的确认与备案

工程竣工结算文件经发承包双方签字确认后，应当作为工程结算的依据，未经对方同意，另一方不得就已生效的竣工结算文件委托工程造价咨询企业重复审核。发包人应当按照竣工结算文件及时支付竣工结算款。

3. 质量争议工程的竣工结算

发包人对工程质量有异议，拒绝办理工程竣工结算的，按以下情形分别处理：

①已经竣工验收或已竣工未验收但实际投入使用的工程，其质量争议按该工程保修合同执行，竣工结算按合同约定办理；

②已竣工未验收且未实际投入使用的工程以及停工、停建工程的质量争议，双方应就有争议的部分委托有资质的检测鉴定机构进行检测，根据检测结果确定解决方案，或按工程质量监督机构的处理决定执行后办理竣工结算，无争议部分的竣工结算按合同约定办理。

(二)竣工结算款的支付

1. 承包人提交竣工结算款支付申请

承包人应根据办理的竣工结算文件，向发包人提交竣工结算款支付申请。该申请应包括下列内容：

①竣工结算合同价款总额；

②累计已实际支付的合同价款；

③应扣留的质量保证金(已缴纳履约保证金的或者提供其他工程质量担保方式的除外)；

④实际应支付的竣工结算款金额。

2. 发包人签发竣工结算支付证书

发包人应在收到承包人提交竣工结算款支付申请后规定时间内进行核实，向承包人签发竣工结算支付证书。

3. 支付竣工结算款

发包人应在签发竣工结算支付证书后的规定时间内，按照竣工结算支付证书列明的金额向承包人支付结算款。

发包人在收到承包人提交的竣工结算款支付申请后规定时间内不进行核实，不向承包人签发竣工结算支付证书的，视为承包人的竣工结算款支付申请已被发包人认可；发包人应在收到承包人提交的竣工结算款支付申请后规定时间内，按照承包人提交的竣工结算款支付申请列明的金额向承包人支付结算款。

发包人未按照规定的程序支付竣工结算款的，承包人可催告发包人支付，并有权获得延迟支付的利息。发包人在竣工结算支付证书签发后或者在收到承包人提交的竣工结算款支付申请后规定时间内仍未支付的，除法律另有规定外，承包人可与发包人协商将该工程折价，也可直接向人民法院申请将该工程依法拍卖。承包人就该工程折价或拍卖的价款优先受偿。

(三)合同解除的价款结算与支付

发承包双方协商一致解除合同的，按照达成的协议办理结算和支付合同价款。

1. 不可抗力解除合同

由于不可抗力解除合同的，发包人除应向承包人支付合同解除之日前已完成工程但尚未支付的合同价款，还应支付下列费用。

(1)合同中约定应由发包人承担的费用。

(2)已实施或部分实施的措施项目应付价款。

(3)承包人为合同工程合理订购且已交付的材料和工程设备货款。发包人支付此项货款后，该材料和工程设备即成为发包人的财产。

(4)承包人撤离现场所需的合理费用，包括员工遣送费和临时工程拆除、施工设备运离现场的费用。

(5)承包人为完成合同工程而预期开支的任何合理费用，且该项费用未包括在本款其他各项支付之内。

发承包双方办理结算合同价款时，应扣除合同解除之日前发包人应向承包人收回的价款。当发包人应扣除的金额超过了应支付的金额，承包人应在合同解除后的 56 天内将其差额退还给发包人。

2. 违约解除合同

(1)承包人违约。因承包人违约解除合同的，发包人应暂停向承包人支付任何价款。发包人应在合同解除后规定时间内核实合同解除时承包人已完成的全部合同价款以及按施工进度计划已运至现场的材料和工程设备货款，按合同约定核算承包人应支付的违约金以及造成损失的索赔金额，并将结果通知承包人。发承包双方应在规定时间内进行确认或提出意见，并办理结算合同价款。如果发包人应扣除的金额超过了应支付的金额，则承包人应在合同解除后的规定时间内将其差额退还给发包人。发承包双方不能就解除合同后的结算达成一致的，按照合同约定的争议解决方式处理。

(2)因发包人违约解除合同的,发包人除应按照有关不可抗力解除合同的规定向承包人支付各项价款外,还需按合同约定核算发包人应支付的违约金以及给承包人造成损失或损害的索赔金额费用。这笔费用由承包人提出,发包人核实并与承包人协商确定后,在规定时间内向承包人签发支付证书。协商不能达成一致的,按照合同约定的争议解决方式处理。

三、最终结清

最终结清,是指合同约定的缺陷责任期终止后,承包人已按合同规定完成全部剩余工作且质量合格的,发包人与承包人结清全部剩余款项的活动。

(一)最终结清申请单

缺陷责任期终止后,承包人已按合同规定完成全部剩余工作且质量合格的,发包人签发缺陷责任期终止证书,承包人可按合同约定的数量和期限向发包人提交最终结清申请单,并提供相关证明材料,详细说明承包人根据合同规定已经完成的全部工程价款以及承包人认为根据合同规定应进一步支付的其他款项。发包人对最终结清申请单的内容有异议的,有权要求承包人进行修正和提供补充资料,承包人应向发包人提交修正后的最终结清申请单。

(二)最终支付证书

发包人收到承包人提交的最终结清申请单后,应在规定时间内进行核实,向承包人签发最终支付证书。发包人未在约定时间内核实,又未提出具体意见的,视为承包人提交的最终结清申请单已被发包人认可。

(三)最终结清付款

发包人应在签发最终支付证书后的规定时间内,按照最终支付证书列明的金额向承包人支付最终结清款。最终结清付款后,承包人在合同内享有的索赔权利也自行终止。发包人未按期支付的,承包人可催告发包人在合理的期限内支付,并有权获得延迟支付的利息。

最终结清时,如果承包人被扣留的质量保证金不足以抵扣工程缺陷修复费用,承包人应承担不足部分的补偿责任。

最终结清付款涉及政府投资资金的,按照集中支付等国家相关规定和专用合同条款的约定办理。

承包人对发包人支付的最终结清款有异议的,按照合同约定的争议解决方式处理。

四、建设工程质量保证金的处理

(一)建设工程质量保证金的含义

根据《建设工程质量保证金管理办法》(建质〔2017〕138 号)的规定,建设工程质量保证金是指发包人与承包人在建设工程承包合同中约定,从应付的工程款中扣留,用来保证承包人在缺陷责任期内对建设工程出现的缺陷进行维修的资金。缺陷是指建设工程质量不符合工程建设强制标准、设计文件,以及承包合同的约定。缺陷责任期是承包人对已交付使用的合同工程承担合同约定的缺陷修复责任的期限。缺陷责任期一般为 1 年,最长不超过 2 年,由发承包双方在合同中约定。缺陷责任期与工程保修期既有区别又有联系。缺陷责任期实质上是承担缺陷修复和处理以及预留工程质量保证金的一个期限,而工程保修期是发承包双方按《建设工程质量管理条例》在工程质量保修书中约定的保修期限。《建设工程质量管理条例》规定，在正常使用条件下，地基基础工程和主体结构工程的保修期限为设计文件规定的合理使用年限。显然，缺陷责任期不能等同于工程保修期。

《建设工程质量保证金管理暂行办法》(建质〔2017〕138 号)规定，缺陷责任期从工程通过竣工验收之日起计算。承包人原因导致工程无法按规定期限进行竣工验收的，缺陷责任期从实际通过竣工验收之日起计算。发包人原因导致工程无法按规定期限竣工验收的，在承包人提交竣工验收报告 90 天后，工程自动进入缺陷责任期。

(二)工程质量保修范围和内容

发承包双方在工程质量保修书中约定的建设工程的保修范围包括地基基础工程、主体结构工程；屋面防水工程，有防水要求的卫生间、房间和外墙面的防渗漏工程；供热与供冷系统；电气管线、给排水管道、设备安装和装修工程；双方约定的其他项目。

双方在工程质量保修书中约定由于用户使用不当或自行修饰装修、改动结构、擅自添置设施或设备造成建筑功能不良或损坏，以及自然灾害等不可抗力造成的质量损害，不属于保修范围。

(三)建设工程质量保证金的预留及管理

《建设工程质量保证金管理办法》(建质〔2017〕138 号)规定：发包人应按照合同约定方式预留保证金，保证金总预留比例不得高于工程价款结算总额的 3%。合同约定由承包人以银行保函替代预留保证金的，保函金额不得高于工程价款结算总额的 3%。在工程项目竣工前，已经缴纳履约保证金的，发包人不得同时预留工程质量保证金。采用工程质量保证担保、工程质量保险等其他保证方式的，发包人不得再预留保证金。

缺陷责任期内，承包人原因造成的缺陷，承包人应负责维修，并承担鉴定及维修费用。他人原因造成的缺陷，发包人负责组织维修，承包人不承担费用，且发包人不得从保证金中扣除费用。

(四)建设工程质量保证金的返还

缺陷责任期内，承包人认真履行合同约定的责任，到期后，承包人向发包人申请返还保证金。

发包人和承包人对保证金预留、返还以及工程维修质量、费用有争议的，按承包合同约定的争议和纠纷解决程序处理。

本节课后习题

1.［单选］采用起扣点计算法扣回预付款的正确做法是(　　)。

A. 从已完工程的累计合同额等于工程预付款时起扣

B. 从已完工程所用的主要材料及构件的价值等于预付款时起扣

C. 从未完工程所需的主要材料及构件的价值等于预付款时起扣

D. 从未完工程的剩余合同额等于预付款时起扣

答案：C

2.［单选］关于预付款担保的说法，正确的是(　　)。

A. 预付款担保的形式必须为银行保函

B. 预付款担保的担保金额必须高于预付款

C. 在预付款的扣回过程中担保金额保持不变

D. 预付款保函在预付款扣回之前必须保持有效

答案：D

3.[单选]关于施工合同工程预付款,下列说法中正确的是(　　)。

A. 承包人预付款的担保金额通常高于发包人的预付款

B. 采用起扣点计算法抵扣预付款对承包人比较不利

C. 预付款的担保金额不会随着预付款的扣回而减少

D. 预付款的额度通常与主要材料和构件费用占建筑安装工程费用的比例相关

答案:D

4.[单选]关于安全文明施工费的支付,下列说法正确的是(　　)。

A. 按施工工期平均分摊安全文明施工费,与进度款同期支付

B. 按合同建筑安装工程费用分摊安全文明施工费,与进度款同期支付

C. 在开工后 28 天内预付不低于当年施工进度计划的安全文明施工费总额的 60%,其余部分与进度款同期支付

D. 在正式开工前预付不低于当年施工进度计划的安全文明施工费总额的 60%,其余部分与进度款同期支付

答案:C

5.[单选]编制竣工结算文件时,应按国家、省级行业建设主管部门的规定计价的是(　　)。

A. 劳动保险费

B. 总承包服务费

C. 安全文明施工费

D. 现场签证费

答案:C

6.[单选]工程量清单计价项目采用单价合同的,工程竣工结算编制中一般不允许调整的是(　　)。

A. 分部分项工程的清单数量

B. 安全文明施工费的清单总额

C. 已标价工程量清单综合单价

D. 总承包服务费清单总额

答案:C

7.[单选]对于国有资金投资的建设工程,受发包人委托对竣工结算文件进行审核的单位是(　　)。

A. 工程造价咨询机构

B. 工程设计单位

C. 工程造价管理机构

D. 工程监理单位

答案:A

8.[多选]发包人对工程质量有异议,竣工结算仍应按合同约定办理的情形有(　　)。

A. 工程已竣工验收的

B. 工程已竣工未验收,但实际投入使用的

C. 工程已竣工未验收,且未实际投入使用的

D. 工程停建,对无质量争议的部分

E. 工程停建,对有质量争议的部分

答案:ABD

9.[单选]根据《建设工程质量保证金管理办法》(建质〔2017〕138 号),质量保证金总预留比例不得高于工程价款结算总额的(　　)。

A. 19%　　B. 2%　　C. 3%　　D. 5%

答案:C

10.[单选]承包人按合同接受竣工结算支付证书的,可以认为承包人已无权要求(　　)颁发前发生的工程变更。

A. 合同工程接收证书

B. 质量保证金返还证书

C. 缺陷责任期终止证书

D. 最终支付证书

答案:A

11.[单选]发包人收到承包人提交的最终结清申请单,并在规定时间内进行核实后,向承包人签发(　　)。

A. 工程接收证书

B. 竣工结算支付证书

C. 缺陷责任期终止证书

D. 最终支付证书

答案:D

第三节
竣工决算

一、竣工决算的概念

竣工决算是指项目建设单位根据国家有关规定在项目竣工验收阶段为确定建设项目从筹建到竣工验收实际发生的全部建设费用(包括建筑工程费,安装工程费,设备及工具、器具购置费用,预备费等费用)而编制的财务文件。

竣工决算是以实物数量和货币指标为计量单位,综合反映竣工建设项目全部建设费用、建设成果和财务状况的总结性文件,是正确核定新增固定资产价值,考核分析投资效果,建立健全经济责任制的依据,是反映建设项目实际造价和投资效果的文件。

竣工决算是建设工程经济效益的全面反映,是项目法人核定各类新增资产价值、办理交付使用的依据。竣工决算是工程造价管理的重要组成部分,做好竣工决算是全面完成工程造价管理目标的关键工作之一。建设单位可以通过竣工决算了解建设工程的实际造价和投资结果;还可以通过竣工决算与概算、预算的对比分析,考核投资控制的工作成效,为工程建设提供重要的技术经济方面的基础资料,提高未来工程建设的投资效益。

二、竣工决算的内容

按照财政部、国家发改委和住房城乡建设部的有关文件规定,竣工决算由竣工财务决算说明书、竣工财务决算报表、建议工程竣工图和工程造价对比分析四部分组成。竣工财务决算说明书和竣工财务决算报表两部分又称建设项目竣工财务决算,是竣工决算的核心内容。建设项目竣工财务决算是正确核定项目资产价值、反映竣工项目建设成果的文件,是办理资产移交和产权登记的依据。

(一)竣工财务决算说明书

竣工财务决算说明书主要反映竣工工程建设成果和经验，是对竣工决算报表进行分析和补充说明的文件，是全面考核分析工程投资与造价的书面总结，主要包括以下内容。

①建设项目概况。建设项目概况一般从进度、质量、安全和造价方面进行分析说明。进度方面主要说明开工和竣工时间，对照合理工期和要求工期分析是提前还是延期；质量方面主要根据竣工验收委员会或一级质量监督部门的验收评定等级、合格率和优良品率进行说明；安全方面主要根据劳动工资和施工部门的记录，对有无设备和人身事故进行说明；造价方面主要对照概算造价，说明节约或超支的情况，用金额和百分率进行分析说明。

②会计账务的处理、财产物资清理及债权债务的清偿情况。

③项目建设资金计划及到位情况，财政资金支出预算、投资计划及到位情况。

④项目建设资金使用、项目结余资金等分配情况。

⑤项目概(预)算执行情况及分析，竣工实际完成投资与概算差异及原因分析。

⑥尾工工程情况。项目一般不得预留尾工工程，确需预留尾工工程的，尾工工程投资不得超过批准的项目概(预)算总投资的5%。

⑦历次审计、检查、审核、稽查意见及整改落实情况。

⑧主要技术经济指标的分析、计算情况：概算执行情况分析，将实际投资完成额与概算进行对比分析；新增生产能力的效益分析，说明交付使用财产占总投资额的比例，说明不增加固定资产的造价占投资总额的比例，分析有机构成和成果。

⑨项目管理经验、主要问题和建议。

⑩预备费动用情况。

⑪项目建设管理制度执行情况、政府采购情况、合同履行情况。

⑫征地拆迁补偿情况、移民安置情况。

⑬需要说明的其他事项。

(二)竣工财务决算报表

竣工财务决算报表包括基本建设项目概况表、基本建设项目竣工财务决算表、基本建设项目资金使用情况明细表、基本建设项目交付使用资产总表、基本建设项目交付使用资产明细表、待摊投资明细表、待核销基建支出明细表、转出投资明细表等。具体报表格式在《基本建设项目竣工财务决算管理暂行办法》(财建〔2016〕503号)中有明确要求。以下对其中几个主要报表进行简单介绍。

1. 基本建设项目概况表

该表综合反映基本建设项目的基本概况，内容包括项目总投资、建设起止时间、新增生产能力、主要材料消耗、建设成本、完成主要工程量和主要技术经济指标，为全面考核和分析投资效果提供依据。

2. 基本建设项目竣工财务决算表

此表用来反映建设项目的全部资金来源和资金占用情况，是考核和分析投资效果的依据。该表反映竣工的建设项目从筹建到竣工的全部资金来源和资金运用的情况，是考核和分析投资效果，落实结余资金，是报告上级核销基本建设支出和基本建设拨款的依据。编制人员在编制该表前应先编制项目竣工年度财务决算，根据编制出的项目竣工年度财务决算和历年财务决算编制竣工财务决算。此表采用平衡表形式，即资金来源合计等于资金支出合计。

3. 基本建设项目交付使用资产总表

该表反映建设项目建成后新增固定资产、流动资产、无形资产和其他资产的情况和价值，是财产交接、检查投资计划完成情况和分析投资效果的依据。

4. 基本建设项目交付使用资产明细表

该表反映交付使用的固定资产、流动资产、无形资产和其他资产及其价值的明细情况，是办理资产交接和接收单位登记资产账目的依据，是使用单位建立资产明细账和登记新增资产价值的依据。编制时要做到齐全完整，数字准确，各栏目价值应与会计账目中相应科目的数据一致。

（三）建设工程竣工图

各项新建、扩建、改建的基本建设工程，特别是基础、地下建筑、管线、结构、井巷、桥梁、隧道、港口、水坝以及设备安装等隐蔽部位都要编制竣工图。为确保竣工图质量，施工单位必须在施工过程中（不能在竣工后）及时做好隐蔽工程检查记录，整理好设计变更文件。

（四）工程造价对比分析

对控制工程造价所采取的措施、效果及其动态的变化需要进行认真的对比，总结经验教训。批准的概算是考核建设工程造价的依据。在分析时，可先对比整个项目的总概算，然后将建筑安装工程费用，设备及工具、器具购置费和其他工程费用逐一与竣工决算表中所提供的实际数据和相关资料及批准的概算、预算指标，实际的工程造价进行对比分析，以确定竣工项目总造价是节约还是超支，并在对比的基础上，总结先进经验，找出节约和超支的内容和原因，提出改进措施。在实际工作中，工程造价对比分析应主要分析以下内容。

1. 考核主要实物工程量

对于实物工程量出入比较大的情况，必须查明原因。

2. 考核主要材料消耗量

主要材料消耗量要按照竣工决算表中所列明的主要材料实际超概算的消耗量，查明是在工程的哪个环节超出量最大，再进一步查明超耗的原因。

3. 考核建设单位管理费、措施费和间接费的取费标准

建设单位管理费、措施费和间接费的取费标准要按照国家和各地的有关规定，根据竣工决算报表中所列的建设单位管理费与概预算所列的建设单位管理费数额进行比较，依据规定查明多列或少列的费用项目，确定其节约或超支的数额，并查明原因。

4. 主要工程子目的单价和变动情况

在工程项目的投标报价或施工合同中，项目的子目单价早已确定，但由于施工过程或设计的变化等原因，经常会出现单价变动或新增加子目单价如何确定的问题。因此，要对主要工程子目的单价进行核对，对新增子目的单价进行分析检查，如发现异常应查明原因。

三、竣工决算的编制

根据《基本建设项目竣工财务决算管理暂行办法》(财建〔2016〕503号)的规定,基本建设项目完工可投入使用或者试运行合格后,应当在3个月内编报竣工财务决算,特殊情况确需延长的,中、小型项目不得超过2个月,大型项目不得超过6个月。《行政事业性国有资产管理条例》(国务院令第738号)规定:"各部门及其所属单位采用建设方式配置资产的,应当在建设项目竣工验收合格后及时办理资产交付手续,并在规定期限内办理竣工财务决算,期限最长不得超过1年。"

(一)建设项目竣工决算的编制条件

编制工程竣工决算应具备下列条件:

①经批准的初步设计所确定的工程内容已完成;

②单项工程或建设项目竣工结算已完成;

③收尾工程投资和预留费用不超过规定的比例;

④涉及法律诉讼、工程质量纠纷的事项已处理完毕;

⑤其他影响工程竣工决算编制的重大问题已解决。

(二)竣工决算的编制依据

竣工决算的编制依据主要包括国家有关法律法规;经批准的可行性研究报告、初步设计、概算及概算调整文件;招标文件及招标投标书,施工、代建勘察设计、监理及设备采购等合同,政府采购审批文件、采购合同;历年下达的项目年度财政资金投资计划、预算;工程结算资料;有关的会计及财务管理资料;其他有关资料。

(三)竣工决算的编制

为了严格执行建设项目竣工验收制度,正确核定新增固定资产价值,考核分析投资效果,建立健全经济责任制,所有新建、扩建和改建的建设项目竣工后,都应及时、完整、正确地编制竣工决算。建设单位要做好以下工作。

(1)按照规定组织竣工验收,保证竣工决算的及时性。为了对建设工程进行全面考核,所有的建设项目(或单项工程)按照批准的设计文件所规定的内容建成并具备了投产和使用条件时,建设单位都要及时组织验收。对于竣工验收中发现的问题,建设单位应及时查明原因,采取措施加以解决,以保证建设项目按时交付使用和及时编制竣工决算。

(2)积累、整理竣工项目资料,保证竣工决算的完整性。积累、整理竣工项目资料是编制竣工决算的基础工作,它关系到竣工决算的完整性和质量的好坏。因此在建设过程中,建设单位必须随时收集项目建设的各种资料,并在竣工验收前,对各种资料进行系统整理,分类立卷,为编制竣工决算提供完整的数据资料,为投产后加强固定资产管理提供依据。在工程竣工时,建设单位应将各种基础资料与竣工决算一起移交给生产单位或使用单位。

(3)核对各项账目,清理各项财务、债务和结余物资,保证竣工决算的正确性。工程竣工后,建设单位要认真核实各项交付使用资产的建设成本;做好各项账务、物资以及债权的清理结余工作,应偿还的及时偿还,该收回的及时收回,对各种结余的材料、设备、施工机械和工具等要逐项清点核实,妥善保管,按照国家有关规定进行处理,不得任意侵占;对竣工后的结余资金要按规定上交财政部门或上级主管部门。在完成上述工作,核实了各项数字的基础上,建设单位应正确编制从年初到竣工月份的竣工年度财务决算,以便根据历年的财务决算和竣工年度财务决算进行整理汇总，编制建设项目竣工决算。

（四）竣工决算的编制程序

竣工决算的编制程序分为前期准备、实施、完成和资料归档四个阶段。

1. 前期准备阶段的主要工作内容

（1）了解编制工程竣工决算建设项目的基本情况，收集和整理基本的编制资料。在编制竣工决算文件之前，编制人员应系统地整理所有技术资料、工料结算的经济文件、施工图纸和各种变更与签证资料，并分析它们的准确性。完整、齐全的资料是准确、迅速编制竣工决算的必要条件。

（2）确定项目负责人，配置相应的编制人员。

（3）制订切实可行，符合建设项目情况的编制计划。

（4）由项目负责人对成员进行培训。

2. 实施阶段的主要工作内容

（1）收集完整的编制程序依据资料。在收集、整理和分析有关资料时，编制人员要特别注意建设工程从筹建到竣工投产或使用的全部费用的各项账务、债权和债务的清理，做到工程完毕账目清晰，既要核对账目，又要查点库存实物的数量，做到账与物相符，账与账相符，对结余的各种材料、工具、器具和设备要逐项清点核实，妥善管理，并按规定及时处理，收回资金。建设单位要及时对各种往来款项进行全面清理，为编制竣工决算提供准确的数据和结果。

（2）协助建设单位做好各项清理工作。

（3）编制完成规范的工作底稿。

（4）充分沟通，对过程中发现的问题应与建设单位进行充分沟通，达成一致。

（5）对比分析，与建设单位相关部门一起做好实际支出与批复概算的对比分析工作。重新核实各单位工程、单项工程造价，将竣工资料与原设计图纸进行查对、核实，必要时可实地测量，确认实际变更情况；根据经审定的承包人竣工结算等原始资料，按照有关规定对原概预算进行增减调整，重新核定工程造价。

3. 完成阶段的主要工作内容

（1）完成工程竣工决算编制咨询报告、基本建设项目竣工决算报表及附表、竣工财务决算说明书、相关附件等。清理、装订好竣工图。做好工程造价对比分析。

（2）与建设单位沟通工程竣工决算的所有事项。

（3）经工程造价咨询企业内部复核后，出具正式工程竣工决算编制成果文件。

4. 资料归档阶段的主要工作内容

（1）工程竣工决算编制过程中形成的工作底稿应进行分类整理，与工程竣工决算编制成果文件一并形成归档纸质资料。

（2）对工作底稿、编制数据、工程竣工决算报告进行电子化处理，形成电子档案。

上述编写的文字说明和填写的表格经核对无误后，装订成册，即为建设工程竣工决算文件。竣工决算文件应上报主管部门审查，其中的财务成本部分应送交开户银行签证。竣工决算文件在上报主管部门的同时，抄送有关设计单位。

四、竣工决算的审核

(一)审核程序

竣工决(结)算经有关部门或单位进行项目竣工决(结)算审核的,需附完整的审核报告及审核表,审核报告的内容应当翔实,主要包括审核说明、审核依据、审核结果、意见、建议。

建设周期长、建设内容多的大型项目,单项工程竣工财务决算可单独报批,单项工程结余资金在整个项目竣工财务决算中一并处理。

财政投资项目应按照中央财政、地方财政的管理权限及其相应的管理办法进行审批和备案。

(二)审核内容

财政部门和项目主管部门审核批复项目竣工财务决算时,应当重点审查以下内容:

①工程价款结算是否准确,是否按照合同约定和国家有关规定进行,有无多算和重复计算工程量、高估冒算建筑材料价格的现象;

②待摊费用支出及其分摊是否合理、正确;

③项目是否按照批准的概算(预)算内容实施,有无超标准、超规模,超概(预)算建设的现象;

④项目资金是否全部到位,核算是否规范,资金使用是否合理,有无挤占、挪用现象;

⑤项目形成资产是否全面反映,计价是否准确,资产接收单位是否落实;

⑥项目在建设过程中历次检查和审计所提的重大问题是否已经整改落实;

⑦待核销基建支出和转出投资有无依据,是否合理;

⑧竣工财务决算报表所填列的数据是否完整,表间勾稽关系是否清晰、明确;

⑨尾工工程及预留费用是否控制在概算确定的范围内,预留的金额和比例是否合理;

⑩项目建设是否履行基本建设程序,是否符合国家有关建设管理制度要求等;

⑪决算的内容和格式是否符合国家有关规定;

⑫决算资料报送是否完整、决算数据是否存在错误;

⑬相关主管部门或者第三方专业机构是否出具审核意见。

本节课后习题

1.[单选]竣工决算文件中,主要反映竣工工程建设成果和经验,全面考核分析工程投资与造价的书面总结文件是(　　)。

A. 竣工财务决算说明书

B. 竣工财务决算报表

C. 工程竣工造价对比分析

D. 工程竣工验收报告

答案:A

2.[单选]下列竣工财务决算说明书的内容,一般在项目概况部分进行说明的是(　　)。

A. 项目资金计划及到位情况

B. 项目进度、质量情况

C. 项目建设资金使用与结余情况

D. 主要技术经济指标的分析、计算情况

答案:B

3.[多选]编制建设项目竣工决算必须满足的条件包括(　　)。

A. 经批准的初步设计所确定的工程内容已完成

B. 单项工程或建设项目竣工结算已完成

C. 收尾工程竣工结算已完成

D. 预留费用不超过规定比例

E. 涉及工程质量纠纷事项已处理完毕

答案:ABDE

第7章 计算机辅助工程计价

本章主要讨论采用广联达云计价平台 GCCP 6.0 对园林景观工程计价的操作方法。

第一节
广联达计价软件概述

一、广联达软件介绍

广联达云计价平台 GCCP 6.0 是广联达工程造价系列软件中的一款计价软件，由广联达科技股份有限公司研发。广联达云计价平台 GCCP 6.0 是概算、预算结合各个阶段数据编制、审核、积累、分析再挖掘的数字化平台，利用云＋大数据技术积累造价数据，为企业和个人建立核心数据资产，使组价、提量、成果文件编制过程的效率提高，并通过新技术应用，为造价人员提供全业务的工程编制。该平台基于大数据、云计算等信息技术，为计价客户群提供概算、预算、竣工结算阶段的数据编审、积累、分析和挖掘再利用功能，实现计价全业务一体化，实现全流程覆盖，从而使造价工程更高效、更智能。

二、广联达软件的特点

(一)智能组价

广联达云计价平台 GCCP 6.0 可以智能推荐历史组价数据，快速完成组价，智能识别效率和准确度大幅度提升，实现一键智能组价，提高编制效率，如图 7-1-1 所示。

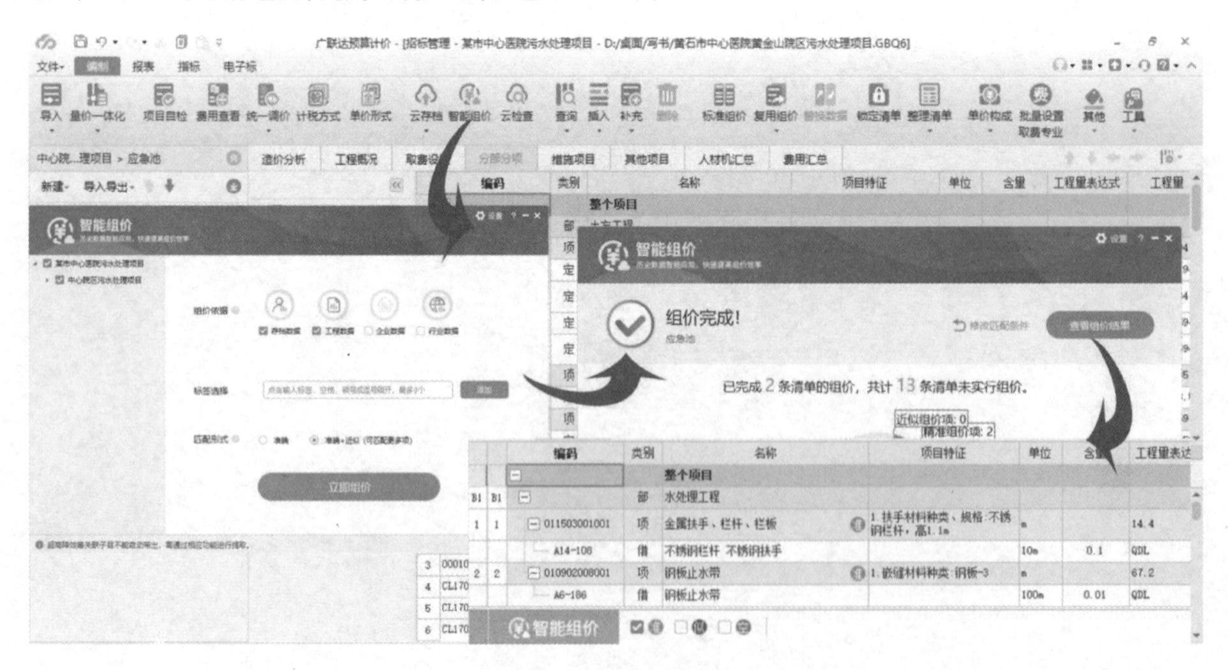

图 7-1-1　智能组价流程

(二)量价一体化,智能提量

在建立算量模型后,广联达云计价平台 GCCP 6.0 可以导入算量工程快速提量、精准反查核量,可筛选显示已提取及未提取的工程量,避免漏项;还能根据提量规则,建立个人规则库,存档复用。量价一体化如图 7-1-2 所示。

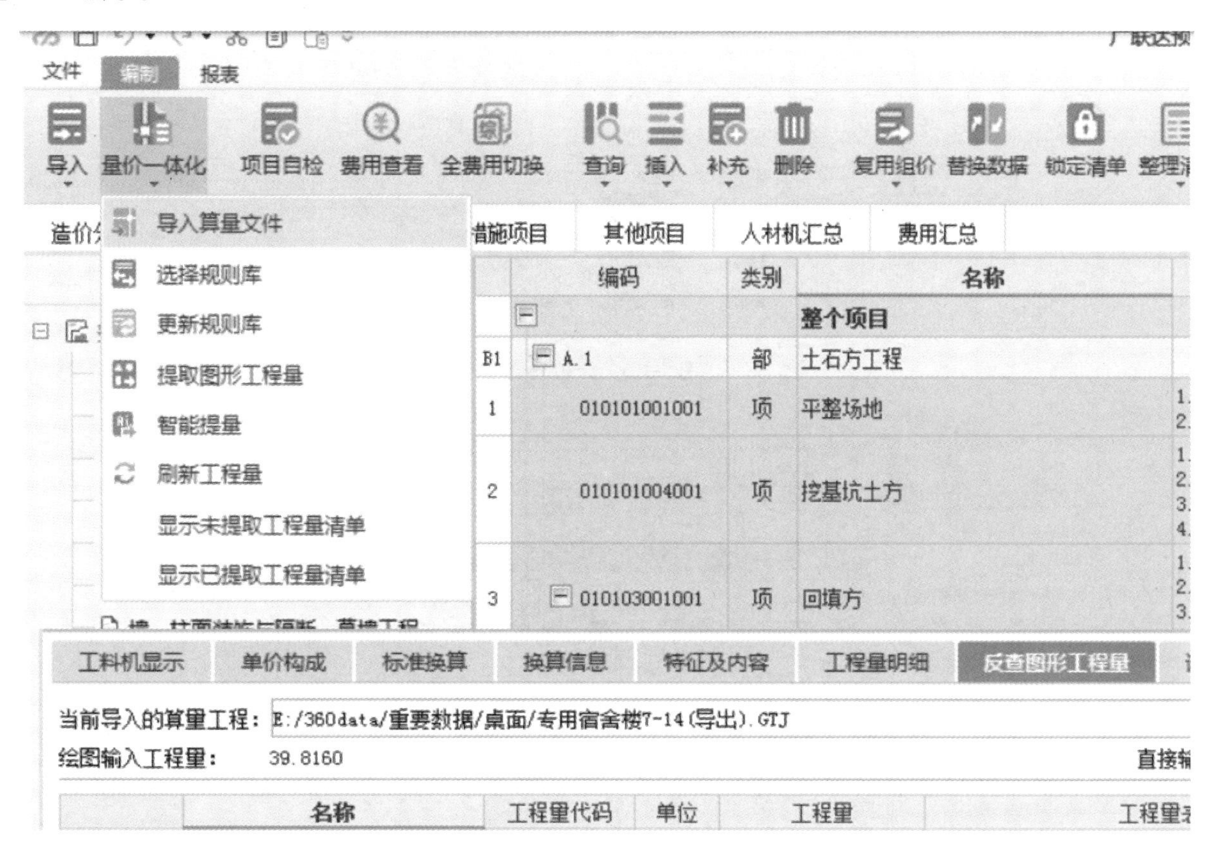

图 7-1-2 量价一体化

(三)云检查

云检查功能可以快速分析清单组价的合理性,提高组价的准确性,准确率提高至 90%,如图 7-1-3 所示。

(四)云报表

广联达云计价平台 GCCP 6.0 的云报表功能,提供了 3000+云端海量报表方案,支持 PDF、Excel 在线智能识别搜索,个性化报表直接应用,支持个人报表及企业模板入云端,还支持企业内部共享使用,如图 7-1-4所示。

(五)费用切换

广联达云计价平台 GCCP 6.0 有全费用清单计价和综合单价计价两种方式,可一键转换,自动生成对应报表模板,无须其他设置,如图 7-1-5 所示。

图 7-1-3　云检查

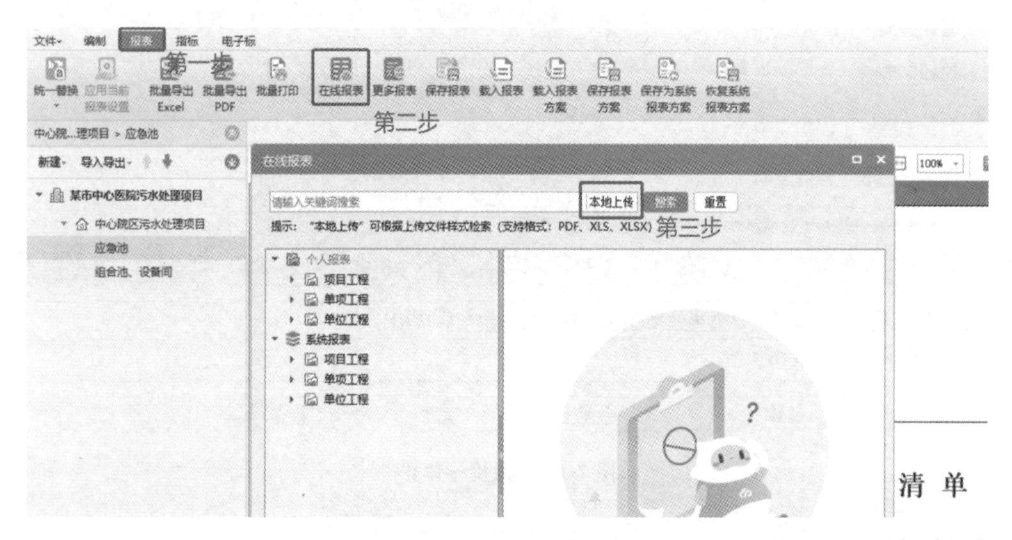

图 7-1-4　云报表

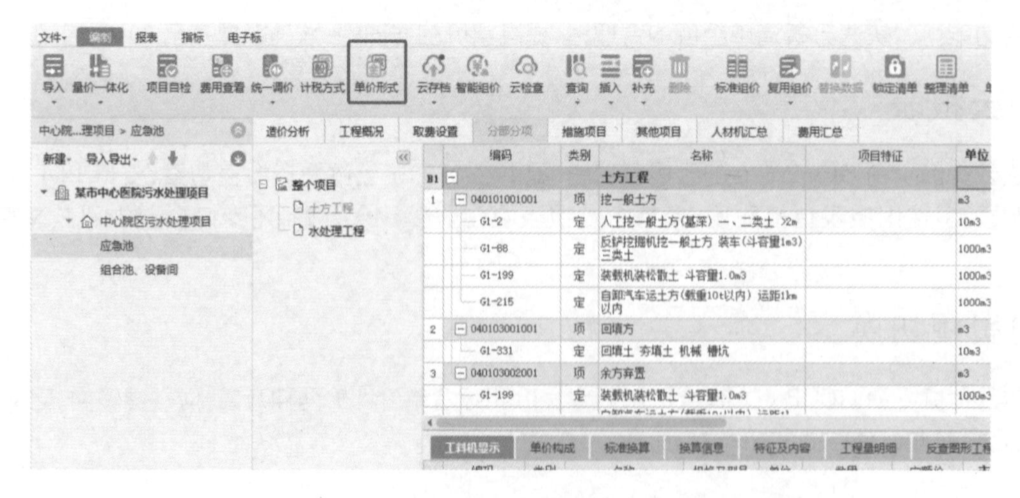

图 7-1-5　费用切换

第二节
广联达软件操作流程介绍

广联达软件操作流程包括新建工程文件、新建单项工程文件、新建单位工程文件、新建工程量清单、调整材料价格、设置费率、费用汇总、导出报表。

一、新建工程文件

在电脑上插上加密锁，电脑检测到加密锁后就可以打开广联达计价软件了。如果桌面上没有提示检测到加密锁，用户可以点开广联达新驱动软件，查看是否检测到加密锁，如图 7-2-1 所示。

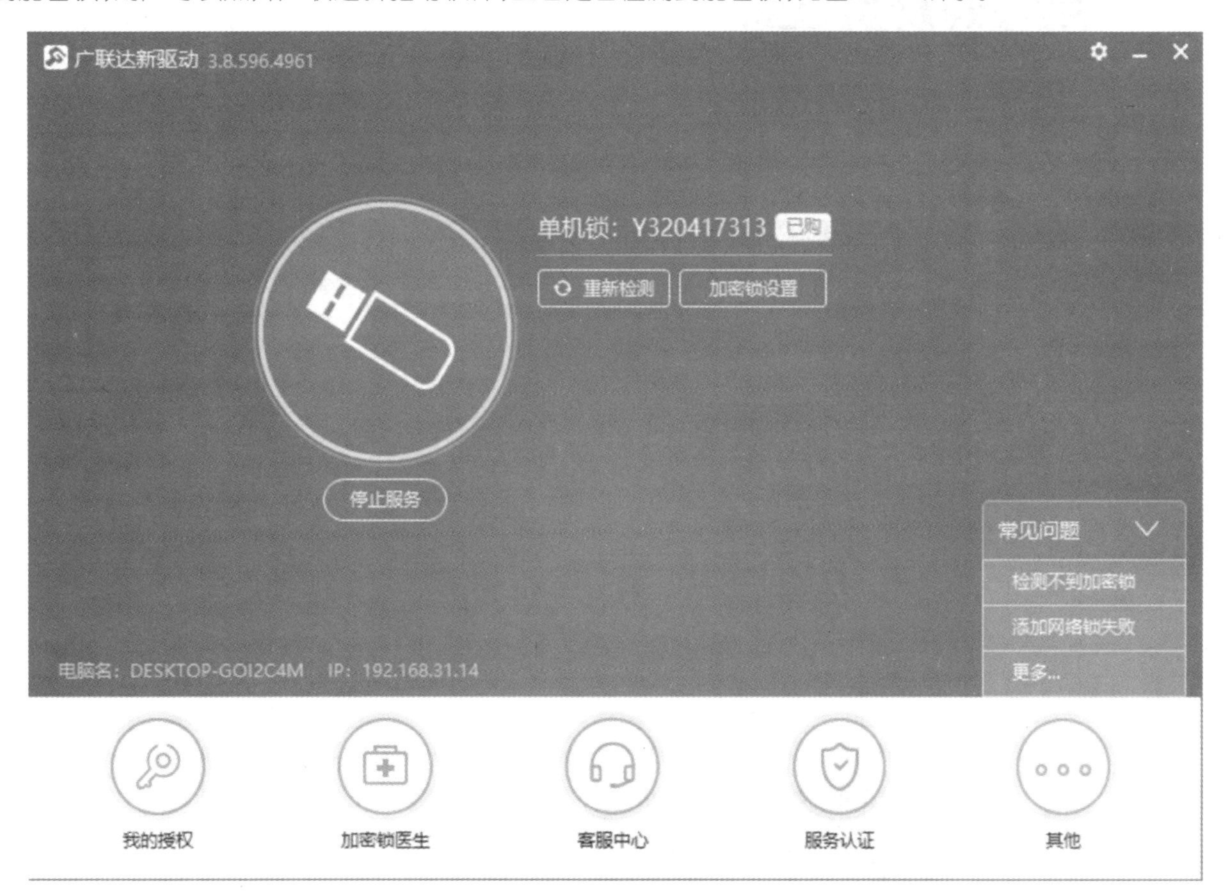

图 7-2-1 打开广联达软件

打开广联达云计价平台 GCCP 6.0，会显示如图 7-2-2 所示的界面，有网络的条件下，用户可以输入账号、密码登录使用，没有网络的条件下，用户也可以使用离线登录。离线登录除了无法使用跟网络相关的功能，如我的数据库，云检查，智能组价等功能，其他功能都可以使用。

打开软件，进入首页，左边是新建概算、新建预算、新建结算和新建审核工具栏，如图 7-2-3 所示。新建概算是设计阶段使用的功能。新建预算包括招标、投标、新建单位工程和做结算文件。新建结算是将预算文件导入并转为结算文件。新建审核是比对两份文件。我们应用最多的是新建预算。下面，本书就以新建预算为例进行软件介绍。

图 7-2-2　软件登录页面

图 7-2-3　软件首页

点击新建预算，进入如图 7-2-4 所示的界面，用户可以根据自己的需求新建一个项目。下面我们以招投标项目中的招标项目为例来进行说明。点击招标项目，根据工程所在地区的规定填小窗中的内容。定额选择所在省最新的定额，单价形式有两种，一种是全费用，一种是综合单价，根据需要进行选择。点击立即新建，就完成了新建预算。

图 7-2-4　新建预算

二、新建单项工程文件

新建工程后，填好项目信息和编制说明，在页面中带着建筑小标志的选项上点击鼠标右键，会出现如图 7-2-5 所示的窗口，点击新建单项工程，填好单项工程的项目名称，即可完成新建单项工程文件。

图 7-2-5　新建单项工程文件

三、新建单位工程文件

新建单项工程后，点击鼠标右键，会显示如图 7-2-6 所示的窗口，选择快速新建单位工程，然后选择绿化工程，就可以完成新建绿化工程的单位工程。

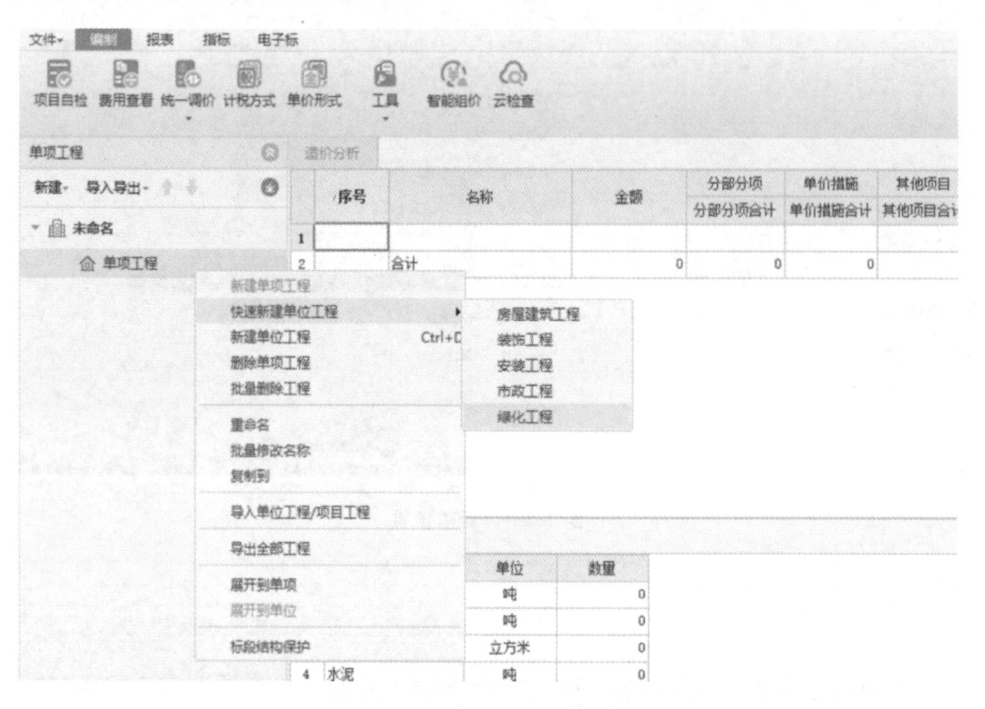

图 7-2-6　新建单位工程文件

四、新建工程量清单

新建绿化工程后，点击清单项，会显示如图 7-2-7 所示的窗口，选择园林绿化工程里的清单项，依据清单项的工序依次选择对应的定额子目，添加完成后，在清单项的项目特征处填写项目特征，按照图纸工程量调整工程量，即可完成工程量清单的编制。

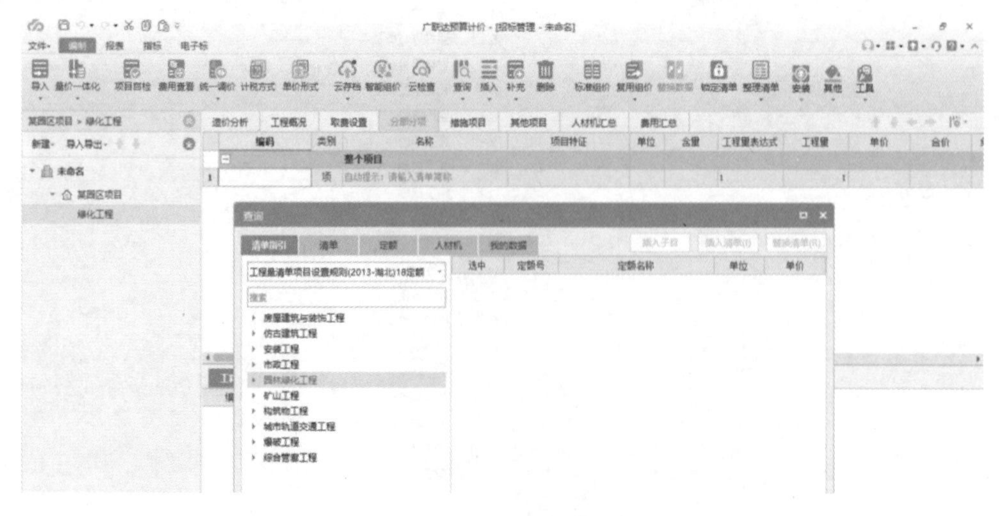

图 7-2-7　新建工程量清单

五、调整材料价格

工程量清单编制完成后，点击人材机汇总，会出现如图 7-2-8 所示的界面，在人材机汇总里调整市场价格。预算价是定额自带的预算价，市场价应根据广材网的信息价调整。

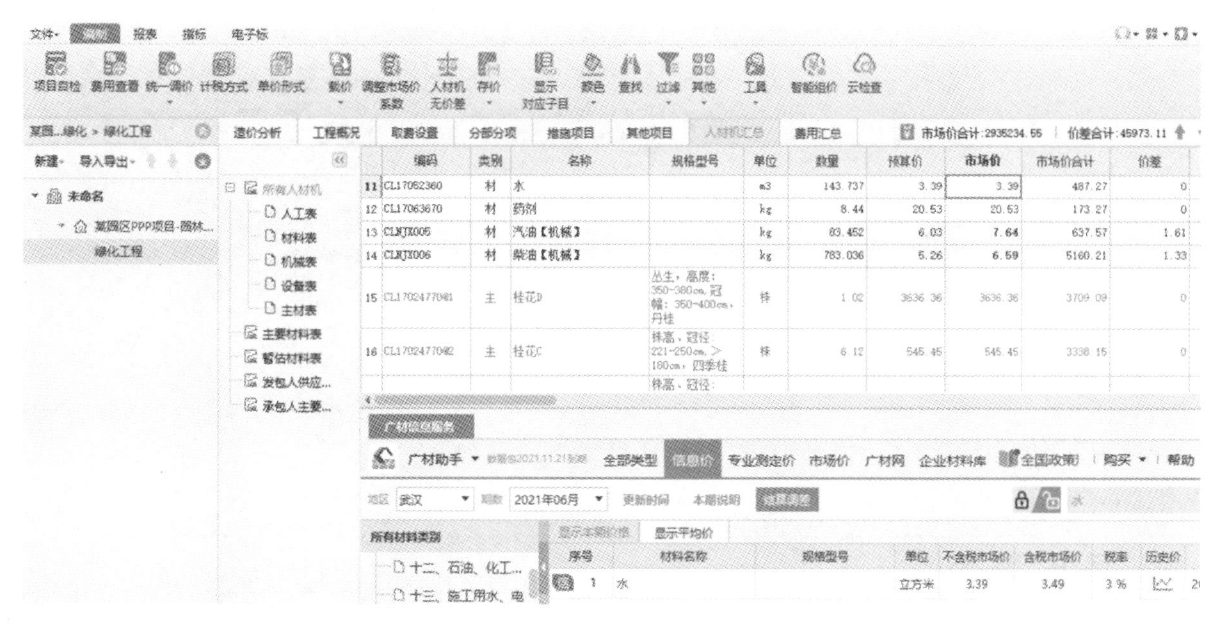

图 7-2-8 调整材料价格

六、设置费率

费率在制作招标或投标文件时会用到，依据建设单位的文件调整。点击取费设置，会显示如图 7-2-9 所示的窗口，用户可依据建设单位的文件要求直接修改费率，也可点击查询费率信息并进行调整。

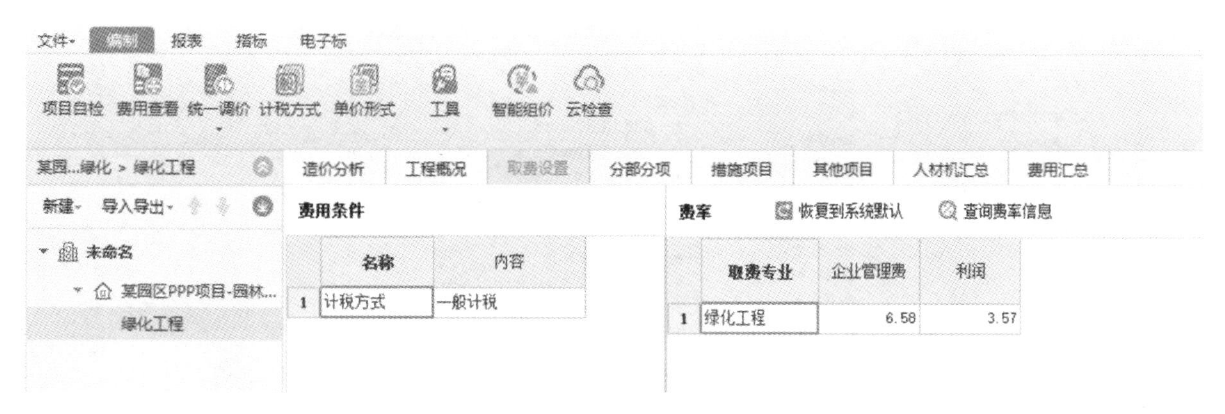

图 7-2-9 设置费率

七、费用汇总

在设置费率界面点击费用汇总，会显示如图 7-2-10 所示的窗口，用户可查看费用汇总的情况，依据建设单位的文件要求，对需要改动的内容进行修改。

图 7-2-10　费用汇总

八、导出报表

点击报表，选择批量导出 Excel，会显示如图 7-2-11 所示的窗口，选择要导出的文件，导出选择表，就可以导出 Excel 版的计价文件了。

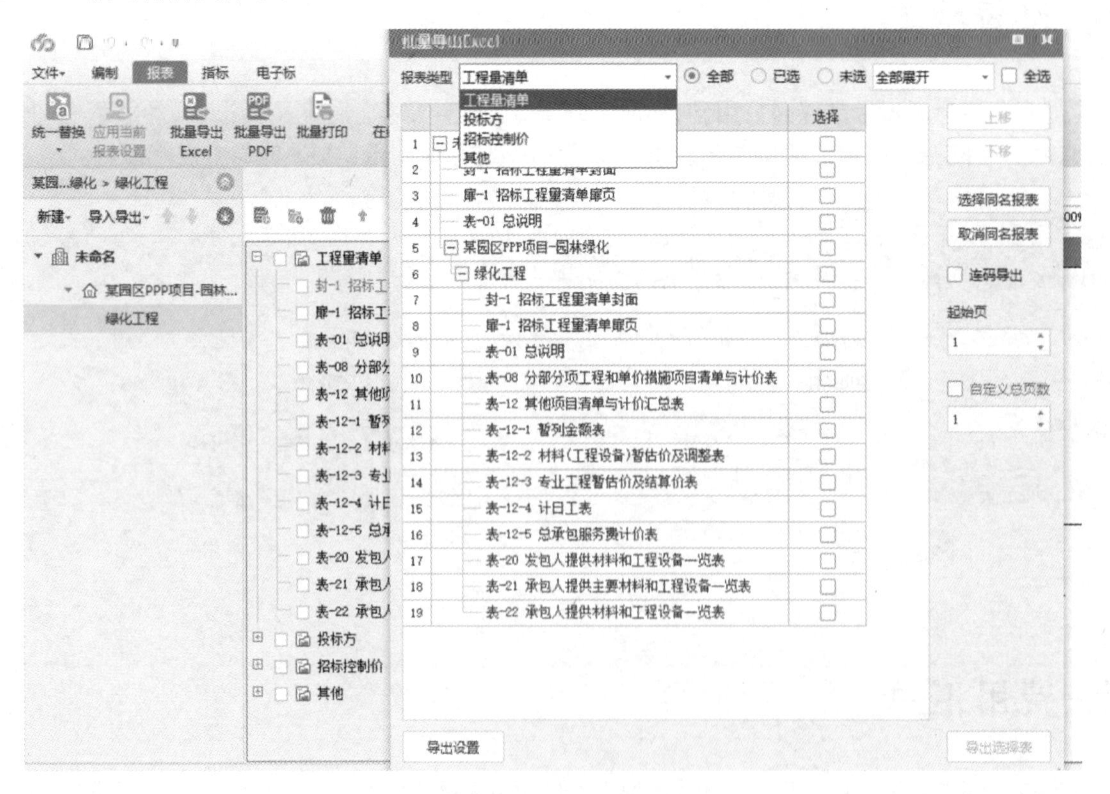

图 7-2-11　导出报表

参考文献

[1] 中华人民共和国住房和城乡建设部. GB 50500—2013 建设工程工程量清单计价规范[S]. 北京:中国计划出版社,2013.

[2] 中华人民共和国住房和城乡建设部. GB 50858—2013 园林绿化工程工程量计算规范[S]. 北京:中国计划出版社,2013.

[3] 中华人民共和国住房和城乡建设部. GB 50857—2013 市政工程工程量计算规范[S]. 北京:中国计划出版社,2013.

[4] 中华人民共和国住房和城乡建设部. CJJ 82—2012 园林绿化工程施工及验收规范[S]. 北京:中国建筑工业出版社,2012.

[5] 中华人民共和国住房和城乡建设部. GB/T 51290—2018 建设工程造价指标指数分类与测算标准[S]. 北京:中国建筑工业出版社,2018.

[6] 中华人民共和国住房和城乡建设部. GB/T 50875—2013 工程造价术语标准[S]. 北京:中国计划出版社,2013.

[7] 全国造价工程师职业资格考试培训教材编审委员会. 建设工程造价管理基础知识[M]. 北京:中国计划出版社,2021.

[8] 全国造价工程师职业资格考试培训教材编审委员会. 建设工程计价[M]. 北京:中国计划出版社,2021.

[9] 陈丽,张辛阳. 风景园林工程[M]. 武汉:华中科技大学出版社,2020.

[10] 鲁敏. 园林绿化工程概预算[M]. 北京:化学工业出版社,2015.

[11] 黄凯,郑强. 园林工程招投标与概预算[M]. 重庆:重庆大学出版社,2011.

[12] 黄昌铁,齐宝库. 工程估价[M]. 北京:清华大学出版社,2016.

[13] 郭婧娟. 建设工程定额及概预算[M]. 北京:清华大学出版社,2018.